Quantenfeldtheorie des Festkörpers

Von Prof. Dr. phil. nat. Dr. h.c. mult. Hermann Haken
Universität Stuttgart
Honorarprofessor an der Universität Hohenheim

2., durchgesehene und erweiterte Auflage
Mit 61 Figuren, 87 Aufgaben
und zahlreichen Beispielen

B. G. Teubner Stuttgart 1993

Prof. Dr. phil. nat. Dr. h. c. mult. Hermann Haken

Geboren 1927 in Leipzig. Studium der Mathematik und Physik an den Universitäten Halle (1946 bis 1948) und Erlangen (1948 bis 1950). Diplom in Mathematik 1950, Dr. phil. nat. in Mathematik, Universität Erlangen 1951. Von 1952 bis 1956 wiss. Assistent am Institut für Theoretische Physik der Universität Erlangen, 1956 Habilitation im Fach Physik und sodann Privatdozent an der Universität Erlangen. Von 1959 bis 1960 Gastprofessor an der Cornell University USA, Gastwissenschaftler bei den Bell Telephone Lab. Murray Hill, USA. Seit 1960 ordentl. Professor für Theoretische Physik an der Universität Stuttgart, 1967 Ernennung zum Honorarprofessor der Universität Hohenheim. Zahlreiche wissenschaftliche Auszeichnungen, u.a. Max-Planck-Medaille und Mitglied des Ordens pour le mérite.

Die Deutsche Bibliothek – CIP-Einheitsaufnahme

Haken, Hermann:
Quantenfeldtheorie des Festkörpers : mit 87 Aufgaben und zahlreichen Beispielen / von H. Haken. – 2., durchges. und erw. Aufl. – Stuttgart : Teubner, 1993
ISBN 978-3-519-13025-3 ISBN 978-3-322-99250-5 (eBook)
DOI 10.1007/978-3-322-99250-5

Umschlaggestaltung: W. Koch, Stuttgart

Vorwort

Die Festkörperphysik ist eines der großen Hauptgebiete der heutigen Physik. Der Festkörper stellt mit seinen verwickelten elektrischen, optischen, thermischen und magnetischen Eigenschaften ein äußerst reizvolles Objekt moderner Grundlagenforschung dar. In der Tat gelingt es hier, die oft sehr komplizierten Erscheinungen aufzuklären und bis in die Details hinein zu verfolgen. Das damit verbundene tiefgreifende Verständnis der physikalischen Vorgänge im Festkörper führt darüberhinaus zu äußerst wichtigen Anwendungen, z. B. in der Nachrichten- und Computertechnik.

Der Studierende, der sich in dieses Gebiet einarbeiten will, stellt allerdings sehr rasch fest, daß hier in großem Umfang Begriffsbildungen und Methoden der Quantenfeldtheorie verwendet werden. Diese Methoden gestatten es nicht nur, die physikalischen Vorgänge im Festkörper in eleganter Weise zu beschreiben, sondern sie haben auch zu grundsätzlich neuen Erkenntnissen geführt. Als hervorragendes Beispiel sei hier nur die Erklärung der Supraleitung erwähnt.

Andererseits wird dem Studierenden in einer Kursvorlesung, etwa der Quantenmechanik, kaum die Möglichkeit geboten, dieses wichtige Gebiet kennenzulernen. Aufgabe dieses Buches soll es sein, diese Lücke zu schließen, indem es den Leser in einfacher Weise an die Begriffsbildungen und Methoden der Quantenfeldtheorie heranführt. So sollte ein Leser, der mit den mathematischen Kenntnissen der ersten drei Semester und den Grundbegriffen der Quantenmechanik vertraut ist, ohne weiteres in der Lage sein, sich mit Hilfe dieses Buches in die Quantenfeldtheorie des Festkörpers einzuarbeiten.

Bei den Begriffsbildungen, mit denen wir es hier zu tun haben, handelt es sich vornehmlich um die sogenannten Elementaranregungen, wie Phononen, Exzitonen, Magnonen, Polaronen, Polaritonen, Defektelektronen. Im Verlaufe dieses Buches werden wir diese Begriffe in systematischer Weise erläutern und die ihnen zugrundeliegenden physikalischen Vorstellungen herausarbeiten.

Des weiteren ist die Quantenfeldtheorie durch die Verwendung bestimmter mathematischer Methoden gekennzeichnet, wie die sogenannte Graphentechnik, die Methode der Greenschen Funktionen sowie bestimmter Lösungsansätze für die Schrödingergleichung. Während sich in den letzten Jahren bestimmte Richtungen oder, genauer gesagt, Schulen herausgebildet haben, die die eine oder andere Methode bevorzugen, soll hier dem Leser die Möglichkeit geboten werden, diese verschiedenen Methoden gleichermaßen kennenzulernen. Wir hoffen so, daß es dem Leser möglich wird, im Anschluß an dieses Buch sowohl spezielle Monographien (vgl. das Literaturverzeichnis am Ende dieses Buches) als auch Originalarbeiten lesen zu können.

Die Quantenfeldtheorie ist übrigens nicht nur auf die Festkörperphysik anwendbar, sondern sie läßt in ebenso großem Umfang Anwendungen auf die Kernphysik, die Elementarteilchenphysik und die Quantenoptik zu.

Der mit den Grundzügen der Elementarteilchenphysik vertraute Leser wird mit Vergnügen eine Reihe von Analogien zwischen Elementaranregungen im Festkörper und Vorstellungen der Elementarteilchenphysik erkennen. Auch der Kernphysiker wird sich daran erinnern, daß etwa die Energielücke bei gewissen Atomkernen zuerst im analogen Falle der Supraleitung gefunden wurde.

Bei der Darstellung haben wir uns stets bemüht, die wesentlichen Züge herauszuschälen und allen unnötigen Ballast beiseite zu lassen. So behandeln wir etwa die Quantisierung der Gitterschwingungen explizit nur in einer Dimension, da darin schon alle wesentlichen Züge zu erkennen sind. Besonders in den Anfangsparagraphen sind eine Reihe von Aufgaben beigefügt. Zweifellos wird dem Leser die Einarbeitung in dieses Gebiet erleichtert, wenn er die eine oder andere dieser Aufgaben durchführt.

Bei der Abfassung dieses Buches und insbesondere bei den hier gestellten Aufgaben konnte ich mich auf meine über zehnjährige Vorlesungstätigkeit an der Universität Stuttgart stützen. Es ist mir ein Vergnügen, bei dieser Gelegenheit meinen Stuttgarter Kollegen, insbesondere den Herren Wagner und Weidlich von der theoretischen Physik für die äußerst angenehme und freundschaftliche Arbeitsatmosphäre zu danken. In der Endphase des vorliegenden Buches kamen mir bei einer Reihe von Kapiteln, insbesondere über Exzitonen, meine Gastvorlesungen an der Universität Strasbourg zustatten. Herrn Professor Nikitine gilt mein herzlicher Dank für äußerst anregende Diskussionen.

Herrn Dipl. Phys. A. Schenzle bin ich für seine Mithilfe zu großem Dank verpflichtet. Er hat nicht nur alle Rechnungen sorgfältig und kritisch nachgeprüft, sondern darüberhinaus eine Reihe wertvoller Verbesserungsvorschläge gemacht. Ganz besonderen Dank schulde ich meiner Sekretärin, Frau U. Funke, die nicht nur in perfekter Weise das Manuskript und die Zeichnungen anfertigte, sondern mich auch durch ihren unermüdlichen Einsatz immer wieder mitriß, dieses Buch zu Ende zu bringen.

Stuttgart, im Frühjahr 1972 H. Haken

Vorwort zur 2. Auflage

Das vorliegende Buch, das hiermit in 2. Auflage erscheint, hat sich nicht nur auf dem deutschen Markt zu einem „Dauerbrenner“ entwickelt. Es ist inzwischen auch in englischer, russischer, japanischer und slowakischer Übersetzung erschienen. Besonders in den USA, den skandinavischen Ländern, Rußland, China und Japan erfreut sich dieses Buch großer Beliebtheit. Obwohl dieses Buch bereits 1973 erschienen ist, erfaßt es nach wie vor alle wesentlichen für die Quantenfeldtheorie des Festkörpers wichtigen Methoden. Diese Methodik spielt nach wie vor in der Festkörpertheorie eine grundlegende Rolle, und ich bin sicher, daß sie bei der noch zu entwickelnden Theorie der Hochtemperatur-Supraleitung sehr wesentlich sein wird. Gerade diese letztere Entdeckung zeigt, wie es in der Festkörperphysik immer wieder ganz neue überraschende Effekte gibt, die sowohl von fundamentalem Interesse sind, als auch wichtige technische Anwendungen versprechen.

Bei der vorliegenden 2. Auflage habe ich die uns bekanntgewordenen Druckfehler ausgemerzt, wobei ich mich auf die Hilfe der Herren Dr. C. Z. Ning und W. Weimer stützen konnte. Des weiteren habe ich einen Anhang über Beziehungen zwischen Operatoren, die sich in vielen Fällen als nützlich erweisen, angefügt. Es versteht sich von selbst, daß die Literaturhinweise auf den neuesten Stand gebracht wurden.

Stuttgart, im September 1992 H. Haken

Hinweise für den Gebrauch des Werkes

Um dem Leser die Lektüre dieses Buches zu erleichtern, fügen wir noch einige Hinweise an.

1. Formeln, die wichtige Zwischenschritte oder Endresultate darstellen, sind durch einen Strich gekennzeichnet.

2. Die einfachste und sicherlich effektivste Weise, dieses Buch zu studieren, ist, systematisch den einzelnen Kapiteln zu folgen.

Für diejenigen Leser, die jedoch nur einen gröberen Überblick bekommen wollen oder nur an einem speziellen Problem interessiert sind, geben wir noch einen kurzen Überblick über den inneren Zusammenhang der einzelnen Kapitel.

Das Grundwissen, das sich jeder Leser aneignen sollte, ist in den §§ 3 bis 4, 7 bis 13 und 17 bis 19 dargelegt. Diejenigen, die sich für das Mehrelektronenproblem interessieren (Hartree-Fock-Ansatz, Defektelektronen, Exzitonen, elektronische Polarisationswellen, Plasmonen, Magnonen) können dann anschließend mit den §§ 20 bis 28 fortfahren, wobei lediglich bei § 27 noch die Lektüre von § 16 vorausgesetzt wird.

Leser hingegen, die sich für die Wechselwirkung zwischen Elektronen und Gitterschwingungen interessieren (elektr. Widerstand, Polaronen und Supraleitung) können das Kapitel über das Mehrelektronenproblem völlig überschlagen, sollten aber noch die §§ 5 bis 6 und 15 bis 16 studiert haben. Das Kapitel über Supraleitung setzt das über Gitterschwingungen (Kapitel V) voraus. Beim Studium des § 43 sollte noch der § 14 vorausgehen. Es ist ratsam, bei Kapitel VI alle vorherigen Kapitel gelesen zu haben, während man bei dem Kapitel VIII mit dem Grundwissen zuzüglich §§ 15, 16 und 24, 25 auskommen sollte.

Grundwissen: §§ 3 bis 4, 7 bis 13, 17 bis 19

Mehrelektronenproblem: §§ 20 bis 26, 28. *Voraussetzung*: Grundwissen

§ 27: *Voraussetzung*: Grundwissen und § 16

Wechselwirkung zwischen Elektronen und Gitterschwingungen: §§ 29 bis 36. *Voraussetzung*: Grundwissen und §§ 5 und 6, 15 und 16

Greensche Funktionen (§ 37 bis 39): *Voraussetzung*: alle vorangehenden Paragraphen

Supraleitung: § 40 bis 42. *Voraussetzung*: Wechselwirkung mit Gitterschwingungen und § 4

§ 43: zusätzliche *Voraussetzung*: § 14

Elektronen in Wechselwirkung mit dem quantisierten Lichtfeld: *Voraussetzung*: Grundwissen und §§ 15 und 16, 24 und 25

Inhalt

Verzeichnis der Symbole

a	Gitterkonstante, Vernichtungsoperator für Fermiteilchen
a^+	Erzeugungsoperator für Fermiteilchen
$a_{k,L}$, $a_{k,V}$	Vernichtungsoperatoren, die sich auf das Leitungs- bzw. Valenzband beziehen
A	Operator, Amplitude
$\boldsymbol{A}$	Vektorpotential
b^+, b	Erzeugungs- bzw. Vernichtungsoperatoren für Bose-Teilchen
B^+, B	Erzeugungs- bzw. Vernichtungsoperatoren für Elektronen-Loch-Paare
$\boldsymbol{B}$	magnetische Kraftflußdichte
c	Konstante, Lichtgeschwindigkeit
c_n	Entwicklungskoeffizient
d^+, d	Erzeugungs- bzw. Vernichtungsoperatoren für Defektelektronen
$D_{j,j'}$	Dipolmatrixelement
$\boldsymbol{D}$	Dielektrische Verschiebungsdichte
$\tilde{D}(\varepsilon)$	Zustandsdichte in der Nähe der Fermikante
$\delta_{kk'}$	Kroneckersymbol
$\delta(x - x')$	Diracsche Deltafunktion
$\delta^{(n)}(x - x')$	n-te Ableitung der Deltafunktion
Δ	Laplaceoperator, Energielückenparameter
Δx	kleiner Koordinatenzuwachs
e	elektrische Elementarladung
$\boldsymbol{e}$	Polarisationsvektor
ε	Dielektrizitätskonstante
ε_k	Frequenz des k-ten Eigenzustandes
E	Energie
$\boldsymbol{E}$	elektrische Feldstärke
f	Federkonstante
f_k, f_k^0	Elektronenverteilung, Fermiverteilung
$f(x)$	bezeichnet im allgemeinen eine beliebige Funktion
$\boldsymbol{F}$	Kraft
$\varphi(x)$	klassische und quantenmechanische Wellenfunktion
φ_μ	vollständiger Satz von Eigenfunktionen
Φ, ψ, χ	Wellenfunktionen, Zustandsfunktionen
Φ_0, Φ_g	Grundzustand
Φ_V	Zustandsfunktion des gefüllten Valenzbandes

$\Phi(\uparrow)$, $\Phi(\downarrow)$	die Eigenfunktion der z-Komponenten des Spinoperators
g	Schwerebeschleunigung, Kopplungskonstante
G	Gewicht
$G(x, t; x', t')$	Zweizeitige Greensche Funktion
$h = 2\pi\hbar$	Plancksches Wirkungsquantum
H	Hamiltonfunktion bzw. -operator
$\mathcal{H}(x)$	Hamiltondichte
$\tilde{H}$	Hamiltonoperator in der Wechselwirkungsdarstellung
i	imaginäre Einheit
$I_{l,m}$	Austauschwechselwirkung
Im	Imaginärteil
j	elektrische Stromdichte
k	Boltzmannkonstante
$\boldsymbol{k}$	Wellenzahlvektor
$\boldsymbol{K}$, K	Kraft, Kraftkonstante
l	Index, der im allgemeinen die Lokalisation im Gitter bezeichnet
L	Lagrangefunktion, Quantisierungslänge
$\mathcal{L}(x)$	Lagrangedichte
λ	Wellenlänge, Eindringtiefe
m, M	Teilchenmasse
m^*, m_{eff}, m^e, m^d	effektive Masse von Elektronen bzw. Defektelektronen
μ	magnetische Suszeptibilität
n	ganze Zahl, Teilchendichte
n_k	Besetzungszahl
N	Gesamtteilchenzahl
$\mathcal{N}$	Normierungskonstante
ω	Kreis-Frequenz
Ω	Kreis-Frequenz, beliebiger Operator
P, $\boldsymbol{P}$	Impuls
P_1, P_2	Polaritonenoperatoren
$\boldsymbol{P}(x)$	Polarisationsfeld
Π	Produkt, kanonisch konjugierter Impuls
q	Schwingungsamplitude
$Q(x, t)$	Feld von Gitterschwingungen
Re	Realteil
$\varrho(x)$	Massendichte, Ladungsdichte, Teilchendichteoperator
S	Seilspannung
s, s_x, s_y, s_z, s^+, s^-	Spinoperatoren
s_k^+, s_k^-	Spinwellenoperatoren
$\sum$	Summe
$\sigma^+, \sigma^-, \sigma_z, \sigma_x, \sigma_y$	Paulimatrizen
$\sigma_{\lambda\mu}$	Leitfähigkeitstensor

t	Zeitvariable
T	kinetische Energie, Temperatur, Zeitordnungsoperator
T_l	Translationsoperator
$u_k(x)$	Blochfunktion
U	elektromagnetische Feldenergie, unitäre Transformation
v	Teilchengeschwindigkeit, Kopplungskonstante
V	Volumen, potentielle Energie
ΔV	Volumelement
$\boldsymbol{w}$	Wellenzahlvektor der Phononen
$W(x)$	Potential
$w_L(x-l)$, $w_V(x-l)$	Wannierfunktion des Leitungs- bzw. Valenzbandes
$W_{\boldsymbol{k}\to\boldsymbol{k}'}$	Übergangswahrscheinlichkeit pro Zeiteinheit
$W\left(\begin{smallmatrix}k_1 k_2 \\ j_1 j_2\end{smallmatrix}\middle|\begin{smallmatrix}k_3 k_4 \\ j_3 j_4\end{smallmatrix}\right)$	Matrixelement der Coulombschen Wechselwirkung im Bändermodell
$\boldsymbol{x},(x, y, z)$	Ortsvektor
ξ	Kohärenzlänge, Koordinate
$\tilde{\Phi}$	Wellenfunktion im Wechselwirkungsbild
$\dfrac{\delta}{\delta q(x)}$	Variationsableitung
$\{\cdots\}$	Bezeichnet eine Gesamtheit von Koordinaten
$\bar{\Omega}$	quantenmechanischer Erwartungswert
$\theta(t-t')$	Heavisidesche Sprungfunktion

I. Einleitung

§ 1 Einführung und Übersicht

Bei der theoretischen Behandlung der physikalischen Eigenschaften fester Körper bieten sich im Prinzip zwei verschiedene Wege an: die mikroskopische Theorie oder makroskopisch-phänomenologische Modelle. Wie wir wissen, ist der Festkörper, den wir im Folgenden stets als Kristall annehmen wollen, in regelmäßiger Weise aus sehr vielen gleichartigen Atomen (etwa 10^{23} pro ccm) aufgebaut. Wollten wir das entsprechende Mehrkörperproblem von Elektronen und Atomkernen behandeln, so hätten wir eine Schrödingergleichung für ca. 10^{24} oder noch mehr Teilchen zu lösen. Es ist evident, daß das ein absolut unmögliches Unterfangen wäre. Es ist deshalb gut, sich auf gegebene experimentelle Zusammenhänge und dazu entwickelte Modellvorstellungen zu stützen.

Aufgabe der quantenfeldtheoretischen Behandlung ist es dann, die Brücke zwischen der atomistischen Vorstellung und Modellvorstellungen, die den Kristall mehr oder weniger als Kontinuum behandeln, zu schlagen. Dabei stellt es sich heraus, daß es, ausgehend vom Grundzustand des Kristalls, Anregungszustände gibt, die sich ziemlich einfach beschreiben lassen.

Nehmen wir als Beispiel die Schallwellen her, die in einer Kontinuumstheorie als räumlich und zeitlich periodische Dichteänderungen $\Delta\varrho(x, t)$ behandelt werden. Betrachten wir der Einfachheit halber eine stehende Welle, bei der sich $\Delta\varrho$ als Produkt $\Delta\varrho(x) = A \sin \omega t \sin kx$ schreiben läßt (vgl. Fig. 1). Bereits diese Form liefert einen Ansatzpunkt für die Quantisierung. Da der Zeitfaktor rein harmonisch ist, kann man sich vorstellen, daß die zugehörige Schwingungsamplitude $q(t) = A \sin \omega t$ der Gleichung eines harmonischen Oszillators genügt, dessen Quantisierung gut bekannt ist. Wir erhalten dann für jede einzelne Welle k die Energiestufen: $E_n = n\hbar\omega$, $(n = 0, 1, 2 \ldots)$, die also ganzzahlige Vielfache von $\hbar\omega$ sind. Diese Energiestufen deuten wir als Besetzung der entsprechenden Schallwelle mit Energiequanten $\hbar\omega$,

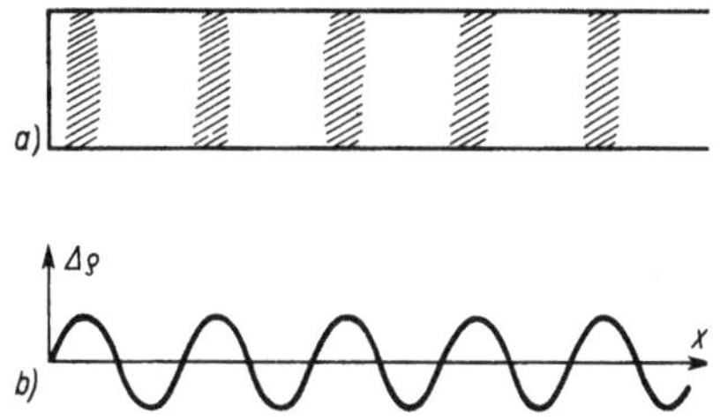

Fig. 1
Schallwellen in einem Medium
a) schraffiert: Gebiete mit erhöhter Dichte
b) $\Delta\varrho$ als Funktion der Ortskoordinate x zu einem Zeitpunkt.

den *Phononen*. Übrigens ein Wort zur Bildung derartiger Ausdrücke. Die Silbe „phon“ kommt aus dem Griechischen und bedeutet Schall, die zweite Silbe „on“ bedeutet Teilchen. Es handelt sich also hier um Schallteilchen. Wir haben hier schon ein typisches Beispiel für die Feldquantisierung vor uns. Durch diese wird einer Welle auch ein Teilchencharacter zugeordnet mit den grundlegenden Beziehungen

$$\begin{aligned} &\text{Energie } E = \hbar\omega_{\boldsymbol{k}} \\ &\text{Impuls } \boldsymbol{p} = \hbar\boldsymbol{k} \end{aligned} \tag{1.1}$$

Die Beziehung zwischen der Frequenz $\omega_{\boldsymbol{k}}$ und dem Ausbreitungsvektor $\boldsymbol{k}$ wird dabei durch eine bereits in der klassischen Physik herleitbare Beziehung im Dispersionsgesetz bestimmt, z.B. durch $\omega = vk$, wobei v die Schallgeschwindigkeit ist. Das Entscheidende bei einer Behandlung nach der Quantenfeldtheorie ist stets die Dualität, die wir auch schon aus der Quantenmechanik kennen: Der Schwingungsvorgang wird einmal als Welle, zum anderen wieder als Prozeß mit Teilchen zu behandeln sein.

Neben den Dichteschwingungen treten in einem Isolator noch weitere Schwingungen auf. Besteht der Kristall aus positiven und negativen Ionen, so können diese Paare aus positiven und negativen Ionen jeweils zu Dipolen zusammengefaßt werden. Führen die einzelnen Atome Schwingungen aus, dann kommt es zu Schwingungen von Dipolen, die makroskopisch als Polarisationsschwingungen in Erscheinung treten. Falls die Dipole untereinander gekoppelt sind, breiten sich diese Polarisationsschwingungen als longitudinale oder transversale Wellen im Kristall aus (vgl. Fig. 2). Dabei ist es möglich, die transversalen Polarisationsschwingungen durch Licht anzuregen. Auch diese Polarisationsschwingungen können wieder nach dem Gesetz (1.1) quantisiert werden.

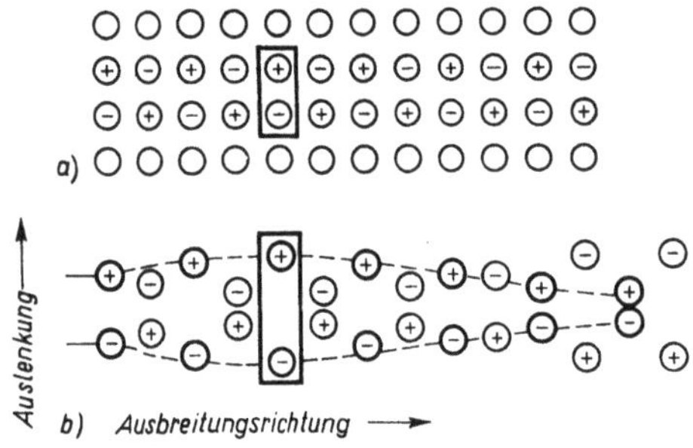

Fig. 2
Gitter-Polarisationswellen in einem polaren Kristall
a) Kristall in Ruhe. Die positiven und negativen Ionen wechseln sich regelmäßig ab. Umrandet: herausgegriffener Dipol.
b) transversale Polarisationswelle

Die Polarisation eines Kristalls kann nun aber nicht nur durch die Ionen hervorgebracht werden, sondern auch durch die Verschiebung der Elektronenwolken einzelner Atome gegenüber den positiv geladenen Kernen. Sofern man nicht zu einem *Modell* elastisch gebundener Elektronen greift, ist es hier auf den ersten Blick nicht gleich verständlich, warum diese Elektronenhüllen auch wieder harmonische

Schwingungen ausführen, die zu longitudinalen oder transversalen Polarisationswellen Anlaß geben. Wir werden aber gerade dies im Laufe dieses Buches nachweisen.

Neben diesen letzteren Polarisationsschwingungen, bei denen das Dipolmoment nur etwa von der Größe Elektronenladung mal Atomdurchmesser sein kann, treten in Kristallen auch gigantische Dipolmomente auf, bei denen das Elektron sehr weit von dem positiv geladenen Kern entfernt werden kann. Hier handelt es sich um die *Exzitonen*, bei denen man annehmen muß, daß die Elektronenladung in einem weiten Umkreis um das zurückgebliebene positive „Loch" kreist und wasserstoffähnliche Bahnen einnimmt (vgl. Fig. 3).

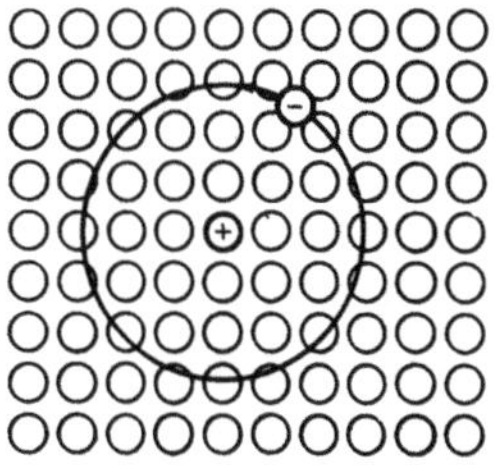

Fig. 3
Das Exziton in einem Kristall aus neutralen Atomen: Von einem Atom wurde ein Elektron entfernt und umkreist auf einer wasserstoffähnlichen Bahn das nun positiv geladene Atom. Übrigens kann sich auch das „Loch" selbst noch bewegen.

Zu einer weiteren elementaren Anregung gelangen wir, wenn wir die Wechselwirkung zwischen Licht und Polarisationswellen betrachten. Da beide Einzelsysteme harmonisch schwingen, können wir die Wechselwirkung zwischen beiden Systemen wie die zwischen gekoppelten Pendeln deuten. Genau wie bei gekoppelten Pendeln kommt es dann zu einer neuen Schwingungsform, in unserem Falle dann zu der gemeinsamen Ausbreitung von Licht und elektronischen Polarisationswellen, wobei ein neues Dispersionsgesetz auftritt (vgl. Fig. 4). Quantisieren wir die neuartige Schwingungsform von Licht und Polarisationswellen, so erhalten wir die sogenannten *Polaritonen*.

Ein weiteres Anwendungsbeispiel für Elementaranregungen erhalten wir, wenn wir die Elektronenspins ins Auge fassen, die in einem Ferromagneten durch ihr Magnet-

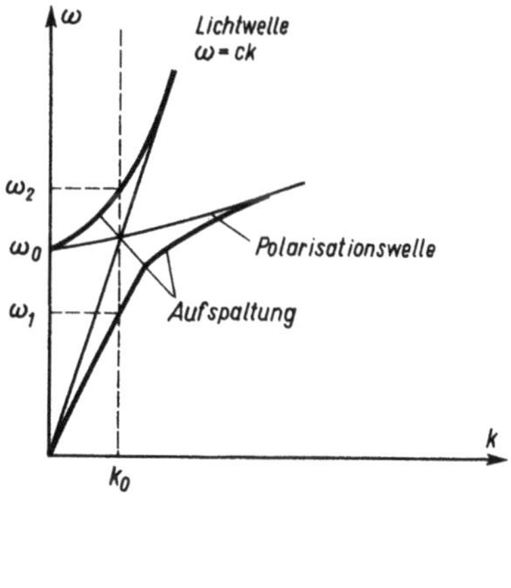

Fig. 4 Das Polariton
Schwach ausgezogene Linien: Fall ohne Wechselwirkung. Dispersionskurven für Lichtwelle und Polarisationswelle (c Lichtgeschwindigkeit)
Stark ausgezogene Linien: Fall mit Wechselwirkung. An der Resonanzstelle

$$k_{Licht} = k_{polar.} = k_0;\ \omega_{Licht} = \omega_{polar.} = \omega_0$$

wird ω_0 in zwei neue Frequenzen ω_1 und ω_2 aufgespalten. Diese Aufspaltung setzt sich kontinuierlich für größere und kleinere k-Werte fort feld deutlich nach außen in Erscheinung treten. In einem Ferromagneten sind bei der absoluten Temperatur $T=0$ alle Spins parallel gerichtet. Die so ausgerichteten Spins lassen sich nun z.B. durch elektromagnetische Felder auslenken. Die Auslenkungen durchlaufen dann in Form einer sogenannten Spinwelle den Kristall (vgl. Fig. 5). Bei der Quantisierung ergeben sich die sogenannten *Magnonen*.

Bisher hatten wir stillschweigend vorausgesetzt, daß die Elektronen im Kristall nicht stark verschieblich sind. Die metallische Leitfähigkeit können wir dagegen nur verstehen, wenn wir zulassen, daß die Elektronen praktisch wie freie Teilchen fliegen. Die einfachste Vorstellung ist die, daß die Elektronen ein Gas bilden. Nach der Quantentheorie wird einem kräftefreien Teilchen eine ebene Welle mit dem Wellenzahlvektor $\boldsymbol{k}$ und dem Impuls $\boldsymbol{p}=\hbar\boldsymbol{k}$ zugeordnet. Da die $\boldsymbol{k}$-Werte in einem endlichen Kristall zwar sehr dicht liegen, aber dennoch *diskret* sind (die Randbedingungen für die Elektronenwellen sind nur für bestimmte Wellenlängen $\lambda=2\pi/k$ erfüllt), können die einzelnen Zustände in wohldefinierter Weise mit Elektronen aufgefüllt werden. Dabei ist das Pauli-Prinzip zu beachten, nach dem jeder dieser $\boldsymbol{k}$-Zustände höchstens mit 2 Elektronen entgegengesetzten Spins besetzt werden kann. Tragen wir die besetzten Zustände im $\boldsymbol{k}$-Raum auf, so ergibt sich die sogenannte Fermi-Kugel, mit der sogenannten Fermi-Kante bei der absoluten Temperatur $T=0$ (vgl. Fig. 6). Das Innere der Fermi-Kugel bezeichnet man auch gelegentlich als Fermi-See. Aufgabe einer quantenfeldtheoretischen Behandlung wird es sein zu erklären, warum sich die Elektronen auch bei der Wechselwirkung untereinander und mit den starr festgehaltenen Gitterionen praktisch wie freie Teilchen verhalten.

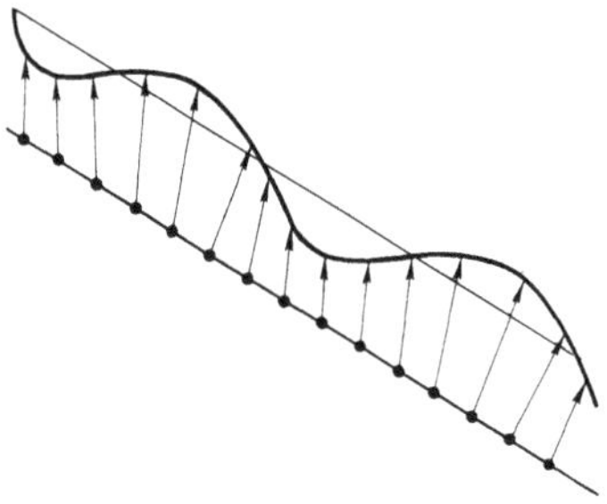

Fig. 5 Spinwelle in einem Ferromagneten

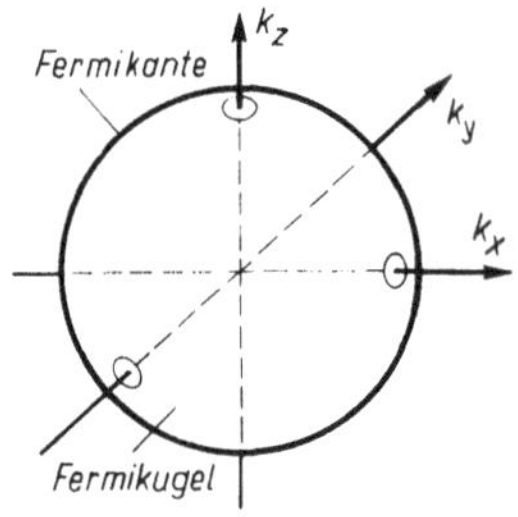

Fig. 6
Die Fermikugel. Jeder Punkt im „k-Raum" bezeichnet einen Zustand, der höchstens mit 2 Elektronen entgegengesetzten Spins besetzt werden kann. Im Zustand tiefster Gesamtenergie bilden die besetzten $\boldsymbol{k}$-Zustände die Fermikugel

Am Beispiel der *endlichen* elektrischen Leitfähigkeit erkennen wir andererseits, daß die Herleitung von „Elementaranregungen" allein nicht genügt, um die physikalischen Eigenschaften fester Körper zu verstehen. So würden ja nun die frei beweglichen Elektronen eine unendliche Leitfähigkeit bewirken. Tatsächlich wird aber die

Elektronenbewegung durch die ständigen Gitterschwingungen gestört, wobei die Elektronen aus ihrer Bahn geworfen werden, und damit ein endlicher elektrischer Widerstand entsteht (vgl. Fig. 7). An diesem Beispiel wird deutlich, daß eine wichtige Aufgabe feldtheoretischer Behandlungen gerade die Wechselwirkung von Elementaranregungen untereinander ist. Diese Wechselwirkung führt zu einer Streuung aus dem Anfangszustand und damit zu einer endlichen Lebensdauer des Anfangszustandes. In analoger Weise ergibt sich durch die Wechselwirkung der Schallwellen *untereinander* der Wärmewiderstand.

Diesen relativ leicht einzusehenden Folgen der Wechselwirkung steht aber eine zweite für die quantenfeldtheoretische Behandlung sehr typische gegenüber. Es treten nämlich nicht nur Prozesse auf, bei denen Teilchen aneinander gestreut oder Quanten erzeugt oder vernichtet werden, sondern auch solche, bei denen der Anfangszustand völlig identisch mit dem Endzustand ist. Trotzdem führt die Wechselwirkung etwa zwischen dem Elektron und dem Schallfeld zu völlig neuen Erscheinungen. Es erweist sich, daß die Masse des Elektrons durch die Wechselwirkung mit dem Schallfeld geändert wird (es entsteht das *Polaron*, vgl. Fig. 8) und es erweist sich überdies, daß die Wechselwirkung zwischen Elektron und Schallfeld zu einer direkten *anziehenden* Wechselwirkung zwischen Elektronen führt.

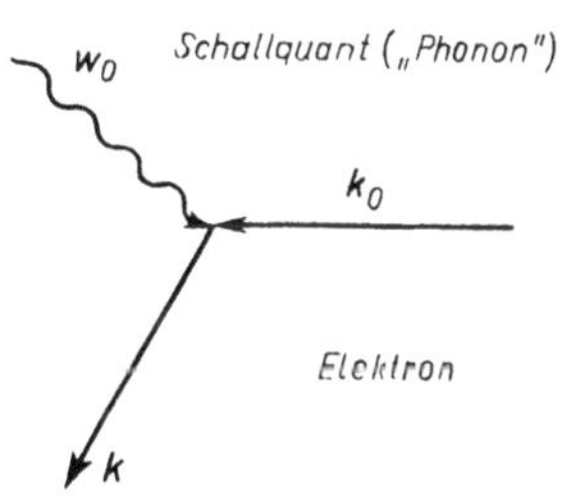

Fig. 7
Der elektrische Widerstand (im ungestörten Gitter) entsteht durch die „Zusammenstöße" von Elektronen (ausgezogene Striche) mit Schallquanten (Schlangenlinie). In unserem Bild wird das Schallquant absorbiert

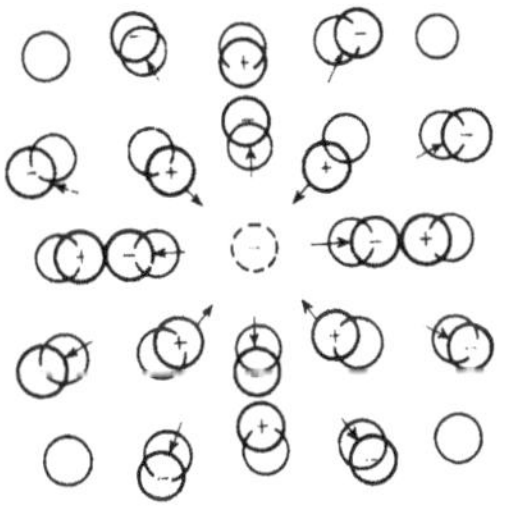

Fig. 8
Das Polaron. Das Elektron (gestrichelter Kreis in der Mitte) verschiebt die Ionen des polaren Kristalls aus ihren Gleichgewichtslagen. Dadurch ändert sich seine „effektive" Masse

Dieser Effekt, der beim Festkörper zuerst für Exzitonen hergeleitet wurde, hat sich später als grundlegend für die Supraleitungstheorie herausgestellt. Durch diese Wechselwirkung bilden sich jeweils Paare von Elektronen. Durch die Bindung dieser Paare entsteht zwischen dem Grundzustand und den angeregten Zuständen eine Lücke, so daß der gesamte Elektronenzustand des Supraleiters eine gewisse Stabilität gegenüber äußeren Störungen erhält. Dies führt dann zur Erklärung der unendlich hohen Leitfähigkeit, und des Diamagnetismus des Supraleiters. Die Störungen durch die Fluktuationen des Gitters sind dann sozusagen ausgeschaltet.

Abschließend weisen wir noch auf eine weitere Elementaranregung hin. Lassen wir eine örtliche Dichteänderung frei beweglicher Elektronen gegenüber dem „Untergrund" der positiven Ionen zu, so ist die Ladungsverteilung im Kristall örtlich nicht mehr neutral. Es entstehen rücktreibende Felder, die die Elektronen wieder in ihre alte Lage zu bringen suchen (vgl. Fig. 9). Da die Elektronen jedoch eine träge Masse haben, schießen die Elektronen über ihre Gleichgewichtslage hinaus und verursachen wiederum eine neue inhomogene Ladungsverteilung und somit rücktreibende Felder. Es wird so intuitiv klar, daß die Elektronenladungsdichte eine Schwingung ausführen kann, die sogenannte Plasmaschwingung. Deren Quantisierung führt zu den *Plasmonen*.

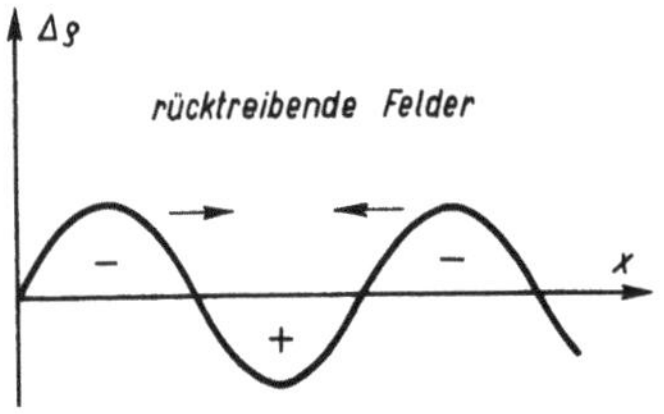

Fig. 9
Plasmonen sind die Quanten der Plasmaschwingungen. Diese entstehen durch rücktreibende elektrische Felder

Wie aus dem Gesagten hervorgehen dürfte, kommt es bei einer quantenfeldtheoretischen Behandlung darauf an, eine klare physikalische Vorstellung von den einzelnen möglichen Elementaranregungen zu haben. Aufgabe der Quantenfeldtheorie ist es dann, von der grundlegenden Schrödingergleichung her diese Elementaranregungen theoretisch herzuleiten und ihre Wechselwirkungen zu studieren. Wir sind sicher, daß sich hier noch ein breites Forschungsfeld zur Auffindung neuartiger Elementaranregungen in der Zukunft bieten wird, nicht zuletzt dann, wenn wir von einfach aufgebauten Kristallen zu komplizierteren Molekülkristallen übergehen.

Im übrigen sind die Methoden der Quantenfeldtheorie nicht auf Kristalle beschränkt, sondern lassen sich auch auf amorphe Körper anwenden.

§ 2 Einige Grundbegriffe der klassischen Mechanik

Die Quantisierung von Feldern bezieht sich keineswegs nur auf mechanische Systeme, etwa die Gitterschwingungen, sondern auch auf ganz andere, etwa auf das elektromagnetische Feld. Trotzdem geht man bei der Feldquantisierung von Formulierungen der klassischen Mechanik aus. Hierbei handelt es sich um die Lagrangeschen und Hamiltonschen Gleichungen[1]).

Wir erläutern diese zunächst für den Fall eines Teilchens, das sich in einer Dimension bewegt. Die zugehörige Koordinate bezeichnen wir mit q. Die Newtonsche Bewe-

[1]) Diejenigen Leser, die damit vertraut sind, können dieses Kapitel gleich übergehen und mit dem nächsten beginnen.

gungsgleichung lautet dann Masse mal Beschleunigung = Kraft

$$m\ddot{q} = K(q) \tag{2.1}$$

Im vorliegenden Buch nehmen wir fast stets an, daß die Kraft ein Potential $V(q)$ besitzt, sich also in der Form

$$K(q) = -\frac{\partial V}{\partial q} \tag{2.2}$$

schreiben läßt.
Die kinetische Energie bezeichnen wir mit T:

$$T = \frac{m}{2}\dot{q}^2 \tag{2.3}$$

Wir kommen somit zur Definition der *Lagrangefunktion* als Differenz aus kinetischer und potentieller Energie

$$L(\dot{q}, q) = T - V \tag{2.4}$$

Mit Hilfe der Lagrangefunktion (2.4) läßt sich die Bewegungsgleichung (2.1) in einer formal völlig neuen Weise schreiben, was zunächst als Erschwernis erscheinen mag, später aber bei der Feldquantisierung erhebliche Vorzüge bieten wird. Diese Lagrangegleichung lautet

$$\frac{d}{dt}\frac{\partial L}{\partial \dot{q}} - \frac{\partial L}{\partial q} = 0 \tag{2.5}$$

Führen wir die Differentiation von L nach $\dot{q}$ und q aus, so ergibt sich unter Beachtung von (2.2) und (2.3)

$$\frac{d}{dt} m\dot{q} - K(q) = 0 \tag{2.6}$$

also nach Ausführung der Zeitdifferentiation die ursprüngliche Gleichung (2.1).
Neben der Lagrangefunktion spielt die *Hamiltonfunktion* eine entscheidende Rolle. Diese ist als die Summe aus kinetischer und potentieller Energie

$$H = T + V(q) \tag{2.7}$$

definiert. Allerdings faßt man H nun nicht als Funktion von $\dot{q}$ und q auf, sondern man führt den Impuls p anstelle von $\dot{q}$ als neue Variable ein. Im hier betrachteten eindimensionalen Problem ist dieser Zusammenhang durch

$$p = m\dot{q} \tag{2.8}$$

gegeben. Damit nimmt die kinetische Energie die Gestalt

$$T = \frac{1}{2m}p^2 \tag{2.9}$$

an.

Aus Gründen, die später noch deutlicher werden, ist es günstig, die Beziehung (2.8) in eine etwas formalere Form zu gießen. Man erkennt nämlich unmittelbar, daß man (2.8) auch durch

$$p = \frac{\partial L}{\partial \dot{q}} \left(\equiv \frac{\partial T}{\partial \dot{q}} - \frac{\partial V}{\partial \dot{q}} = \frac{\partial T}{\partial \dot{q}} \right) \tag{2.10}$$

erhalten kann. Es läßt sich ferner eine Beziehung zwischen H und L angeben, die man im vorliegenden Fall durch direktes Einsetzen der Beziehungen (2.8) und (2.4) sofort verifiziert:

$$H = p\dot{q} - L \tag{2.11}$$

Die ursprüngliche Bewegungsgleichung (2.1) läßt sich mit Hilfe der Hamiltonfunktion durch die sogenannten Hamiltonschen Gleichungen wiedergeben. Hierzu schreiben wir zwei Gleichungen an, nämlich eine für $\dot{q}$ gemäß (2.8) und eine weitere für die zeitliche Änderung des Impulses p unter der Einwirkung der Kraft $K(q)$, die wir durch den Ausdruck für das Potential (2.2) ersetzen. Statt (2.1) schreiben wir somit die beiden Gleichungen

$$\dot{q} = \frac{p}{m} \tag{2.12}$$

$$\dot{p} = -\frac{\partial V}{\partial q} \tag{2.13}$$

an. Die rechten Seiten dieser Gleichungen lassen sich nun in sehr symmetrischer Weise durch Ableitungen der Hamiltonfunktion nach p bzw. q ausdrücken

$$\begin{aligned} \dot{q} &= \frac{\partial H}{\partial p} \left(\equiv \frac{\partial T}{\partial p} + \frac{\partial V}{\partial p} = \frac{\partial T}{\partial p} \right) \\ \dot{p} &= -\frac{\partial H}{\partial q} \left(\equiv -\frac{\partial T}{\partial q} - \frac{\partial V}{\partial q} = -\frac{\partial V}{\partial q} \right) \end{aligned} \tag{2.14}$$

Der Leser muß sich natürlich darüber völlig im klaren sein, daß diese neuen Formulierungen physikalisch völlig mit der ursprünglichen Formulierung mit Hilfe der Newtonschen Bewegungsgleichung (2.1) äquivalent sind. Obgleich die neuen Formulierungen dem einen oder anderen ungewohnt erscheinen und sogar auf den ersten Blick komplizierter sein mögen, bieten sie, wie wir bald sehen werden, gerade einen Ansatzpunkt für die Quantisierung von Feldern. Allerdings ist es dabei nötig, nicht nur ein Teilchen, sondern einen ganzen Satz von Teilchen zu betrachten. Der Einfachheit halber betrachten wir wieder eindimensionale Bewegungen, doch lassen sich alle Betrachtungen auf dreidimensionale Bewegungen übertragen. Die Newtonschen Bewegungsgleichungen nehmen für diese Teilchen, die wir durch einen Index j unterscheiden, die Gestalt

$$m_j \ddot{q}_j = K_j(q_1, \ldots, q_N) \tag{2.15}$$

an. Im folgenden werden wir sofort die Abkürzung für einen Satz von Koordinaten

$$(q_1, \ldots, q_N) = \{q\} = \{q_j\} \tag{2.16}$$

verwenden, so daß (2.15) sich dann in der Form

$$m_j \ddot{q}_j = K_j(\{q\}) \tag{2.17}$$

schreibt. Wiederum nehmen wir an, daß ein Potential existiert, aus dem alle Kräfte einfach durch Ableitung zu gewinnen sind

$$K_j = -\frac{\partial V}{\partial q_j} \tag{2.18}$$

Definieren wir noch, wie üblich, die kinetische Energie durch

$$T = \sum_{j=1}^{N} \frac{1}{2} m_j \dot{q}_j^2 \tag{2.19}$$

so lautet nun die Lagrangefunktion

$$L = T - V \tag{2.20}$$

und die zugehörigen Lagrangegleichungen

$$\frac{d}{dt} \frac{\partial L}{\partial \dot{q}_j} - \frac{\partial L}{\partial q_j} = 0 \tag{2.21}$$

Durch Einsetzen von (2.20) in (2.21) mit den Definitionen (2.18) und (2.19) überzeugt man sich sofort, daß man von (2.21) unmittelbar auf (2.15) zurückkommt. Die Impulse

$$p_j = m_j \dot{q}_j \tag{2.22}$$

können wir wieder formal durch

$$p_j = \frac{\partial L}{\partial \dot{q}_j} \tag{2.23}$$

gewinnen. Der Zusammenhang zwischen Hamiltonfunktion und Lagrangefunktion ergibt sich in Erweiterung von (2.11) sofort zu

$$H = \sum_j p_j \dot{q}_j - L \tag{2.24}$$

Setzt man hierin (2.22) und die Form (2.20) ein, so geht H in

$$H = \sum_j \frac{1}{2m_j} p_j^2 + V \tag{2.25}$$

über, eine Form, die wir im folgenden meist direkt als Ausgangspunkt wählen werden. Auch die Hamiltonschen Gleichungen lassen sich ohne weiteres auf viele Teilchen übertragen. Hierzu gehen wir von den Gleichungen

$$\dot{q}_j = \frac{p_j}{m_j} \tag{2.26}$$

und

$$\dot{p}_j = -\frac{\partial V}{\partial q_j} \tag{2.27}$$

aus, die sich ersichtlich formal mit Hilfe der Hamiltonfunktion durch

$$\begin{aligned} \dot{q}_j &= \frac{\partial H}{\partial p_j} \\ \dot{p}_j &= -\frac{\partial H}{\partial q_j} \end{aligned} \tag{2.28}$$

ausdrücken lassen. Eliminiert man aus den Gleichungen (2.26) und (2.27) p_j, indem man die erste Gleichung nach der Zeit differenziert und dann in der zweiten Gleichung $\dot{p}$ durch $\ddot{q}$ ausdrückt, so gelangen wir zurück zur Gleichung (2.15), wobei die Kraft durch (2.18) gegeben ist.

Aufgaben zu § 2

1. Warum ist $\frac{\partial T}{\partial q} = 0, \quad \frac{\partial V}{\partial \dot{q}} = 0, \quad \frac{\partial V}{\partial p} = 0$?

2. Für eine elastische Kraft ist $K(q) = -fq$ (f: Federkonstante). Wie lauten Hamilton- und Lagrangefunktion sowie die Bewegungsgleichungen (2.1), (2.5), (2.14) explizit?

II. Harmonische Oszillatoren

§ 3 Der quantenmechanische Oszillator: Erzeugungs- und Vernichtungsoperatoren

Wir untersuchen die Bewegung eines Teilchens mit der Masse m, das elastisch an die Ruhelage gebunden ist. Als Teilchenkoordinate q wählen wir die Auslenkung aus der Ruhelage (vgl. Fig. 10), den zugehörigen Impuls bezeichnen wir mit p. Die Federkonstante f eliminieren wir durch die aus der klassischen Physik geläufige Beziehung $f = m\omega^2$, wobei ω die Frequenz des Oszillators ist. In diesen Bezeichnungen lauten die kinetische Energie $T = p^2/(2m)$ und die potentielle Energie $V = (m/2)\,\omega^2 q^2$.

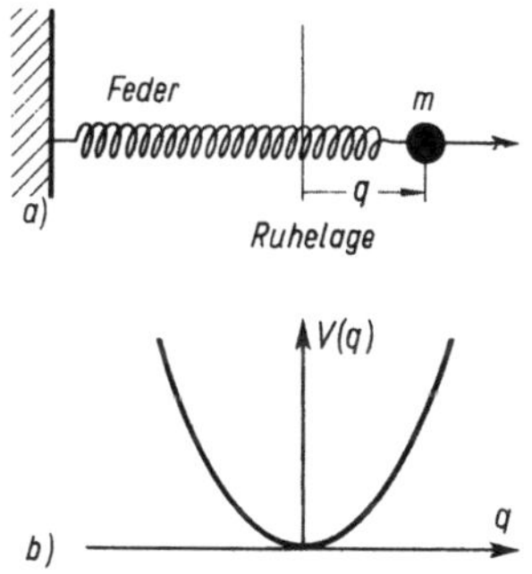

Fig. 10
Der harmonische Oszillator
a) Beispiel aus der Mechanik
b) Die potentielle Energie als Funktion der Auslenkung

Die klassische Hamiltonfunktion ist somit durch

$$H = T + V = \frac{p^2}{2m} + \frac{m}{2}\omega^2 q^2 \tag{3.1}$$

gegeben. Wir gelangen zur Quantenmechanik, indem wir den Impuls p mit Hilfe der Regel

$$p = \frac{\hbar}{i}\frac{d}{dq} \tag{3.2}$$

durch einen Operator ersetzen. p und q genügen der Vertauschungsrelation

$$pq - qp = \frac{\hbar}{i} \tag{3.3}$$

Diese Relation ist so aufzufassen, daß wir uns beide Seiten von (3.3) auf eine beliebige Wellenfunktion ψ angewendet denken und hierbei explizit die Darstellung (3.2) verwenden:

$$\frac{\hbar}{i}\frac{d}{dq}(q\psi) - q\left(\frac{\hbar}{i}\frac{d}{dq}\psi\right) = \frac{\hbar}{i}\psi \tag{3.4}$$

Differenzieren wir das 1. Glied in (3.4) nach der Produktregel, so entsteht $(\hbar/i)\psi + (\hbar/i)q(d/dq)\psi$. Ziehen wir hiervon das 2. Glied, wie in (3.4) angegeben, ab, so ergibt sich natürlich gerade die rechte Seite von (3.4). Da (3.4) für beliebige (differenzierbare) Funktionen gilt, dürfen wir (3.3) als eine Identität auffassen.

So trivial auch die Begründung von (3.3) erscheinen mag, so grundlegend wichtig sind Vertauschungsrelationen dieser Art für die gesamte Quantenfeldtheorie. In der Tat werden wir sehen, daß sich viele Probleme der Festkörperphysik und Quantenoptik (aber auch noch anderer Gebiete) mit Hilfe der Quantenfeldtheorie formulieren und unter geschickter Anwendung von Vertauschungsrelationen lösen lassen. Doch kehren wir zunächst zum harmonischen Oszillator zurück. Setzen wir (3.2) in (3.1) ein, so erhalten wir den Hamiltonoperator des harmonischen Oszillators. Mit ihm lautet die Schrödingergleichung

$$\left\{-\frac{\hbar^2}{2m}\frac{d^2}{dq^2} + \frac{m}{2}\omega^2 q^2\right\}\psi(q) = E\psi(q) \tag{3.5}$$

Zur weiteren Behandlung von (3.5) führen wir eine dimensionslose Koordinate ξ mit Hilfe der Beziehung

$$q = \sqrt{\frac{\hbar}{m\omega}}\,\xi \tag{3.6}$$

ein, so daß die Schrödingergleichung (3.5) die Gestalt

$$\frac{\hbar\omega}{2}\left\{-\frac{d^2}{d\xi^2} + \xi^2\right\}\psi(\xi) = E\psi(\xi) \tag{3.7}$$

annimmt. Könnte man nun die Operatoren ξ und $d/d\xi$ als reine Zahlen behandeln, so würde es naheliegen, den auf der linken Seite von (3.7) auftretenden Operator

$$\left(-\frac{d^2}{d\xi^2} + \xi^2\right) \tag{3.8}$$

als Ausdruck

$$(-\alpha^2 + \beta^2) \tag{3.9}$$

aufzufassen und dementsprechend eine Zerlegung der Gestalt

$$(-\alpha + \beta)(\alpha + \beta) \tag{3.10}$$

vorzunehmen. Wir wollen daher versuchsweise anstelle der linken Seite (3.7) nun ansetzen

$$\hbar\omega \frac{1}{\sqrt{2}}\left(-\frac{d}{d\xi}+\xi\right)\left(\frac{d}{d\xi}+\xi\right)\frac{1}{\sqrt{2}}\psi \tag{3.11}$$

Multiplizieren wir die Klammern aus, wobei wir nun natürlich auf die genaue Reihenfolge der Operatoren ξ und $d/d\xi$ zu achten haben, so ergibt sich

$$(3.11) = \underbrace{\frac{\hbar\omega}{2}\left\{-\frac{d^2}{d\xi^2}+\xi^2\right\}\psi(\xi)}_{\text{I}} - \underbrace{\frac{\hbar\omega}{2}\left\{\frac{d}{d\xi}\xi - \xi\frac{d}{d\xi}\right\}\psi(\xi)}_{\text{II}}$$

Darin stimmt der erste Ausdruck mit der linken Seite von (3.7), wie gewünscht, überein. Der zweite reduziert sich wegen der Vertauschungsrelation

$$\frac{d}{d\xi}\xi - \xi\frac{d}{d\xi} = 1 \tag{3.12}$$

auf

$$\text{II} = -\frac{\hbar\omega}{2}\psi \tag{3.13}$$

(Die Vertauschungsrelation (3.12) erhalten wir unmittelbar aus der früheren Relation (3.3), indem wir q durch ξ gemäß (3.6) ersetzen).

Die in (3.11) vorkommenden Klammerausdrücke sind wieder bestimmte Operatoren; diese kürzen wir, zunächst rein formal, wie folgt ab:

$$\frac{1}{\sqrt{2}}\left(-\frac{d}{d\xi}+\xi\right) = b^+ \text{ [1]} \tag{3.14}$$

$$\frac{1}{\sqrt{2}}\left(\frac{d}{d\xi}+\xi\right) = b \tag{3.15}$$

Da sich (3.11) und die linke Seite von (3.7) noch durch den Zusatz (3.13) unterscheiden, führen wir noch die verschobene Energie

$$E' = E - \frac{\hbar\omega}{2} \tag{3.16}$$

ein. Damit läßt sich die Schrödingergleichung (3.7) endgültig durch

$$\hbar\omega b^+ b\psi = E'\psi \tag{3.17}$$

ersetzen.

Um eine Vertauschungsrelation für b und b^+ herzuleiten, bilden wir $bb^+ - b^+b$ und setzen hierin die Operatoren nach (3.14) und (3.15) ein. Unter Verwendung von

---

[1]) b^+ heißt in Worten „b Kreuz".

(3.12) erhalten wir dann unmittelbar die grundlegende Vertauschungsrelation

$$bb^+ - b^+b = 1 \tag{3.18}$$

Operatoren, die der Beziehung (3.18) genügen, nennen wir aus später ersichtlichen Gründen *Bose-Operatoren.*

Wir zeigen, wie man in einfacher Weise mit Hilfe der Operatoren b^+, b und der Vertauschungsrelation (3.18) Eigenzustände des harmonischen Oszillators konstruieren kann. Dazu gehen wir davon aus, daß die Energie E des quantenmechanischen Oszillators stets positiv ist (vgl. Aufgabe 1), auf jeden Fall also nach unten hin begrenzt ist.

Wir bezeichnen den zum tiefsten Energiewert E_0' gehörigen Zustand mit ψ_0.

Wir multiplizieren die Gleichung

$$\hbar\omega b^+ b\psi_0 = E_0'\psi_0 \tag{3.19}$$

von links mit dem Operator b und erhalten

$$\hbar\omega(bb^+ b)\psi_0 = E_0' b\psi_0 \tag{3.20}$$

Unter Verwendung der Vertauschungsrelation (3.18) bringen wir auf der linken Seite von (3.20) den ersten Operator b nach rechts, so daß sich

$$\hbar\omega\{1 + b^+ b\} b\psi_0 = E_0' b\psi_0 \tag{3.21}$$

ergibt. Bringen wir schließlich $\hbar\omega b\psi_0$ auf die rechte Seite, so erhalten wir

$$\hbar\omega b^+ b(b\psi_0) = (E_0' - \hbar\omega) b\psi_0 \tag{3.22}$$

Diese Gleichung besagt aber, daß $b\psi_0$ eine neue Eigenfunktion mit dem Eigenwert $E_0' - \hbar\omega$ ist, im Gegensatz zu unserer Annahme, daß ψ_0 bereits der tiefste Zustand ist. Dieser Widerspruch löst sich nur dadurch, daß

$$b\psi_0 = 0 \tag{3.23}$$

ist. Diese Gleichung dient im folgenden direkt dazu, um den Grundzustand ψ_0 zu definieren. Um dies ganz deutlich zu sehen und auch, um den Zusammenhang mit den bekannten Oszillator-Wellenfunktionen herzustellen, kehren wir für den Augenblick zu den Operatoren ξ und $d/d\xi$ gemäß (3.14) und (3.15) zurück. Dann geht (3.23) in die Differentialgleichung erster Ordnung

$$\left(\frac{d}{d\xi} + \xi\right)\psi_0(\xi) = 0 \tag{3.24}$$

über, die ersichtlich die Lösung

$$\psi_0(\xi) = C \cdot e^{-\xi^2/2} \tag{3.25}$$

besitzt. Dies ist aber natürlich die Wellenfunktion des Oszillatorgrundzustandes.

Wir wollen nun aber eine Rechnung zu (3.17) durchführen, bei der wir gar nicht mehr an Differentialgleichungen zu denken brauchen, sondern ganz algebraisch die Wellenfunktionen und Energiewerte finden. Dazu multiplizieren wir die Gleichung (3.17) von links her mit b^+:

$$b^+(\hbar\omega b^+ b)\psi = E' b^+ \psi \tag{3.26}$$

Mit Hilfe der Vertauschungsrelation (3.18) und der oben durchgeführten Schritte erhalten wir dann

$$\hbar\omega b^+ b(b^+\psi) = (E' + \hbar\omega) b^+ \psi \tag{3.27}$$

Hieraus ist ersichtlich, daß, falls ψ eine Eigenfunktion ist, auch $b^+\psi$ eine Eigenfunktion mit einem um $\hbar\omega$ höheren Eigenwert ist. Durch n-malige Anwendung des Operators b^+ erhalten wir die n'te angeregte Eigenfunktion

$$\psi_n = (b^+)^n \psi_0 \tag{3.28}$$

Da die Gleichung (3.17) *homogen* in ψ ist, ist wie üblich bei den Eigenfunktionen noch ein konstanter Faktor frei wählbar. Diesen wählen wir so, daß ψ_n normiert wird. Wir definieren hier und im folgenden die Normierung in der *dimensionslosen* Koordinate ξ durch

$$\int_{-\infty}^{+\infty} \psi_n^*(\xi)\psi_n(\xi)d\xi = 1$$

Wie wir weiter unten zeigen werden (vgl. 4.21), läßt sich der Normierungsfaktor rein algebraisch bestimmen. Hier nehmen wir das Resultat vorweg und schreiben die *normierte Eigenfunktion* an:

$$\psi_n = \frac{1}{\sqrt{n!}}(b^+)^n \psi_0 \tag{3.29}$$

Wie lauten die zugehörigen Eigenwerte explizit? Um denjenigen für $n = 0$ zu erhalten, multiplizieren wir (3.23) mit b^+ und vergleichen dies mit der allgemeinen Gleichung (3.17).

Ersichtlich ist $E_0' = 0$.

Da sich durch n-malige Anwendung von b^+ auf ψ_0 die Energie E_0' n mal um $\hbar\omega$ erhöht, gehört zu (3.29) der Energiewert

$$E' = n\hbar\omega \tag{3.30}$$

bzw. in der ursprünglichen Energieskala, die (3.5) zugrundelegt,

$$E = \left(n + \frac{1}{2}\right)\hbar\omega \tag{3.31}$$

(3.30) läßt sich so interpretieren, daß im n-ten Zustand n Energiequanten der Größe $\hbar\omega$ vorhanden sind. Da durch die Anwendung von b^+ auf ψ_n die Zahl der Quanten um eines erhöht wird, also eines zusätzlich *erzeugt* wird, heißt b^+ *Erzeugungsoperator*.

Da die Anwendung von b auf ψ (vgl. (3.20) bis (3.22)) ein Quant vernichtet, heißt b *Vernichtungsoperator* (vgl. Fig. 11).

Viele, ungekoppelte Oszillatoren. Wir übertragen die Ergebnisse des einen Oszillators auf viele Oszillatoren. Dazu nehmen wir an, daß die einzelnen Oszillatoren, deren Koordinaten q wir durch einen Index k unterscheiden, voneinander unabhängig

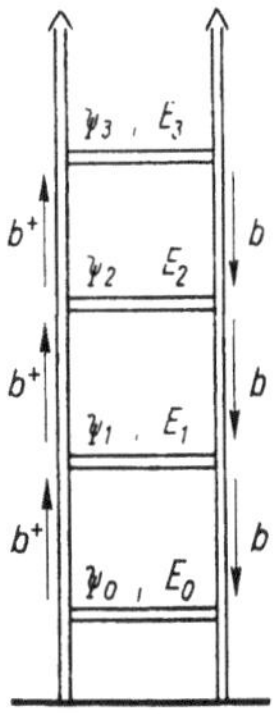

Fig. 11
Erzeugungs- und Vernichtungsoperatoren bewirken einen Auf- bzw. Abstieg auf der Leiter der Zustände

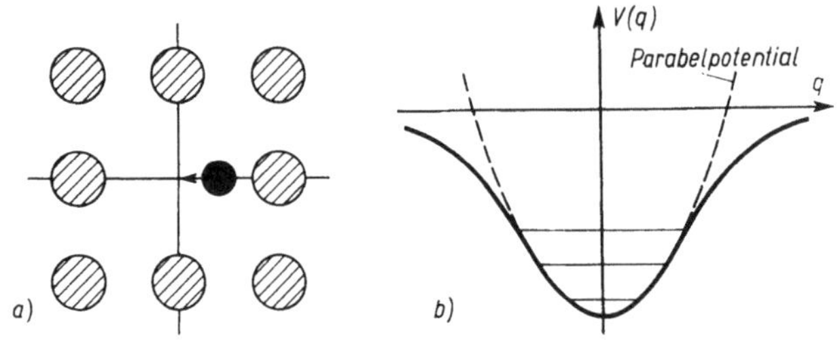

Fig. 12
Ein Anwendungsbeispiel für den harmonischen Oszillator. In einem (starren) Atomgitter fehlt das (schwere) Atom und ist durch ein leichtes ersetzt (schwarze Kugel)
a) die Atomanordnung
b) das tatsächliche Potential wird durch eine Parabel angenähert. Die niedrig liegenden Schwingungszustände „merken" praktisch nichts von der Abweichung gegenüber dem exakten Potentialverlauf. q ist die Koordinate des leichten Atoms.

schwingen. Die Massen und Frequenzen dürfen voneinander verschieden sein und werden entsprechend durch den Index k gekennzeichnet. Die klassische Hamiltonfunktion dieses Systems ist einfach eine Summe über die Hamiltonfunktionen der einzelnen Oszillatoren:

$$H = \sum_k H_k \tag{3.32}$$

mit
$$H_k = \frac{1}{2m_k} p_k^2 + \frac{m_k}{2} \omega_k^2 q_k^2 \tag{3.33}$$

Zur Quantisierung gelangen wir wieder, indem wir die Regel

$$p_k = \frac{\hbar}{i} \frac{\partial}{\partial q_k} \tag{3.34}$$

anwenden. Für jeden einzelnen der Oszillatoren führen wir wieder alle früheren Umformungen durch und erhalten den folgenden *Hamiltonoperator für ungekoppelte Oszillatoren*

$$H = \sum_k \hbar\omega_k \left(b_k^+ b_k + \frac{1}{2} \right) \tag{3.35}$$

Die Summe $\sum_k (1/2)\hbar\omega_k$ bezeichnen wir als die *Nullpunktenergie*. Da sie eine Konstante ist, denken wir uns im folgenden den Nullpunkt der Energieskala so verschoben, daß die Nullpunktenergie $\sum (1/2)\hbar\omega_k$ in (3.35) weggelassen werden kann. Die Schrödingergleichung lautet dann

$$\{\hbar\omega_1 b_1^+ b_1 + \hbar\omega_2 b_2^+ b_2 + \cdots \hbar\omega_N b_N^+ b_N\} \Phi = E\Phi \tag{3.36}$$

Von grundlegender Bedeutung sind hier wieder die Vertauschungsrelationen. Natürlich haben wir

$$b_k b_k^+ - b_k^+ b_k = 1 \tag{3.37}$$

Daneben müssen wir aber noch angeben, welchen Relationen die Operatoren b_k etc. mit verschiedenen Indizes k, k' genügen. Da die b_k und b_k^+ aus q_k und $\partial/\partial q_k$ bestehen (vgl. (3.14), (3.15)), aber natürlich $\partial/\partial q_k$ mit $q_{k'} (k \neq k')$ vertauschbar ist, erhalten wir sofort

$$b_k b_{k'}^+ - b_{k'}^+ b_k = 0 \qquad \text{für} \qquad k \neq k' \tag{3.38}$$

(3.37) und (3.38) fassen wir unter Verwendung des *Kroneckersymbols*

$$\delta_{kk'} = \begin{cases} 1 & \text{für} \quad k = k' \\ 0 & \text{für} \quad k \neq k' \end{cases} \tag{3.39}$$

zu

$$b_k b_{k'}^+ - b_{k'}^+ b_k = \delta_{kk'} \tag{3.40}$$

zusammen. In ebenso trivialer Weise folgt

$$b_k b_{k'} - b_{k'} b_k = 0 \tag{3.41}$$

$$b_k^+ b_{k'}^+ - b_{k'}^+ b_k^+ = 0 \tag{3.42}$$

Dies sind die *Vertauschungsrelationen für Bose-Operatoren*. Im Folgenden verwenden wir bei zwei Operatoren A und B (hier z. B. $A = b_k$, $B = b_{k'}$) die Abkürzung

$$AB - BA = [A, B]$$

(„Kommutator zwischen A und B").
Wir zeigen nun, wie man wiederum mit Hilfe der Vertauschungsrelationen (3.40) bis (3.42) die Eigenzustände und Energien konstruieren kann. Dazu nehmen wir an, daß Φ_0 der tiefste Zustand ist. Wir bezeichnen die zugehörige tiefste Energie mit E_0. Multiplizieren wir nun (3.36) mit b_l und benutzen die Vertauschungsrelationen (3.40) und (3.41), so erhalten wir unmittelbar

$$\{\hbar\omega_1 b_1^+ b_1 b_l + \hbar\omega_2 b_2^+ b_2 b_l + \cdots + \hbar\omega_l (b_l^+ b_l + 1) b_l + \cdots\} \Phi_0 = E_0 b_l \Phi_0 \tag{3.43}$$

Durch Hinüberbringen von $\hbar\omega_l b_l \Phi_0$ auf die andere Seite ergibt sich

$$\{\hbar\omega_1 b_1^+ b_1 + \cdots + \hbar\omega_l b_l^+ b_l + \cdots\} b_l \Phi_0 = (E_0 - \hbar\omega_l) b_l \Phi_0 \tag{3.44}$$

Aus dieser Form geht hervor, daß $b_l \Phi_0$ eine neue Eigenfunktion zu einem noch tieferen Eigenwert im Gegensatz zu der Annahme wäre, daß E_0 bereits der tiefste Energiewert ist. Also muß wieder

$$b_l \Phi_0 = 0 \tag{3.45}$$

sein. Da l beliebig ist, muß (3.45) für alle $l = 1, \ldots, N$ gelten. Zugleich ergibt sich, daß $E_0 = 0$.

Genau wie beim einzelnen harmonischen Oszillator können wir nun durch fortgesetzte Anwendungen der Operatoren b_j^+ einen allgemeinen *Eigenzustand des Hamiltonoperators* (3.35) bilden, der dann die Gestalt

$$\Phi_{n_1, n_2, \ldots, n_N} = \frac{1}{\sqrt{n_1! n_2! \cdots n_N!}} (b_1^+)^{n_1} \cdots (b_N^+)^{n_N} \Phi_0 \tag{3.46}$$

annimmt. Der Wurzelausdruck sorgt dabei für die Normierung. Die n_j sind ganze Zahlen $\geqq 0$, wobei wir definieren:

$$0! = 1; \qquad (b^+)^0 = 1$$

Die zum Zustand (3.46) gehörige Energie lautet:

$$E = \hbar\omega_1 n_1 + \hbar\omega_2 n_2 + \cdots + \hbar\omega_N n_N \tag{3.47}$$
$$(+ \text{ Nullpunktenergie})$$

Wobei gilt:

$$\text{Nullpunktenergie} = (1/2)\hbar(\omega_1 + \cdots + \omega_N)$$

Eine kurze Schreibweise für (3.46) lautet

$$\Phi_{\{n_k\}} = \prod_k \frac{1}{\sqrt{n_k!}} (b_k^+)^{n_k} \Phi_0 \tag{3.48}$$

und entsprechend für (3.47)

$$E = \sum_k \hbar\omega_k n_k \tag{3.49}$$

Diese Schreibweise hat den Vorteil, daß wir sie auch dann anwenden können, wenn k nicht ganze Zahlen 1, 2, ..., sondern z. B. Vektoren sind.

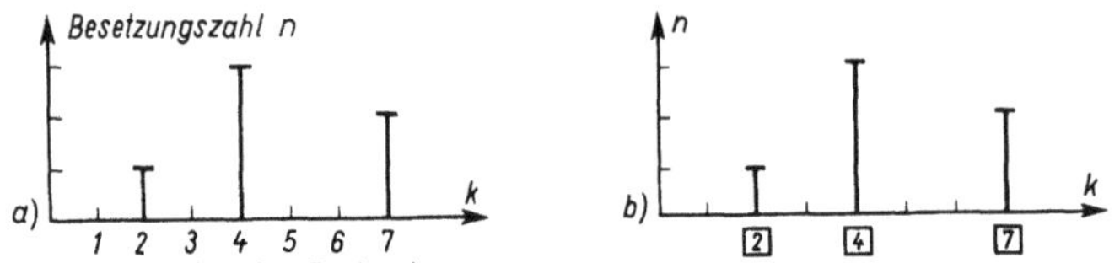

Fig. 13 Zwei verschiedene Arten, die Zustände wiederzugeben (vgl. Text)

In der Darstellung (3.46) oder (3.48) der Zustandsfunktion erscheinen formal *alle* n_k, auch wenn diese Null sind. Ein Beispiel ist in Fig. 13a angegeben. Hier lautet $\{n\}$:

$$\{n\} = (0, 1, 0, 3, 0, 0, 2, 0)$$

Es gibt daher noch eine zweite Darstellung, bei der nur $n_k > 0$ mitgenommen werden. Dies sei der Fall für die Oszillator-Indizes $k_1 < k_2 < \cdots < k_M$. In unserem Beispiel wäre $k_1 = 2$; $k_4 = 3$; $k_3 = 7$ (vgl. Fig. 13b). Wir schreiben hier allgemein:

$$\Phi_{\{n\}} = \frac{1}{\sqrt{n_{k_1}! n_{k_2}! \cdots n_{k_M}!}} (b_{k_1}^+)^{n_{k_1}} \cdots (b_{k_M}^+)^{n_{k_M}} \Phi_0; \qquad \text{alle } n_{k_j} > 0 \tag{3.50}$$

Aufgaben zu § 3

1. Man zeige, daß die Energie des harmonischen Oszillators stets $\geqq 0$ ist.
Anleitung: Man multipliziere (3.7) auf beiden Seiten mit ψ^* und integriere über ξ. Den Anteil

$$\int_{-\infty}^{+\infty} \psi^* \frac{\hbar^2}{2m} \frac{d^2}{d\xi^2} \psi d\xi$$

forme man durch partielle Integration um.

2. Am Beispiel der untersten Eigenfunktionen

$$\psi_n = \frac{1}{\sqrt{n!}} (b^+)^n \psi_0 \qquad (n = 0, 1, 2, 3) \tag{A 3.1}$$

zeige man, daß die durch (A 3.1) dargestellten Funktionen, als Funktion von ξ aufgefaßt, die übliche Form der Oszillatorwellenfunktionen haben:

$$\psi_n(\xi) = c_n e^{-\xi^2/2} H_n(\xi)$$

c_n ist ein Normierungsfaktor, $H_n(\xi)$ das Hermitesche Polynom der Ordnung n.

Anleitung: Man drücke ψ_0 gemäß (3.25) und b^+ gemäß (3.14) durch ξ aus.

3. Der harmonische Oszillator werde zusätzlich einer äußeren zeitabhängigen Kraft $K(t)$ ausgesetzt. Wie lautet die zeitabhängige Schrödingergleichung in den Operatoren b, b^+?

4. Man zeige, daß die allgemeine Lösung der zeitabhängigen Schrödingergleichung $\hbar\omega b^+ b\psi = i\hbar\dot{\psi}$ durch

$$\psi = \sum_{n=0}^{\infty} c_n \frac{1}{\sqrt{n!}} (b^+)^n \psi_0 e^{-in\omega t}$$

gegeben ist. Die c_n sind hierin noch willkürliche, zeitunabhängige Koeffizienten.

§ 4 Die Berechnung von Erwartungswerten

In der klassischen Mechanik beschreiben wir die Teilchenbewegung durch *Meßgrößen*, wie Ort, Impuls, kinetische Energie usw. Diesen Meßgrößen werden in der Quantenmechanik Operatoren zugeordnet. Durch Bildung von Erwartungswerten können dann Voraussagen über Meßgrößen gemacht werden. Dies geschieht bei einer eindimensionalen Bewegung nach folgendem Schema:

Tabelle I

	mech. Größen	Operatoren	Erwartungswerte
Ort	$q(t)$	q	$\int \psi^*(q,t) q \psi(q,t) dq$
Impuls	$p(t)$	$\frac{\hbar}{i}\frac{d}{dq}$	$\int \psi^*(q,t) \frac{\hbar}{i}\frac{d}{dq}\psi(q,t) dq$
kin. Energie	$\frac{p^2}{2m}$	$-\frac{\hbar^2}{2m}\frac{d^2}{dq^2}$	$\int \psi^*(q,t)\left(-\frac{\hbar^2}{2m}\frac{d^2}{dq^2}\right)\psi(q,t) dq$
potent. Energie	$\frac{m}{2}\omega^2 q^2$	$\frac{m}{2}\omega^2 q^2$	$\int \psi^*(q,t)\frac{m}{2}\omega^2 q^2 \psi(q,t) dq$
Gesamtenergie	$\frac{p^2}{2m}+\frac{m}{2}\omega^2 q^2$	$-\frac{\hbar^2}{2m}\frac{d^2}{dq^2}+\frac{m}{2}\omega^2 q^2$	$\int \psi^*(q,t)\left(-\frac{\hbar^2}{2m}\frac{d^2}{dq^2}+\frac{m}{2}\omega^2 q^2\right)\psi(q,t) dq$

Bei der Berechnung der Erwartungswerte ist die Normierungsbedingung

$$\int \psi^*(q,t)\psi(q,t) dq = 1$$

zugrundezulegen. Die Integrale laufen dabei von $-\infty$ bis $+\infty$.

Neuformulierungen der Erwartungswerte mit Hilfe von b und b^+. Im vorangegangenen Paragraphen hatten wir die Eigenfunktionen und Eigenwerte allein mit Hilfe der Vertauschungsrelation (3.18) gefunden, ohne davon Gebrauch zu machen, daß ψ eine Funktion von q (bzw. ξ) ist. Andererseits sind die Erwartungswerte gemäß obiger Tabelle I als Integrale über q definiert. Das Rechenschema mit Hilfe von b, b^+ ist daher erst vollständig, wenn wir lernen, wie wir die Erwartungswerte rein algebraisch berechnen können. Der Einfachheit halber rechnen wir gleich mit der dimensionslosen Koordinate ξ. Wir nehmen an, daß der Grundzustand bereits normiert sei:

$$\int \psi_0^* \psi_0 d\xi = 1 \tag{4.1}$$

Die in Tabelle I aufgeführten Erwartungswerte sind mit Hilfe von Operatoren folgender Struktur gebildet worden:

Sie enthalten entweder

a) die Koordinate q oder jetzt die dimensionslose Koordinate ξ und deren Potenzen,
b) Ableitungen 1. oder höherer Ordnung nach ξ.

Ganz allgemein können wir uns auch einen Operator vorstellen, der sowohl aus Potenzen von ξ als auch aus Ableitungen nach ξ aufgebaut ist. Sowohl die Koordinate ξ als auch die Ableitung $d/d\xi$ können wir gemäß Formeln (3.14), 3.15) durch die Operatoren b und b^+ ausdrücken und umgekehrt. Setzen wir die Operatoren b und b^+ für die Ausdrücke der Gestalt

$$\xi, \xi^m, \frac{d}{d\xi}, \left(\frac{d}{d\xi}\right)^m, \ldots \tag{4.2}$$

ein, so erhalten wir Linearkombinationen von Ausdrücken der Form

$$b, b^+, b^2, b^{+2}, \ldots, b^+b, \ldots, (b^+)^m \tag{4.3}$$

Statt die Erwartungswerte mit Hilfe von Ausdrücken (4.2) zu berechnen, kommt es für uns nun darauf an, Erwartungswerte mit Operatoren der Fom (4.3) zu berechnen. Dazu bedienen wir uns einiger Tricks.

Betrachten wir zwei Funktionen $\varphi(\xi)$ und $\chi(\xi)$, die im Unendlichen verschwinden sollen. Wir bilden damit das Integral von $-\infty$ bis $+\infty$.

$$\int (b\varphi^*)\chi d\xi \tag{4.4}$$

das nach Definition von b gemäß (3.15) mit dem Integral

$$\frac{1}{\sqrt{2}} \int \left\{\left(\xi + \frac{d}{d\xi}\right)\varphi^*\right\} \chi \, d\xi \tag{4.5}$$

identisch ist. Wir wollen nun im Integral (4.5) die Wirkung des Operators $\xi + (d/d\xi)$, der ja auf φ^* wirkt, auf die Funktion χ abwälzen. Da ξ lediglich als Faktor dient, können wir die Reihenfolge der Funktionen φ^*, ξ und χ sofort in die genannte Folge bringen. Die Differentiation von φ^* nach ξ wälzen wir durch eine partielle Integration auf χ ab, d.h. wir benutzen

$$\int_{-\infty}^{+\infty} \left(\frac{d}{d\xi}\varphi^*\right)\chi \, d\xi = \underbrace{\varphi^*\chi \Big|_{\xi=-\infty}^{+\infty}}_{=0} - \int_{-\infty}^{+\infty} \varphi^* \frac{d}{d\xi} \chi d\xi$$

und erhalten damit

$$(4.5) = \frac{1}{\sqrt{2}} \int \varphi^* \left\{\left(\xi - \frac{d}{d\xi}\right)\chi\right\} d\xi \tag{4.6}$$

Dabei haben wir benutzt, daß die Funktionen φ und χ im Unendlichen verschwinden, wie das bei allen Funktionen des harmonischen Oszillators ja der Fall ist. Der Operator

$$\frac{1}{\sqrt{2}} \left(\xi - \frac{d}{d\xi}\right) \tag{4.7}$$

ist aber gemäß der Definition (3.14) identisch mit b^+, so daß wir als Resultat für (4.4)

$$\int \varphi^*(b^+\chi)d\xi \tag{4.8}$$

erhalten haben. Fassen wir die Zwischenschritte zusammen, so ergibt sich als Endresultat

$$\int (b\varphi^*)\chi d\xi = \int \varphi^*(b^+\chi)d\xi \tag{4.9}$$

Ebenso beweist man

$$\int (b^+\varphi^*)\chi d\xi = \int \varphi^*(b\chi)d\xi \tag{4.10}$$

und, indem man das Verfahren n-mal anwendet, die Beziehung

$$\int ((b^+)^n\varphi^*)\chi d\xi = \int \varphi^*(b^n\chi)d\xi \tag{4.11}$$

Die Beziehungen (4.9) und (4.10) setzen uns in den Stand, die Auswertung von Erwartungswerten auf rein algebraische Weise durchzuführen. Dazu führen wir noch eine recht prägnante und in der Literatur häufig benutzte Ausdrucksweise ein. Anstelle der Integrale setzen wir eckige Klammern und schreiben dementsprechend[1])

$$\int \Phi^*\chi d\xi = \langle\Phi|\chi\rangle \tag{4.12}$$

Steht zwischen 2 Funktionen χ und Φ^* der Operator b, so schreiben wir

$$\int \Phi^* b\chi d\xi = \langle\Phi|b|\chi\rangle \tag{4.13}$$

Steht zwischen den genannten Funktionen schließlich ein ganz allgemeiner Operatorausdruck $\Omega(b^+, b)$, so schreiben wir hierfür

$$\int \Phi^*\Omega(b^+, b)\chi d\xi = \langle\Phi|\Omega(b^+, b)|\chi\rangle \tag{4.14}$$

(Auf derartige „Operatorfunktionen" kommen wir im nächsten Paragraphen noch ausführlich zu sprechen).

Der zweite senkrechte Strich in (4.13) und (4.14) ist entbehrlich und wird im folgenden gelegentlich weggelassen.

Die rechten Seiten der Gleichungen (4.12), (4.13) und (4.14) sind zunächst nichts anderes als Abkürzungen. Wir werden aber sogleich sehen, daß wir die expliziten Integrale gar nicht mehr brauchen. Wir benutzen nun die neuen Abkürzungen, um

---

[1]) In der Literatur wird statt der Schreibweise (4.12) oft noch eine andere verwendet, in der in den Klammern nicht die Funktionen stehen, sondern die zugehörigen Quantenzahlen. Man nimmt also die Ersetzung $\langle\Phi_n|\Phi_m\rangle \to \langle n|m\rangle$ vor. Die Wellenfunktionen, die rechts in der Klammer stehen, schreibt man dann in der Weise $\Phi_m \to |m\rangle$, die Wellenfunktionen Φ_n^*, die links in die Klammer eingehen, ersetzt man in der Weise $\Phi_n^* \to \langle n|$. Nach Dirac nennt man $\langle n|$ eine „bra", $|m\rangle$ hingegen eine „ket". Das Produkt aus $\langle n|$ und $|m\rangle$ in der Form $\langle n|m\rangle$ ergibt dann „bracket". Es handelt sich hier natürlich ursprünglich um ein Wortspiel im Englischen, da „bracket" Klammer heißt. Die bra und kets sind heute aber zu Fachwörtern geworden. (Das Fachwort „bra" ist nicht mit dem englischen Ausdruck für Büstenhalter zu verwechseln.)

die Beziehungen (4.9) und (4.10) umzuschreiben. Wir setzen dazu an

$$\Phi = b\varphi \tag{4.15}$$

und erhalten dann anstelle von (4.9)

$$\langle b\varphi|\chi\rangle = \langle\varphi|b^+|\chi\rangle \tag{4.16}$$

Mit $\quad \Phi = b^+\psi \qquad (4.17)$

erhalten wir anstelle von (4.10)

$$\langle b^+\varphi|\chi\rangle = \langle\varphi|b|\chi\rangle \tag{4.18}$$

und in Verallgemeinerung die Beziehung

$$\langle\Omega\varphi|\chi\rangle = \langle\varphi|\Omega^+|\chi\rangle \tag{4.19}$$

Das Zeichen $^+$ bei Ω bedeutet, wie auch sonst in diesem Buche, das Hermitesch Konjugierte: Jeder der in Ω^+ auftretenden Operatoren wird mit einem Kreuz versehen, wobei $b^{++} = b$ zu setzen ist. Außerdem ist die Reihenfolge der Operatoren in allen Produkten umzudrehen. Schließlich sind alle Zahlen durch die dazu konjugiert komplexen zu ersetzen. Wir zeigen an dem *Beispiel* $\Omega = \alpha(b^+)^n b^m$, wie diese Regel anzuwenden ist:

$$\Omega^+ = \alpha^*\left((b)^m\right)^+\left((b^+)^n\right)^+ = \alpha^*(b^+)^m(b^{++})^n \quad = \alpha^*(b^+)^m b^n$$

Um den Umgang mit dem neuen Formalismus näher kennenzulernen, betrachten wir ein

Beispiel. Bestimmung des Normierungsfaktors der Oszillatorfunktion. In § 3 hatten wir die Eigenfunktionen des harmonischen Oszillators in der Form

$$\psi_n = N_n(b^+)^n\psi_0 \tag{4.20}$$

bestimmt, wobei jedoch der Normierungsfaktor N_n unbestimmt blieb. Wir behaupten, daß dieser Normierungsfaktor durch

$$N_n = \frac{1}{\sqrt{n!}} \tag{4.21}$$

gegeben ist, sofern ψ_0 bereits normiert ist, was wir im Folgenden stets annehmen. Den Beweis führen wir durch vollständige Induktion.

1. Die Behauptung ist richtig für $n = 0$ nach der Voraussetzung über ψ_0.
2. Sie sei bereits bis $n = n_0$ bewiesen, d.h. ψ_{n_0} sei bereits normiert.
3. Wir zeigen: sie gilt dann auch für $n = n_0 + 1$.

Dazu setzen wir

$$\psi_{n_0+1} = C_{n_0+1}b^+\psi_{n_0} \tag{4.22}$$

wobei C_{n_0+1} eine gleich noch zu bestimmende Konstante ist und ψ_{n_0} nach Induktionsvoraussetzung als normiert angenommen wird.

Wir setzen (4.22) in die Bedingungsgleichung für die Normierung

$$\langle\psi_{n_0+1}|\psi_{n_0+1}\rangle = 1 \tag{4.23}$$

ein. Für die linke Seite von (4.23) erhalten wir dann

$$|C_{n_0+1}|^2\langle b^+\psi_{n_0}|b^+\psi_{n_0}\rangle \tag{4.24}$$

oder, unter Verwendung der Beziehung (4.18),

$$|C_{n_0+1}|^2\langle\psi_{n_0}|bb^+\psi_{n_0}\rangle \tag{4.25}$$

Wir nützen nun die Vertauschungsrelation (3.18) aus, womit aus (4.25)

$$|C_{n_0+1}|^2\langle\psi_{n_0}|(b^+b+1)\psi_{n_0}\rangle \tag{4.26}$$

wird. Schließlich berücksichtigen wir, daß ψ_{n_0} Eigenfunktion zum Hamiltonoperator $\hbar\omega b^+b$ ist, womit aus (4.26)

$$|C_{n_0+1}|^2(n_0+1)\langle\psi_{n_0}|\psi_{n_0}\rangle \tag{4.27}$$

wird. Nach Induktionsvoraussetzung dürfen wir annehmen, daß $\langle\psi_{n_0}|\psi_{n_0}\rangle$ auf 1 normiert ist. Andererseits muß (4.27) wegen (4.23) gleich 1 sein. Wir erhalten damit

$$|C_{n_0+1}|^2(n_0+1) = 1$$

Wählen wir C_{n_0+1} reell, so folgt

$$C_{n_0+1} = \frac{1}{\sqrt{n_0+1}}$$

Setzen wir dies sowie (4.20), (4.21) für $n = n_0$ in (4.22) ein, so ergibt sich

$$\psi_{n_0+1} = \frac{1}{\sqrt{(n_0+1)!}}(b^+)^{n_0+1}\psi_0$$

also gerade die Form (4.20), (4.21), jedoch für $n = n_0 + 1$.

Auf ähnliche Weise lassen sich die folgenden Formeln beweisen (Aufgabe 1 am Schluß dieses Paragraphen).

$$\langle\psi_{n+1}|b^+\psi_n\rangle = \sqrt{n+1} \tag{4.28}$$

$$\langle\psi_{n-1}|b\psi_n\rangle = \sqrt{n} \tag{4.29}$$

$$\langle\psi_m|\psi_n\rangle = \delta_{nm} \tag{4.30}$$

Hierbei sind die Wellenfunktionen ψ_m jeweils Eigenfunktionen des harmonischen Oszillators, wobei die dimensionslose Koordinate ξ zugrundegelegt wurde.

Verallgemeinerung auf einen Satz von Oszillatoren. Der eben entwickelte Formalismus läßt sich sofort auf mehrere Oszillatoren mit den Operatoren b_k^+, b_k ausdehnen. In den Relationen (4.16) bis (4.19) haben wir lediglich bei b^+, b den Index k anzuhängen. Ω in (4.19) darf nun auch b, b^+ mit verschiedenen Indizes k enthalten. Sind $\Phi_{\{n\}}$ die Funktionen (3.46), so gilt insbesondere

$$\langle \Phi_{n_1,n_2,\ldots,n_N} | \Phi_{m_1,m_2,\ldots,m_N} \rangle = \delta_{n_1 m_1}\, \delta_{n_2 m_2} \cdots \delta_{n_N m_N} \tag{4.31}$$

oder, in kürzerer Schreibweise

$$\langle \Phi_{\{n\}} | \Phi_{\{m\}} \rangle = \prod_k \delta_{n_k m_k} \tag{4.32}$$

Im vorliegenden Falle läuft im Produkt Π der Index k von 1 bis N. In späteren Fällen kann er auch eine andere Bedeutung, z. B. die einer Wellenzahl haben. Ferner gilt:

$$\langle \Phi_{\{n\}} | b_j^+ | \Phi_{\{m\}} \rangle = \prod_{k \neq j} \delta_{n_k m_k} \cdot \delta_{n_j, m_j+1} \sqrt{m_j + 1} \tag{4.33}$$

$$\langle \Phi_{\{n\}} | b_j | \Phi_{\{m\}} \rangle = \prod_{k \neq j} \delta_{n_k m_k} \cdot \delta_{n_j, m_j-1} \sqrt{m_j} \tag{4.34}$$

Die Produkte laufen dabei über alle k mit Ausnahme von $k = j$.

Aufgaben zu § 4

1. Man beweise die Relationen (4.28), (4.29), 4.30).

Anleitung:

a) (4.28): Man mache $b^+ \psi_n$ zu einer normierten Funktion.

b) (4.29): Man verwende (4.18) und mache $b^+ \psi_{n-1}$ zu einer normierten Funktion.

c) (4.30): Man unterscheide ca) $m = n$ und cb) $m \neq n$.

ca) Wurde oben bewiesen (Normierung).

cb) Mit Hilfe von (4.18) ... führe man (4.30) auf $\langle \psi_{m-1} | \psi_{n-1} \rangle$ usw. zurück, bis n oder $m = 0$ erscheint. Sodann verwende man $b\psi_0 = 0$.

2. Man berechne für die Eigenfunktionen des harmonischen Oszillators

$$\langle \psi_n | (b^+)^2 | \psi_n \rangle, \qquad \langle \psi_n | b^+ b | \psi_n \rangle, \qquad \langle \psi_n | b b^+ | \psi_n \rangle, \qquad \langle \psi_n | b^2 | \psi_n \rangle.$$

3. Man setze (4.16) und (4.18) als gegeben voraus und beweise (4.19) für $\Omega = (b^+)^n b^m$.
Anleitung: Man wende erst (4.18) und sodann (4.16) sukzessive an.

4. Mit Hilfe der Integraldarstellung (4.14) beweise man

$$\langle \varphi | \chi \rangle^* = \langle \chi | \varphi \rangle$$

sowie

$$\langle \varphi | b^+ | \chi \rangle^* = \langle \chi | b | \varphi \rangle$$

$$\langle \varphi | b | \chi \rangle^* = \langle \chi | b^+ | \varphi \rangle$$

und schließlich $\langle \varphi | (b^+)^m b^n | \chi \rangle^* = \langle \chi | b^{+n} b^m | \varphi \rangle$.

5. Man berechne die Erwartungswerte $\int \varphi^*(\xi) \Omega(\xi) \varphi(\xi) d\xi$ für $\Omega(\xi) = \xi;\ \xi^2;\ d/d\xi;\ d^2/d\xi^2$ im Formalismus der b, b^+ und „brackets" $\langle \ldots | \ldots \rangle$.

6. Die normierten Eigenfunktionen von zwei ungekoppelten Oszillatoren seien mit Φ_{n_1,n_2} bezeichnet (vgl. (3.46)). Man zeige

$$\langle \Phi_{n_1,n_2} | \Phi_{m_1,m_2} \rangle = \delta_{n_1,m_1} \delta_{n_2,m_2}$$

und berechne die folgenden Matrixelemente:

$$\langle \Phi_{n_1,n_2} b_1 \Phi_{m_1,m_2} \rangle; \qquad \langle \Phi_{n_1,n_2} b_2^+ \Phi_{m_1,m_2} \rangle; \qquad \langle \Phi_{n_1,n_2} b_1^+ b_2 \Phi_{m_1,m_2} \rangle$$

7. In Erweiterung von Aufgabe 4 untersuchen wir nun einen Satz von N ungekoppelten Oszillatoren mit den normierten Eigenfunktionen (3.46). Man beweise (4.32), (4.33), (4.34).

§ 5 Vom Umgang mit Bose-Operatoren: Wir lernen einige Tricks

Vielleicht in noch größerem Umfang als in der Quantenmechanik müssen wir in der Quantenfeldtheorie mit Operatoren umgehen. Erfahrungsgemäß bereitet dieser Umgang den Studenten Schwierigkeiten. Die einen sind zu unvorsichtig und behandeln Operatoren ganz wie Zahlen, wobei man schnell Rechenfehler macht, andere hingegen sind wieder zu ängstlich und betrachten Operatoren wie giftige Schlangen, die man möglichst gar nicht anfaßt. Wir wollen hier zeigen, daß man mit ein ganz klein wenig Überlegung schnell den richtigen Umgang mit Operatoren lernt und diese dann wirklich ganz harmlos sind.

Wir betrachten in diesem Paragraphen lediglich zwei Grundoperatoren, nämlich den Erzeugungsoperator b^+ und den Vernichtungsoperator b. Diese genügen der Vertauschungsrelation

$$bb^+ - b^+b = 1 \tag{5.1}$$

Die Vertauschungsrelation (5.1) ist für das folgende grundlegend. Wir wollen uns nun in systematischer Weise überlegen, was wir mit Operatoren tun dürfen und was nicht. Wie wir wissen, müssen wir uns stets vorstellen, daß Operatoren schließlich auf eine Wellenfunktion angewendet werden. Betrachten wir daher als einfaches Beispiel die Überlagerung zweier Wellenfunktionen, nämlich der des Grundzustandes des harmonischen Oszillators und des 1. angeregten Zustandes. Diese Überlagerung können wir in der Form

$$\Phi = \beta\Phi_0 + \Phi_1 = \beta\Phi_0 + b^+\Phi_0 \tag{5.2}$$

wiedergeben. Formal können wir auf der rechten Seite den Grundzustand Φ_0 ausklammern und Φ in der Form

$$\Phi = (\beta + b^+)\Phi_0 \tag{5.3}$$

schreiben. Auf den Grundzustand Φ_0 wirkt nun ein neuer Operator, den wir mit $\tilde{b}^+$ abkürzen. Aus

$$b^+ + \beta = \tilde{b}^+ \tag{5.4}$$

ersehen wir, daß wir zu dem Operator b^+ eine normale Zahl addieren dürfen und damit einen neuen Operator bekommen. In entsprechender Weise können wir zum

Vernichtungsoperator ebenfalls eine Zahl addieren, um einen neuen Operator $\tilde{b}$ zu erhalten

$$b + \beta^* = \tilde{b} \tag{5.5}$$

Setzen wir nun anstelle von b und b^+, $\tilde{b}$ und $\tilde{b}^+$ in (5.1) ein, so rechnet man sofort nach, daß die neuen Operatoren $\tilde{b}$ und $\tilde{b}^+$ wieder den Vertauschungsrelationen (5.1) genügen. Wie wir später sehen werden, ist dies eine sehr wichtige Eigenschaft der Bose-Operatoren. Verfolgen wir jedoch zunächst weiter, was sich bei der Superposition von Wellenfunktionen allgemein ergibt. Wie wir aus der Quantenmechanik wissen, können wir eine beliebige Funktion Φ als eine im allgemeinen unendliche Reihe nach Eigenfunktionen ψ_n darstellen

$$\Phi = \sum_n c_n \psi_n \tag{5.6}$$

Hier denken wir an Eigenfunktionen des harmonischen Oszillators, die wir – wie wir schon mehrfach gesehen haben – in der Form

$$\psi_n = (b^+)^n \Phi_0 \tag{5.7}$$

schreiben können, wobei wir den Normierungsfaktor weggelassen haben. Setzen wir (5.7) in (5.6) ein, so ergibt sich sofort

$$\Phi = \sum_n c_n (b^+)^n \Phi_0 \tag{5.8}$$

Es liegt nun nahe, auch hier wieder formal Φ_0 auszuklammern, so daß wir die rechte Seite von (5.8) in der Form

$$f(b^+)\Phi_0 \tag{5.9}$$

schreiben, wobei $f(b^+)$ durch

$$f(b^+) = \sum_n c_n (b^+)^n \tag{5.10}$$

gegeben ist. Wir sind hier direkt auf die Definition einer Operatorfunktion geführt worden. Diese Funktion entsteht folgendermaßen. Man denke sich eine Funktion einer klassischen Variablen $f(y)$ gegeben, entwickle diese dann in die Taylorreihe und ersetze überall y und seine Potenzen durch b^+ und dessen Potenzen. Auf diese Weise erhält man dann die Operatorfunktion $f(b^+)$. Wählen wir speziell die Koeffizienten in der Form

$$c_n = \frac{\alpha^n}{n!} \tag{5.11}$$

so haben wir hier als Beispiel einer Operatorfunktion die Exponentialfunktion

$$e^{\alpha b^+} = \sum_{n=0}^{\infty} \frac{\alpha^n}{n!} (b^+)^n \tag{5.12}$$

gefunden. Diese Exponentialfunktion spielt beim harmonischen Oszillator und somit in der Quantenfeldtheorie mit ihren Anwendungen in der Festkörperphysik und Quantenoptik eine außerordentlich wichtige Rolle, wie wir später sehen werden.

Die Funktion (5.10) hängt nur von dem Erzeugungsoperator b^+ ab. Man kann natürlich aus den Operatoren b^+ und b beliebige Potenzen und Produkte bilden, wobei jeweils genau auf die Reihenfolge der Operatoren b^+ und b zu achten ist. Auf Grund der Vertauschungsrelation (5.1) lassen sich die Faktoren b und b^+ in eine gewünschte Reihenfolge bringen, so daß wir z.B. bb^+ durch $1+b^+b$ ausdrücken können. Zwei Grundformen sind hier besonders wichtig.

1. die sogenannte *normal geordnete Funktion*. Diese besteht aus Summen über Potenzen der Form $b^{+m}b^n$, wobei in jedem einzelnen Summenglied rechts die Vernichtungsoperatoren und links die Erzeugungsoperatoren stehen. Diese Operatorfunktion hat also die allgemeine Form

$$\sum_{mn} c_{mn} b^{+m} b^n \tag{5.13}$$

2. Daneben gibt es die sogenannte *anti-normal geordneten Funktionen*, die aus Summanden der Form

$$b^m (b^+)^n \tag{5.14}$$

bestehen, wobei die Erzeugungsoperatoren rechts, die Vernichtungsoperatoren links stehen. Diese anti-normal geordneten Operatoren haben also die allgemeine Form

$$\sum_{mn} d_{mn} b^m (b^+)^n \tag{5.15}$$

Wie wir an diesen Beispielen deutlich erkennen, kann man mit Operatoren wie mit Zahlen umgehen mit zwei Ausnahmen:

1. Die Reihenfolge der Operatoren muß genau eingehalten werden und darf nur unter Verwendung der Regel (5.1) geändert werden.
2. Wir müssen hier auf eine Eigenschaft hinweisen, die wir noch nicht genau genannt haben, nämlich man darf durch einen Operator b nicht dividieren[1]). Man kann natürlich trotzdem inverse Operatoren bilden, beispielsweise in der Form

$$\frac{1}{\beta + b} \tag{5.16}$$

Dieser Operator ist dann in der Weise auszuwerten, daß man den Ausdruck (5.16) als Funktion von b auffaßt und ihn in eine Potenzreihe nach Potenzen von b entwickelt.

---

[1]) Dies sieht man folgendermaßen: Wir gehen von der zweifellos richtigen Gleichung

$$\Phi = b\Phi_0 \tag{*}$$

aus, die wir mit b^{-1} multiplizieren:

$$b^{-1}\Phi = \Phi_0 \tag{**}$$

Wählen wir für Φ_0 den Oszillatorgrundzustand, so muß nach (*) $\Phi = 0$ sein, also auch $b^{-1}\Phi$, im Widerspruch zu (**), wo $\Phi_0 \neq 0$ ist.

Wir wollen nun einige sehr nützliche Tricks kennenlernen, die es gestatten, in einfacher Weise Operatorausdrücke auszuwerten. Wir behaupten, daß die folgenden Relationen gelten

$$b(b^+)^n - (b^+)^n b = n(b^+)^{n-1} = \frac{\partial (b^+)^n}{\partial b^+} \tag{5.17}$$

$$b^+ (b)^n - (b)^n b^+ = -nb^{n-1} = -\frac{\partial (b^n)}{\partial b} \tag{5.18}$$

Die Relation (5.17) kann, von links nach rechts gelesen, wie folgt interpretiert werden. Wenn wir eine Potenz von b^+ mit b vertauschen, so ist dies gleichwertig mit einer einfachen Differentiation der Funktion $(b^+)^n$ nach b^+. Den Beweis der Relation (5.17) führen wir durch vollständige Induktion. Für $n = 1$ ist sie in der Tat gültig, da sie dann mit der ursprünglichen Vertauschungsrelation (5.1) übereinstimmt.

1. $n = 1$:

$$bb^+ - b^+ b = 1 \equiv 1 \cdot (b^+)^0$$

2. Wir nehmen nun an, die Relation (5.17) sei bis zu $n = n_0$ bereits bewiesen.
$n = n_0$:

$$b(b^+)^{n_0} - (b^+)^{n_0} b = n_0 (b^+)^{n_0 - 1} \tag{5.18a}$$

3. Wir zeigen, daß sie dann auch für $n = n_0 + 1$ gilt.

Wir schreiben hierzu die entsprechende linke Seite von (5.17) für $n = n_0 + 1$ an:

$$b(b^+)^{n_0+1} - (b^+)^{n_0+1} b$$

und formen diese wie folgt um

$$b(b^+)^{n_0} b^+ - (b^+)^{n_0+1} b \tag{5.19}$$

Hierbei machen wir explizit davon Gebrauch, daß für die Operatoren das assoziative Gesetz gilt. Das erste in (5.19) auftretende Glied $b(b^+)^{n_0}$ drücken wir durch die anderen in (5.17) auftretenden Glieder aus. (5.19) geht dann in

$$(b^+)^{n_0} bb^+ + n_0 (b^+)^{n_0} - (b^+)^{n_0+1} b \tag{5.20}$$

über. Wenden wir nun noch auf den Faktor bb^+, der im ersten Glied in (5.20) auftritt, die Vertauschungsrelation (5.1) an, so erhalten wir

$$(b^+)^{n_0} (b^+ b + 1) + n_0 (b^+)^{n_0} - (b^+)^{n_0+1} b \tag{5.21}$$

was sich zu

$$(n_0 + 1)(b^+)^{n_0} \tag{5.22}$$

verkürzen läßt. Damit ist die Relation (5.17) auch für $n_0 + 1$ und damit allgemein bewiesen. Entsprechend läßt sich natürlich (5.18) beweisen. Wir verallgemeinern nun (5.17) und (5.18) auf beliebige Funktionen von b^+ bzw. b. Setzen wir nämlich für diese beliebige Funktion $f(b^+)$ die Potenzreihenentwicklung (5.10) ein, so gilt für jede einzelne Potenz die Relation (5.17) bzw. (5.18). Summieren wir über alle Potenzen mit entsprechenden Koeffizienten auf, so ergibt sich unmittelbar

$$bf(b^+) - f(b^+)b = \frac{\partial f(b^+)}{\partial b^+} \tag{5.23}$$

bzw.

$$b^+ f(b) - f(b)b^+ = -\frac{\partial f(b)}{\partial b} \tag{5.24}$$

Wenden wir nun (5.23) bzw. (5.24) auf den Spezialfall einer Exponentialfunktion an, so erhalten wir unmittelbar

$$b e^{\alpha b^+} - e^{\alpha b^+} b = \alpha e^{\alpha b^+} \tag{5.25}$$

und

$$b^+ e^{\alpha b} - e^{\alpha b} b^+ = -\alpha e^{\alpha b} \tag{5.26}$$

Zur Exponentialfunktion können wir natürlich stets die inverse Funktion finden, indem wir einfach im Exponenten das Vorzeichen umkehren. Multiplizieren wir (5.25) von links mit $e^{-\alpha b^+}$ und formen die Gleichungen noch um, so erhalten wir

$$e^{-\alpha b^+} b e^{\alpha b^+} = b + \alpha \tag{5.27}$$

In entsprechender Weise verfahren wir mit (5.26) und erhalten

$$e^{-\alpha b} b^+ e^{\alpha b} = \mathrm{b}^+ - \alpha \tag{5.28}$$

Die Beziehungen (5.27) und (5.28) werden sich später wiederum als sehr wichtig erweisen.

Wir versuchen nun, in ähnlicher Weise den folgenden Ausdruck zu vereinfachen

$$e^{-\alpha b^+} e^{\beta b} e^{\alpha b^+} = ? \tag{5.29}$$

Zur Lösung dieser Aufgabe behandeln wir zunächst ein allgemeineres Problem, das des öfteren in der Quantenfeldtheorie auftritt. Es handelt sich nämlich darum, einen Ausdruck der Gestalt

$$V^{-1} e^W V \tag{5.30}$$

zu berechnen. Dabei können V und W allgemeine Operatorfunktionen sein. Im vorliegenden Falle sind natürlich V und W durch

$$V = e^{\alpha b^+} \tag{5.31}$$

bzw.

$$W = \beta b \tag{5.32}$$

gegeben. Wir behaupten, daß ganz allgemein unabhängig von der speziellen Form von V und W sich (5.30) in der Form

$$e^{(V^{-1}WV)} \tag{5.33}$$

schreiben läßt. Dazu entwickeln wir die Exponentialfunktion in (5.30) in eine Potenzreihe und finden so

$$(5.30) = V^{-1}\left(1 + W + \cdots \frac{1}{n!} W^n + \cdots\right) V \tag{5.34}$$

Wir betrachten ein einzelnes Glied der Potenzreihe, indem wir zwischen jedem Faktor W eine 1 einschieben

$$V^{-1} W^n V = V^{-1} W \cdot 1 \cdot W \cdot 1 \cdot W \cdots WV \tag{5.35}$$

Nun schreiben wir 1 in einer zunächst etwas komplizierteren Weise, nämlich in der Form

$$1 = V \cdot V^{-1} \tag{5.36}$$

Damit läßt sich die rechte Seite von (5.35) in der folgenden Weise schreiben

$$(V^{-1} WV)(V^{-1} WV) \cdots (V^{-1} WV) \tag{5.37}$$

was sich natürlich zu

$$(V^{-1} WV)^n \tag{5.38}$$

zusammenfassen läßt. Setzen wir nun das Ergebnis (5.38) mit (5.35) in (5.34) ein und summieren die Exponentialreihe wieder auf, so haben wir die Beziehung

$$V^{-1} e^W V = e^{(V^{-1} WV)} \tag{5.39}$$

erhalten. Übrigens sieht man an diesem Beispiel, daß unser Beweis keineswegs auf die Exponentialfunktion beschränkt ist, sondern auf eine beliebige, in eine Potenzreihe entwickelbare Funktion $f(W)$ anwendbar wäre:

$$V^{-1} f(W) V = f(V^{-1} WV) \tag{5.40}$$

Das Resultat (5.39) setzt uns instand, unsere Aufgabe

$$e^{-\alpha b^+} e^{\beta b} e^{\alpha b^+} = ?$$

zu lösen. Wir können nämlich jetzt sofort niederschreiben

$$e^{-\alpha b^+} e^{\beta b} e^{\alpha b^+} = e^{\beta \tilde{b}} \tag{5.41}$$

wobei $\tilde{b}$ durch

$$\tilde{b} = e^{-\alpha b^+} b e^{\alpha b^+} \tag{5.42}$$

definiert ist. (5.42) haben wir aber bereits explizit berechnet. Unter Verwendung von (5.27) erhalten wir hierfür

$$\tilde{b} = b + \alpha \tag{5.43}$$

Damit haben wir als endgültiges Resultat

$$e^{-\alpha b^+} e^{\beta b} e^{\alpha b^+} = e^{\beta b} e^{\alpha \beta} \tag{5.44}$$

gefunden. Diese Zwischenschritte setzen uns sogleich instand, eine sehr wichtige

Aufgabe zu lösen, nämlich die Transformation mit $V = e^{\alpha b^+}$ zu einer sogenannten unitären Transformation auszubauen. Eine unitäre Transformation ist dadurch gekennzeichnet, daß gilt

$$U^+ = U^{-1} \tag{5.45}$$

d. h. der hermitesch konjungierte Operator ist identisch mit dem Inversen des Operators. Die Frage lautet also, wie können wir $e^{\alpha b^+}$ zu einem unitären Operator erweitern. Dazu bilden wir als erstes den Operator

$$A = e^{\alpha b^+} e^{-\alpha^* b} \tag{5.46}$$

und untersuchen, wie der zu A hermitesch konjugierte Operator A^+ aussieht. Gemäß S. 33 gewinnen wir A^+ dadurch, daß wir an b ein Kreuz hängen, von b^+ das Kreuz weglassen und ferner α in α^* und α^* in α übergehen lassen, d. h. in die konjugiert komplexen Größen, und wir schließlich noch die Reihenfolge der Operatoren umkehren. Wir erhalten dann den Ausdruck

$$A^+ = e^{-\alpha b^+} e^{\alpha^* b} \tag{5.47}$$

Multiplizieren wir nun A^+ mit A

$$A^+ A = e^{-\alpha b^+} e^{\alpha^* b} e^{\alpha b^+} e^{-\alpha^* b} \tag{5.48}$$

so erkennen wir, daß die ersten drei Faktoren auf der rechten Seite von (5.48) gerade wieder von der Gestalt der linken Seite von (5.44) sind. Wir können daher das Operatorprodukt direkt auswerten und erhalten

$$A^+ A = e^{\alpha^* b} e^{|\alpha|^2} e^{-\alpha^* b} \tag{5.49}$$

was sich zu

$$A^+ A = e^{|\alpha|^2} \tag{5.50}$$

vereinfacht, da ja alle hier auftretenden Größen miteinander vertauschbar sind. Wäre A ein unitärer Operator, so hätte hier auf der rechten Seite nicht $e^{|\alpha|^2}$ stehen dürfen, sondern die 1. Wir müssen daher unser „Glück korrigieren" und einen neuen Operator einführen, in dem dafür gesorgt wird, daß der Zahlenfaktor auf der rechten Seite von (5.50) kompensiert wird. Dies geschieht durch die folgende Wahl

$$U = e^{-(1/2)|\alpha|^2} e^{\alpha b^+} e^{-\alpha^* b} \tag{5.51}$$

Auf Grund seiner Konstruktion ist U ein unitärer Operator, er genügt also der Beziehung (5.45). Wie sich zeigen läßt, kann U auf die wesentlich „schönere" Form

$$U = e^{\alpha b^+ - \alpha^* b} \tag{5.51a}$$

gebracht werden, an der man sofort ersieht, daß U unitär ist. Im folgenden benutzen wir jedoch stets die Form (5.51). Mit Hilfe dieses unitären Operators können wir nun wieder die Operatoren b und b^+ transformieren, und zwar erhalten wir unter Verwendung von (5.27) bzw. (5.28):

$$\tilde{b} = U^+ b U = b + \alpha \tag{5.52}$$

$$\tilde{b}^+ = U^+ b^+ U = b^+ + \alpha^* \tag{5.53}$$

Dieser unitäre Operator spielt, wie wir sogleich sehen werden, beim verschobenen harmonischen Oszillator eine grundlegende Rolle.

Neben dem eben betrachteten Operator, bei dem b bzw. b^+ *linear* in der Exponentialfunktion auftreten, gibt es noch einen zweiten wichtigen Operator, bei dem b und b^+ *gemeinsam* auftreten. Wir fragen uns, wie der Ausdruck

$$f(\alpha) = e^{\alpha b^+ b} b e^{-\alpha b^+ b} \tag{5.54}$$

zu berechnen ist. Wie bereits angegeben, fassen wir diesen Ausdruck als eine Funktion des Parameters α auf. Wir leiten nun eine Differentialgleichung für $f(\alpha)$ her, indem wir (5.54) nach α differenzieren. Unter genauer Berücksichtigung der Reihenfolge der Operatoren erhalten wir dann

$$f'(\alpha) = e^{\alpha b^+ b}(b^+ bb - bb^+ b) e^{-\alpha b^+ b} \tag{5.55}$$

In dem Klammerausdruck klammern wir b nach rechts aus und erhalten

$$e^{\alpha b^+ b}(b^+ b - bb^+) b e^{-\alpha b^+ b} \tag{5.56}$$

Der neue Klammerausdruck stellt aber gerade bis auf das Vorzeichen die linke Seite der Vertauschungsrelation (5.1) dar, so daß sich (5.56) auf

$$-e^{\alpha b^+ b} b e^{-\alpha b^+ b} \equiv -f(\alpha) \tag{5.57}$$

reduziert. Der Vergleich von (5.55) mit (5.57) ergibt eine Differentialgleichung für f

$$f'(\alpha) = -f(\alpha) \tag{5.58}$$

mit der Lösung

$$f(\alpha) = e^{-\alpha} \cdot C \tag{5.59}$$

wobei die Integrationskonstante C durch die „Anfangsbedingung" für $\alpha = 0$ festgelegt wird. Gemäß (5.54) muß aber

$$f(0) = b$$

werden, worin b der Vernichtungsoperator ist. Durch Vergleich mit (5.59) sehen wir, daß die Integrationskonstante C gleich dem Operator b ist. Dies erscheint auf den ersten Blick seltsam, ist es aber keineswegs, da ja $f(\alpha)$ (5.54) eine Operatorfunktion ist. Damit haben wir als endgültiges Resultat die Beziehung

$$e^{\alpha b^+ b} b e^{-\alpha b^+ b} = e^{-\alpha} b \tag{5.60}$$

gefunden. Ebenso beweist man die Relation

$$e^{\alpha b^+ b} b^+ e^{-\alpha b^+ b} = e^{\alpha} b^+ \tag{5.61}$$

Übrigens ist für ein rein imaginäres α der Operator $e^{\alpha b^+ b}$ unitär.

Aufgaben zu § 5

1. Man setze in (5.51a) $\alpha = -(1/\sqrt{2})\xi_0$; reell. Unter Verwendung von (3.14) und (3.15) überzeuge man sich, daß $U\varphi(\xi)$ nichts anderes als die Potenzreihenentwicklung von $\varphi(\xi + \xi_0)$ darstellt.

2. Man zeige: Ist ψ_0 normiert, dann ist es auch $\psi = U\psi_0$, wobei U durch (5.51) gegeben ist. Anleitung: Man verwende (4.19) und (5.45).

3. ψ_0 sei der Oszillatorgrundzustand, U die Transformation (5.51) und $\psi = U\psi_0$. Man zeige:

a) $\langle\psi|b|\psi\rangle = \alpha$, b) $\langle\psi|b^+|\psi\rangle = \alpha^*$

Anleitung: a) Da $b\psi_0 = 0$ ist, darf man schreiben: $bU\psi_0 = (bU - Ub)\psi_0$. Nun verwende man (5.23) und Aufgabe 2.
b) Man verwende (4.16), von rechts nach links gelesen.

4. In Aufgabe 4 von § 3 setze man

$$c_n = e^{-\frac{1}{2}|\gamma|^2} \cdot \gamma^n \frac{1}{\sqrt{n!}}$$

und überzeuge sich davon, daß sich dabei

$$\psi = exp\left\{-\frac{1}{2}|\gamma|^2 + \gamma b^+ e^{-i\omega t}\right\}\psi_0$$

ergibt, wobei ψ normiert ist.

5. Warum ist $e^A e^B \neq e^{A+B}$, falls $[A, B] \neq 0$?

§ 6 Der verschobene harmonische Oszillator: Vorbild für elementare Anregungen im Festkörper

Wir untersuchen einen quantenmechanischen harmonischen Oszillator, den wir gleich mit Hilfe einer dimensionslosen Koordinate ξ beschreiben. Wir nehmen aber nun an, daß dieser harmonische Oszillator noch einer weiteren, zeitlich konstanten Kraft $\sqrt{2}\gamma\hbar\omega$ ausgesetzt ist. (In Übungsaufgabe 4 dehnen wir die Resultate auf eine zeitlich veränderliche Kraft aus.) Die Schrödingergleichung hat dann die Gestalt

$$\left\{-\frac{1}{2}\frac{d^2}{d\xi^2} + \frac{1}{2}\xi^2 - \sqrt{2}\gamma\xi\right\}\psi(\xi) = \varepsilon\psi(\xi) \tag{6.1}$$

wobei die dimensionslose Energie durch

$$\varepsilon = \frac{E}{\hbar\omega} \tag{6.2}$$

gegeben ist. Die Gleichung (6.1) läßt sich auch in einer völlig anderen Weise interpretieren: sie beschreibt einen Oszillator, der seine Ruhelage bei $\xi_0 = \gamma\sqrt{2}$ (vgl. Fig. 14) hat. In dieser letzten Formulierung ist die Lösung trivial: Statt der alten Koordinate ξ führt man eine verschobene Koordinate ein, so daß im neuen Koordinatensystem die Ruhelage in den Ursprung kommt. Wir wollen jedoch dieses Problem in einer anderen Weise mit Hilfe der Operatoren b und b^+ lösen, weil man

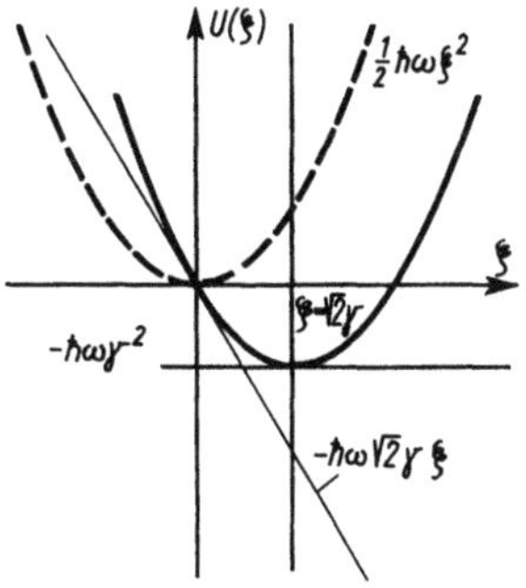

Fig. 14
Potentialverlauf des verschobenen harmonischen Oszillators. Potential des unverschobenen Oszillators (– – – –)

daraus wichtige Methoden für die Behandlung von Festkörperproblemen, wie sie uns später begegnen werden, entnehmen kann. Den Faktor bei ξ haben wir in einer etwas künstlichen Weise $\sqrt{2}\gamma$ geschrieben, damit sich später eine Vereinfachung ergibt. Führen wir nämlich nun statt der Koordinate ξ wieder Erzeugungs- und Vernichtungsoperatoren gemäß den Umkehrrelationen zu (3.14), (3.15) ein,

$$\xi = \frac{1}{\sqrt{2}}(b + b^+) \tag{6.3}$$

$$\frac{d}{d\xi} = \frac{1}{\sqrt{2}}(b - b^+) \tag{6.4}$$

so geht (6.1) unmittelbar in

$$\{b^+ b - \gamma(b^+ + b)\}\,\psi = \varepsilon'\psi \tag{6.5}$$

über, wobei wir noch zur Abkürzung

$$\varepsilon' = \varepsilon - \frac{1}{2} \tag{6.6}$$

gesetzt haben. Wir suchen die Lösung des Problems des verschobenen harmonischen Oszillators auf zwei verschiedene Weisen.

1. Lösungsweg. Betrachten wir hierzu die linke Seite von (6.5). Wären b^+ und b keine Operatoren, sondern gewöhnliche Zahlen, so könnten wir die linearen Glieder b^+ und b, die in (6.5) auftreten, durch eine lineare Transformation der Gestalt

$$\left.\begin{aligned} b &= \tilde{b} + \gamma \\ b^+ &= \tilde{b}^+ + \gamma \end{aligned}\right\} \tag{6.7}$$

sofort beseitigen. Wie wir schon früher bemerkten, genügen die neuen Operatoren $\tilde{b}$ und $\tilde{b}^+$ wiederum der Bose-Vertauschungsrelation

$$\tilde{b}\tilde{b}^+ - \tilde{b}^+\tilde{b} = 1 \tag{6.8}$$

Es liegt daher nahe, die Transformation (6.7) jetzt wirklich anzuwenden. Führen wir gleichzeitig noch statt der alten Funktion ψ, die sich auf die Operatoren b^+, b bezog, noch eine neue Funktion φ, die sich nun auf die Operatoren $\tilde{b}^+$ bezieht, ein,

$$\psi(b^+) = \varphi(\tilde{b}^+) \tag{6.9}$$

so transformiert sich insgesamt (6.5) in

$$(\tilde{b}^+\tilde{b} - \gamma^2)\varphi(\tilde{b}^+) = \varepsilon'\varphi(\tilde{b}^+) \tag{6.10}$$

Führen wir schließlich eine neue Energie $\bar{\varepsilon}$ mit Hilfe der Relation

$$\varepsilon' = \bar{\varepsilon} - \gamma^2 \tag{6.11}$$

ein, so läßt sich (6.10) in der Form

$$\tilde{b}^+\tilde{b}\varphi = \bar{\varepsilon}\varphi \tag{6.12}$$

schreiben. Dies ist aber genau die Gleichung eines harmonischen Oszillators. Da die Operatoren $\tilde{b}$ und $\tilde{b}^+$ der üblichen Vertauschungsrelation (6.8) genügen, können wir unmittelbar die Eigenfunktionen und Eigenwerte zu (6.12) konstruieren. Wir erhalten dann in einer Weise, wie sie uns aus § 3 geläufig ist, als Eigenfunktion

$$\varphi_n = \frac{1}{\sqrt{n!}}(\tilde{b}^+)^n\varphi_0 \tag{6.13}$$

wobei der Grundzustand durch die Eigenschaft

$$\tilde{b}\varphi_0 = 0 \tag{6.14}$$

gekennzeichnet ist. Die Eigenwerte in Gleichung (6.12) sind durch

$$\bar{\varepsilon}_n = n, \qquad n = 0, 1, 2, \ldots \tag{6.15}$$

gegeben. Die eigentlich gesuchten Eigenwerte von Gleichung (6.5) sind also durch

$$\varepsilon' = n - \gamma^2 \tag{6.16}$$

gegeben.

Die Energiewerte des verschobenen Oszillators erhalten wir gemäß (6.2), indem wir (6.16) mit $\hbar\omega$ multiplizieren und (6.11) beachten:

$$E = \hbar\omega\left(n - \gamma^2 + \frac{1}{2}\right)$$

Die Nullpunktenergie $(1/2)\hbar\omega$ ist dabei berücksichtigt.

In (6.14) haben wir den Grundzustand mit Hilfe der verschobenen Operatoren definiert. Wie lautet aber der Grundzustand bezüglich des ursprünglichen Operators b^+? Setzen wir (6.7) und (6.9) in (6.14) ein, so erhalten wir als Gleichung für den verschobenen Grundzustand

$$\tilde{b}\varphi \equiv (b-\gamma)\psi_g(b^+) = 0 \tag{6.17}$$

Funktionen $\psi(b^+)$, *die der,* mit (6.17) identischen, *Gleichung*

$$b\psi(b^+) = \gamma\psi(b^+)$$

genügen, heißen kohärente Zustände. Diese spielen in der Quantenoptik eine fundamentale Rolle.

Der verschobene Grundzustand muß sich natürlich darstellen lassen als eine Überlagerung von Eigenfunktionen des unverschobenen harmonischen Oszillators. Nun machen wir aber einen formalen Trick. Wir haben ja in §5 (vgl. (5.6) bis (5.10) gesehen, daß man jede Funktion ψ in der Form

$$\psi_g = f(b^+)\psi_0 \tag{6.18}$$

schreiben kann, wobei f noch eine zu bestimmende Funktion ist. ψ_0 ist dabei der Grundzustand, der – wie immer – durch die Eigenschaft

$$b\psi_0 = 0 \tag{6.19}$$

gekennzeichnet ist. Wir setzen (6.18) in (6.17) ein;

$$\big(bf(b^+) - f(b^+)b\big)\psi_0 = \gamma f(b^+)\psi_0 \tag{6.20}$$

Das 2. Glied auf der linken Seite ist wegen (6.19) Null; wir haben es aus Gründen, die sofort ersichtlich werden, hinzugefügt. Auf der linken Seite von Gleichung (6.20) können wir den Kommutator von b mit $f(b^+)$ mit Hilfe der früheren Relation (5.23) vereinfachen und erhalten anstelle von (6.20) den Ausdruck

$$\frac{\partial f(b^+)}{\partial b^+}\psi_0 = \gamma f(b^+)\psi_0 \tag{6.21}$$

Diese Gleichung ist natürlich auf jeden Fall gelöst, wenn wir ein $f(b^+)$ so bestimmen können, daß

$$\frac{\partial f(b^+)}{\partial b^+} = \gamma f(b^+) \tag{6.22}$$

gilt. (6.22) besitzt die Lösung

$$f(b^+) = c_0 e^{\gamma b^+} \tag{6.23}$$

Setzen wir die explizite Lösung (6.23) in (6.18) ein, so ergibt sich tatsächlich die explizite Lösung für den *Grundzustand* in der Form

$$\psi_g(b^+) = c_0 e^{\gamma b^+} \psi_0 \tag{6.24}$$

c_0 ist dabei ein Faktor, der noch durch die Normierungsbedingung festgelegt werden muß. Wie wir weiter unten sehen werden, ist er durch

$$c_0 = e^{-(1/2)|\gamma|^2} \tag{6.25}$$

gegeben. Bisher hatten wir nur den Grundzustand konstruiert. Jetzt können wir aber sofort auch die angeregten Zustände mit Hilfe der ursprünglichen Operatoren b^+ und b finden, indem wir nämlich nun $\tilde{b}^+$ und φ_0 in (6.13) durch (6.7) und (6.24) ausdrücken. Damit ergibt sich schließlich die explizite Lösung in der Form

$$\psi_n(b^+) = \frac{1}{\sqrt{n!}}(b^+ - \gamma)^n \underbrace{e^{-(1/2)|\gamma|^2} e^{\gamma b^+} \psi_0}_{\psi_g} \tag{6.26}$$

Damit ist es uns also gelungen, die Schrödingergleichung (6.5) explizit zu lösen. Bevor wir den 2. Lösungsweg besprechen, diskutieren wir unsere Resultate (6.13) oder auch (6.26) im Hinblick auf unsere späteren Festkörperprobleme. Wie wir aus der Form des verschobenen Grundzustandes erkennen, hat dieser Grundzustand nur sehr wenig mit dem Grundzustand des unverschobenen harmonischen Oszillators zu tun. Trotzdem ist es aber möglich, aus diesem verschobenen Grundzustand heraus wiederum Anregungszustände, die „Bose"-Charakter[1]) haben, zu erzeugen, indem wir immer wieder den neuen Erzeugungsoperator $\tilde{b}^+$ auf den verschobenen Grundzustand anwenden. Wir werden beispielsweise später bei den Plasmaschwingungen im Festkörper mit einer ganz ähnlichen Situation konfrontiert werden. Obwohl der Grundzustand des Systems praktisch nichts mehr mit dem Grundzustand eines wechselwirkungsfreien Systems zu tun hat, können wir doch wieder Anregungszustände durch mehrmalige Anwendung von Bose-Operatoren erzeugen. Das ganz Entsprechende wird uns auch in der Supraleitungstheorie begegnen.

Wir wollen nun aber noch einen ganz wichtigen Schritt weitergehen, der zu wesentlichen Anwendungen gerade in der Supraleitungstheorie führen wird. Wir wollen nämlich zeigen, daß man beim harmonischen Oszillator alle Anregungszustände finden kann, wenn es nur gelingt, die unitäre Transformation zu finden, die vom Grundzustand des unverschobenen Systems zum Grundzustand des verschobenen Systems führt. Beim harmonischen Oszillator gelingt es uns, wie wir sogleich sehen werden, diese Transformation explizit zu konstruieren. Dazu helfen uns die Tricks, die wir in § 5 kennengelernt haben. Wir gelangen hiermit zum

2. Lösungsweg[2]). Wir gehen aus von der Wellenfunktion des Grundzustandes des verschobenen Oszillators

$$\psi_g = c_0 e^{\gamma b^+} \psi_0 \tag{6.27}$$

---

[1]) Wie wir in § 12 noch erläutern werden, heißen Teilchen, deren Erzeugungs- und Vernichtungsoperatoren der Vertauschungsrelation (6.8) genügen, *Bose*-Teilchen.

[2]) Kann bei einer ersten Lektüre auch ausgelassen werden.

wobei c_0 noch eine Normierungskonstante ist, die uns sogleich in den Schoß fallen wird. (6.27) vermittelt uns, wenn man so will, eine Transformation des alten Grundzustandes ψ_0 in den neuen Grundzustand ψ_g vermittels des Operators

$$A = c_0 e^{\gamma b^+} \tag{6.28}$$

Dieser hat aber gerade die Gestalt des Exponentialoperators, den wir schon in § 5 näher untersucht haben. Wir haben damals gesehen, daß wir die Transformation mit A zu einer unitären Transformation ausbauen konnten, indem wir noch die Faktoren $e^{-\gamma b}$ und $e^{-(1/2)|\gamma|^2}$ zufügten. Tatsächlich ändert das Hinzufügen von $e^{-\gamma b}$ überhaupt nichts, da b oder irgendeine Potenz von b angewendet auf ψ_0 stets 0 ergeben und von der gesamten Exponentialfunktion nur die 1 übrig bleibt. Damit haben wir aber die gewünschte Transformation

$$\psi_g = \underbrace{e^{-(1/2)|\gamma|^2} e^{\gamma b^+} e^{-\gamma b}}_{U} \psi_0 \tag{6.29}$$

gefunden. Da nach § 5 U unitär ist, ist ψ_g automatisch auf 1 normiert, falls wir, wie stets, ψ_0 als normiert voraussetzen (vgl. Aufgabe 2 von § 5). Der Vergleich zwischen (6.27) und (6.29) ergibt dann

$$c_0 = e^{-(1/2)|\gamma|^2} \tag{6.29a}$$

Wir setzen nun ganz allgemein eine Transformation zwischen der gesuchten Lösung ψ der Schrödingergleichung (6.5) und einer neuen Funktion χ in der Form

$$\psi = U\chi \tag{6.30}$$

an, wobei U durch (6.29) gegeben ist. Nach Einsetzen von (6.30) in (6.5) erhalten wir

$$\{b^+ b - \gamma(b^+ + b)\}\, U\chi = \varepsilon' U\chi \tag{6.31}$$

und nachdem wir mit U^{-1} von links her multipliziert haben

$$U^{-1}\{b^+ b - \gamma(b^+ + b)\}\, U\chi = \varepsilon' \chi \tag{6.32}$$

Die Wirkungsweise der Transformation U auf b^+ und b kennen wir schon, z. B. gilt ja

$$U^{-1} b^+ U = b^+ + \gamma \tag{6.33}$$

sowie $\quad U^{-1} b^+ b U \equiv U^{-1} b^+ U \cdot U^{-1} b U = (b^+ + \gamma)(b + \gamma)$

Wir ersehen also, daß die Transformation mit U nichts anderes als eine Verschiebung der Operatoren b und b^+ bewirkt. Damit läßt sich (6.32) in die Gestalt

$$(b^+ b - \gamma^2)\chi = \varepsilon' \chi \tag{6.34}$$

bringen. Die Eigenfunktionen sind sofort wieder zu bestimmen. Sie ergeben sich zu

$$\chi = \frac{1}{\sqrt{n!}} (b^+)^n \chi_0 \tag{6.35}$$

wobei wir die Identifizierung mit ψ_0 von Gl. (6.27)

$$\chi_0 \equiv \psi_0; \qquad b\psi_0 = 0 \tag{6.36}$$

vornehmen können. Von (6.35) können wir mit Hilfe der Transformation (6.30) wieder zu den eigentlich gesuchten Wellenfunktionen ψ übergehen. Dabei erhalten wir

$$\psi = \frac{1}{\sqrt{n!}} U(b^+)^n U^{-1} U\psi_0 \tag{6.37}$$

Der Faktor $U^{-1}U$ ist natürlich identisch 1 und wurde nur eingesetzt, um die Umformung von (6.37) in

$$\psi = \frac{1}{\sqrt{n!}} (Ub^+U^{-1})^n \psi_g \tag{6.38}$$

zu ermöglichen. Hierbei wurde von der Relation (5.40) Gebrauch gemacht. Berücksichtigen wir schließlich noch die Relation

$$Ub^+U^{-1} = b^+ - \gamma \tag{6.39}$$

so erkennen wir unmittelbar, daß (6.38) mit (6.26) identisch ist. Der große Vorteil der jetzigen Behandlung liegt darin, daß durch Anwendung der unitären Transformation (6.29) das Problem auf ein wesentlich einfacheres, nämlich (6.34) reduziert werden konnte.

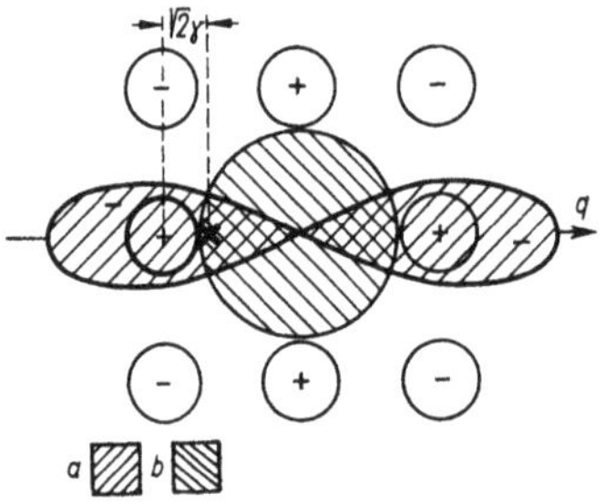

Fig. 15
Ein direktes Anwendungsbeispiel für den verschobenen Oszillator (schematisch)
Ionenschwingungen beim *F*-Zentrum (Farbzentrum). In einem polaren Kristall (z. B. NaCl) fehlt ein negatives Ion. An seine Stelle ist ein Elektron getreten. Je nach Anregungszustand hat dieses verschiedene Ladungsverteilungen (schraffiert). Diese wiederum rufen für die Ionen Potentialfelder hervor
a) Der Punkt tiefster potentieller Energie liegt für das stark gezeichnete Ion bei + (Elektronenverteilung vor dem Übergang)
b) Der Punkt tiefster potentieller Energie ist nach rechts verschoben (die Elektronenverteilung ist stärker rechts konzentriert), er liegt jetzt etwa bei x (Elektronenverteilung nach dem Übergang)

Aufgaben zu § 6

1. Mit komplexem γ laute die Schrödingergleichung

$$\hbar\omega(b^+b - \gamma b - \gamma^* b^+)\psi = E\psi$$

Man leite ψ und E mit den Methoden von § 6 her.

2. Der Hamiltonoperator eines Satzes ungekoppelter, aber verschobener harmonischer Oszillatoren lautet:

$$H = \sum_k \hbar\omega_k(b_k^+ b_k - \gamma_k b_k - \gamma_k^* b_k^+)$$

Man zeige, daß die Wellenfunktion des Grundzustandes durch

$$\Phi = \prod_k exp\left\{-\frac{1}{2}|\gamma_k|^2\right\} exp\{\gamma_k^* b_k^+\}\, exp\{-\gamma_k b_k\}\, \Phi_0$$

gegeben ist (mit $b_k \Phi_0 = 0$). Die zugehörige Energie lautet:

$$E = -\sum_k \hbar\omega_k |\gamma_k|^2 \qquad \text{(Beweis?)}$$

3. Ein Störstellenatom sei elastisch an die Ruhelage gebunden und befinde sich im Grundzustand. Durch einen Elektronenübergang sollen sich nun die Bindungsverhältnisse so ändern, daß das Potential gemäß Fig. 14 verschoben ist. Der Elektronenübergang erfolge dabei so rasch, daß der Kern (Koordinate q, eindimensionales Modell) dabei die Lage beibehält (Condonsches Prinzip). Wie viele Phononen (Schwingungsquanten) enthält der Schwingungszustand um die neue Ruhelage im Mittel?
Anleitung: Man berechne $\langle\psi|b^+ b|\psi\rangle$, wobei ψ Wellenfunktion des verschobenen Oszillators ist.

4. In der Schrödingergleichung

$$\hbar\omega(b^+ b - \gamma b - \gamma^* b^+)\psi = i\hbar\dot{\psi} \tag{A 6.1}$$

sind γ, γ^* zeitabhängig. Man löse (A 6.1) durch den Ansatz

$$\psi(t) = e^{f(t)} e^{g(t) b^+} \psi_0 \qquad \text{(mit } b\psi_0 = 0)$$

und bestimme $f(t)$ und $g(t)$ als Integralausdrücke über $\gamma(t)$, $\gamma^*(t)$. Man berechne die Erwartungswerte

$$\overline{b} = \langle\psi|b|\psi\rangle, \qquad \overline{b^+} = \langle\psi|b^+|\psi\rangle$$

(vgl. Aufgabe 3 von § 5) und zeige, daß diese den Gleichungen

$$(d/dt)\overline{b^+} = i\omega\overline{b^+} - i\omega\gamma(t)$$
$$(d/dt)\overline{b} = -i\omega\overline{b} + i\omega\gamma^*(t)$$

genügen.

III. Feldquantisierung

§ 7 Die lineare Atomkette: klassische Behandlung

Wir betrachten eine lineare Atomkette, deren Atome sämtlich die gleiche Masse M haben und die sich in der Gleichgewichtslage in einem jeweiligen Abstand a voneinander befinden. Die einzelnen Atome unterscheiden wir durch die Indizes l und bezeichnen die Abweichung des l-ten Atoms aus der Ruhelage mit q_l (vgl. Fig. 16). Der Buchstabe l soll dabei an Lokalisationsort erinnern. Der Einfachheit halber beschränken wir uns auf longitudinale Auslenkungen. Die Kopplung zwischen den Atomen beschreiben wir durch harmonische Kräfte, die eine Federkonstante K be-

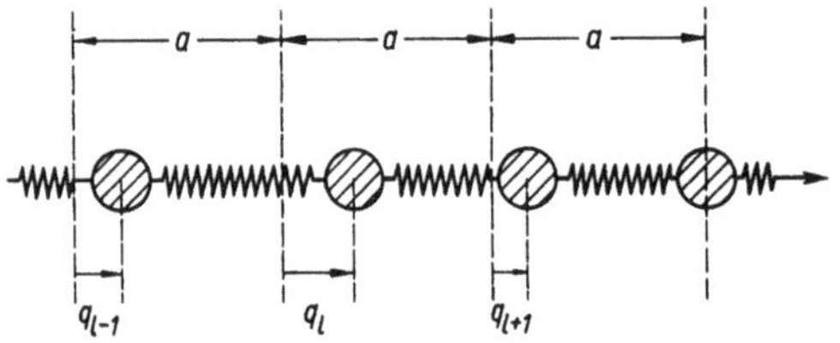

Fig. 16 Die lineare Atomkette

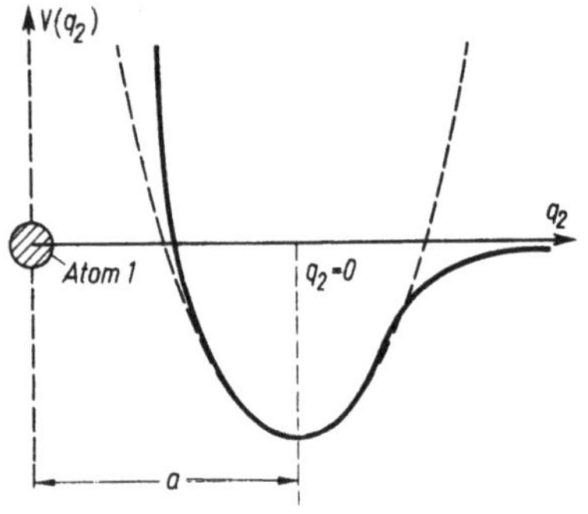

Fig. 17
Die Wechselwirkungsenergie zwischen Atom 1 und 2. Die Koordinate q_1 ist bei $q_2 = 0$ festgehalten. Der Gleichgewichtsabstand ist a. Das tatsächliche Potential (————) wird für kleine Auslenkung q_2 des Atoms 2 gut durch eine Parabel $V(q_2) = const\ q_2^2$ angenähert. Damit kann die Annahme von Federkräften gerechtfertigt werden

sitzen (vgl. Fig. 17). Die Newtonsche Bewegungsgleichung für das l-te Atom ist dann durch die Gleichung

$$M\ddot{q}_l(t) = K\big(q_{l+1}(t) - q_l(t)\big) - K\big(q_l(t) - q_{l-1}(t)\big) \tag{7.1}$$

gegeben. Durch Zusammenfassung der Glieder der rechten Seite von (7.1) läßt sich diese Gleichung in der etwas kürzeren Form

$$M\ddot{q}_l = K(q_{l+1} + q_{l-1} - 2q_l) \tag{7.2}$$

schreiben. Wir nehmen an, daß die Kette zyklisch geschlossen ist, d.h. daß für die Koordinaten eine periodische Randbedingung

$$q_\nu = q_{\nu+N} \tag{7.3}$$

gilt, wobei N die Zahl der Atome ist. Zur Lösung der Gleichung (7.2) nehmen wir vorweg, daß die Schwingungszustände der Kette durch ebene Wellen beschrieben werden. Wir machen daher für die Ortsabhängigkeit von $q_l(t)$ den Ansatz

$$q_l(t) = \frac{1}{\sqrt{N}} e^{iwla} B_w(t) \tag{7.4}$$

w ist eine reelle Wellenzahl[1]), die wegen (7.3) die Gestalt

$$w = \frac{2n\pi}{Na} \tag{7.4a}$$

hat. n ist eine ganze Zahl mit $-N/2 \leqq n < N/2$.
Der Faktor $1/\sqrt{N}$ sorgt für die Normierung im folgenden Sinne:

$$\sum_{l=1}^{N} \left(\frac{1}{\sqrt{N}} e^{iwla}\right)^* \left(\frac{1}{\sqrt{N}} e^{iwla}\right) = 1 \tag{7.4b}$$

Die Funktionen $1/(\sqrt{N})\, e^{iwla}$ sind ferner aufeinander orthogonal

$$\sum_{l=1}^{N} \left(\frac{1}{\sqrt{N}} e^{iwla}\right)^* \left(\frac{1}{\sqrt{N}} e^{iw'la}\right) = 0 \qquad \text{für } w \neq w' \tag{7.4c}$$

(vgl. Aufgabe 1 am Schluß dieses Paragraphen). In beiden Fällen erstreckt sich die Summe über alle Atomindizes. B_w ist eine Amplitude, die von der Wellenzahl w und der Zeit t abhängt. Um ihre Zeitabhängigkeit zu bestimmen, gehen wir mit dem Ansatz (7.4) in die Gleichung (7.2) ein, wobei wir unmittelbar die Gleichung

$$\ddot{B}_w(t) = g(e^{iwa} + e^{-iwa} - 2) B_w(t) \tag{7.5}$$

erhalten. Darin haben wir zur Abkürzung

$$g = \frac{K}{M} \tag{7.6}$$

gesetzt. Die Gleichung (7.5) stellt eine einfache Schwingungsgleichung für die Zeitfunktion B_w dar. Zur Lösung machen wir wie üblich den Exponentialansatz

$$B_w(t) = e^{-i\omega_w t} A_w \tag{7.7}$$

---

[1]) In der Literatur verwendet man stattdessen auch die Buchstaben k oder q, wobei der letztere leicht Anlaß zu Verwechslungen mit der Auslenkung q gibt.

Nach Einsetzen von (7.7) in (7.5) ergibt sich eine Beziehung zwischen der Frequenz ω und der Wellenzahl w

$$-\omega_w^2 = g(e^{iwa} + e^{-iwa} - 2) = 2g(\cos wa - 1) \tag{7.8}$$

oder, nach elementarer Umformung:

$$\omega = 2\sqrt{g}\,|\sin(wa/2)| \tag{7.9}$$

Dies ist das Dispersionsgesetz für die Ausbreitung einer Welle in der linearen Atomkette.

Der Zusammenhang zwischen ω und w, also das Dispersionsgesetz, ist in Fig. 18 dargestellt. Da es sich bei der Gleichung (7.2) um eine lineare Gleichung handelt, dürfen wir das Superpositionsprinzip anwenden, d.h. die Summe aus den Lösungen (7.4) mit (7.7) ist wiederum eine Lösung, die wir in der Form

$$q_l(t) = \sum_w \left(\frac{1}{\sqrt{N}} e^{iwla} e^{-i\omega_w t} A_w + \frac{1}{\sqrt{N}} e^{-iwla} e^{i\omega_w t} A_w^*\right) \tag{7.10}$$

schreiben.

Dabei haben wir beachtet, daß auch die zu (7.4) konjugiert komplexe Funktion eine Lösung von (7.2) ist, und daß die Amplitude $\dot{q}_l(t)$ reell sein muß.

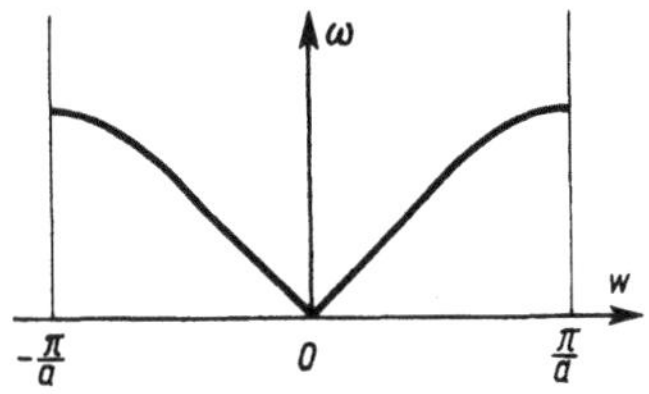

Fig. 18
Das Dispersionsgesetz für die lineare Atomkette

Die Summe läuft über die oben in (7.4a) angegebenen Werte von w. Die Koeffizienten A_w und A_w^* werden durch die Anfangsbedingungen festgelegt, d.h. durch die Werte der Anfangslagen $q_l(0)$ und der Anfangsgeschwindigkeiten $\dot{q}_l(0)$ der einzelnen Atome.

Wir befassen uns mit der formalen Behandlung dieses Problems etwas genauer, indem wir das Problem nochmals mit Hilfe der Lagrangefunktion und der Hamiltonschen Gleichung formulieren. Die Lagrangefunktion ist bekanntlich durch $L = T - V$ definiert, wobei T die kinetische und V die potentielle Energie ist. In unserem Falle ist die kinetische Energie durch die Summe über die einzelnen Beiträge der Atome gegeben:

$$T = \sum_{l=1}^{N} \frac{M}{2} \dot{q}_l^2 \tag{7.11}$$

während die potentielle Energie durch die Gleichung

$$K_l = -\mathrm{grad}_{q_l} V \tag{7.12}$$

bestimmt werden kann und sich in elementarer Weise zu

$$V = \frac{1}{2} K \sum_{l=1}^{N} (q_l - q_{l+1})^2 \tag{7.13}$$

ergibt.

Im folgenden kürzen wir $\sum_{l=1}^{N}$ durch $\sum_{l}$ ab. Die Lagrangegleichungen lauten wie üblich

$$\frac{d}{dt} \frac{\partial L}{\partial \dot{q}_l} - \frac{\partial L}{\partial q_l} = 0 \tag{7.14}$$

Nach Einsetzen von (7.11) und (7.13) in (7.14) erhalten wir unmittelbar die Bewegungsgleichung (7.2) zurück. Für das folgende notieren wir uns noch den Ausdruck für den kanonisch konjugierten Impuls, der in bekannter Weise aus L durch die Ableitung nach $\dot{q}_l$ gewonnen wird:

$$p_l = \frac{\partial L}{\partial \dot{q}_l} = M \dot{q}_l \tag{7.15}$$

Als nächstes betrachten wir, wie die Hamiltonfunktion aussieht, die durch $H = T + V$ definiert ist. Diese hängt bekanntlich mit der Lagrangefunktion durch die Formel

$$H = \sum_{l} p_l \dot{q}_l - L \tag{7.16}$$

zusammen. Unter Verwendung von (7.11), (7.13) und (7.15) ergibt sie sich zu

$$H = \sum_{l} \frac{p_l^2}{2M} + \frac{1}{2} K \sum_{l} (q_l - q_{l+1})^2 \tag{7.17}$$

Die zugehörigen Hamiltonschen Gleichungen lauten wie üblich

$$\dot{q}_l = \frac{\partial H}{\partial p_l}; \qquad \dot{p}_l = -\frac{\partial H}{\partial q_l} \tag{7.18}$$

und nehmen wegen (7.17) explizit die folgende Gestalt an

$$\dot{q}_l = \frac{1}{M} p_l; \qquad \dot{p}_l = K(q_{l+1} + q_{l-1} - 2q_l) \tag{7.19}$$

Wir legen uns nun die Frage vor, wie die Hamiltonfunktion lautet, wenn wir von den Auslenkungen der einzelnen Atome q_n zu den neuen „Koordinaten", nämlich den Amplituden A_w, A_w^* übergehen. Wir haben dann neben dem Ausdruck (7.10) noch den Ausdruck für die kanonisch konjugierten Impulse zu betrachten. Indem wir die Formel (7.15) verwenden und die rechte Seite von (7.10) nach der Zeit differenzieren, erhalten wir nach Multiplikation mit M den folgenden Ausdruck

$$p_l(t) = \sum_{w} \left(-i\omega_w M \frac{1}{\sqrt{N}} e^{iwla} e^{-i\omega_w t} A_w + i\omega_w M \frac{1}{\sqrt{N}} e^{-iwla} e^{i\omega_w t} A_w^* \right) \tag{7.20}$$

für den kanonisch konjugierten Impuls. Wir gehen dazu über, die Hamiltonfunktion in den Amplituden A_w und A_w^* auszudrücken, so daß diese uns später einen unmittelbaren Zugang zur Quantisierung liefern wird. Wir berechnen den Ausdruck für die kinetische Energie und finden hier zunächst

$$\frac{1}{2M}\sum_l p_l^2 = \frac{1}{2M}\sum_l\left(\sum_w -i\omega_w M\frac{1}{\sqrt{N}}e^{iwla}B_w(t) + \text{konj. kompl.}\right)^2 \tag{7.21}$$

In (7.21) treten Ausdrücke der Form

$$\sum_w\sum_{w'}(-i\omega_w M)(-i\omega_{w'}M)B_w(t)B_{w'}(t)\underbrace{\frac{1}{N}\sum_l e^{iwla+iw'la}}_{\delta_{w,-w'}} \tag{7.22}$$

auf. Wegen der Orthogonalität der diskreten Wellenamplituden e^{iwla} ergibt sich für die letzte Summe das Kroneckersymbol. Die anderen in B quadratischen bzw. bilinearen Ausdrücke lassen sich entsprechend vereinfachen, so daß wir anstelle von (7.21) nach kurzer Zwischenrechnung

$$\begin{aligned}\frac{1}{2M}\sum_l p_l^2 = \frac{M}{2}\sum\big(&-\omega_w\omega_{-w}B_w(t)B_{-w}(t) - \omega_w\omega_{-w}B_w^*(t)B_{-w}^*(t) + \\ &+\omega_w^2 B_w(t)B_w^*(t) + \omega_w^2 B_w^*(t)B_w(t)\big)\end{aligned} \tag{7.23}$$

erhalten. Betrachten wir den Ausdruck für die potentielle Energie

$$V = \frac{K}{2}\sum_l\left(q_l^2 + q_{l+1}^2 - 2(q_l q_{l+1})\right) \tag{7.24}$$

etwas genauer, indem wir ihn in drei verschiedene Anteile

$$\underbrace{K\sum_l q_l^2}_{V_1} - \underbrace{\frac{K}{2}\sum_l q_{l-1}q_l}_{V_2} - \underbrace{\frac{K}{2}\sum_l q_{l+1}q_l}_{V_3} \tag{7.25}$$

zerlegen. Unter Verwendung der Orthogonalität der Wellenamplituden e^{iwna} (vgl. (7.22)) erhalten wir in elementarer Weise für die V's die folgenden Ausdrücke

$$\begin{aligned}V_1 = K\sum_w\big(&B_w(t)B_{-w}(t) + B_w^*(t)B_{-w}^*(t) + \\ &+ B_w(t)B_w^*(t) + B_w^*(t)B_w(t)\big)\end{aligned} \tag{7.26}$$

$$\begin{aligned}V_2 = \frac{K}{2}\sum_w\big(&B_w(t)B_{-w}(t)e^{-iwa} + \text{konj. komplex} + \\ &+ B_w(t)B_w^*(t)e^{-iwa} + B_w^*(t)B_w(t)e^{iwa}\big)\end{aligned} \tag{7.27}$$

$$V_3 = \frac{K}{2} \sum_w \big(B_w(t) B_{-w}(t) e^{iwa} + \text{konj. komplex} + \\ + B_w(t) B_w^*(t) e^{iwa} + B_w^*(t) B_w(t) e^{-iwa}\big) \tag{7.28}$$

Betrachten wir nun den Ausdruck für die Gesamtenergie $T + V$ und sammeln die einzelnen Glieder. Hierbei berücksichtigen wir, daß nach (7.8) $\omega_w = \omega_{-w}$ ist. Wir stellen dann fest, daß die Faktoren der Ausdrücke $B_w(t) B_{-w}(t)$ sich zu

$$-\frac{M}{2}\omega_w^2 + K - K\cos wa = 0 \tag{7.29}$$

zusammenfassen lassen, was wegen des Dispersionsgesetzes (7.8) verschwindet. Ebenso verschwindet der Faktor von $B_w^*(t) B_{-w}^*(t)$. Die Faktoren von $B_w(t) B_w^*(t)$ lassen sich ebenfalls wieder wegen der Dispersionsgleichung zu der nichtverschwindenden Größe

$$\frac{M}{2}\omega_w^2 + K - K\cos wa = M\omega_w^2 \tag{7.30}$$

zusammenfassen. Wir erhalten somit als Ausdruck für H

$$H = \sum_w M\omega_w^2 \{B_w^*(t) B_w(t) + B_w(t) B_w^*(t)\} \tag{7.31}$$

Im Hinblick auf die nachfolgende quantentheoretische Behandlung haben wir (ohne bislang besonders darauf hinzuweisen) bei allen Schritten, die zu H führten, peinlich genau auf die *Reihenfolge* von B^* und B geachtet. Diese Reihenfolge erscheint dann auch in (7.31).

Da B die Dimension einer Länge hat, führen wir neue dimensionslose Größen ein, wobei wir den neuen Normierungsfaktor im Hinblick auf spätere quantenmechanische Rechnungen geeignet wählen, und zwar bilden wir

$$B_w(t) = \sqrt{\frac{\hbar}{2M\omega_w}}\, b_w \tag{7.32}$$

Mit diesen neuen Amplituden b lautet die Hamiltonfunktion

$$H = \sum_w \hbar\omega_w \frac{1}{2}(b_w^* b_w + b_w b_w^*) \tag{7.33}$$

Aufgaben zu § 7

1. Man zeige, daß die Wellenzahl w wegen (7.3) die Gestalt (7.4a) haben muß. Man beweise (7.4b), (7.4c).

Anleitung: Man benutze die Formel

$$\sum_{l=1}^{N} d^l = \frac{1 - d^N}{1 - d}\, d$$

sowie (7.4a).

2. Die Anfangslagen $q_l(0)$ und Anfangsgeschwindigkeiten $\dot{q}_l(0)$ der Atome seien vorgegeben. Wie lautet die Lösung $q_l(t)$ für spätere Zeiten? Man diskutiere folgende Spezialfälle genauer:

a) $q_l(0) = A \sin w_0 la$; $\quad \dot{q}_l(0) = 0$

b) $q_l(0) = q_0 \delta_{l,l_0}$; $\quad \dot{q}_l(0) = 0$

Anleitung: Man bestimme in (7.10) die Koeffizienten für $t = 0$ mit Hilfe der Fouriertransformation. Für den nicht mit der *Fouriertransformation* vertrauten Leser: Man multipliziere beide Seiten von (7.10) und (7.20) mit $e^{-iw_0la}(w_0 \gtrless 0)$ und summiere über l auf. Wegen (7.4c) entfallen die Summen über w auf den rechten Seiten von (7.10) und (7.20) und A_{w_0}, $A^*_{w_0}$ sind direkt durch Summen über q_l und p_l ausgedrückt.

3. Jedes Atom l der im obigen Paragraphen untersuchten Kette werde zusätzlich einer zeitabhängigen äußeren Kraft $K_l(t)$ unterworfen, die von Atom zu Atom verschieden sein kann. Wie lauten

a) die Bewegungsgleichung (anstelle von (7.2)),
b) die potentielle Energie (anstelle von (7.13)),
c) die Langrangefunktion $L = T - V$,
d) die Hamiltonfunktion H (anstelle von (7.17))

als Funktion von $K_l(t)$ und $q_l(t)$?

Wie lauten die in b), c), d) auftretenden Zusatzglieder, wenn diese nach den Funktionen (7.4) entwickelt werden?

4. Man berechne $q_l(t)$ für den Spezialfall, daß die in Aufgabe 3 genannte Kraft die Gestalt $K_l(t) = K_0 \delta_{ll_0} \sin \omega_0 t$ hat. Die Anfangsbedingungen seien $q_l(0) = \dot{q}_l(0) = 0$.

5. In einer linearen Atomkette mit „Feder"kräften zwischen nächsten Nachbarn seien die Massen abwechselnd verschieden: M für l gerade, m für l ungerade (vgl. Fig. 19). Man stelle die Bewegungsgleichungen auf und löse sie durch den Ansatz:

$$q_l(t) = \begin{cases} A e^{iwla} e^{-i\omega t} & \text{für } l \text{ gerade} \\ B e^{iwla} e^{-i\omega t} & \text{für } l \text{ ungerade} \end{cases}$$

Man überzeuge sich davon, daß das Dispersionsgesetz die in Fig. 20 angegebene Gestalt hat.

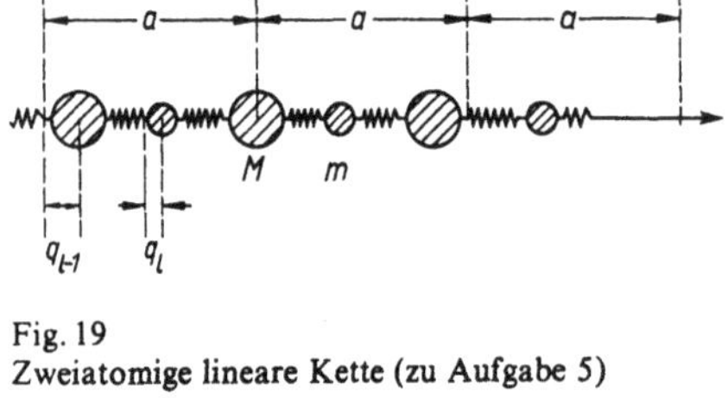

Fig. 19
Zweiatomige lineare Kette (zu Aufgabe 5)

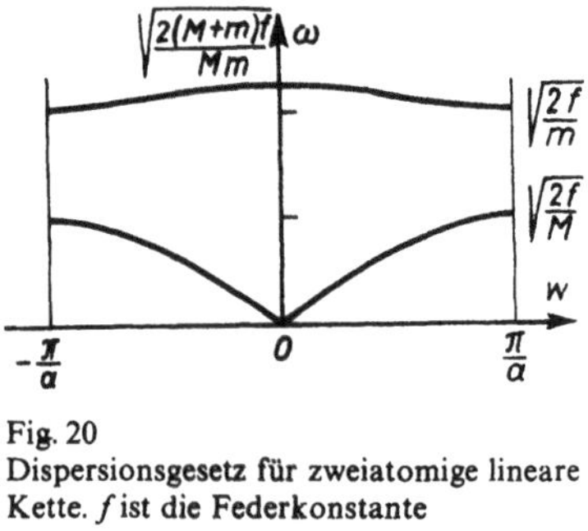

Fig. 20
Dispersionsgesetz für zweiatomige lineare Kette. f ist die Federkonstante

§ 8 Die lineare Atomkette: quantentheoretische Behandlung. Phononen

Im Rahmen der Punktmechanik ist uns wohlbekannt, wie wir von der klassischen Beschreibung zur quantentheoretischen Behandlung übergehen können. Haben wir ein System mit Massenpunkten, die durch die Koordinaten q_1 bis q_N und die dazugehörigen kanonischen Impulse p_1 bis p_N beschrieben sind, so gelangen wir zur Quantisierung, indem wir für diese Koordinaten und Impulse die Vertauschungsrelation

$$p_n q_l - q_l p_n = \frac{\hbar}{i} \delta_{ln} \tag{8.1}$$

fordern. Ferner sind die Koordinaten sowie die Impulse unter sich vertauschbar

$$q_l q_n - q_n q_l = 0 \tag{8.2}$$

$$p_n p_l - p_l p_n = 0 \tag{8.3}$$

Diese Quantisierungsvorschrift können wir unmittelbar auf die atomare Kette des vorigen Paragraphen anwenden, da ja die einzelnen Massenpunkte gerade durch ihre Koordinaten und Impulse beschrieben werden. Wir haben aber gesehen, daß es zweckmäßiger ist, anstelle der Koordinaten q_l und p_l neue Koordinaten B_w und B_w^* zu verwenden, die die anschauliche Bedeutung von Amplituden haben. Da diese letzteren Koordinaten mit q_l und p_l durch die (linearen) Transformationen (7.10) bzw. (7.20) verknüpft sind, haben die Vertauschungsrelationen (8.1) bis (8.3) natürlich neue Vertauschungsrelationen für B, B^* zur Folge. Aus der mit (7.10) äquivalenten Form für $q_l(t)$ (vgl. (7.7))

$$q_l = \sum_w \frac{1}{\sqrt{N}} e^{iwla} \{B_w + B_{-w}^*\} \tag{8.4}$$

folgt durch Fouriertransformation (vgl. die Anleitung zu Aufgabe 2 von § 7)

$$\frac{1}{\sqrt{N}} \sum_{l=1}^{N} e^{-iwla} q_l = B_w + B_{-w}^* \equiv \alpha_w \tag{8.5}$$

wobei die letzte Gleichung eine neue Abkürzung bedeutet. Entsprechend erhalten wir durch Fouriertransformation der Impulse

$$\frac{1}{\sqrt{N}} \sum_{l=1}^{N} e^{-iwla} p_l = -i\omega_w M B_w + i\omega_{-w} M B_{-w}^* = \beta_w M \omega_w \tag{8.6}$$

In den Gleichungen (8.4), (8.5), (8.6) haben wir in allen „Variablen" q_l, p_l, B_w, B_{-w} das Argument t weggelassen. Der Grund liegt darin, daß bei der Quantisierung, die zur Schrödingergleichung führt, die zeitabhängigen Meßgrößen (etwa die Teilchenkoordinate $q(t)$) zu zeitunabhängigen Operatoren werden.

Aus den beiden letzten Gleichungen (8.5) und (8.6) erhalten wir durch Auflösung nach B_w und B^*_{-w} die Beziehungen

$$B_w = \frac{1}{2}(\alpha_w + i\beta_w) \tag{8.7}$$

und $$B^*_{-w} = \frac{1}{2}(\alpha_w - i\beta_w) \tag{8.8}$$

Wir untersuchen nun, welche *Vertauschungsrelation* zwischen B_w und B^*_w zu *gleichen Zeiten* besteht. Hierzu bilden wir

$$B_w B^*_{w'} - B^*_{w'} B_w = \frac{1}{4}\{(\alpha_w + i\beta_w)(\alpha_{-w'} - i\beta_{-w'}) - (\alpha_{-w'} - i\beta_{-w'})(\alpha_w + i\beta_w)\} \tag{8.9}$$

Auf der rechten Seite in (8.9) multiplizieren wir die Klammern unter Beachtung der Reihenfolge der Faktoren aus und fassen die Ausdrücke mit Hilfe der Schreibweise für Kommutatoren $[A, B] = AB - BA$ zusammen:

$$(8.9) = \frac{1}{4}\{[\alpha_w, \alpha_{-w'}] + [\beta_w, \beta_{-w'}] + i[\beta_w, \alpha_{-w'}] - i[\alpha_w, \beta_{-w'}]\} \tag{8.10}$$

Die einzelnen Kommutatoren drücken wir nun durch solche zwischen q_l und p_l aus, wobei wir (8.5) und (8.6) zu Hilfe nehmen. Da α_w (vgl. (8.5)) nur aus q_l besteht, und diese sämtlich miteinander vertauschen, folgt sofort

$$[\alpha_w, \alpha_{-w'}] = 0$$

Entsprechend ergibt sich $[\beta_w, \beta_{-w'}] = 0$. In den noch in (8.10) verbleibenden Ausdruck

$$\frac{1}{4}\{i[\beta_{-w'}, \alpha_w] + i[\beta_w, \alpha_{-w'}]\} \tag{8.11}$$

setzen wir die expliziten Ausdrücke (8.5) und (8.6) ein und erhalten

$$\frac{i}{4N}\left\{\frac{1}{M\omega_w}\sum_{l'=1}^{N} e^{+iw'l'a}\sum_{l=1}^{N} e^{-iwla}\underbrace{[p_{l'}, q_l]}_{\frac{\hbar}{i}\delta_{ll'}} + (w \leftrightarrow -w')\right\} \tag{8.12}$$

Wegen der Vertauschungsrelation (8.1) reduziert sich (8.12) auf

$$\frac{i}{4M\omega_w}\sum_{l=1}^{N}\frac{1}{N}e^{ila(w'-w)}\frac{\hbar}{i}\cdot 2 = \frac{\hbar}{2M\omega_w}\delta_{w,w'} \tag{8.13}$$

so daß wir schließlich die Vertauschungsrelation

$$B_w B^*_{w'} - B^*_{w'} B_w = \frac{\hbar}{2M\omega_w}\delta_{w,w'} \tag{8.14}$$

erhalten. Wir führen nun anstelle der Amplituden B_w und B_w^* die neuen dimensionslosen Amplituden b_w und b_w^+ gemäß (7.32) ein. Damit erhalten wir schließlich als Vertauschungsrelationen

$$b_w b_{w'}^+ - b_{w'}^+ b_w = \delta_{w,w'} \tag{8.15}$$

Gehen wir von den Vertauschungsrelationen (8.2) und (8.3) aus, so erhalten wir mit genau den gleichen Umformungen wie oben die weiteren Vertauschungsrelationen

$$b_w b_{w'} - b_{w'} b_w = 0 \tag{8.16}$$

$$b_w^+ b_{w'}^+ - b_{w'}^+ b_w^+ = 0 \tag{8.17}$$

Neben den Vertauschungsrelationen interessiert natürlich besonders die Form des Hamiltonoperators in den neuen Operatoren b_w, b_w^+. Diese Form können wir aber unmittelbar von § 7, Gl. (7.33) übernehmen. Dort hatten wir ja dieselben Transformationen von den ursprünglichen Koordinaten q_l und Impulsen p_l zu den neuen Größen b_w, b_w^+ wie eben vorgenommen, so daß auch für den Hamiltonoperator formal dasselbe Resultat gilt, nur daß wir natürlich peinlich auf die Reihenfolge der Operatoren bei allen Umformungen achten müssen, was wir aber damals schon taten. Wir übernehmen daher (7.33) und formen das zweite Glied in der Summe über w mit Hilfe der Vertauschungsrelation (8.15) um:
Dies liefert

$$H = \sum_w \hbar\omega_w b_w^+ b_w + \frac{1}{2} \sum_w \hbar\omega_w \tag{8.18}$$

Die zweite Summe stellt die Energie der Nullpunktschwingungen dar und kann bei entsprechender Wahl des Energie-Nullpunktes weggelassen werden. Die Schrödingergleichung für die Atomkette lautet also schließlich

$$\Big(\sum_w \hbar\omega_w b_w^+ b_w\Big)\Phi = E\Phi \tag{8.19}$$

Die Lösungsfunktionen und Energiewerte haben wir in § 3 hergeleitet, so daß wir die dortigen Resultate sofort übernehmen können.

Zur Deutung und für Anwendungen geben wir ganz explizit den Zusammenhang zwischen dem Auslenkungs*operator* q_l und den b_w, b_w^+ an (vgl. (8.4) und (7.32)):

$$\left.\begin{aligned} q_l(t) &= \sum_w \sqrt{\frac{\hbar}{2MN\omega_w}}\,(b_w + b_{-w}^+)\, e^{iwla} \\ p_l(t) &= -i \sum_w \sqrt{\frac{\hbar M\omega_w}{2N}}\,(b_w - b_{-w}^+)\, e^{iwla} \end{aligned}\right\} \tag{8.20}$$

$$\left.\begin{aligned} b_w &= \sum_l \left\{\sqrt{\frac{M\omega_w}{2\hbar N}}\, q_l + i\sqrt{\frac{1}{2\hbar M\omega_w N}}\, p_l\right\} e^{-iwla} \\ b_w^+ &= \sum_l \left\{\sqrt{\frac{M\omega_w}{2\hbar N}}\, q_l - i\sqrt{\frac{1}{2\hbar M\omega_w N}}\, p_l\right\} e^{iwla} \qquad (\omega_w = \omega_{-w}). \end{aligned}\right\} \tag{8.21}$$

Im Hinblick auf die Zerlegung (8.20) können wir die Lösungen von (8.19) wie folgt interpretieren: Im stationären Zustand sind die Gitterwellen mit der Wellenzahl w mit n_w *Teilchen*, den sogenannten *Phononen* besetzt.

In der Literatur wird dieser Begriff zuweilen zu stark betont; in der Tat treten bei Vorgängen im Gitter sehr oft Überlagerungen von Zuständen mit verschiedenen *Phononenzahlen* auf. Wir werden auf diese Fälle immer wieder stoßen.

Abschließend weisen wir noch auf einen wesentlichen Unterschied zwischen klassischer und quantentheoretischer Behandlung hin, der oft nicht nur dem Anfänger Schwierigkeiten macht: Die Anfangsbedingungen sind nämlich gänzlich anders festzulegen: Klassisch sind diese einfach durch die Angabe von $q_l(0)$ und $\dot{q}_l(0)$ festgelegt. Jetzt sind aber q_l und p_l Operatoren! Der gesamte Anfangszustand ist vielmehr durch die Angabe der Wellenfunktion Φ festgelegt (vgl. die nachfolgenden Aufgaben).

Aufgaben zu § 8

1. Man berechne für die quantisierte Atomkette dieses § 8 $\langle\Phi|q_l|\Phi\rangle$ und $\langle\Phi|p_l|\Phi\rangle$

a) für $\quad \Phi=\Phi_0 \quad$ und $\quad \Phi=\prod\limits_w \frac{1}{\sqrt{n_w!}}(b_w^+)^{n_w}\Phi_0$

also Eigenzustände zu (8.19).

b) für einen kohärenten Zustand

$$\Phi=e^{-\frac{1}{2}|\beta|^2}e^{\beta b_{w_0}^+}\Phi_0 \qquad \text{wobei} \qquad \beta=\gamma e^{-i\omega_{w_0}t}$$

Man überzeuge sich davon, daß Φ Lösung der zu (8.19) gehörigen *zeitabhängigen* Schrödingergleichung ist (vgl. Aufgaben von § 3 und § 5).

Anleitung: Man verwende (8.20), (4.28) bis (4.30) sowie Aufgabe 3 von § 5.

2. Man berechne $\langle\Phi|q_l^2|\Phi\rangle$

a) für $\Phi=\Phi_0$ b) für $\Phi=b_{w_0}^+\Phi_0$.

3. Ist Φ durch Angabe von

$$\bar{q}_l=\langle\Phi|q_l|\Phi\rangle \qquad \text{und} \qquad \bar{p}_l=\langle\Phi|p_l|\Phi\rangle$$

(für alle l) eindeutig festgelegt?

4. In die quantisierte Atomkette werde eine Zusatzladung an der Stelle l_0 gebracht, die zeitunabhängige Kräfte K_{l-l_0} auf die Massenpunkte $l \neq l_0$ ausübt. Unter Zuhilfenahme der Aufgabe 3 von § 7 zeige man, daß die Schrödingergleichung lautet:

$$\Sigma\,(\hbar\omega_w b_w^+ b_w + g_w b_w^+ + g_w^* b_w)\Phi = E\Phi \tag{A 8.1}$$

Wie hängen die g_w, g_w^* von K_{l-l_0} ab?

Man bestimme Φ für den tiefsten Energiewert E_0 und bestimme diesen als Funktion von g_w, g_w^* und dann als Funktion von K_{l-l_0}. E_0 heißt *Selbstenergie* der Zusatzladung. Wie groß ist $\langle\Phi|q_l|\Phi\rangle$?

§ 9 Übergang zum Kontinuum: klassisch

Wenn wir an ein Feld im üblichen Sinne denken, so stellen wir uns vor, daß jedem Ort eine Auslenkung oder Erregung zugeordnet ist, so z.B. bei der schwingenden Saite die transversale Auslenkung u oder beim elektrischen Feld die Feldstärke E. Das eigentliche Anliegen der Quantenfeldtheorie ist es daher, derartige Größen, die noch von einer kontinuierlichen Variablen abhängen, zu quantisieren. Um diese Quantisierung durchzuführen, liegt es nahe, von der bereits bekannten Quantisierung diskreter Punktsysteme auszugehen und nachzusehen, wie der Übergang zum Kontinuum erfolgt. Hierzu dient uns nun gerade das Beispiel unserer linearen Atomkette. Führen wir den Grenzübergang an ihr zunächst einmal im Bereich der klassischen Physik durch. Wir denken uns die Länge L der Atomkette festgehalten, aber wir setzen immer mehr Atome der Zahl N in die Kette mit einem immer geringeren Abstand a hinein. Wir betrachten daher den folgenden Grenzübergang

$$a \to 0, \qquad N \to \infty, \qquad L = aN \text{ endlich} \tag{9.1}$$

Wir führen anstelle der diskreten Variablen l nun die Variable

$$la = x \tag{9.2}$$

ein, wobei wir daran denken, daß x später eine kontinuierlich veränderliche Koordinate werden wird. Zugleich führen wir eine neue Amplitude ein, die nun nicht mehr von der diskreten Variablen l, sondern von der kontinuierlichen Variablen x abhängt. Ferner verwenden wir die Beziehungen

$$\Delta x = a \Delta l \qquad \Delta l = 1 \tag{9.3}$$

Wir schreiben nun die schon früher eingeführte Gleichung

$$M\ddot{q}_l(t) = K(q_{l+1} + q_{l-1} - 2q_l) \tag{9.4}$$

in kontinuierliche Variable um. Indem wir „1" klein gegenüber l ansehen und q als eine stetig veränderliche Variable ihres Arguments l betrachten, können wir die rechte Seite von (9.4) in eine Taylor-Reihe entwickeln. Verwenden wir dann noch (9.2) und (9.3) sowie

$$M = \varrho a \tag{9.5}$$

so nimmt die Gleichung (9.4) die Gestalt

$$\varrho a \ddot{q}(x, t) = K a^2 \frac{\partial^2 q(x, t)}{\partial x^2} \tag{9.6}$$

an.

Wie wir aus der Mechanik wissen, verdoppelt sich die Federkonstante, wenn wir die Federlänge halbieren. Es erscheint daher natürlich, auch bei unserem Grenzübergang $a \to 0$ das Produkt Ka als konstant anzusehen und eine Kopplungskonstante g gemäß

$$Ka = g = \text{endlich!} \tag{9.7}$$

einzuführen. Damit erhalten wir in rein formaler Weise die Wellengleichung

$$\varrho\ddot{q}(x, t) = g\frac{\partial^2 q(x, t)}{\partial x^2} \tag{9.8}$$

die natürlich an die übliche Gleichung der Saite erinnert, obwohl wir uns vor Augen halten sollten, daß q bei der Saite die transversale Auslenkung bedeutet, hier aber formal gesehen eine longitudinale Auslenkung beinhaltet. Wir wollen uns nun nicht zu sehr in diesen Unterschied vertiefen, sondern hier an die formale Analogie denken, die uns weiterhelfen wird, die vorliegende Gleichung zu quantisieren. Hierzu gehen wir ganz in Analogie zur diskreten Kette vor. Wir untersuchen als erstes die Lösungen von (9.8). Hierzu setzen wir q in der Gestalt

$$q(x, t) = \frac{1}{\sqrt{L}} e^{iwx} B_w(t) \tag{9.9}$$

an. Setzen wir (9.9) in (9.8) ein, so erhalten wir die Gleichung

$$\varrho\ddot{B}_w(t) = -w^2 g B_w(t) \tag{9.10}$$

Da $q(x, t)$, ebenso wie $q_l(t)$ im diskreten Falle, der zyklischen Randbedingung

$$q(x + L, t) = q(x, t)$$

genügen soll, muß w in (9.9) die Gestalt

$$w = \frac{2\pi n}{L}; \qquad n = 0, \pm 1, \pm 2, \ldots \tag{9.11a}$$

haben, wobei n jetzt bis ins Unendliche geht. Der Faktor $1/\sqrt{L}$ in (9.9) sorgt für die Normierung im folgenden Sinne:

$$\int_0^L \left(\frac{1}{\sqrt{L}} e^{iwx}\right)^* \left(\frac{1}{\sqrt{L}} e^{iwx}\right) dx = 1 \tag{9.11b}$$

Für verschiedene w, w' sind die Exponentialfunktionen aufeinander orthogonal:

$$\int_0^L \left(\frac{1}{\sqrt{L}} e^{iwx}\right)^* \left(\frac{1}{\sqrt{L}} e^{iw'x}\right) dx = 0 \qquad w \neq w' \tag{9.11c}$$

Mit dem Ansatz

$$B_w(t) = A_w e^{-i\omega_w t} \tag{9.12}$$

können wir die Gleichung (9.10) sofort lösen, wobei sich als Zusammenhang zwischen

ω und w das Dispersionsgesetz

$$\omega_w^2 = \frac{g}{\varrho} w^2 \tag{9.13}$$

ergibt. Die allgemeinste Lösung von (9.8) erhalten wir als Superposition der Lösungen (9.9). Da $q(x, t)$ reell sein muß, schreiben wir diese allgemeinste Lösung in der Gestalt

$$q(x, t) = \sum_w \left(\frac{1}{\sqrt{L}} e^{iwx} A_w e^{-i\omega_w t} + \text{konj. kompl.} \right) \tag{9.14}$$

Erinnern wir uns nun nochmals kurz an unser eigentliches Ziel. Dieses besteht darin, die Wellengleichung (9.8) zu quantisieren, wobei wir uns die Analogie mit der normalen Mechanik vor Augen halten wollen. In der normalen Mechanik wird ja die Newtonsche Bewegungsgleichung dadurch quantisiert, daß man zuerst die zugehörige Lagrangefunktion und hieraus dann die Hamiltonfunktion mit ihren kanonisch konjugierten Impulsen und Koordinaten aufstellt. Diese Hamiltonfunktion bildet dann den Ausgangspunkt für die Quantisierung. Um dieses Programm durchführen zu können, müssen wir die zu (9.8) gehörige Lagrangefunktion und daraus die Hamiltonfunktion bestimmen. Dieses Programm hatten wir für den Fall der diskreten Kette bereits durchgeführt. Es kommt nun darauf an, die in § 7 erzielten Ergebnisse auf das Kontinuum zu übertragen. Hierzu gehen wir von der Lagrangefunktion

$$L = T - V \tag{9.15}$$

aus und betrachten zunächst den Ausdruck der kinetischen Energie

$$T = \frac{1}{2} \sum_l M \dot{q}_l^2 \tag{9.16}$$

Unter Verwendung der Massendichte (Masse pro Längeneinheit) ϱ gemäß Gleichung (9.5) schreiben wir diese in der Form

$$T = \frac{1}{2} \sum_l \varrho a \dot{q}_l^2 \tag{9.17}$$

Wenn wir, wie schon oben benutzt, den „Gitterabstand" a als dx interpretieren, so können wir (9.17) unmittelbar als Integral

$$T = \frac{1}{2} \int_0^L \varrho\, dx \left(\dot{q}(x, t)\right)^2 \tag{9.18}$$

umschreiben. In ähnlicher Weise verfahren wir mit der potentiellen Energie

$$V = \frac{1}{2} K \sum_l (q_l - q_{l+1})^2 \tag{9.19}$$

Durch Erweiterung mit a^2 schreiben wir diesen Ausdruck in der Form

$$V = \frac{1}{2} \sum_l \underbrace{Ka}_{g} \cdot a \left(\frac{q_l - q_{l+1}}{a} \right)^2$$

Wir führen nun wieder die Abkürzung (9.7) ein und beachten, daß g beim Grenzübergang $a \to 0$ endlich bleibt. Ferner können wir in der Kontinuumsgrenze die Differenz durch den Differentialquotienten ersetzen. Wir erhalten somit die Beziehung

$$V = \frac{1}{2} g \int_0^L dx \left(\frac{\partial q(x,t)}{\partial x} \right)^2 \tag{9.20}$$

Fassen wir (9.18) und (9.20) zusammen, so erhalten wir für die *Lagrangefunktion im Kontinuum*:

$$L = \frac{1}{2} \int_0^L \varrho (\dot{q}(x,t))^2 \, dx - \frac{1}{2} g \int_0^L \left(\frac{\partial q(x,t)}{\partial x} \right)^2 dx \tag{9.21}$$

Wie können wir nun in der Kontinuumformulierung die Lagrangegleichungen und Hamiltongleichungen gewinnen? Dazu erinnern wir uns kurz an den Fall diskreter Massenpunkte, in dem ja die Lagrangegleichungen

$$\frac{d}{dt} \frac{\partial L}{\partial \dot{q}_l} - \frac{\partial L}{\partial q_l} = 0 \tag{9.22}$$

gelten. Betrachten wir hierin

$$\frac{\partial L}{\partial \dot{q}_l} \tag{9.23}$$

genauer, indem wir die folgenden einfach zu übersehenden Umformungen vornehmen

$$\frac{\partial (T - V)}{\partial \dot{q}_n} = \frac{\partial}{\partial \dot{q}_n} \sum_l \frac{M}{2} \dot{q}_l^2 = \sum_l \frac{M}{2} \frac{\partial (\dot{q}_l^2)}{\partial \dot{q}_l} \frac{\partial \dot{q}_l}{\partial \dot{q}_n} = \sum_l M \dot{q}_l \frac{\partial \dot{q}_l}{\partial \dot{q}_n} \tag{9.24}$$

Wir verwenden nun zur weiteren Auswertung der Summe die im diskreten Falle triviale Beziehung

$$\frac{\partial \dot{q}_l}{\partial \dot{q}_n} = \delta_{l,n} \tag{9.25}$$

wobei $\delta_{l,n}$ das uns schon früher begegnete Kroneckersymbol ist:

$$\delta_{l,n} = \begin{cases} 1 & \text{für} \quad l = n \\ 0 & \text{für} \quad l \neq n \end{cases}$$

Damit erhalten wir schließlich

$$\frac{\partial L}{\partial \dot{q}_l} = \sum_l M\dot{q}_l \delta_{l,n} = M\dot{q}_n \tag{9.26}$$

In zu (9.25) entsprechender Weise gilt natürlich auch die Beziehung

$$\frac{\partial q_l}{\partial q_n} = \delta_{l,n} \tag{9.27}$$

Diese Regeln (9.25) und (9.27), die soeben verwendet wurden, besitzen ein offensichtliches Analogon im Kontinuum, wenn wir statt des Kroneckersymbols die *Diracsche δ-Funktion* $\delta(x - x')$ einführen. *Diese ist nur unter einem Integral definiert und hat für jede stetige Funktion* $f(x)$ *die Eigenschaft*: $(a < x' < b)$

$$\int_a^b f(x)\delta(x - x')dx = f(x') \tag{9.28}$$

Genauso wie $\delta_{l,n}$ unter einer Summe über l den Summanden mit $l = n$ „herauspickt", pickt $\delta(x - x')$ unter einem Integral den Integranden bei $x = x'$ heraus. Die δ-Funktion ist für die Feldtheorie von erheblicher Bedeutung; dem mit ihr nicht näher vertrauten Leser empfehlen wir die Behandlung der Aufgaben 3–5 am Schluß dieses Paragraphen.

Wir definieren nun Ableitungen bei einem Kontinuum von Variablen wie folgt

$$\frac{\delta q(x)}{\delta q(x')} = \delta(x - x')$$

$$\frac{\delta \dot{q}(x)}{\delta \dot{q}(x')} = \delta(x - x') \tag{9.29}$$

Für diese neue Ableitung gilt ferner die *Kettenregel*

$$\frac{\delta f(q(x))}{\delta q(x')} = \frac{\partial f(q(x))}{\partial q(x)} \frac{\delta q(x)}{\delta q(x')} \tag{9.30}$$

Schließlich wollen wir uns noch überlegen, was der Ausdruck

$$\frac{\delta}{\delta q(x')} \frac{\partial q(x)}{\partial x} \tag{9.31}$$

bedeutet, indem wir die Ableitung $dq(x)/dx$ als Differenzenquotienten auffassen. Wir erhalten dann unter Verwendung von (9.29) in leicht einzusehender Weise die folgenden Umformungen (mit $dx \rightarrow 0$)

$$\frac{\delta}{\delta q(x')} \frac{q(x + dx) - q(x)}{dx} = \frac{1}{dx}(\delta(x + dx - x') - \delta(x - x')) = \frac{\partial}{\partial x}\delta(x - x') \tag{9.32}$$

Wir betrachten nun die Ableitung von L nach $\delta\dot{q}$ im Kontinuum. Nach Definition von L erhalten wir dann unmittelbar

$$\frac{\delta L}{\delta\dot{q}(x)} = \frac{\delta}{\delta\dot{q}(x')}(T - V) \tag{9.33}$$

Da V nicht von $\dot{q}$ abhängt, können wir es in den folgenden Umformungen weglassen. In Analogie zu den Umformungen (9.24) dürfen wir nun annehmen, daß die Ableitung nach q mit der Integration vertauschbar ist. Unter Verwendung der Kettenregel (9.30) erhalten wir dann als weitere Umformungen von (9.33) die Ausdrücke[1])

$$\frac{\delta}{\delta\dot{q}(x')}\int\frac{\varrho}{2}dx(\dot{q}(x))^2 = \int\varrho\, dx\,\dot{q}(x)\frac{\delta\dot{q}(x)}{\delta\dot{q}(x')} \tag{9.34}$$

die unter Verwendung von (9.29) schließlich zu

$$(9.34) = \int\varrho\, dx\,\dot{q}(x)\delta(x - x') = \varrho\dot{q}(x') \tag{9.35}$$

führen.

Die bisherigen Ergebnisse gestatten es, den kanonisch konjugierten Impuls im Kontinuum einzuführen, indem wir die aus der Punktmechanik bekannte Regel (vgl. § 2)

$$p_l = \frac{\partial L}{\partial\dot{q}_l} \tag{9.36}$$

nun durch

$$\pi(x') = \frac{\delta L}{\delta\dot{q}(x')} = \varrho\dot{q}(x') \tag{9.37}$$

ersetzen, *wodurch der zu $q(x')$ kanonisch konjugierte Impuls $\pi(x')$ definiert wird.* Betrachten wir nun als nächstes die Variationsableitungen von L nach der Koordinate, so erhalten wir unter Verwendung der Kettenregel (9.30) und der Differentiationsregel (9.31) sofort die Beziehungen

$$\frac{\delta L}{\delta q(x')} = \frac{\delta}{\delta q(x')}\frac{-g}{2}\int dx\left(\frac{\partial q(x)}{\partial x}\right)^2 = \frac{-g}{2}\int dx\frac{\delta\left(\frac{\partial q(x)}{\partial x}\right)^2}{\delta\left(\frac{\partial q}{\partial x}\right)}\frac{\delta\left(\frac{\partial q}{\partial x}\right)}{\delta q(x')} \tag{9.38}$$

Unter Verwendung von (9.32) läßt sich der letzte Ausdruck, nach einer partiellen Integration, in das Endresultat wie folgt umformen

[1]) Der mit der Variationsrechnung vertraute Leser wird feststellen, daß die Symbole δ nichts anderes als die Variationsableitung bedeuten, die z. B. bei der Formulierung des Hamiltonschen Prinzips der kleinsten Wirkung auftritt. Im vorliegenden Zusammenhang kommt es uns darauf an, die Analogie mit der Mechanik diskreter Massenpunkte besonders deutlich herauszuschälen.

$$-g \int dx \frac{\partial q(x)}{\partial x} \frac{\partial}{\partial x} \delta(x-x') = g \int dx \frac{\partial^2 q(x)}{\partial x^2} \delta(x-x') = g \frac{\partial^2 q(x')}{\partial x'^2} \tag{9.39}$$

Die eben erzielten Resultate gestatten es, die *Lagrangegleichung* (9.22) *ins Kontinuum* zu *übertragen*, indem wir jetzt die Gleichungen

$$\frac{d}{dt} \frac{\delta L}{\delta \dot{q}(x)} - \frac{\delta L}{\delta q(x)} = 0 \tag{9.40}$$

zum Ausgangspunkt nehmen. Unter Verwendung der Resultate (9.39) und (9.35) erhalten wir wieder die Bewegungsgleichung im Kontinuum

$$\varrho \ddot{q}(x, t) - g \frac{\partial^2 q(x, t)}{\partial x^2} = 0 \tag{9.41}$$

Ein Vergleich mit der Bewegungsgleichung (9.8) zeigt, daß (9.41) und (9.8) identisch sind, was einen anschaulichen Beweis dafür liefert, daß unser obiges Verfahren tatsächlich einen Weg liefert, um das Konzept der Lagrangefunktion und der zugehörigen Lagrangegleichung auf das Kontinuum zu übertragen.

Wenden wir uns nun den entsprechenden Übertragungen bei der Hamiltonschen Funktion und den Hamiltongleichungen zu. Hier kennen wir im Falle diskreter Massenpunkte die Beziehungen (9.36) und

$$H = \sum_l p_l \dot{q}_l - L \tag{9.42}$$

Diese gestatten es, den kanonisch konjugierten Impuls aus den Koordinaten q_l und $\dot{q}_l$ sowie die Hamiltonfunktion aus der Lagrangefunktion zu gewinnen. Unter Verwendung der Definitionen (9.37) und des expliziten Resultates (9.35) erhalten wir

$$\pi(x) = \frac{\delta L}{\delta \dot{q}(x)} = \varrho \dot{q}(x) \tag{9.43}$$

bzw. $$\dot{q}(x) = \frac{\pi(x)}{\varrho} \tag{9.44}$$

In entsprechender Weise erhalten wir in (9.42) durch Grenzübergang zum Kontinuum die allgemeine *Beziehung zwischen Hamilton- und Lagrangefunktion*

$$H = \int \dot{q}(x) \pi(x) dx - L \tag{9.45}$$

Führen wir in dem Ausdruck für die Hamiltonfunktion (9.45) für die Koordinate $\dot{q}$ den kanonisch konjugierten Impuls nach (9.44) ein und führen wir für L den Ausdruck (9.21) ein, so erhalten wir fast unmittelbar als *Hamiltonfunktion im Kontinuum* (*schwingende Saite*)

$$H = \frac{1}{2\varrho} \int_0^L \pi^2(x) dx + \frac{g}{2} \int_0^L dx \left(\frac{\partial q(x)}{\partial x} \right)^2 \tag{9.46}$$

Wir überzeugen uns nun davon, daß mit Hilfe des Ausdrucks (9.46) sich Hamiltonsche Gleichungen im Kontinuum formulieren lassen, die wieder zu (9.41) zurückführen. Dazu bilden wir in Analogie zur Punktmechanik die *Hamiltonschen Gleichungen im Kontinuum*

$$\dot{q}(x) = \frac{\delta H}{\delta \pi(x)} \tag{9.47}$$

und

$$\dot{\pi}(x) = -\frac{\delta H}{\delta q(x)} \tag{9.48}$$

Die Differentiation nach $\pi(x)$ läßt sich nach unseren obigen Regeln durchführen. Unter Verwendung des expliziten Ausdrucks (9.46) erhält man sofort das Resultat

$$\dot{q}(x) = \frac{1}{\varrho}\pi(x) \tag{9.49}$$

In entsprechender Weise erhalten wir für die 2. Hamiltonsche Gleichung

$$g\frac{\partial^2 q(x)}{\partial x^2} = \dot{\pi} \tag{9.50}$$

Eliminieren wir aus den Gleichungen (9.49) und (9.50) den kanonisch konjugierten Impuls π, so erhalten wir die uns nun schon gut geläufige Bewegungsgleichung (9.41) bzw. (9.8). Dies ist natürlich wiederum eine Bestätigung, daß der hierfür verwendete Formalismus in sich konsistent ist. Wir können die Ergebnisse dieses Paragraphen wie folgt zusammenfassen: *Genau wie in der Mechanik diskreter Massenpunkte ist es auch im Kontinuum möglich, den Lagrange- und Hamiltonformalismus anzuwenden, wobei lediglich die Differentiationsregeln* (9.25), (9.27) *durch die Ableitungsregeln* (9.29) *zu ersetzen sind.* Wie wir im nächsten Paragraphen sehen werden, reicht diese Analogie völlig aus, um die Quantisierung im Kontinuum durchzuführen.

Aufgaben zu § 9

1. Man beweise (9.11b), (9.11c).

2. *Fourierreihe einer kontinuierlichen Funktion.* Man setze für die im Bereich $0 \leqq x \leqq L$ definierte (und stückweise glatte) Funktion $f(x)$ an:

$$f(x) = \sum_w c_w \frac{1}{\sqrt{L}} e^{iwx}; \qquad w = \frac{2\pi n}{L}, \qquad n = 0, \pm 1, \pm 2, \ldots \tag{A 9.1}$$

und bestimme c_w.
Anleitung: Man multipliziere beide Seiten obiger Gleichung mit $1/\sqrt{L} \cdot e^{-iw'x}$, integriere über x von 0 bis L und benutze die Relationen (9.11b), (9.11c).

$$\text{Resultat:} \quad c_{w'} = \frac{1}{\sqrt{L}} \int_0^L e^{-iw'x} f(x)\,dx \tag{A 9.2}$$

3. *Darstellungen der δ-Funktion*:

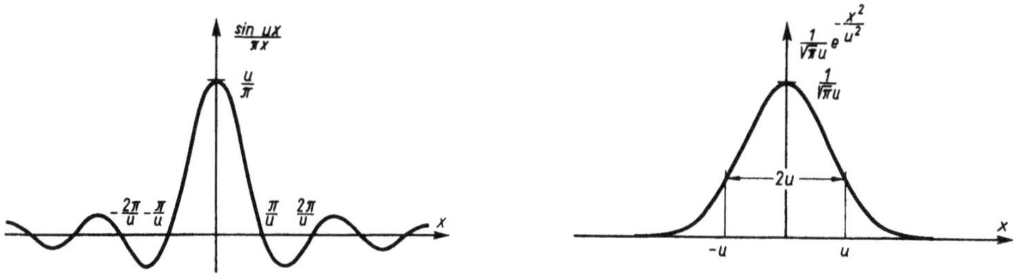

Fig. 21 Verschiedene Darstellungen der δ-Funktion

Man überzeuge sich davon, daß die δ-Funktion durch folgende Grenzprozesse definiert werden kann:

a) $$\delta(x) = \frac{1}{\pi} \lim_{u \to \infty} \frac{\sin ux}{x} \tag{A 9.3}$$

b) $$\delta(x) = \lim_{u \to \infty} \frac{u}{\sqrt{\pi}} e^{-x^2/u^2} \tag{A 9.4}$$

Anleitung: Man setze (A 9.3) bzw. (A 9.4) in $\int f(x)\delta(x)dx$ ein und diskutiere das Integral für sehr großes aber endliches u. Wegen des raschen Abfalls für $x \neq 0$ (s. Fig. 21) kann $f(x)$ an der Stelle $x = 0$ vor das Integral gezogen werden. Man benutze schließlich ($u \neq 0$)

$$\int_{-\infty}^{+\infty} \frac{\sin ux}{x} dx = \pi \qquad \int_{-\infty}^{+\infty} e^{-x^2/u^2} dx = \frac{\sqrt{\pi}}{u} \tag{A 9.5}$$

4. *Ableitungen der δ-Funktion*. Man zeige:

$$\int_{-\infty}^{+\infty} f(x) \frac{d\delta(x-x')}{dx} dx = - \left. \frac{df(x)}{dx} \right|_{x=x'} \tag{A 9.6}$$

und allgemein für die n-te Ableitung $\delta^{(n)}$ nach x:

$$\int_{-\infty}^{+\infty} f(x)\delta^{(n)}(x-x')dx = (-1)^n \left. \frac{d^n f}{dx^n} \right|_{x=x'} \tag{A 9.7}$$

Hinweis: Man integriere partiell.

5. *Fourierintegral*. Wir müssen die Fourierreihe von Aufgabe 2 zum Fourierintegral werden lassen, wenn $f(x)$ im ganzen Bereich $-\infty < x < +\infty$ definiert ist. Wir setzen

$$f(x) = \frac{1}{\sqrt{2\pi}} \int_{-\infty}^{+\infty} c_w e^{iwx} dw \tag{A 9.8}$$

Man bestimme c_w.

Anleitung: Man multipliziere (A 9.8) mit $1/(\sqrt{2\pi})e^{-iw'x}$ und integriere zwischen $-L < x < L$, wobei L groß, aber noch endlich ist. Auf der rechten Seite von (A 9.8) vertausche man die Integrationsreihenfolge und beachte, daß

$$\frac{1}{2\pi}\int_{-L}^{L} e^{ix(w-w')}dx = \frac{1}{\pi}\,\frac{\sin L(w-w')}{w-w'}$$

für $L \to \infty$ die δ-Funktion $\delta(w-w')$ ergibt.

$$\text{Resultat:}\quad c_{w'} = \frac{1}{\sqrt{2\pi}}\int_{-\infty}^{+\infty} f(x)e^{-iw'x}dx \tag{A 9.10}$$

§ 10 Übergang zum Kontinuum: quantentheoretisch. Phononen

Die Ergebnisse des vorigen Paragraphen gestatten es, die Quantisierung im Kontinuum unmittelbar durchzuführen. In der diskreten Punktmechanik hatten wir die folgenden Quantisierungsregeln: Die Koordinaten q_l und zugehörigen kanonisch konjugierten Impulse p_l werden gemäß dem Schema

$$\left.\begin{aligned} &q_l \to \text{Operator } q_l \\ &p_l \to \text{Operator } \frac{\hbar}{i}\frac{\partial}{\partial q_l} \end{aligned}\right\} \tag{10.1}$$

durch Operatoren ersetzt, die dann den Vertauschungsrelationen

$$\left.\begin{aligned} &[p_l, q_{l'}] = \frac{\hbar}{i}\delta_{l,l'} \\ &[p_l, p_{l'}] = 0 \\ &[q_l, q_{l'}] = 0 \end{aligned}\right\} \tag{10.2}$$

genügen. Im Kontinuum lassen wir den Koordinaten q_l jetzt kontinuierlich verteilte Koordinaten $q(x)$ und entsprechend den kanonisch konjugierten Impulsen p_l nun kontinuierlich verteilte Impulse $\pi(x)$ entsprechen. Diese neuen Größen hängen dabei von der kontinuierlichen Ortsvariablen x ab, während sie bisher von dem diskreten Index l abhingen. Wie wir im vorhergehenden Paragraphen sahen, wird die normale Differentiationsregel d/dq_l durch eine Variationsableitung $\delta/\delta q(x)$ ersetzt. Wir erhalten damit sofort die Korrespondenz

$$\begin{aligned} &q_l \to q(x) \qquad \text{Operator } q(x) \\ &p_l \to \pi(x) \qquad \text{Operator } \frac{\hbar}{i}\frac{\delta}{\delta q(x)} \end{aligned} \tag{10.3}$$

Mit Hilfe dieser Korrespondenz lassen sich nun die Vertauschungsrelationen im Kontinuum ableiten. Wir bilden dazu den Ausdruck

$$\pi(x)q(x') - q(x')\pi(x) \tag{10.4}$$

und verwenden die explizite Darstellung für $\pi(x)$ gemäß (10.3)

$$\frac{\hbar}{i}\left\{\frac{\delta}{\delta q(x)}q(x') - q(x')\frac{\delta}{\delta q(x)}\right\} \tag{10.5}$$

Berücksichtigen wir die aus der Quantenmechanik wohlbekannte Regel, daß bei Anwendung einer Vertauschungsrelation immer daran gedacht werden muß, die Operatoren auf eine dahinterstehende Wellenfunktion anzuwenden, so erhalten wir unter Berücksichtigung der normalen Produktregel und der Beziehung (9.29) sofort anstelle von (10.5) den Ausdruck

$$\frac{\hbar}{i}\left\{q(x')\frac{\delta}{\delta q(x)} + \delta(x-x') - q(x')\frac{\delta}{\delta q(x)}\right\} \tag{10.6}$$

Somit erhalten wir ganz automatisch die folgende grundlegende *Vertauschungsrelation im Kontinuum*

$$\pi(x)q(x') - q(x')\pi(x) = \frac{\hbar}{i}\delta(x-x') \tag{10.7}$$

In ähnlicher, wenn auch trivialerer Weise folgen die *weiteren Vertauschungsrelationen*

$$q(x)q(x') - q(x')q(x) = 0 \tag{10.8}$$

und

$$\pi(x)\pi(x') - \pi(x')\pi(x) = 0 \tag{10.9}$$

Wenden wir uns wieder dem konkreten Beispiel der linearen Kette zu, um zu zeigen, wie man auch im Kontinuum Erzeugungs- und Vernichtungsoperatoren einführen kann. Hierzu gehen wir von der Zerlegung (9.14) der zunächst noch klassischen Größe $q(x, t)$ aus

$$q(x,t) = \sum_w \left(\frac{1}{\sqrt{L}} e^{iwx} B_w(t) + \text{konj. kompl.}\right) \tag{10.10}$$

Durch Bildung der Zeitableitung erhalten wir

$$\pi(x,t) = \varrho\dot{q} = \sum_w \left(\frac{1}{\sqrt{L}} \varrho(-i\omega_w) e^{iwx} B_w(t) + \text{konj. kompl.}\right) \tag{10.11}$$

Nun lassen wir $q(x, t)$ sowie $\pi(x, t)$ und damit auch zwangsläufig die B_w, B_w^* zu Operatoren werden. In Analogie zur diskreten Atomkette führen wir noch neue Operatoren b_w und b_w^+ gemäß den Beziehungen

$$B_w = \sqrt{\frac{\hbar}{2\varrho\omega_w}}\, b_w, \qquad B_w^+ = \sqrt{\frac{\hbar}{2\varrho\omega_w}}\, b_w^+ \tag{10.12}$$

ein. Damit gehen die Gleichungen (10.10) und (10.11) in

$$q(x) = \sum_w \frac{1}{\sqrt{L}} \sqrt{\frac{\hbar}{2\varrho\omega_w}} (e^{iwx} b_w + e^{-iwx} b_w^+) \tag{10.13}$$

und

$$\pi(x) = \sum_w \frac{i}{\sqrt{L}} \sqrt{\frac{\hbar\omega_w \varrho}{2}} (-e^{iwx} b_w + e^{-iwx} b_w^+) \tag{10.14}$$

über. Wir übertragen nun alle Umformungen, die wir in § 7 durchführten, um in der Hamiltonfunktion von den q_l, p_l zu den b_w^+ zu gelangen.

Der einzige Unterschied gegenüber unseren bisherigen Rechnungen ist der, daß wir anstelle der Summe über l ein Integral über x im Gebiet von 0 und L haben und daß an die Stelle der Orthogonalitätsbeziehungen

$$\frac{1}{N} \sum_{l=1}^{N} e^{iwla - iw'la} = \delta_{ww'} \qquad \left(\text{mit } w = \frac{2\pi n}{aN},\ n \text{ ganzzahlig}\right) \tag{10.15}$$

die Orthogonalitätsrelationen

$$\frac{1}{L} \int_0^L e^{iwx - iw'x} dx = \delta_{ww'} \qquad \left(\text{mit } w = \frac{2\pi n}{L},\ n \text{ ganzzahlig}\right) \tag{10.16}$$

treten. Da sich sonst nichts ändert, geben wir den *Hamiltonoperator für schwingende Atomkette im Grenzfall des Kontinuums* direkt an

$$H = \sum_w \hbar\omega_w \left(b_w^+ b_w + \frac{1}{2}\right) \tag{10.17}$$

und überlassen den an diesem Resultat zweifelnden Leser die explizite Nachprüfung. Die „Amplituden" b_w^+ sind natürlich nun wieder Operatoren. Auch die Vertauschungsrelationen zwischen den Operatoren b_w^+, b_w lassen sich völlig in Analogie zu § 8 gewinnen. Dazu lösen wir (10.13) und (10.14) nach b_w, b_w^+ durch Fouriertransformation auf, bilden z. B. $b_w b_{w'}^+ - b_{w'}^+ b_w$ und setzen hierin die Vertauschungsrelationen (10.7) bis (10.9) ein. Wir überlassen die Details dem Leser als Übungsaufgabe und geben das Resultat an:

$$[b_w, b_{w'}^+] = \delta_{w,w'}; \qquad [b_w, b_{w'}] = [b_w^+, b_{w'}^+] = 0 \tag{10.18}$$

Falls die Zerlegungen (10.13) und (10.14) nicht im endlichen „Volumen" der Länge L sondern im unendlichen Raum stattfinden, treten an die Stelle der Fouriersummen (10.13) und (10.14) die entsprechenden Fourierintegrale. Damit geht einher, daß das Kronecker-Symbol in Gleichung (10.18) durch die δ-Funktion $\delta(w - w')$ zu ersetzen ist. Damit ist der Quantisierungsprozeß voll und ganz abgeschlossen. Da die b_w, b_w^+ Operatoren sind, die von einem diskreten Index abhängen, kann die weitere Behandlung genau wie im Falle diskreter Massenpunkte erfolgen:

Die Lösung der Schrödingergleichung

$$H\Phi = E\Phi \tag{10.19}$$

läßt sich in der bekannten Form

$$\Phi_{\{n\}} = \prod_w \frac{1}{\sqrt{n_w!}} (b_w^+)^{n_w} \Phi_0 \tag{10.20}$$

(vgl. (3.48)) schreiben. Der *Anzahloperator*

$$n_w = b_w^+ b_w \tag{10.21}$$

ist mit H vertauschbar. Er gibt die Zahl der Quanten im Zustand w an. Bei einem elastischen Medium spricht man dann von der Zahl der Phononen, mit der die Welle w besetzt ist.

Diskutieren wir nun die Bildung der Erwartungswerte, z. B. die Erwartungswerte für $q(x)$ und $\pi(x)$, die analog zu denen im diskreten Falle durch

$$\overline{q(x)} = \langle \Phi | q(x) | \Phi \rangle \tag{10.22}$$

bzw. $$\overline{\pi(x)} = \langle \Phi | \pi(x) | \Phi \rangle \tag{10.23}$$

definiert sind. Betrachten wir die Berechnung von (10.22) etwas genauer und wählen wir als Beispiel für Φ einen Eigenzustand (10.20) zum Hamiltonoperator (10.17). Wir behaupten, daß der entsprechende Erwartungswert verschwindet

$$\langle \Phi_{\{n\}} | q(x) | \Phi_{\{n\}} \rangle = 0 \tag{10.24}$$

Um dieses zu beweisen, führen wir für $q(x)$ die Entwicklung (10.13) in (10.24) ein

$$\langle \Phi_{\{n\}} | \sum_w \sqrt{\frac{\hbar}{2\varrho\omega_w L}} (e^{iwx} b_w + e^{-iwx} b_w^+) | \Phi_{\{n\}} \rangle \tag{10.25}$$

Da die Summation nichts mit der Erwartungswertbildung zu tun hat, können wir diese beiden Prozesse vertauschen und (10.25) in der Form

$$\begin{aligned} &\sum_w \sqrt{\frac{\hbar}{2\varrho\omega_w L}} e^{iwx} \langle \Phi_{\{n\}} | b_w | \Phi_{\{n\}} \rangle + \\ &+ \sum_w \sqrt{\frac{\hbar}{2\varrho\omega_w L}} e^{-iwx} \langle \Phi_{\{n\}} | b_w^+ | \Phi_{\{n\}} \rangle \end{aligned} \tag{10.26}$$

wiedergeben. Man beachte, daß auch e^{iwx} *nichts* mit den Erwartungswerten zu tun hat! x ist hier lediglich ein Index. Wir erinnern uns nun an den § 3, in dem wir zeigten, daß die Anwendung des Erzeugungsoperators b_w^+ gerade die Erhöhung um ein Quant bedeutet, so daß aus $\Phi_{\{n\}}$ ein Zustand wird, in dem eine Welle mit einem Quant mehr besetzt ist. Wegen der Orthogonalität der Wellenfunktionen mit verschiedenen Besetzungszahlen gilt dann

$$\langle \Phi_{\{n\}} | b_w^+ | \Phi_{\{n\}} \rangle = 0, \qquad \langle \Phi_{\{n\}} | b_w | \Phi_{\{n\}} \rangle = 0 \tag{10.27}$$

und eine entsprechende Beziehung für einen Ausdruck, bei dem b_w^+ durch b_w ersetzt ist. Aus dem Verschwinden dieser Erwartungswerte folgt sofort die Richtigkeit der Beziehung (10.24). In ganz entsprechender Weise beweist man auch, daß der Erwartungswert des kanonisch konjugierten Impulses $\pi(x)$ verschwindet. Dies erscheint auf den ersten Blick überraschend, da man auch bei den Schwingungen im Kontinuum endliche Auslenkungen erwartet. Das Ergebnis wird aber sofort verständlich, wenn wir uns daran erinnern, daß wir es in der Quantenmechanik mit statistischen Mittelwerten zu tun haben. Bei dem vorliegenden Problem ist aber eine positive Auslenkung $q(x)$ genau so wahrscheinlich wie eine negative, so daß sich diese Ausdrücke im Mittel wegheben. Um ein Maß für die Größe der Auslenkungen zu bekommen, muß man daher quadratische Mittelwerte betrachten. Die Durchführung der entsprechenden Rechnungen ist eine einfache Übungsaufgabe. Man erhält als Endergebnis

$$\overline{q^2(x)} = \sum_w \frac{1}{L} \frac{1}{2\varrho\omega_w}(2n_w + 1) \tag{10.28}$$

Dieses Resultat ist insofern beachtenswert, als selbst für $n_w = 0$ ein von 0 verschiedener Wert (10.28) herauskommt. Dies bedeutet, daß die Oszillatoren auch im tiefsten Zustand mit endlicher Wahrscheinlichkeit mit endlicher Amplitude anzutreffen sind. Das entsprechende Resultat erhält man auch für $\langle \pi^2 \rangle$, was bedeutet, daß auch die Impulse endliche Werte haben. Diese Resultate sind natürlich nichts anderes als der mathematische Ausdruck für die Tatsache, daß quantenmechanische Oszillatoren Nullpunktsschwankungen ausführen. Wir befassen uns nun mit der interessanten Frage, ob man nicht doch durch Wahl geeigneter Wellenfunktionen es erreichen kann, daß die mittlere Amplitude $q(x)$ auch im quantenmechanischen Mittel von Null verschieden ist. Diese Frage hat im Zusammenhang mit der Quantenoptik eine erhebliche Bedeutung erlangt. Als *Beispiel eines Zustandes, bei dem der Erwartungswert $q(x)$ nicht verschwindet*, behandeln wir einen *kohärenten Zustand* der Form

$$\Phi = e^{-(1/2)|\beta|^2} e^{\beta b_{w_0}^+} \Phi_0 \tag{10.29}$$

wobei $\beta = \gamma\, e^{-i\omega_{w_0} t}$ (10.30)

sein soll.

Gemäß Übungsaufgaben 4 von §§ 3 und 5 ist (10.29) mit (10.30) Lösung der zeitabhängigen Schrödingergleichung mit dem Hamiltonoperator (10.17) (jedoch ohne die konstante Nullpunktenergie $\sum 1/2\,\hbar\omega_w$).

Setzen wir (10.29) in (10.22) ein, so erhalten wir

$$\langle \Phi | q(x) | \Phi \rangle = \sum_w \sqrt{\frac{\hbar}{2\varrho\omega_w L}} \left(e^{iwx} \langle \Phi | b_w | \Phi \rangle + e^{-iwx} \langle \Phi | b_w^+ | \Phi \rangle\right) \tag{10.31}$$

wobei wir wieder die Summation mit der Bildung der Erwartungswerte vertauscht haben. Zur Berechnung von

$$\langle \Phi | b_w | \Phi \rangle \tag{10.32}$$

betrachten wir zuerst (vgl. (10.29))

$$b_w e^{\beta b_{w_0}^+} \Phi_0 \tag{10.33}$$

Für $w \neq w_0$ dürfen wir b_w direkt auf Φ_0 wirken lassen und (10.33) wird Null. Für $w = w_0$ schreiben wir

$$(10.33) = (b_{w_0} e^{\beta b_{w_0}^+} - e^{\beta b_{w_0}^+} b_{w_0}) \Phi_0 \tag{10.34}$$

Die Vertauschung von $e^{\beta b_{w_0}^+}$ mit b_{w_0} liefert aber (vgl. die Grundregel (5.25)):

$$(10.33) = \beta \, e^{\beta b_{w_0}^+} \Phi_0 \tag{10.35}$$

Setzen wir diese Ergebnisse in (10.32) ein, so erhalten wir, da Φ normiert ist:

$$\langle \Phi | b_w | \Phi \rangle = \beta \delta_{w, w_0} = \gamma \, e^{-i\omega_{w_0} t} \cdot \delta_{w, w_0} \tag{10.36}$$

und entsprechend

$$\langle \Phi | b_w^+ | \Phi \rangle = \beta^* \delta_{w, w_0} = \gamma^* e^{i\omega_{w_0} t} \delta_{w, w_0} \tag{10.37}$$

Mit Hilfe von (10.36) und (10.37) erhalten wir für den Erwartungswert der Amplitude $q(x)$:

$$\langle \Phi | q(x) | \Phi \rangle = \sqrt{\frac{\hbar}{2\varrho\omega_{w_0} L}} (\beta \, e^{iw_0 x} + \beta^* \, e^{-iw_0 x}) \tag{10.38}$$

Mit $\beta = (10.30)$ und γ reell ergibt sich also für einen *kohärenten* Zustand

$$\langle \Phi | q(x) | \Phi \rangle = A \cos(w_0 x - \omega_{w_0} t) \tag{10.39}$$

mit $A = \sqrt{\dfrac{2\hbar}{\varrho\omega_{w_0} L}} \gamma$

also eine *laufende Welle*.

In entsprechender Weise erhalten wir für den Mittelwert des kanonisch konjugierten Impulses

$$\langle \Phi | \pi(x) | \Phi \rangle = A \varrho \omega_{w_0} \sin(w_0 x - \omega_{w_0} t) \tag{10.40}$$

was sich auch direkt durch zeitliche Ableitung von (10.39) hätte gewinnen lassen. Wir erkennen an diesem Beispiel deutlich, daß es durch die Verwendung geeigneter Wellenpakete möglich wird, die Wellenausbreitung auch an den Erwartungswerten zu verfolgen. Es handelt sich hier um nichts anderes, als um Betrachtungen, wie sie Schrödinger bereits bei der Diskussion des harmonischen Oszillators angewendet hat.

Aufgaben zu § 10

1. Mit Hilfe von (10.13), (10.14) drücke man b_w, b_w^+ durch $q(x)$, $\pi(x)$ aus.

2. Man leite (10.18) von (10.7) bis (10.9) her.

3. Wodurch ist (10.39) zu ersetzen, wenn γ in (10.30) komplex ist.
Hinweis: Man setze $\gamma = r_0 e^{i\varphi}$.

4. Man berechne $\langle \Phi | q(x) | \Phi \rangle$ für

$$\Phi = \left\{ \prod_w exp\left(-\frac{1}{2}|\gamma_w|^2 \right) exp(\gamma_w e^{-i\omega t} b_w^+) \right\} \Phi_0$$

§ 11 Dreidimensionale Probleme: Quantisierung der skalaren Wellengleichung und des elektromagnetischen Feldes. Photonen

Wir wenden die in § 10 gewonnenen Quantisierungsvorschriften an, um die dreidimensionale Wellengleichung

$$\varrho \frac{d^2 \varphi(\boldsymbol{x}, t)}{dt^2} - g \Delta \varphi = 0 \tag{11.1}$$

zu quantisieren. Hierin ist $\boldsymbol{x}$ der Ortsvektor mit den Komponenten x, y, z. Δ ist der Laplaceoperator

$$\Delta = \frac{\partial^2}{\partial x^2} + \frac{\partial^2}{\partial y^2} + \frac{\partial^2}{\partial z^2}$$

In Verallgemeinerung der Überlegungen in § 10 finden wir sofort die Lagrangefunktion, deren zugehörige Lagrangegleichung im Kontinuum mit (11.1) übereinstimmt. Diese Lagrangefunktion schreiben wir als Integral

$$L = \int \mathscr{L}(\boldsymbol{x}) d^3 x \tag{11.2}$$

über die Lagrangedichte $\mathscr{L}$, wobei die Lagrangedichte im vorliegenden Fall durch

$$\mathscr{L}(\boldsymbol{x}) = \frac{\varrho}{2} \dot{\varphi}^2 - \frac{g}{2} (\operatorname{grad} \varphi)^2 \tag{11.3}$$

oder explizit geschrieben durch

$$\mathscr{L}(\boldsymbol{x}) = \frac{\varrho}{2} \dot{\varphi}^2 - \frac{g}{2} \left(\left(\frac{\partial \varphi}{\partial x} \right)^2 + \left(\frac{\partial \varphi}{\partial y} \right)^2 + \left(\frac{\partial \varphi}{\partial z} \right)^2 \right) \tag{11.4}$$

gegeben ist. Die zugehörigen Lagrangegleichungen lauten ganz in Analogie zum eindimensionalen Fall

$$\frac{d}{dt} \frac{\delta L}{\delta \dot{\varphi}(\boldsymbol{x})} - \frac{\delta L}{\delta \varphi(\boldsymbol{x})} = 0 \tag{11.5}$$

Setzen wir auf der linken Seite den Ausdruck (11.2) mit (11.3) ein, so ergibt sich durch Ausführung der Ableitungen unter Benutzung der Regeln (9.29) die Wellengleichung (11.1). Den kanonisch konjugierten Impuls finden wir wiederum in der Form

$$\pi(\boldsymbol{x}) = \frac{\delta L}{\delta \dot{\varphi}(\boldsymbol{x})} = \varrho \dot{\varphi}(\boldsymbol{x}) \tag{11.6}$$

Die Übertragung der Vertauschungsrelationen des eindimensionalen Falles auf den vorliegenden Fall bereitet keinerlei Schwierigkeiten, wenn wir nur die eindimensionale δ-Funktion durch die dreidimensionale ersetzen. Wir definieren diese dreidimensionale δ-Funktion $\delta(\boldsymbol{x}-\boldsymbol{x}')$ durch die Eigenschaft

$$\int f(\boldsymbol{x})\delta(\boldsymbol{x}-\boldsymbol{x}')d^3x = f(\boldsymbol{x}') \tag{11.7}$$

wobei $f(\boldsymbol{x})$ stetig sein soll. Hier und im Folgenden ist $\int \cdots d^3x$ das dreidimensionale Integral $\int\int\int \cdots dxdydz$. Die Vertauschungsrelationen nehmen somit die Gestalt

$$\begin{aligned} \pi(\boldsymbol{x})\varphi(\boldsymbol{x}') - \varphi(\boldsymbol{x}')\pi(\boldsymbol{x}) &= \frac{\hbar}{i}\delta(\boldsymbol{x}-\boldsymbol{x}') \\ \varphi(\boldsymbol{x})\varphi(\boldsymbol{x}') - \varphi(\boldsymbol{x}')\varphi(\boldsymbol{x}) &= 0 \\ \pi(\boldsymbol{x})\pi(\boldsymbol{x}') - \pi(\boldsymbol{x}')\pi(\boldsymbol{x}) &= 0 \end{aligned} \tag{11.8}$$

an. Der Vollständigkeit halber geben wir noch die Hamiltonfunktion an, die sich wieder als Integral über die Hamiltonsche Dichte

$$H = \int \mathscr{H}(\boldsymbol{x})d^3x \tag{11.9}$$

schreiben läßt. Die Hamiltonsche Dichte ist hierin durch

$$\mathscr{H}(\boldsymbol{x}) = \frac{1}{2\varrho}\pi^2 + \frac{g}{2}(\operatorname{grad}\varphi)^2 \tag{11.10}$$

gegeben. Entwickeln wir in völliger Analogie zum eindimensionalen Fall φ und π nach ebenen Wellen mit der *Dispersionsrelation*

$$\omega_{\boldsymbol{w}} = vw, \qquad v = \sqrt{\frac{g}{\varrho}} \tag{11.11}$$

also in der Form

$$\begin{aligned} \varphi(\boldsymbol{x}) &= \frac{1}{\sqrt{V}}\sum_{\boldsymbol{w}}\sqrt{\frac{\hbar}{2\omega_{\boldsymbol{w}}\varrho}}\left(b_{\boldsymbol{w}}e^{i\boldsymbol{wx}} + b_{\boldsymbol{w}}^+e^{-i\boldsymbol{wx}}\right) \\ \pi(\boldsymbol{x}) &= \frac{i}{\sqrt{V}}\sum_{\boldsymbol{w}}\sqrt{\frac{\hbar\omega_{\boldsymbol{w}}\varrho}{2}}\left(-b_{\boldsymbol{w}}e^{i\boldsymbol{wx}} + b_{\boldsymbol{w}}^+e^{-i\boldsymbol{wx}}\right) \end{aligned} \tag{11.12}$$

so transformiert sich der Hamiltonoperator auf die uns schon wohlbekannte Form

$$H = \sum_{\boldsymbol{w}}\hbar\omega_{\boldsymbol{w}}\left(b_{\boldsymbol{w}}^+b_{\boldsymbol{w}} + \frac{1}{2}\right) \tag{11.13}$$

Wir erkennen an dieser Form, daß die Quantisierung der dreidimensionalen Wellengleichung völlig analog zu der in einer Dimension erfolgen kann. Der einzige Unterschied besteht in der Summation über $\boldsymbol{w}$, die nun im dreidimensionalen $\boldsymbol{w}$-Raum zu erfolgen hat. Unsere Vorbereitungen setzen uns nun in den Stand, *die Quantisierung des elektromagnetischen Feldes* vorzunehmen.

Ausgangspunkt sind für uns die Maxwellschen Gleichungen im Vakuum, die im CGS-System die folgende Gestalt haben (mit $\boldsymbol{H}=\boldsymbol{B}$ und $\boldsymbol{E}=\boldsymbol{D}$)

$$rot\,\boldsymbol{E} + \frac{1}{c}\dot{\boldsymbol{H}} = 0 \tag{11.14}$$

$$rot\,\boldsymbol{H} - \frac{1}{c}\dot{\boldsymbol{E}} = \frac{4\pi}{c}\boldsymbol{j} \tag{11.15}$$

$$div\,\boldsymbol{H} = 0 \tag{11.16}$$

$$div\,\boldsymbol{E} = 4\pi\varrho \tag{11.17}$$

Da nach (11.16) $\boldsymbol{H}$ divergenzfrei ist, dürfen wir es stets als Rotation eines Vektorfeldes des Vektorpotentials $\boldsymbol{A}$ auffassen

$$\boldsymbol{H} = rot\,\boldsymbol{A} \tag{11.18}$$

Setzen wir (11.18) in (11.14) ein, so erhalten wir die Aussage, daß sich $\boldsymbol{E}$ in der Form

$$\boldsymbol{E} = -\frac{1}{c}\dot{\boldsymbol{A}} - grad\,V \tag{11.19}$$

schreiben läßt, wobei V das skalare elektrische Potential darstellt. Ersetzen wir in der Gleichung (11.15) $\boldsymbol{H}$ mit Hilfe von (11.18) und $\boldsymbol{E}$ mit Hilfe von (11.19), so erhalten wir

$$\frac{1}{c^2}\ddot{\boldsymbol{A}} - \Delta\boldsymbol{A} + grad\left(div\,\boldsymbol{A} + \frac{1}{c}\dot{V}\right) = \frac{4\pi}{c}\boldsymbol{j} \tag{11.20}$$

Durch Einsetzen von (11.19) in (11.17) ergibt sich hingegen die Gleichung

$$-\Delta V - \frac{1}{c}\,div\,\dot{\boldsymbol{A}} = 4\pi\varrho \tag{11.21}$$

Die Potentiale $\boldsymbol{A}$ und V sind nicht eindeutig bestimmt, sondern können noch mit Hilfe der *Eichtransformationen*

$$\begin{aligned} \boldsymbol{A} &= \boldsymbol{A}' - grad\,\chi \\ V &= V' + \frac{1}{c}\dot{\chi} \end{aligned} \tag{11.22}$$

umgeeicht werden. Diese Eichtransformation kann man ausnützen, um die Gleichungen (11.20) und (11.21) noch zu vereinfachen. Eine bekannte Bedingung ist die

Lorentzbedingung

$$div\, A + \frac{1}{c}\dot{V} = 0 \tag{11.22a}$$

mit deren Hilfe sich die Gleichungen (11.20) und (11.21) auf die folgende einfache Gestalt bringen lassen:

$$\Box A = -\frac{4\pi}{c} j \tag{11.23}$$

$$\Box V = -4\pi\varrho \tag{11.24}$$

wobei der Operator □ durch

$$\Box = \Delta - \frac{1}{c^2}\frac{d^2}{dt^2} \tag{11.25}$$

definiert ist. Im folgenden benutzen wir jedoch nicht diese Eichung, sondern die *Coulomb-Eichung*, die durch

$$div\, A = 0 \tag{11.26}$$

definiert ist. *Die Coulomb-Eichung stellt sicher, daß das Vektorpotential A nur transversale Wellen enthält.* Zerlegen wir nämlich A ganz allgemein nach ebenen Wellen der Form

$$A(x, t) = \sum_w A_w e^{iwx} + \text{konj. kompl.} \tag{11.27}$$

so folgt wegen $div\, A = 0$ und der linearen Unabhängigkeit der Exponentialfunktionen die Relation

$$A_w w = 0 \tag{11.28}$$

d.h. die Transversalität. Mit der Coulomb-Eichung (11.26) nehmen die Ausgangsgleichungen (11.20) und (11.21) die Gestalt

$$\Delta V = -4\pi\varrho \tag{11.29}$$

und

$$\Box A = -\frac{4\pi}{c} j + \frac{1}{c}\, grad\, \dot{V} \tag{11.30}$$

an. (11.29) ist die bekannte Poisson-Gleichung, wobei auch zugelassen sein kann, daß die Ladung zeitabhängig ist. Wir untersuchen in diesem Paragraphen das Vakuum ohne Ladungen und Ströme, *behandeln also die Quantisierung der Wellengleichung*[1])

$$\Box A = 0 \tag{11.31}$$

[1]) V wird im folgenden nicht als dynamische Variable angesehen, sondern als eine durch ϱ festgelegte klassische Funktion, die in unserem Falle identisch Null gesetzt werden soll.

Offensichtlich stellt (11.31) die Zusammenfassungen von drei Wellengleichungen der Form (11.1) für die einzelnen Komponenten des Vektorpotentials dar. Aus diesem Grund können wir die Lagrangefunktion sofort in Erweiterung der Lagrangefunktion (11.4) in der Form

$$L = const \int \left(\frac{\dot{A}^2}{2c^2} - \frac{1}{2}(grad\, A_x)^2 - \frac{1}{2}(grad\, A_y)^2 - \frac{1}{2}(grad\, A_z)^2 \right) d^3x \qquad (11.32)$$

aufstellen. Wir haben allerdings noch die Nebenbedingungen (11.26) zu beachten, wodurch sich gewisse Unterschiede bei der Quantisierung ergeben werden. Die Konstante in (11.32) ist zunächst noch unbestimmt, da diese Konstante bei der Bildung der Wellengleichung über die Lagrangegleichungen herausfällt. Wir können sie jedoch festlegen, indem wir die Hamiltonfunktion aufstellen und *fordern, daß die Hamiltonfunktion mit dem klassischen Ausdruck der elektromagnetischen Feldenergie* übereinstimmt. Dieser klassische Ausdruck ist bekanntlich durch

$$U = \frac{1}{8\pi} \int (\boldsymbol{E}^2 + \boldsymbol{H}^2) d^3x \qquad (11.33)$$

gegeben. Drücken wir hierin $\boldsymbol{E}$ und $\boldsymbol{H}$ durch die Relationen (11.18) und (11.19) aus, so erhalten wir unmittelbar

$$U = \frac{1}{8\pi} \int \frac{\dot{\boldsymbol{A}}^2}{c^2} d^3x + \frac{1}{8\pi} \int (rot\, \boldsymbol{A})^2 d^3x \qquad (11.34)$$

Schreibt man nun $(rot\, \boldsymbol{A})^2$ in Komponenten aus und berücksichtigt $div\, \boldsymbol{A} = 0$, so ergibt sich unter Zuhilfenahme partieller Integrationen der folgende Ausdruck für U, der gleichzeitig mit dem Ausdruck für die Hamiltonfunktion identisch ist (die zugehörige Nebenrechnung findet sich am Schluß dieses Paragraphen).

$$H = \frac{1}{4\pi} \left(\int \frac{\dot{\boldsymbol{A}}^2}{2c^2} d^3x + \int \frac{1}{2} \left((grad\, A_x)^2 + (grad\, A_y)^2 + (grad\, A_z)^2 \right) d^3x \right) \qquad (11.35)$$

Gehen wir nun zu den kanonisch konjugierten Impulsen über, so müssen wir beachten, daß wir ja jetzt 3 Komponenten von $\boldsymbol{A}$ haben und dementsprechend auch 3 Sätze von kanonisch konjugierten Impulsen, die mit Hilfe der Regel (11.7) und der Lagrangefunktion (11.32) durch

$$\Pi_x(\boldsymbol{x}) = \frac{\delta L}{\delta \dot{A}_x(\boldsymbol{x})} = \frac{1}{4\pi c^2} \dot{A}_x(\boldsymbol{x})$$
$$\Pi_y(\boldsymbol{x}) = \frac{1}{4\pi c^2} \dot{A}_y(\boldsymbol{x}); \quad \Pi_z(\boldsymbol{x}) = \frac{1}{4\pi c^2} \dot{A}_z(\boldsymbol{x}) \qquad (11.36)$$

gegeben sind. In völliger Analogie zu allen bisherigen Betrachtungen können wir $\boldsymbol{A}$ wieder nach ebenen Wellen zerlegen, wobei wir gleich unsere nun schon bekannten dimensionslosen Amplituden b und b^+ einführen. Da $\boldsymbol{A}$ ein Vektor ist, müssen wir bei der Zerlegung nach ebenen Wellen neben dem Wellenzahlvektor $\boldsymbol{w}$ noch einen weiteren Index j für den Polarisationsvektor $\boldsymbol{e}$ einführen, wobei j die beiden Werte 1 oder 2 annehmen kann. Den Polarisationsvektor bezeichnen wir mit $\boldsymbol{e}_{w,j}$. Unter Berücksichtigung, daß die bisherige Massendichte jetzt formal durch $1/(4\pi c^2)$ zu ersetzen ist, erhalten wir die Zerlegung in der folgenden Gestalt

$$\boldsymbol{A}(\boldsymbol{x}, t) = \sum_{w,j} \sqrt{\frac{\hbar 2\pi c^2}{\omega_w}} \left(\boldsymbol{e}_{w,j} \frac{1}{\sqrt{V}} e^{i\boldsymbol{w}\boldsymbol{x}} b_{w,j} + \boldsymbol{e}_{w,j} \frac{1}{\sqrt{V}} e^{-i\boldsymbol{w}\boldsymbol{x}} b_{w,j}^{+} \right) \tag{11.37}$$

Da wir uns noch im „klassischen Bereich" befinden, sind die $b_{w,j}$ und $b_{w,j}^{+}$ vorläufig noch klassische *zeitabhängige* Funktionen. In Vorwegnahme der späteren Quantisierung haben wir aber beim zu b komplex Konjugierten ein + statt * gesetzt. Wegen der *Transversalität* von $\boldsymbol{A}$ gilt dabei

$$\boldsymbol{e}_{w,j} \cdot \boldsymbol{w} = 0, \qquad j = 1, 2 \tag{11.38}$$

Ferner dürfen wir annehmen, daß die Polarisationsrichtungen untereinander senkrecht stehen, d.h. daß die Relation

$$\boldsymbol{e}_{w,1} \cdot \boldsymbol{e}_{w,2} = 0 \tag{11.39}$$

gilt. Für die kanonisch konjugierten Impulse erhalten wir in völliger Analogie zum skalaren Feld die Beziehung

$$\boldsymbol{\Pi}(\boldsymbol{x}, t) = \frac{1}{4\pi c^2} \dot{\boldsymbol{A}} = i \sum_{w,j} \sqrt{\frac{\hbar\omega_w}{2 \cdot 4\pi c^2}} \left(-\boldsymbol{e}_{w,j} \frac{1}{\sqrt{V}} e^{i\boldsymbol{w}\boldsymbol{x}} b_{w,j} + \boldsymbol{e}_{w,j} \frac{1}{\sqrt{V}} e^{-i\boldsymbol{w}\boldsymbol{x}} b_{w,j}^{+} \right) \tag{11.40}$$

Nach diesen Vorbereitungen können wir uns der Quantisierung des Feldes zuwenden. Für die einzelnen Vektorkomponenten dürfen wir ganz in Analogie zum skalaren Feld annehmen, daß die Kommutatoren zwischen den Feldern untereinander und zwischen den kanonisch konjugierten Impulsen untereinander verschwinden:

$$[A_i(\boldsymbol{x}), A_j(\boldsymbol{x}')] = 0 \tag{11.41}$$

$$i = x, y, z \qquad j = x, y, z$$

$$[\Pi_i(\boldsymbol{x}), \Pi_j(\boldsymbol{x}')] = 0 \tag{11.42}$$

Die einzige Verallgemeinerung besteht jetzt darin, daß wir diese Relationen nun auch für die einzelnen Komponenten i, j fordern. Wenden wir uns nun der Frage zu, wie die Vertauschungsrelationen zwischen einer Komponente l des kanonisch konjugierten Impulses Π und einer Komponente j der Feldamplitude $\boldsymbol{A}$ aussehen. Dazu setzen wir – und wir betonen hier ausdrücklich, *versuchsweise* Vertauschungsrelationen in der Form

$$[\Pi_l(\boldsymbol{x}), A_j(\boldsymbol{x}')] = \frac{\hbar}{i} \delta_{lj} \delta(\boldsymbol{x} - \boldsymbol{x}') \tag{11.43}$$

an. Wir prüfen nun, ob diese Vertauschungsrelation (11.43) mit der Divergenzfreiheit des Feldes, d.h. der Bedingung (11.26) verträglich ist. Dazu differenzieren wir auf der linken Seite von Gleichung (11.43) nach x_j', summieren über j und finden wegen (11.26) sofort

$$div_{x'}[\Pi_l(x), A(x')] \equiv [\Pi_l(x), div_{x'} A(x')] = 0 \tag{11.44}$$

Wenden wir jedoch die Divergenzbildung auf der rechten Seite von Gleichung (11.43) an, so finden wir die Beziehungen

$$\sum_{j=1}^{3} \frac{\partial}{\partial x_j'} \delta_{lj}\delta(x - x') = \frac{\partial}{\partial x_l'} \delta(x - x') \neq 0 \tag{11.45}$$

also einen von Null verschiedenen Ausdruck im Widerspruch zu (11.44). Wir sind daher gezwungen, die Vertauschungsrelationen (11.43) abzuändern. Dazu untersuchen wir die Divergenz des Ausdrucks

$$\delta_{lj}\delta(x - x') = \frac{1}{(2\pi)^3} \int d^3w\, e^{iw(x-x')}\delta_{lj} \tag{11.46}$$

etwas genauer, indem wir

$$\sum_{j=1}^{3} \frac{\partial}{\partial x_j'} \delta_{lj}\delta(x - x') = \frac{1}{(2\pi)^3} \int d^3w(-iw_l)e^{iw(x-x')} \tag{11.47}$$

bilden. Wir fragen uns nun, wie wir die δ-Funktion abändern müssen, um die Divergenzfreiheit der rechten Seite von (11.43) zu erreichen. Da neben δ_{lj} der einzige weitere Tensor zweiter Stufe durch $w_l w_j$ gegeben ist, ändern wir $\delta_{lj}\delta(x - x')$ in den folgenden Ausdruck ab:

$$F_{lj}(x - x') = \frac{1}{(2\pi)^3} \int d^3w\, e^{iw(x-x')}(\delta_{lj} - w_l w_j f(w)) \tag{11.48}$$

Um die darin noch freie Funktion f, die nur vom Betrag von w abhängt, festzulegen, bilden wir die Divergenz von $F_{lj}(x - x')$. Die Divergenzbildung liefert uns die Beziehung

$$\sum_{j=1}^{3} \frac{\partial}{\partial x_j'} F_{lj}(x - x') = \frac{1}{(2\pi)^3} \int d^3w\, e^{iw(x-x')}\big(-iw_l + iw_l(w_1^2 + w_2^2 + w_3^2)f(w)\big) \tag{11.49}$$

Damit die rechte Seite verschwindet, ist offensichtlich die Wahl von $f(w)$ in der Form

$$f(w) = \frac{1}{w^2} \tag{11.50}$$

hinreichend. Wir werden also dazu geführt, die rechte Seite der Vertauschungsrelation (11.43) dadurch abzuändern, daß wir $\delta_{lj}\delta(x - x')$ durch die sogenannte *transversale δ-Funktion*

$$\delta_{lj}^{tr}(x - x') = \frac{1}{(2\pi)^3} \int d^3w\, e^{iw(x-x')}\left(\delta_{lj} - \frac{w_l w_j}{w^2}\right) \tag{11.51}$$

ersetzen. Das Integral (11.51) läßt sich leicht auswerten, wenn wir w_l und w_j durch Differentiationen nach x_j, und x_l, die auf die Exponentialfunktion wirken, ausdrücken. Wir können dann (11.51) in der Form

$$\delta_{lj}^{tr}(\boldsymbol{x}-\boldsymbol{x}') = \delta_{lj}\delta(\boldsymbol{x}-\boldsymbol{x}') + \frac{\partial}{\partial x_l}\frac{\partial}{\partial x_j}\left(\frac{1}{(2\pi)^3}\int d^3w\, e^{i\boldsymbol{w}(\boldsymbol{x}-\boldsymbol{x}')}\frac{1}{w^2}\right) \tag{11.52}$$

wiedergeben. Das in Klammern gesetzte Integral läßt sich aber einfach auswerten und ergibt

$$-\frac{1}{4\pi}\frac{1}{|\boldsymbol{x}-\boldsymbol{x}'|} \tag{11.53}$$

Führen wir nun den endgültig gewonnenen Ausdruck (11.52) unter Verwendung von (11.53) in die rechte Seite von (11.43) ein, so erhalten wir die Vertauschungsrelation zwischen dem kanonisch konjugierten Impuls Π und dem Felde $\boldsymbol{A}$ in der endgültigen Form

$$\begin{aligned}[\Pi_l(\boldsymbol{x}), A_j(\boldsymbol{x}')] &= \frac{\hbar}{i}\delta_{lj}^{tr}(\boldsymbol{x}-\boldsymbol{x}')\\ &\equiv \frac{\hbar}{i}\left(\delta_{lj}\delta(\boldsymbol{x}-\boldsymbol{x}') - \frac{1}{4\pi}\frac{\partial^2}{\partial x_l\partial x_j}\frac{1}{|\boldsymbol{x}-\boldsymbol{x}'|}\right)\end{aligned} \tag{11.54}$$

Man muß sich bei der Herleitung derartiger Vertauschungsrelationen völlig darüber im klaren sein, daß ihnen, so sehr man sich auch bemüht, tiefer liegende Prinzipien anzugeben, immer ein gewisses heuristisches Element anhaftet. Ob Vertauschungsrelationen richtig sind oder nicht, kann lediglich dadurch geprüft werden, indem man die mit ihrer Zugrundelegung gewonnenen Aussagen mit dem Experiment prüft. In der Tat werden wir sogleich sehen, daß die Vertauschungsrelationen (11.54) gerade auf die Beschreibung des elektromagnetischen Feldes mit Hilfe der üblichen Erzeugungs- und Vernichtungsoperatoren von Lichtquanten führen. Um dies nachzuweisen, setzt man wieder, genau wie im Falle des skalaren Feldes, die Entwicklung (11.37) und (11.40) auf der linken Seite von (11.54) ein und findet dann nach Ausführung der Fouriertransformation Vertauschungsrelationen für die Erzeugungs- und Vernichtungsoperatoren $b_{\boldsymbol{w},j}$, $b^+_{\boldsymbol{w},j}$. Die Rechnungen verlaufen im Prinzip wie im diskreten Falle von § 8, so daß wir darauf verzichten, diese etwas langwierige Rechnung, die aber zu keiner neuen physikalischen Erkenntnis führt, wiederzugeben. Das Endresultat lautet, daß die Vertauschungsrelationen durch

$$[b_{\boldsymbol{w},j}, b^+_{\boldsymbol{w}',j'}] = \delta_{jj'}\delta_{\boldsymbol{w}\boldsymbol{w}'} \tag{11.55}$$

$$[b_{\boldsymbol{w},j}, b_{\boldsymbol{w}',j'}] = 0 \tag{11.56}$$

$$[b^+_{\boldsymbol{w},j}, b^+_{\boldsymbol{w}',j'}] = 0 \tag{11.57}$$

in völliger Analogie zum Falle des diskreten Gitters oder zum Falle des Kontinuums mit einem skalaren Feld gegeben sind. Mit den schon soeben verwendeten Entwicklungen (11.37) und (11.40) können wir auch den Hamiltonoperator ausrechnen, indem wir diese Entwicklungen in den Ausdruck (11.35) einsetzen und die Integrale durchführen. Der Hamiltonoperator nimmt dann die uns schon wohlvertraute Gestalt

$$H = \sum_{w,j} \hbar\omega_w \left(b^+_{w,j} b_{w,j} + \frac{1}{2} \right) \tag{11.58}$$

an. $\sum_{w,j} (1/2)\hbar\omega_w$ stellt die Nullpunktenergie dar. Da die Frequenzen mit wachsendem w immer mehr anwachsen und die Summe über unendlich viele w-Werte erstreckt wird, divergiert dieser Ausdruck. Da die Nullpunktenergie des Vakuums jedoch nicht beobachtbar ist, können wir diesen Ausdruck getrost weglassen. Die Photonenzahl der Welle w, j wird durch den Operator

$$n_{w,j} = b^+_{w,j} b_{w,j} \tag{11.59}$$

beschrieben. Die Eigenzustände der zum Hamiltonoperator (11.58) gehörenden Schrödingergleichung haben genau wie in den früheren Paragraphen die Gestalt

$$\Phi = \prod_{w,j} \frac{1}{\sqrt{n_{w,j}!}} (b^+_{w,j})^{n_{w,j}} \Phi_0 \tag{11.60}$$

$\prod_{w,j}$ bedeutet darin das Produkt über alle Werte für die Wellenzahlvektoren w und den Polarisationsindex j. $n_{w,j}$ kann irgendwelche der Werte 0, 1, 2, ... haben. In der Praxis sind die meisten der $n_{w,j} = 0$ und nur einige wenige $\neq 0$. Wir definieren $(b^+)^0 = 1$. Der Vakuumzustand Φ_0 ist, wie immer, durch die Eigenschaft gekennzeichnet, daß

$$b_{w,j}\Phi_0 = 0 \qquad \text{für alle } w, j.$$

Da die b^+ untereinander vertauschbar sind, ist die Reihenfolge der Potenzen in (11.60) beliebig.

Fassen wir unsere Ergebnisse zusammen! Wir haben gesehen, daß das Vektorpotential bei der Quantisierung des elektromagnetischen Feldes zu einem Operator wird. Die eigentlich beobachtbaren Größen, oder im Sinne der Quantenmechanik ausgedrückt, Observablen, sind jedoch das elektrische Feld $\boldsymbol{E}$ und das magnetische Feld $\boldsymbol{H}$, die mit $\boldsymbol{A}$ im vorliegenden Falle durch die Gleichungen

$$\boldsymbol{E} = -\frac{1}{c}\dot{\boldsymbol{A}} \tag{11.61}$$

$$\boldsymbol{H} = rot\, \boldsymbol{A} \tag{11.62}$$

verbunden sind. Da $\boldsymbol{A}$ ein Operator ist, werden in der Quantenelektrodynamik auch die Feldgrößen $\boldsymbol{E}$ und $\boldsymbol{H}$ zu Operatoren. Eine elementare Untersuchung zeigt, daß $\boldsymbol{H}$ und $\boldsymbol{E}$ mit dem Hamiltonoperator H nicht vertauschbar sind[1]).

[1]) Zum Beweis kann man folgendermaßen vorgehen. Man verwendet H in der Form (11.58) und setzt für $\boldsymbol{A}$ in den Beziehungen (11.61) und (11.62) die Entwicklung (11.37) ein. Das Problem der Vertauschung zwischen $\boldsymbol{E}$ und H bzw. $\boldsymbol{H}$ und H ist dann auf eine Analyse der Vertauschungsrelationen (11.55) bis (11.57) zurückgeführt.

Die Nichtvertauschbarkeit von $\boldsymbol{H}$ und $\boldsymbol{E}$ mit H bedeutet, daß die Feldstärken nicht gleichzeitig mit der Photonenzahl scharf meßbar sind. Ferner haben die Vertauschungsrelationen zwischen den Feldern und ihren kanonisch konjugierten Impulsen zur Folge, daß auch $\boldsymbol{E}$ und $\boldsymbol{H}$ nicht in allen Komponenten gleichzeitig meßbar ist. Jedoch kann man feststellen, daß $div\,\boldsymbol{E}$ mit H und $\boldsymbol{H}$ kommutiert. Auf die Wechselwirkung des quantisierten elektromagnetischen Feldes mit Materie werden wir später noch in den §§ 44, 45 zurückkommen.

Wir tragen nun noch für den interessierten Leser den Beweis für die Äquivalenz von

$$I = \int (rot\, A)^2\, d^3x \tag{11.63}$$

und

$$II = \int \left((grad\, A_x)^2 + (grad\, A_y)^2 + (grad\, A_z)^2\right) d^3x \tag{11.64}$$

nach. Dabei müssen wir voraussetzen, daß A an der Berandung des Integrationsgebietes verschwindet und $div\, A = 0$ ist. Wir bilden die Differenz aus (11.63) und (11.64). Unter Verwendung der Abkürzung

$$\frac{\partial A_j}{\partial x_i} = A_{j|i} \tag{11.65}$$

erhalten wir dann

$$\begin{aligned} I - II = \int \big((A_{x|y} - A_{y|x})^2 + (A_{y|z} - A_{z|y})^2 + (A_{z|x} - A_{x|z})^2 - \\ - (A_{x|x}^2 + A_{x|y}^2 + A_{x|z}^2 + A_{y|x}^2 + A_{y|y}^2 + A_{y|z}^2 + A_{z|x}^2 + A_{z|y}^2 + A_{z|z}^2)\big)\, d^3x \end{aligned} \tag{11.66}$$

Ausmultiplikation der Terme und Zusammenfassung liefert

$$I - II = - \int (2A_{x|y}A_{y|x} + 2A_{y|z}A_{z|y} + 2A_{z|x}A_{x|z} + A_{x|x}^2 + A_{y|y}^2 + A_{z|z}^2)\, d^3x \tag{11.67}$$

Durch zweimalige partielle Integration geht dieser Ausdruck in

$$I - II = - \int (2A_{x|x}A_{y|y} + 2A_{y|y}A_{z|z} + 2A_{z|z}A_{x|x} + A_{x|x}^2 + A_{y|y}^2 + A_{z|z}^2)\, d^3x \tag{11.68}$$

über. Dieser letztere Ausdruck läßt sich als

$$- \int (div\, A)^2\, d^3x \equiv 0 \tag{11.69}$$

schreiben, was eben wegen der Annahme (11.26) identisch Null ist.

Aufgabe zu § 11

Man bestimme Lagrange- und Hamiltonfunktion für die Gleichung

$$\varrho \frac{d^2\varphi(x,t)}{dt^2} - g\varphi = 0$$

und führe die Quantisierung durch.

§ 12 Quantisierung des Schrödingerschen Wellenfeldes der Bose-Statistik (2. Quantelung). Bosonen

In den vorangegangenen Paragraphen wurde gezeigt, wie man eine Wellengleichung für ein skalares Feld oder auch ein Vektorfeld quantisieren kann. Das wichtigste Ergebnis war hierbei, daß das Wellenfeld auch einen Teilchencharakter bekommt, da in ihm nur einzelne Energiequanten mit der Energie $\hbar\omega_w$ vorhanden sind. Denken wir hingegen an die übliche Quantenmechanik eines einzelnen Massenpunktes, so tritt hier bei der Quantisierung gerade der umgekehrte Effekt auf: Wir beginnen mit Teilchen, deren Bewegung durch die Hamiltonschen Gleichungen beschrieben wird. Gehen wir dann von der Hamiltonfunktion zum Hamiltonoperator und der zugehörigen Schrödingergleichung über, so wird das Verhalten des Teilchens mit Hilfe einer räumlich kontinuierlichen Funktion, d. h. eines Feldes beschrieben. Man kann versuchen, dieses Feld – das sogenannte Schrödingersche Wellenfeld – zunächst als ein klassisches Feld aufzufassen und dann mit Hilfe von Vorschriften, wie wir sie eben kennengelernt haben, zu quantisieren. In Analogie zu unseren obigen Betrachtungen werden wir erwarten, daß die Quantisierung in die Beschreibung wieder den Korpuskelcharakter hereinbringt, so daß wir dann das Auftreten der Korpuskeln besser beschreiben können. Da hier das System gewissermaßen noch einmal gequantelt wird, spricht man bei dem jetzigen Verfahren von der 2. Quantelung, obwohl es sich natürlich, wenn man von vornherein an ein Feld denkt, um eine 1. Quantelung handelt. Bei der 1. wie auch der 2. Quantisierung wird natürlich keineswegs der Teilchenbegriff vollständig durch den Feldbegriff bzw. der Feldbegriff vollständig durch den Teilchenbegriff ersetzt. Vielmehr tritt der jeweils neue Begriff in dualer Weise hinzu: Je nach Anlage des Experiments läßt sich der Wellencharakter oder der Teilchencharakter nachweisen.

Gebiet	Quantenmechanik	Quantisierte Felder
Ausgangspunkt	Teilchen	Wellenfeld
Resultat der 1. Quantisierung	auch Wellenfeld	auch Teilchen

2. *Quantisierung*

Mechanik:	Teilchen		
	↓	} Dualität	
1. Quantisierung:	Feld		} Teilchen-Welle
	↓	} Dualität	
2. Quantisierung:	Teilchen		

Um unser Programm der 2. Quantisierung im einzelnen durchzuführen, gehen wir in zwei Schritten vor, indem wir zuerst das klassische Wellenfeld und dann die Quantisierung behandeln:

a) Das klassische Wellenfeld. Als *klassische „Wellen"gleichung* dient uns *die Schrödingergleichung*

$$-\frac{\hbar^2}{2m}\Delta\psi + V(\boldsymbol{x})\psi = i\hbar\dot{\psi} \tag{12.1}$$

und die dazu konjugiert komplexe Gleichung

$$-\frac{\hbar^2}{2m}\Delta\psi^* + V(\boldsymbol{x})\psi^* = -i\hbar\dot{\psi}^* \tag{12.2}$$

Da ψ und ψ^* komplexe Funktionen vom Ort $\boldsymbol{x}$ und der Zeit t sind, kann man entweder deren Real- und Imaginärteil als unabhängig oder genausogut ψ und ψ^* als unabhängig voneinander betrachten. Im folgenden benutzen wir die letztere Annahme. Für uns sind (12.1) und (12.2) jetzt Gleichungen eines *klassischen* Feldes. Es ist leicht, eine Lagrangefunktion anzugeben, deren zugehörige Lagrangesche Gleichungen gerade auf diese Gleichungen (12.1) bzw. (12.2) zurückführen. Eine derartige Lagrangefunktion lautet

$$L = \int \psi^* \left\{ i\hbar\dot{\psi} - V(\boldsymbol{x})\psi + \frac{\hbar^2}{2m}\Delta\psi \right\} d^3x \tag{12.3}$$

Durch Bildung der Lagrangegleichungen finden wir sofort

$$\frac{d}{dt}\frac{\delta L}{\delta\dot{\psi}^*} - \frac{\delta L}{\delta\psi^*} = -\left\{ i\hbar\dot{\psi} - V(\boldsymbol{x})\psi - \frac{\hbar^2}{2m}\Delta\psi \right\} = 0 \tag{12.4}$$

d.h. also, die Feldgleichung (12.1). Die Lagrangefunktion (12.3) ist wegen ihrer unsymmetrischen Form in ψ und ψ^* nicht hermitesch. Man kann sie zwar durch Kunstgriffe hermitesch machen, kommt dann aber wieder in Schwierigkeiten bei der Formulierung der Vertauschungsrelationen. Aus diesem Grund wollen wir die etwas naive Form (12.3) beibehalten, da sie alles weitere richtig liefern wird. Den zu ψ kanonisch konjugierten Impuls bilden wir in üblicher Weise als Ableitung der Lagrangefunktion:

$$\pi = \frac{\delta L}{\delta\dot{\psi}} = -\frac{\hbar}{i}\psi^* \tag{12.5}$$

Die Hamiltonfunktion erhalten wir aus der Lagrangefunktion durch die Vorschrift

$$H = \int (\pi\dot{\psi} - \mathcal{L})d^3x = \int \left\{ i\hbar\dot{\psi}\psi^* - i\hbar\psi^*\dot{\psi} - \psi^*\frac{\hbar^2}{2m}\Delta\psi + \psi^* V\psi \right\} d^3x \tag{12.6}$$

Hierbei haben wir auf der rechten Seite schon die explizite Form der Lagrangefunktion (12.3) verwendet. Da sich die ersten beiden Glieder wegheben, finden wir endgültig als Hamiltonfunktion

$$H = \int \psi^*(\boldsymbol{x})\left\{ -\frac{\hbar^2}{2m}\Delta + V(\boldsymbol{x}) \right\}\psi(\boldsymbol{x})d^3x \tag{12.7}$$

(12.7) hat die gleiche Form wie der Energie-Erwartungswert in der Schrödingerschen Wellenmechanik.

Trotz dieser Analogie oder gerade deswegen müssen wir hier auf eine *begriffliche Schwierigkeit* hinweisen, die besonders dem Anfänger zu schaffen macht. *Der Begriff Hamiltonfunktion bzw. Hamiltonoperator erscheint nämlich jetzt in ganz verschiedener Weise*:

a) in der ursprünglichen Schrödingergleichung tritt ein Hamiltonoperator in der Form $-\hbar^2/(2m)\Delta + V(\boldsymbol{x})$ auf,
b) in der Gleichung (12.7) tritt eine Hamiltonfunktion (die später zum Operator wird) auf. Es handelt sich hier, auch nach der Quantisierung von (12.7), um völlig *verschiedene* Größen, die begrifflich streng zu trennen sind.

Wir erinnern den Leser daran, daß wir uns bei der jetzigen Behandlung noch gewissermaßen auf der klassischen Seite befinden. Die Wellenfunktionen ψ und ψ^* sind nach wie vor klassische Felder. In Analogie zu unserer Behandlung der schwingenden Atomkette zerlegen wir nun die Feldamplitude nach Eigenfunktionen der Wellengleichung. Da hier die Schrödingergleichung an die Stelle der Wellengleichung tritt, liegt es nahe, hier die Lösungen der Gleichung

$$\left(-\frac{\hbar^2}{2m}\Delta + V\right)\psi_\mu = i\hbar\dot{\psi}_\mu \tag{12.8}$$

als Funktionen, nach denen entwickelt wird, zu benutzen. Diese Funktionen schreiben wir in der Form

$$\psi_\mu = e^{-\frac{i}{\hbar}E_\mu t}\varphi_\mu(\boldsymbol{x}) \tag{12.9}$$

wobei wir annehmen, daß das Potential V zeitunabhängig ist. Wir entwickeln nun die Wellenfunktion $\psi(\boldsymbol{x})$ nach diesen Eigenfunktionen φ_μ. Ziehen wir den Zeitfaktor in (12.9) gleich in die Entwicklungskoeffizienten hinein

$$b_\mu(t) = b_\mu(0)e^{-\frac{i}{\hbar}E_\mu t} \tag{12.10}$$

so lautet die Entwicklung der Wellenfunktion ψ bzw. ψ^*

$$\psi(\boldsymbol{x}) = \sum_\mu b_\mu\varphi_\mu(\boldsymbol{x}) \tag{12.11}$$

$$\psi^*(\boldsymbol{x}) = \sum_\mu b_\mu^+\varphi_\mu^*(\boldsymbol{x}) \tag{12.12}$$

Hier tritt nun ein wesentlicher Unterschied zu den Wellengleichungen auf, die von 2. Ableitung in der Zeit waren. Bei der 2. Zeitableitung ergab sich nämlich, daß mit einer Lösung $e^{i\omega t}$ auch $e^{-i\omega t}$ Lösung ist, was dazu benutzt wurde, um eine reelle Amplitude zu konstruieren. Im vorliegenden Falle haben wir es dagegen mit einer Differentialgleichung von 1. Ordnung in der Zeitableitung zu tun, so daß wir ψ nicht mehr als reelle Funktion darstellen können, indem wir über zueinander konjugiert komplexe Lösungen aufsummieren. Deshalb mußten wir die Entwicklungen (12.11) und (12.12) für konjugiert komplexe Größen hinschreiben. Daß ψ und ψ^* unabhängige Variable sind, ist aber andererseits von wesentlicher Bedeutung für die spätere Formulierung der Vertauschungsrelation (12.15), da, wenn beispielsweise ψ mit ψ^* zusammenfällt, (12.15) einen Widerspruch bedeuten würde. Wir halten daher im folgenden fest, daß ψ und ψ^* voneinander unabhängige Variable sind.

Wir benutzen wieder die Eigenschaft der Eigenfunktionen, φ_μ, normiert und aufeinander orthogonal zu sein. Setzen wir dann die Entwicklungen (12.11) und (12.12) in die Hamiltonfunktion (12.7) ein, so erhalten wir unmittelbar den Ausdruck

$$H = \sum_\mu E_\mu b_\mu^+ b_\mu \tag{12.13}$$

Aus praktischen Gründen, aber auch um die Analogie mit unseren bisherigen Ergebnissen besonders eng zu gestalten, setzen wir im folgenden des öfteren

$$E_\mu = \hbar \varepsilon_\mu, \tag{12.13a}$$

wobei ε_μ die Dimension einer Frequenz hat.

Bisher haben wir die Theorie in dem Sinne behandelt, daß ψ ein klassisches Feld darstellt. Um unser Programm endgültig durchzuführen, müssen wir jedoch das Wellenfeld ψ quantisieren:

b) Quantisierung. Dazu führen wir gemäß der Definition (12.5) den kanonisch konjugierten Impuls π ein, wobei die rechte Seite durch Verwendung der expliziten Form (12.3) zustande kam. Zwischen π und ψ fordern wir die übliche Vertauschungsrelation

$$[\pi(\boldsymbol{x}), \psi(\boldsymbol{x}')] = \frac{\hbar}{i} \delta(\boldsymbol{x} - \boldsymbol{x}') \tag{12.14}$$

Unter Verwendung der expliziten Form von π können wir (12.14) in der endgültigen Form

$$[\psi(\boldsymbol{x}'), \psi^*(\boldsymbol{x})] = \delta(\boldsymbol{x} - \boldsymbol{x}') \tag{12.15}$$

schreiben. Desgleichen nehmen wir an, daß die Wellenfunktionen unter sich und die kanonisch konjugierten Impulse unter sich vertauschen, was wir mit Hilfe der Vertauschungsrelationen

$$[\psi(\boldsymbol{x}), \psi(\boldsymbol{x}')] = 0 \tag{12.16}$$

und

$$[\psi^*(\boldsymbol{x}), \psi^*(\boldsymbol{x}')] = 0 \tag{12.17}$$

formulieren.

Von den Vertauschungsrelationen (12.15), (12.16) und (12.17) können wir nun wieder unmittelbar zu den entsprechenden Vertauschungsrelationen für die Amplituden b_μ und b_μ^+ übergehen, indem wir in (12.15), (12.16) und (12.17) die Entwicklung

(12.11) und (12.12) verwenden und nach den b's auflösen. Da dies in ähnlicher Weise wie in dem § 8 vor sich geht, verweisen wir auf die Übungsaufgabe 1) am Schluß dieses Paragraphen und geben das Endresultat an. Wir finden, daß die Vertauschungsrelation für die Operatoren b und b^+ folgendermaßen lauten

$$[b_\mu, b_\nu^+] = \delta_{\mu\nu} \tag{12.18}$$

$$[b_\mu, b_\nu] = 0 \tag{12.19}$$

$$[b_\mu^+, b_\nu^+] = 0 \tag{12.20}$$

Indem wir die Amplituden b^+, b den Vertauschungsrelationen (12.18) bis (12.20) unterwerfen, wird aus der klassischen Hamiltonfunktion (12.13) der *Hamiltonoperator*, zu dem wegen (12.15) bis (12.17) auch (12.7) wird.

Betrachten wir diesen zugleich mit den Vertauschungsrelationen (12.18) bis (12.20), so erkennen wir eine völlige Analogie des hier behandelten Problems mit dem, das bei der Quantisierung der üblichen Wellengleichung, z. B. in § 10 auftrat. Damit können wir alle früheren Resultate übernehmen. Wir finden, daß die zur Schrödingergleichung[1])

$$H\Phi = E\Phi;\ H = \int \psi^+(x)\left\{-\frac{\hbar^2}{2m}\Delta + V(x)\right\}\psi(x)\,d^3x \equiv \sum_\mu E_\mu b_\mu^+ b_\mu \tag{12.21}$$

gehörigen Zustände die Gestalt

$$\Phi = \prod_\mu \frac{1}{\sqrt{n_\mu!}}(b_\mu^+)^{n_\mu}\Phi_0 \tag{12.22}$$

haben. Der Vakuumzustand Φ_0 ist wieder durch

$$b_\mu \Phi_0 = 0 \qquad \text{für alle } \mu \tag{12.23}$$

definiert. Die zu (12.22) gehörige Energie lautet

$$E = \sum_\mu E_\mu n_\mu \qquad n_\mu = 0, 1, 2, \ldots \tag{12.24}$$

Das Resultat, das durch die Formeln (12.22) und (12.24) wiedergegeben wird, können wir wie folgt interpretieren: Durch die ursprüngliche Schrödingergleichung (12.8) wird eine Folge von Energiestufen E_μ festgelegt. *Diese einzelnen Energiestufen μ können*, wie aus (12.24) ersichtlich ist, *mit einer bestimmten Zahl n_μ* von Quanten, oder, anders ausgedrückt, *von Teilchen besetzt werden*. Damit erkennen wir deutlich, daß die Feldquantisierung auch im Falle des Schrödingerschen Wellenfeldes den Korpuskelcharakter sicherstellt. Es ist hier offensichtlich möglich, einen

---

[1]) Auch hier müssen wir darauf hinweisen, daß das Wort „Schrödingergleichung" in ganz verschiedenem Sinne gebraucht wird:

a) im Rahmen der 1. Quantisierung (vgl. (12.1)). Hier wirkt der zugehörige Hamiltonoperator auf die Ortsfunktion $\psi(x)$,

b) im Rahmen der 2. Quantisierung (siehe oben). Hier wirkt der zugehörige Hamiltonoperator auf eine Zustandsfunktion in abstrakter Weise mittels Erzeugungs- und Vernichtungsoperatoren.

Zustand mit der Energie E_μ mit n_μ Teilchen, wobei n_μ eine beliebige ganze Zahl sein darf, zu besetzen. Die soeben durchgeführte Quantisierung bezieht sich daher auf die Bose-Statistik. Dementsprechend heißen Teilchen, deren Erzeugungs- und Vernichtungsoperatoren den Vertauschungsrelationen (12.15) bis (12.17) bzw. (12.18) bis (12.20) genügen, *Bosonen*. Beispiele hierfür sind Photonen und He^4-Kerne. Andererseits unterliegen Elektronen, Protonen und manche andere Teilchen der Fermi-Dirac-Statistik. Das hier gültige Pauli-Prinzip besagt, daß man nicht zwei Teilchen in den gleichen Zustand bringen darf. Offensichtlich müssen wir die Vertauschungsrelationen in geeigneter Weise abändern, um auch diese Teilchen bei einer Feldquantisierung zu erfassen. Bevor wir dies im nächsten Paragraphen durchführen, diskutieren wir genauer, wie man nun Erwartungswerte in diesem neuen Formalismus berechnen kann. Wir gehen aus von klassischen Größen, wobei jetzt „klassisch" aufzufassen ist in dem Sinne „nach der 1. Quantisierung". Diesen klassischen Größen wird nun ein Operator zugeordnet, mit dessen Hilfe wir die Erwartungswerte bilden. Wenden wir diesen Formalismus nun auf einige Beispiele an.

Beispiel 1. Der Operator der Teilchendichte. Die Teilchendichte hat in der Schrödingerschen Theorie die Gestalt

$$\psi^*(x, t)\psi(x, t) \tag{12.25}$$

Nach der 2. Quantisierung geht diese Teilchendichte in den *Teilchendichteoperator*

$$\varrho(x) = \psi^+(x)\psi(x) \tag{12.26}$$

über. Der zugehörige Erwartungswert für die Teilchendichte ist dann durch die Vorschrift

$$\overline{\varrho(x)} = \langle\Phi|\psi^+(x)\psi(x)|\Phi\rangle \tag{12.27}$$

gegeben. Betrachten wir zur Erläuterung der Vorschrift (12.27) das Beispiel, in dem nur ein einzelnes Teilchen da ist, das sich in einem Zustand κ befindet. Die Zustandsfunktion Φ ist dann durch

$$\Phi = b_\kappa^+ \Phi_0 \tag{12.28}$$

gegeben. Setzen wir nun die Entwicklungen (12.11) und (12.12) sowie die Form (12.28) in (12.27) ein, so erhalten wir

$$\langle b_\kappa^+ \Phi_0| \sum_\mu b_\mu^+ \varphi_\mu^*(x) \sum_\nu b_\nu \varphi_\nu(x)|b_\kappa^+ \Phi_0\rangle \tag{12.29}$$

Unter Verwendung der Vertauschungsrelation (12.18) und der Tatsache, daß der Vernichtungsoperator, angewendet auf den Vakuumzustand, 0 ergibt, erhalten wir unter der 2. Summe über ν unmittelbar

$$\langle\Phi_0|b_\kappa \sum_\mu b_\mu^+ \varphi_\mu^*(x)\varphi_\kappa(x)\Phi_0\rangle \tag{12.30}$$

Ferner wurde (4.18) angewendet. Vertauschen wir nun nochmals b_κ mit b_μ^+, so ergibt sich

$$\langle \Phi_0 | \varphi_\kappa^*(x)\varphi_\kappa(x)\Phi_0\rangle \tag{12.31}$$

Da $\varphi(x)$ eine reine Zahlenfunktion ist, die nichts mit der Bildung des Erwartungswertes zu tun hat, dürfen wir diese vor den Erwartungswert ziehen, was

$$\varphi_\kappa^*(x)\varphi_\kappa(x)\langle \Phi_0 | \Phi_0\rangle \tag{12.32}$$

ergibt und, da die Vakuumwellenfunktion normiert ist, erhalten wir als endgültiges Resultat für die Teilchendichte den Ausdruck

$$\overline{\varrho(x)} = \varphi_\kappa^*(x)\varphi_\kappa(x) \tag{12.33}$$

Dieser ist aber nichts anderes als die übliche Teilchendichte der Schrödingerschen Theorie für den Zustand κ.

Beispiel 2. Der Ortsoperator. Betrachten wir nun als weiteres Beispiel für die Bildung von Erwartungswerten den Ortsmittelwert. In der Schrödingerschen Theorie ist der Ortsmittelwert in der x-Richtung durch

$$\bar{x} = \int \psi^*(x, t)\, x\psi(x, t)d^3x \tag{12.34}$$

gegeben. Diesem Mittelwert ordnen wir nun den Operator

$$x_{op} = \int \psi^+(x)x\psi(x)d^3x \tag{12.35}$$

zu. Der Erwartungswert ist dann durch

$$\langle \Phi | x_{op} | \Phi\rangle = \langle \Phi | \int \psi^+(x)x\psi(x)d^3x | \Phi\rangle \tag{12.36}$$

dargestellt. Benutzen wir, um diesen Fall näher zu illustrieren, wieder die Wellenfunktion (12.28), so erhalten wir unter genau den gleichen Umformungen, wie wir sie von (12.29) bis (12.33) durchgeführt haben, als Endresultat den Ausdruck

$$\bar{x} = \int \varphi_\kappa^*(x)x\varphi_\kappa(x)d^3x \tag{12.37}$$

Der sehr instruktive Fall zweier Teilchen wird in den Übungen behandelt.

Beispiel 3. Der Operator der potentiellen Energie im äußeren Feld. Als nächstes betrachten wir die potentielle Energie, die in der Schrödingerschen Theorie durch

$$\int \psi^*(x, t)V(x)\psi(x, t)d^3x \tag{12.38}$$

beschrieben ist. Ihr entspricht der Operator

$$V_{op} = \int \psi^+(x)V(x)\psi(x)d^3x \tag{12.39}$$

und der Erwartungswert

$$\overline{V} = \langle \Phi | \int \psi^+(x) V(x) \psi(x) d^3x | \Phi \rangle \tag{12.40}$$

Mit $\Phi = b_\kappa^+ \Phi_0$ ergibt sich $\overline{V} = \int \varphi_\kappa^*(x) V(x) \varphi_{\kappa'}(x) d^3x$.

Beispiel 4. Der Operator der Coulombschen Wechselwirkungsenergie. Ein weniger trivialer Fall liegt vor, wenn wir die Wechselwirkungsenergie zwischen zwei Teilchen untersuchen, z. B. die Coulombsche Abstoßungsenergie. Wenn wir uns daran erinnern, daß $e\psi^+\psi$ die Ladungsdichte eines Teilchens angibt, so bekommen wir aus der Elektrostatik für die Wechselwirkungsenergie der Ladungsdichte den Ausdruck

$$\frac{1}{2} \int \underbrace{\psi^*(x, t)\psi(x, t)}_{\varrho(x, t)} \frac{e^2}{|x - x'|} \underbrace{\psi^*(x', t)\psi(x', t)}_{\varrho(x', t)} d^3x d^3x' \tag{12.41}$$

Bei der Übersetzung dieses Ausdrucks in die quantisierte Form tritt nun eine charakteristische Schwierigkeit auf. In der klassischen Theorie sind die Wellenfunktionen vertauschbar, d. h. es kommt gar nicht auf die richtige Reihenfolge dieser Funktionen an. In der Quantentheorie hingegen sind die Wellenfunktionen nicht mehr miteinander vertauschbar, sondern genügen vielmehr den Vertauschungsrelationen (12.15). Deshalb ergeben sich ganz verschiedene Resultate, je nachdem, in welcher Reihenfolge man die Operatoren ψ und ψ^+, anordnet. Bei der Wahl der Anordnung der ψ und ψ^+ bei der Übersetzung des Ausdrucks (12.41) in die Quantentheorie lassen wir uns nun davon leiten, daß die Coulombsche Wechselwirkungsenergie Null ergeben muß, wenn nur ein Teilchen da ist. Dies hat zur Folge, daß wir die Vernichtungsoperatoren ψ rechts und die Erzeugungsoperatoren ψ^+ links schreiben müssen. Außerdem müssen wir die Argumente x, x' in der unten in (12.42) angegebenen Reihenfolge schreiben, damit wir bei Bildung des Erwartungswertes auf die übliche Wechselwirkungsenergie in der Schrödingergleichung zurückkommen. Wegen einer näheren Darstellung sei auf die Übungsaufgaben verwiesen.

Unter Berücksichtigung dieser Einschränkungen müssen wir der *Coulombschen Wechselwirkungsenergie* (12.41) den *Operator*

$$\frac{1}{2} \int \psi^+(x)\psi^+(x') \frac{e^2}{|x - x'|} \psi(x')\psi(x) d^3x d^3x' \tag{12.42}$$

zuordnen. Der Erwartungswert ist dann durch

$$\langle \Phi | \frac{1}{2} \int \psi^+(x)\psi^+(x') \frac{e^2}{|x - x'|} \psi(x')\psi(x) d^3x d^3x' | \Phi \rangle \tag{12.43}$$

bestimmt.

Aufgaben zu § 12

1. Man löse (12.11), (12.12) nach b_μ, b_μ^+ auf.

Anleitung zu (12.11): Man multipliziere (12.11) auf beiden Seiten mit $\varphi_{\mu'}^*(x)$ und integriere über den Raum. Wegen der Orthogonalität der Wellenfunktionen

$$\int \varphi_{\mu'}^*(x)\varphi_\mu(x)d^3x = \delta_{\mu\mu'}$$

ergibt sich sofort ein Ausdruck für $b_{\mu'}$.

2. Eine neue Darstellung der δ-Funktion:

$$\delta(x - x') = \sum_\mu \varphi_\mu^*(x')\varphi_\mu(x)$$

Man setze an:

$$\delta(x - x') = \sum_\mu c_\mu \varphi_\mu(x)$$

wobei die Summe über einen vollständigen Satz von Eigenfunktionen läuft, und zeige $c_\mu = \varphi_\mu^*(x')$. Anleitung: Wie zu Aufgabe 1.

3. Man berechne den Erwartungswert des Ortsoperators (12.35) für den Zweiteilchenzustand

$$\Phi = b_{\mu_1}^+ b_{\mu_2}^+ \Phi_0 .$$

4. Man berechne den Erwartungswert der Coulombschen Wechselwirkungsenergie (12.43) für $\Phi = b_{\mu_1}^+ \Phi_0$ und $\Phi = b_{\mu_1}^+ b_{\mu_2}^+ \Phi_0$.

Anleitung: Man setze die Entwicklungen (12.11), (12.12), wobei die b_μ, b_μ^+ jetzt Operatoren sind, in (12.43) ein.

§13 Quantisierung des Schrödingerschen Wellenfeldes der Fermi-Dirac-Statistik. Fermionen

Wie wir im vorigen Paragraphen gesehen haben, läßt sich das Schrödingersche Wellenfeld ganz in Analogie zu einem Wellenfeld, das etwa Gitterschwingungen beschreibt, quantisieren, wobei wieder der korpuskulare Charakter des Feldes in Erscheinung tritt. Allerdings hatten wir gefunden, daß jeder Zustand von mehreren Teilchen besetzt sein darf. Um diese Möglichkeit bei der Fermi-Dirac-Statistik auszuschließen, müssen wir die Vertauschungsrelationen abändern. Dazu gehen wir wieder von einer Zerlegung der Wellenfunktionen $\psi(x)$ und $\psi^+(x)$ in der Form (12.11) und (12.12) aus. Die Zerlegung schreiben wir in der Form

$$\psi(x) = \sum_\mu a_\mu \varphi_\mu(x) \tag{13.1}$$

$$\psi^+(x) = \sum_\mu a_\mu^+ \varphi_\mu^*(x) \tag{13.1a}$$

Darin sollen $\varphi_\mu(x)$ und $\varphi_\mu^*(x)$ die Eigenfunktionen der Schrödingergleichung in der ersten Quantisierung sein:

$$\left(-\frac{\hbar^2}{2m}\Delta + V(x)\right)\varphi_\mu(x) = E_\mu \varphi_\mu(x) \tag{13.1b}$$

Darin haben wir die Entwicklungskoeffizienten („Amplituden") nicht mehr mit b, sondern mit a bezeichnet, um zum Ausdruck zu bringen, daß die letzteren als Operatoren neuartigen Vertauschungsrelationen genügen, die wir nun besprechen: Nehmen wir dazu an, daß es einen Vakuumzustand Φ_0 gibt und a_μ^+ wieder die Bedeutung eines Erzeugungsoperators hat. Dann können wir formal 2 Teilchen im gleichen Zustand μ erzeugen, in dem wir bilden: $a_\mu^+ a_\mu^+ \Phi_0$. Da dieser Zwei-Teilchen-Zustand in der Natur nicht realisiert werden kann, fordern wir:

$$a_\mu^+ a_\mu^+ \Phi_0 = 0 \tag{13.2}$$

Diese Forderung muß nicht nur für den Vakuumzustand Φ_0 gelten, sondern für jeden beliebigen Zustand Φ. Wenn aber eine Relation der Form (13.2) für alle Φ gilt, dann folgert man in der Quantentheorie

$$a_\mu^+ a_\mu^+ = 0 \tag{13.3}$$

Wir formulieren nun eine Vertauschungsrelation zwischen a_μ^+ und a_ν^+, die (13.3) als Spezialfall enthält. Eine derartige Vertauschungsrelation kann durch

$$a_\mu^+ a_\nu^+ + a_\nu^+ a_\mu^+ = 0 \tag{13.4}$$

wiedergegeben werden. Das Entscheidende an dieser Vertauschungsrelation gegenüber den bisherigen Bose-Vertauschungsrelationen ist das Auftreten des Plus-Zeichens anstelle des Minus-Zeichens. Es liegt nun nahe, überall an die Stelle der bisherigen Minus-Zeichen das Plus-Zeichen zu setzen, d.h. jetzt als neue *Vertauschungsrelationen für Fermiteilchen*

$$a_\mu^+ a_\nu^+ + a_\nu^+ a_\mu^+ = 0 \tag{13.4}$$

$$a_\mu^+ a_\nu + a_\nu a_\mu^+ = \delta_{\mu\nu} \tag{13.5}$$

$$a_\mu a_\nu + a_\nu a_\mu = 0 \tag{13.6}$$

zu fordern. Diese Plus-Vertauschungsrelationen werden wir im folgenden durch die Abkürzung

$$[A, B]_+ = AB + BA \tag{13.7}$$

wiedergeben. Obgleich aus den obigen Gründen die gleichzeitige Einführung der Plus-Zeichen an allen Stellen, wo bisher die Minus-Zeichen auftraten, befriedigend erscheint, ist dies natürlich keine ausreichende Begründung für die Feldquantisierung. Wir werden aber sehen, daß diese neuen Vertauschungsrelationen zu Wellenfunktionen im Ortsraum führen, die antisymmetrisch sind. Diese antisymmetrischen Wellenfunktionen sind aber aus der Schrödingerschen Mehrteilchentheorie als typisch für die Fermi-Dirac-Statistik bekannt. Wir wollen nun in keiner Weise voraussetzen, daß der Leser mit dieser obengenannten Mehrteilchentheorie vertraut ist, sondern wir setzen hier vielmehr die Relationen (13.4) bis (13.6) gewissermaßen axiomatisch an die Spitze und leiten dann die relevanten Eigenschaften der Mehrteilchen-Wellen-Funktionen her. Da die Feldoperatoren $\psi(\boldsymbol{x})$ und $\psi^+(\boldsymbol{x})$ mit den Operatoren a_μ und a_μ^+ durch die Entwicklungen (13.1) und (13.2) miteinander verknüpft sind, haben natürlich die Vertauschungsrelationen (13.4) bis (13.6) Vertauschungsrelationen zwischen den ψ und ψ^+ zur Folge und umgekehrt. Da die Rechnungen ähnlich wie früher verlaufen, verzichten wir auf deren explizite Wiedergabe und verweisen den interessierten Leser auf die zugehörige Übungsaufgabe 1. Die in Rede stehenden Vertauschungsrelationen zwischen ψ und ψ^+ lauten wie folgt

$$\begin{aligned} [\psi^+(\boldsymbol{x}), \psi(\boldsymbol{x}')]_+ &\equiv \psi^+(\boldsymbol{x})\psi(\boldsymbol{x}') + \psi(\boldsymbol{x}')\psi^+(\boldsymbol{x}) = \delta(\boldsymbol{x}-\boldsymbol{x}') \\ [\psi^+(\boldsymbol{x}), \psi^+(\boldsymbol{x}')]_+ &\equiv \psi^+(\boldsymbol{x})\psi^+(\boldsymbol{x}') + \psi^+(\boldsymbol{x}')\psi^+(\boldsymbol{x}) = 0 \\ [\psi(\boldsymbol{x}), \psi(\boldsymbol{x}')]_+ &\equiv \psi(\boldsymbol{x})\psi(\boldsymbol{x}') + \psi(\boldsymbol{x}')\psi(\boldsymbol{x}) = 0 \end{aligned} \tag{13.8}$$

Teilchen, deren Erzeugungs- und Vernichtungsoperatoren den Vertauschungsrelationen (13.4) bis (13.6) bzw. (13.8) genügen, heißen *Fermionen*. Ein Vergleich dieser Vertauschungsrelationen mit den Vertauschungsrelationen des Bose-Feldes zeigt, daß jetzt überall dort Pluszeichen auftreten, wo früher Minuszeichen standen. Ansonsten bleibt der Formalismus vom vorigen Paragraphen voll und ganz erhalten. Der Hamiltonoperator ist wieder durch (12.21) gegeben und nimmt auch hier wieder die Gestalt

$$H = \int \psi^+(x)\left\{-\frac{\hbar^2}{2m}\Delta + V(x)\right\}\psi(x)\,d^3x \equiv \sum_\mu E_\mu a_\mu^+ a_\mu \tag{13.9}$$

an. Die zugehörige Schrödingergleichung für den quantisierten Zustand lautet

$$H\Phi = E\Phi \tag{13.9a}$$

Die Eigenfunktionen (Zustände) und Energiewerte zu (13.9) finden wir in völliger Analogie zum Bose-Fall von § 12. Wir postulieren die Existenz des Grundzustandes Φ_0 mit der Eigenschaft

$$a_\mu \Phi_0 = 0 \quad \text{für alle } \mu \tag{13.10}$$

und erhalten als Zustandsfunktion:

$$\Phi_{\{n\}} = \prod_\mu (a_\mu^+)^{n_\mu}\Phi_0 \tag{13.11}$$

Darin setzen wir formal $(a_\mu^+)^0 = 1$ und beachten, daß wegen $(a_\mu^+)^2 = 0$ die *n's nur die Werte* 0 *oder* 1 haben dürfen. Ein Beispiel für $\{n\}$ ist in Fig. 22 dargestellt. Hier ist

$$\{n\} = \{1, 0, 0, 1, 1, 0, 1, 0, 0, \ldots\}$$

E ist durch

$$E = \sum_\mu E_\mu n_\mu \tag{13.12}$$

gegeben ($n_\mu = 0$ *oder* 1). Die *gesamte Zahl der Teilchen* ist

$$N = \sum_\mu n_\mu \tag{13.12a}$$

in unserem Beispiel also 4.

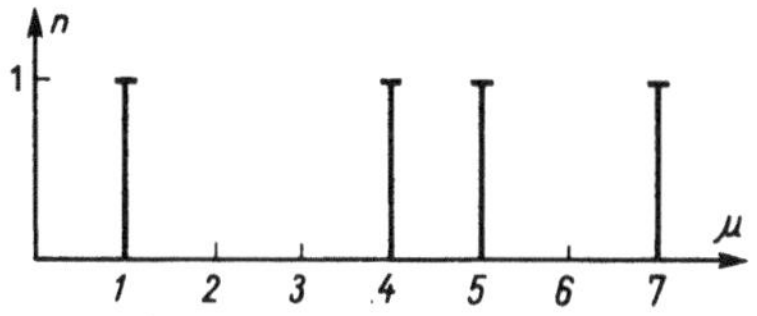

Fig. 22
Beispiel für die Besetzung von $\Phi_{\{n\}}$ mit $\{n\} = \{1, 0, 0, 1, 1, 0, 1, 0, 0, \ldots\}$

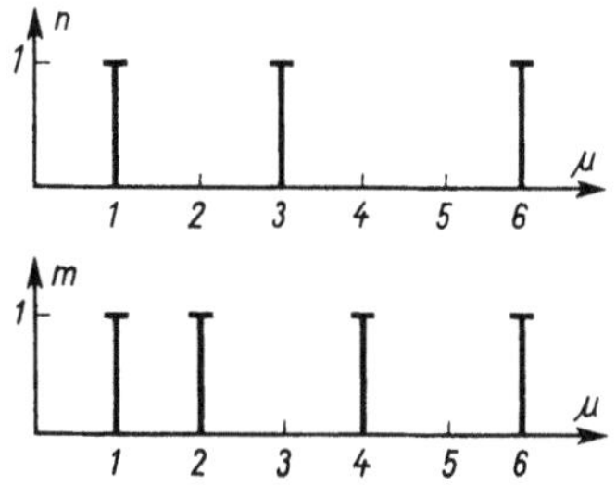

Fig. 23
Beispiel für Besetzungen von $\Phi_{\{n\}}$ (oben) und $\Phi_{\{m\}}$ (unten), vgl. S. 103.

Ist die Gesamtzahl der Teilchen N vorgegeben, so sind auch nur N Besetzungszahlen $n_\mu = 1$. Man verwendet deshalb neben (13.11) noch eine explizitere Darstellung, die von vornherein nur $n_\mu = 1$ berücksichtigt.

$$\Phi_{\{n\}} = a^+_{\mu_1} a^+_{\mu_2} \cdots a^+_{\mu_N} \Phi_0 \tag{13.11a}$$

Wir vereinbaren hierbei $\mu_1 < \mu_2 < \cdots < \mu_N$. Im Beispiel von Fig. 22 gilt:

$$\mu_1 = 1,\ \mu_2 = 4,\ \mu_3 = 5,\ \mu_4 = 7.$$

Machen wir uns nun etwas genauer mit dem Formalismus vertraut. Dazu betrachten wir den allgemeinsten Einteilchenzustand. Dieser ist durch eine Überlagerung aus den Einzelteilchenzuständen $a^+_\mu \Phi_0$ in der Form

$$\Phi = \sum_\mu c_\mu a^+_\mu \Phi_0 \tag{13.13}$$

gegeben, wobei die konstanten Koeffizienten c_μ (bis auf die Normierung $\sum_\mu |c_\mu|^2 = 1$) noch ganz willkürlich sind. Zu einer anderen Darstellung des Zustandes Φ gelangen wir, wenn wir anstelle der Erzeugungsoperatoren a^+_μ die Operatoren $\psi^+(\boldsymbol{x})$ einführen. Multiplizieren wir hierzu (13.1 a) mit $\varphi_{\mu'}(\boldsymbol{x})$ und integrieren über das Volumen, so erhalten wir wegen der Orthogonalität und Normierung der Entwicklungsfunktionen φ_μ, a^+_μ ausgedrückt durch $\psi^+(\boldsymbol{x})$

$$a^+_\mu = \int \varphi_\mu(\boldsymbol{x}) \psi^+(\boldsymbol{x}) d^3x \tag{13.14}$$

Setzen wir (13.14) in (13.13) ein, so erhalten wir

$$\Phi = \int \underbrace{\sum_\mu c_\mu \varphi_\mu(\boldsymbol{x})}_{f(\boldsymbol{x})} \psi^+(\boldsymbol{x}) d^3x\, \Phi_0 \tag{13.15}$$

Die Summe über μ stellt, wie angegeben, eine Funktion $f(\boldsymbol{x})$ dar, so daß wir Φ in der Form

$$\Phi = \int f(\boldsymbol{x})\psi^+(\boldsymbol{x})d^3x\,\Phi_0 \tag{13.16}$$

schreiben können. Wie wir sogleich zeigen werden, genügt $f(\boldsymbol{x})$ der normalen Einteilchen-Schrödingergleichung. Die Beziehung (13.16) können wir wie folgt deuten. Wie wir sogleich zeigen werden, erzeugt $\psi^+(\boldsymbol{x})$ ein Teilchen an der Stelle $\boldsymbol{x}$. Φ stellt somit eine Überlagerung des Einzelteilchens, das an den verschiedenen Stellen im Raum erzeugt gedacht werden kann, mit einer „Wahrscheinlichkeitsamplitude" $f(\boldsymbol{x})$ dar. Wir zeigen nun, daß $\psi^+(\boldsymbol{x}')$ tatsächlich ein Teilchen an der Stelle $\boldsymbol{x}'$ erzeugt, d.h. daß

$$\psi^+(\boldsymbol{x}')\Phi_0 \tag{13.17}$$

ein Teilchen an der Stelle $\boldsymbol{x}'$ wiedergibt. Zum Nachweis lassen wir auf (13.17) den Teilchendichteoperator $\varrho(\boldsymbol{x}) = \psi^+(\boldsymbol{x})\psi(\boldsymbol{x})$ wirken. Wir erhalten dann unter Verwendung der Vertauschungsrelation (13.8) und der Tatsache, daß ψ angewendet auf den Vakuumzustand 0 ergibt, die Relationen

$$\left.\begin{aligned}\psi^+(\boldsymbol{x})\psi(\boldsymbol{x})\psi^+(\boldsymbol{x}')\Phi_0 &= \psi^+(\boldsymbol{x})\delta(\boldsymbol{x}-\boldsymbol{x}')\Phi_0\\ &= \delta(\boldsymbol{x}-\boldsymbol{x}')\psi^+(\boldsymbol{x}')\Phi_0\end{aligned}\right\} \tag{13.18}$$

Diese besagen, daß die Funktionen (13.17) Eigenfunktionen zum Teilchendichteoperator sind, wobei der Eigenwert 0 ist, falls $\boldsymbol{x}'$ nicht an der Stelle $\boldsymbol{x}$ ist und $= 1$ nach Bildung eines Integrals in der Umgebung von $\boldsymbol{x} = \boldsymbol{x}'$.

Wir setzen nun die allgemeinste Einteilchenfunktion (13.13) in die Schrödingergleichung der 2. Quantelung (13.9a) ein, wobei wir H in der auch für Fermionen gültigen Form (12.7) wählen. Darin sind ψ^+, ψ natürlich jetzt Operatoren mit Plus-Vertauschungsrelationen.

Auf der linken Seite der Schrödingergleichung (13.9a) bilden wir also den Ausdruck

$$H\Phi = \int \psi^+(\boldsymbol{x})\left(-\frac{\hbar^2}{2m}\Delta_x + V(\boldsymbol{x})\right)\psi(\boldsymbol{x})d^3x \int f(\boldsymbol{x}')\psi^+(\boldsymbol{x}')d^3x'\,\Phi_0 \tag{13.19}$$

Unter Verwendung der Vertauschungsrelation (13.8) läßt sich dieser in

$$H\Phi = \iint f(\boldsymbol{x}')\left\{\psi^+(\boldsymbol{x})\left(-\frac{\hbar^2}{2m}\Delta_x + V(\boldsymbol{x})\right)\delta(\boldsymbol{x}-\boldsymbol{x}')d^3x\,d^3x'\,\Phi_0\right\} \tag{13.20}$$

umformen. Wegen $\Delta_x\delta(\boldsymbol{x}-\boldsymbol{x}') = \Delta_{x'}\,\delta(\boldsymbol{x}-\boldsymbol{x}')$ und der Eigenschaften der δ-Funktion bekommen wir anstelle von (13.20)

$$H\Phi = \int \psi^+(\boldsymbol{x})\Phi_0\left(-\frac{\hbar^2}{2m}\Delta + V(\boldsymbol{x})\right)f(\boldsymbol{x})d^3x \tag{13.21}$$

Da gemäß der Schrödingergleichung $H\Phi = E\Phi$ sein soll, erhalten wir die Aussage, daß (13.21) mit dem Ausdruck

$$E\int f(\boldsymbol{x})\psi^+(\boldsymbol{x})\Phi_0\,d^3x \tag{13.22}$$

übereinstimmen muß. Da diese Beziehung aber für alle Orte $\boldsymbol{x}$ gelten soll und die Funktionen $\psi^+(\boldsymbol{x})\Phi_0$ linear unabhängig sind (vgl. Aufgabe 2), kann eine Beziehung (13.21) = (13.22) nur dann erfüllt sein, wenn sie bereits für die Faktoren von $\psi^+(\boldsymbol{x})\Phi_0$ einzeln gilt, d. h. also, wenn die normale Schrödingergleichung

$$\left(-\frac{\hbar^2}{2m}\Delta + V(\boldsymbol{x})\right)f(\boldsymbol{x}) = Ef(\boldsymbol{x}) \tag{13.23}$$

erfüllt ist. Der entsprechende Beweis läßt sich auch für die zeitabhängige Schrödingergleichung erbringen. An diesem Beispiel sehen wir, daß bei *einem* Teilchen die Formulierung der üblichen Schrödingerschen Theorie und der Theorie der 2. Quantelung identisch sind. In gleicher Weise wollen wir nun am Beispiel zweier Teilchen zeigen, daß auch bei mehreren Teilchen eine Äquivalenz zwischen der Formulierung im Rahmen der 2. Quantelung und der üblichen Mehrteilchen-Schrödingertheorie besteht. Allerdings muß hier ganz deutlich darauf hingewiesen werden, daß die Formulierung im Rahmen der 2. Quantisierung ganz erhebliche Vorzüge besitzt und sie es erst gestattet, viele Prozesse adäquat zu behandeln. Betrachten wir nun den allgemeinsten Zweiteilchen-Zustand, den wir als Überlagerung aus allen Zuständen, in denen ein Teilchen in einem Zustand μ_1 und eines in einem Zustand μ_2 ist, aufbauen:

$$\Phi = \sum_{\mu_1\mu_2} c_{\mu_1\mu_2} a^+_{\mu_1} a^+_{\mu_2} \Phi_0 \tag{13.24}$$

Ersetzen wir hierin die Operatoren a^+_μ gemäß (13.14) durch ψ^+, so geht (13.24) in

$$\Phi = \int\int \underbrace{\left(\sum_{\mu_1\mu_2} \varphi_{\mu_1}(\boldsymbol{x})\varphi_{\mu_2}(\boldsymbol{x}')c_{\mu_1\mu_2}\right)}_{f(\boldsymbol{x},\,\boldsymbol{x}')} \psi^+(\boldsymbol{x})\psi^+(\boldsymbol{x}')\Phi_0 d^3x d^3x' \tag{13.25}$$

über. Die Summe über μ_1 und μ_2 stellt eine allgemeine Funktion der Koordinaten $\boldsymbol{x}$ und $\boldsymbol{x}'$ dar, die wir durch $f(\boldsymbol{x}, \boldsymbol{x}')$ abkürzen, so daß wir Φ in der Form

$$\Phi = \int\int f(\boldsymbol{x}, \boldsymbol{x}')\psi^+(\boldsymbol{x})\psi^+(\boldsymbol{x}')\Phi_0 d^3x d^3x' \tag{13.26}$$

wiedergeben können. Wir zeigen, daß die Funktion $f(\boldsymbol{x}, \boldsymbol{x}')$ in den Koordinaten $\boldsymbol{x}$ und $\boldsymbol{x}'$ antisymmetrisch ist. Dazu ändern wir in (13.26) die Bezeichnung der Koordinaten ab, indem wir $\boldsymbol{x}$ mit $\boldsymbol{x}'$ vertauschen, so daß (13.26) in

$$\int\int f(\boldsymbol{x}', \boldsymbol{x})\psi^+(\boldsymbol{x}')\psi^+(\boldsymbol{x})\Phi_0 d^3x d^3x' \tag{13.27}$$

übergeht. Ein Vergleich mit (13.26) zeigt, daß nun die Reihenfolge der beiden Operatoren ψ^+ vertauscht ist. Um die gleiche Reihenfolge wie in (13.26) zu erhalten, vertauschen wir die beiden Operatoren ψ^+, wobei sich gemäß der Vertauschungsrelation (13.8) das Vorzeichen ändert und somit (13.27) in

$$-\int\int f(\boldsymbol{x}', \boldsymbol{x})\psi^+(\boldsymbol{x})\psi^+(\boldsymbol{x}')\Phi_0 d^3x d^3x' \tag{13.28}$$

übergeht. Durch diese gesamten Operationen hat sich natürlich (13.26) nicht geändert, so daß wir die allgemeine Beziehung erhalten: Der Ausdruck (13.26) ist gleich dem Ausdruck (13.28). Unter den zugehörigen Integralen befinden sich aber Funktionen $\psi^+(\boldsymbol{x})\psi^+(\boldsymbol{x}')\Phi_0$, die voneinander linear unabhängig sind. Daher kann die Beziehung (13.26) = (13.28) nur erfüllt sein, wenn die Beziehung

$$f(\boldsymbol{x}, \boldsymbol{x}') = -f(\boldsymbol{x}', \boldsymbol{x}) \tag{13.29}$$

gilt. Dies zeigt uns, daß die Wellenfunktion f antisymmetrisch ist. Mit der Wellenfunktion (13.26) kann man nun wieder in die Schrödingergleichung der 2. Quantisierung eingehen. Den Hamiltonoperator dieser Schrödingergleichung nehmen wir für unser jetziges Beispiel in der folgenden Gestalt an

$$\begin{aligned} H = & \int \psi^+(\boldsymbol{x})\left(-\frac{\hbar^2}{2m}\Delta_{\boldsymbol{x}} + V(\boldsymbol{x})\right)\psi(\boldsymbol{x})d^3x + \\ & + \frac{1}{2}\int\int \psi^+(\boldsymbol{x})\psi^+(\boldsymbol{x}')\frac{e^2}{|\boldsymbol{x}-\boldsymbol{x}'|}\psi(\boldsymbol{x}')\psi(\boldsymbol{x})d^3x\,d^3x' \end{aligned} \tag{13.30}$$

Unter dem ersten Integral erkennen wir den üblichen Erwartungswert der Schrödingerschen Theorie für die kinetische Energie und die Energie in einem vorgegebenen Potentialfeld. Das Doppelintegral stellt hingegen ersichtlicherweise (vgl. (12.42)) die Coulombsche Wechselwirkungsenergie dar. Wir wollen nun die Rechnung, die sich beim Einsetzen von (13.26) in die Schrödingergleichung der 2. Quantisierung ergibt, hier nicht näher durchführen, sondern verweisen den interessierten Leser auf die entsprechende Übungsaufgabe. Wir begnügen uns, das Resultat anzugeben. Es besagt, daß die Funktion $f(\boldsymbol{x}_1, \boldsymbol{x}_2)$ der folgenden 2-Teilchen-Schrödingergleichung genügt

$$\left\{-\frac{\hbar^2}{2m}\Delta_{\boldsymbol{x}_1} + V(\boldsymbol{x}_1) - \frac{\hbar^2}{2m}\Delta_{\boldsymbol{x}_2} + V(\boldsymbol{x}_2) + \frac{e^2}{|\boldsymbol{x}_1-\boldsymbol{x}_2|}\right\}f(\boldsymbol{x}_1, \boldsymbol{x}_2) = Ef(\boldsymbol{x}_1, \boldsymbol{x}_2) \tag{13.31}$$

Die Ausdehnung auf n-Teilchen läßt sich leicht erraten, aber natürlich auch im Rahmen der 2. Quantisierung streng herleiten. Bei n-Teilchen ergibt sich die Schrödingergleichung

$$\left\{\sum_{j=1}^{N}\left(-\frac{\hbar^2}{2m}\Delta_{\boldsymbol{x}_j} + V(\boldsymbol{x}_j) + \sum_{i<j}\frac{e^2}{|\boldsymbol{x}_i-\boldsymbol{x}_j|}\right\}f(\boldsymbol{x}_1, \ldots, \boldsymbol{x}_N) = Ef(\boldsymbol{x}_1, \ldots, \boldsymbol{x}_N) \tag{13.32}$$

wobei f in allen Koordinaten antisymmetrisch ist.

Die bisherigen Überlegungen versetzen uns in den Stand, das Mehrelektronenproblem des festen Körpers mit Hilfe der 2. Quantelung zu formulieren (vgl. § 20).

Wir beschließen diesen Paragraphen mit Regeln über die

Berechnung von Erwartungswerten. Die enge Analogie zwischen Bose- und Fermi-Operatoren legt es nahe, Erwartungswerte, die mit den Operatoren a, a^+ gebildet werden, genauso wie für Bose-Operatoren zu definieren. Es läßt sich dann zeigen (vgl. Aufgabe 6), daß die Berechnung von Erwartungswerten das gleiche Resultat wie in der Schrödingerschen Wellenmechanik liefert, die ja im nichtrelativistischen Bereich experimentell bestens bestätigt ist.

In Anlehnung an § 4 führen wir in *axiomatischer Weise* die folgenden Regeln ein:

Den quantenmechanischen Erwartungswert eines Operators Ω bezüglich des Zustandes Φ bilden wir durch

$$\bar{\Omega} = \langle \Phi | \Omega | \Phi \rangle \tag{13.33}$$

Dabei wird stets vorausgesetzt, daß Φ normiert ist: $\langle \Phi | \Phi \rangle = 1$ (13.34). Das Klammersymbol (bra und ket) soll folgende Eigenschaften haben:

$$\langle a\Phi | \chi \rangle = \langle \Phi | a^+ \chi \rangle \tag{13.35}$$

$$\langle a^+ \Phi | \chi \rangle = \langle \Phi | a\chi \rangle \tag{13.36}$$

Darin haben wir bei dem Erzeugungsoperator a^+ und dem Vernichtungsoperator a die Indizes μ weggelassen. Mit Hilfe der Vertauschungsrelationen (13.4) – (13.6) und der Eigenschaft des Grundzustandes läßt sich für die Eigenzustände (13.11) die Orthogonalität zeigen (vgl. Aufgabe 4)

$$\langle \Phi_{\{n\}} | \Phi_{\{m\}} \rangle = \prod_{\mu} \delta_{n_\mu, m_\mu} \tag{13.37}$$

d. h. es muß $n_1 = m_1, n_2 = m_2, \ldots n_\mu = m_\mu, \ldots$ sein, damit die linke Seite von (13.37) nicht verschwindet.

Aufgaben zu § 13

1. Man leite, ausgehend von den Vertauschungsrelationen (13.4) bis (13.6) die Relationen (13.8) her.
Anleitung: Man setze auf den linken Seiten von (13.8) die Entwicklungen (13.1) ein, verwende (13.4) bis (13.6) sowie die Darstellung der δ-Funktion von Aufgabe 2, § 12.

2. Man zeige, daß die Funktionen $\psi^+(x)\Phi_0$ linear unabhängig sind, d. h. falls:

$$I = \int g(x)\psi^+(x)\Phi_0 d^3x = 0, \qquad \text{folgt } g(x) \equiv 0$$

Anleitung: Man bilde $\langle \psi^+(x')\Phi_0 | I \rangle$.

3. Man zeige: Setzt man (13.26) in die *Schrödingergleichung der 2. Quantelung* $H\Phi = E\Phi$ ein, wobei H durch (13.30) definiert ist, so ergibt sich die Zweiteilchen-Schrödingergleichung „im Konfigurationsraum" (13.31).

4. Man beweise (13.37).
Anleitung: Man setze (13.11) in (13.37) links ein und verwende aufeinanderfolgend (13.36), was zu

$$\langle \Phi_0 | \ldots a_\mu^{n_\mu} \ldots a_2^{n_2} a_1^{n_1} (a_1^+)^{m_1} (a_2^+)^{m_2} \ldots (a_\mu^+)^{m_\mu} \ldots \Phi_0 \rangle$$

führt (vgl. als Beispiel Fig. 23). Man überzeuge sich nun von folgendem: Ist für ein μ das $m_\mu = 0$, jedoch $n_\mu = 1$, so läßt sich a_μ bis auf Φ_0 durchziehen und ergibt $a_\mu \Phi_0 = 0$. Ist hingegen für ein μ das $m_\mu = 1$, jedoch $n_\mu = 0$, so läßt sich a_μ^+ ganz nach links ziehen: $\langle \Phi_0 | a_\mu^+ \ldots \rangle$ und wegen

(13.35) zu

$$\underbrace{\langle a_\mu \Phi_0}_{=0} | \ldots \rangle$$

umformen, also zu Null.

Warum gilt $\langle \Phi_{\{n\}} | \Phi_{\{n\}} \rangle = 1$?

5. Man zeige für $\Phi_{\{n\}} = \Phi_{n_1, n_2, \ldots, n_N}$:

$$\left. \begin{aligned} \langle \Phi_{\{n\}} | a_\mu^+ a_\nu | \Phi_{\{n\}} \rangle &= 0 \quad \text{für} \quad \mu \neq \nu \\ &= n_\mu \quad \text{für} \quad \mu = \nu \end{aligned} \right\} \tag{A 13.1}$$

6. Man berechne den Erwartungswert des Operators der potentiellen Energie

$$V_{op} = \int \psi^+(x) V(x) \psi(x) d^3x \tag{A 13.2}$$

für $\quad \Phi = a_{\mu_1}^+ \Phi_0, \quad \Phi = a_{\mu_1}^+ a_{\mu_2}^+ \Phi_0 \qquad$ (A 13.3)

Anleitung: Man setze (A13.3), (A13.2) und (13.1) in $\langle \Phi | V_{op} | \Phi \rangle$ ein und verwende das Resultat der Aufgabe 5 oben.

§ 14 Vom Umgang mit Fermi-Operatoren

a) Lassen sich unsere früheren Tricks von § 5 übertragen? Anstelle der in § 5 behandelten Bose-Operatoren b und b^+ untersuchen wir nun die Eigenschaften der Fermi-Operatoren a und a^+, die den folgenden Relationen genügen

$$aa^+ + a^+a = 1 \tag{14.1}$$

$$(a^+)^2 = 0 \tag{14.2}$$

$$a^2 = 0 \tag{14.3}$$

Obwohl sich die Vertauschungsrelation (14.1) von der entsprechenden Relation für Bose-Operatoren nur im Vorzeichen unterscheidet, hat dieser Vorzeichenwechsel ganz wesentliche Konsequenzen für die Operatoreigenschaften von a. So überzeugt man sich sofort, daß die Operatoren $a + \alpha$ und $a^+ + \alpha$ keineswegs mehr den Fermi-Vertauschungsrelationen genügen. Auch stellt man sofort fest, daß alle Potenzen von a^+ und a von höherer als 1. Ordnung verschwinden

$$(a^+)^n = 0 \quad \text{für} \quad n \geqq 2 \tag{14.4}$$

$$a^n = 0 \quad \text{für} \quad n \geqq 2 \tag{14.5}$$

Wenn wir daher Überlagerungen von Wellenfunktionen in der Form

$$c_0 \Phi_0 + c_1 a^+ \Phi_0 = f(a^+) \Phi_0 \tag{14.6}$$

betrachten, so ist diese Überlagerung schon vollständig. Trotzdem kann man natürlich formal Funktionen von a^+ oder a definieren. Beispielsweise können wir

$$f(a^+)\,\Phi_0 = c_0\left(1 + \frac{c_1}{c_0}\,a^+\right)\Phi_0 \tag{14.7}$$

in Form einer Exponentialfunktion

$$f(a^+)\,\Phi_0 = c_0\,exp\left(\frac{c_1}{c_0}\,a^+\right)\Phi_0 \tag{14.8}$$

schreiben. Wir müssen nur beachten, daß die Potenzreihenentwicklung nach dem 2. Glied abbricht.

Wir überlegen uns nun, wie man hier Transformationen mit der Exponentialfunktion (14.8) vornehmen kann. Dazu entwickeln wir in dem Ausdruck

$$e^{-\alpha a^+}\,a\,e^{\alpha a^+} = \tilde{a}, \tag{14.9}$$

(den wir mit $\tilde{a}$ abkürzen) die Exponentialfunktion auf beiden Seiten, womit wir sofort

$$\tilde{a} = (1 - \alpha a^+)a(1 + \alpha a^+) \tag{14.10}$$

erhalten. Multiplizieren wir hier unter genauer Berücksichtigung der Reihenfolge der Faktoren die Klammern aus und verwenden noch die Vertauschungsrelation (14.1), so erhalten wir unmittelbar die Relation

$$\tilde{a} = a - \alpha^2 a^+ + \alpha(aa^+ - a^+ a) \tag{14.11}$$

Im folgenden wird uns das letzte Summenglied in (14.11) noch öfters begegnen. Deshalb führen wir eine besondere Abkürzung in der Form

$$s = \frac{1}{2}(aa^+ - a^+ a) \tag{14.12}$$

ein. In entsprechender Weise können wir

$$\widetilde{a^+} = e^{-\alpha a}a^+\,e^{\alpha a} \tag{14.13}$$

berechnen. Wir erhalten dann unmittelbar als Endresultat unter Berücksichtigung der Abkürzung (14.12)

$$\widetilde{a^+} = a^+ - \alpha^2 a - 2\alpha s \tag{14.14}$$

Wesentlich enger wird die Analogie mit den Bose-Operatoren jedoch, wenn in der Exponentialfunktion das Produkt a^+a auftritt. Entwickeln wir nämlich die Exponentialfunktion

$$e^{\alpha a^+ a} \tag{14.15}$$

in eine Reihe nach Potenzen von a^+a, so wechseln Erzeugungs- und Vernichtungsoperatoren immer ab, so daß die Regeln (14.4) und (14.5) nicht anwendbar sind. Wir untersuchen nun, was die Transformation

$$\tilde{a} = f(\alpha) = e^{+\alpha a^+ a}a\,e^{-\alpha a^+ a} \tag{14.16}$$

bedeutet[1]). Dazu differenzieren wir die Funktion f nach α und finden

$$f'(\alpha) = e^{+\alpha a^+ a}(a^+ aa - aa^+ a)e^{-\alpha a^+ a} \tag{14.17}$$

Der 1. Summand im Klammerausdruck verschwindet wegen (14.3). Auf den zweiten wenden wir die Vertauschungsrelation (14.1) an und finden, da sich nochmals ein Operatorprodukt weghebt,

$$f'(\alpha) = e^{\alpha a^+ a}(-a)e^{-\alpha a^+ a} \equiv -f(\alpha) \tag{14.18}$$

Somit ergibt sich eine Differentialgleichung für f

$$f'(\alpha) = -f(\alpha) \tag{14.19}$$

die die Lösung

$$f(\alpha) = e^{-\alpha} a \tag{14.20}$$

besitzt, wobei wir die Anfangsbedingung $f(0) = a$ berücksichtigt haben. Wir erhalten somit abschließend die folgende Relation

$$\tilde{a} \equiv e^{\alpha a^+ a} a e^{-\alpha a^+ a} = e^{-\alpha} a \tag{14.21}$$

In genau der gleichen Weise findet man

$$\widetilde{a^+} \equiv e^{\alpha a^+ a} a^+ e^{-\alpha a^+ a} = e^{\alpha} a^+ \tag{14.22}$$

Die Relationen (14.21) und (14.22) werden wir später noch des öfteren brauchen.

b) Der verschobene Fermi-Oszillator. Wir betrachten die *Schrödingergleichung* des sogenannten *verschobenen Fermi-Oszillators*, die formal die gleiche Gestalt wie die des verschobenen harmonischen Oszillators hat.

$$\left\{E_0 \frac{1}{2}(a^+ a - aa^+) + \gamma^* a^+ + \gamma a\right\} \Phi = E\Phi \tag{14.23}$$

Hierbei haben wir lediglich den Ausdruck $E_0 a^+ a$ durch $E_0 \frac{1}{2}(a^+ a - aa^+)$ ersetzt, was, wie man sich anhand der Vertauschungsrelation (14.1) leicht klar macht, lediglich auf eine Verschiebung des Energienullpunkts um $\frac{1}{2} E_0$ hinausläuft.

Die eben gemachte Ersetzung führt aber zu einer symmetrischen Behandlung des Problems. Zur Lösung von (14.23) setzen wir die Wellenfunktion Φ als vollständige Überlagerung aus der Wellenfunktion des Grundzustandes und des angeregten Zustandes in der Form

$$\Phi = c_0 \Phi_0 + c_1 a^+ \Phi_0 \tag{14.24}$$

an. Setzen wir (14.24) in (14.23) ein, so erhalten wir unter Berücksichtigung der Relation (14.1) und (14.3) und der Tatsache, daß Φ_0 Grundzustand mit $a\Phi_0 = 0$ ist,

[1]) Darin ist übrigens $e^{\alpha a^+ a}$ ein unitärer Operator, falls α rein imaginär ist. In diesem Falle ist $(\tilde{a})^+ = \widetilde{a^+}$.

$$E_0 \frac{1}{2}(c_1 a^+ \Phi_0 - c_0 \Phi_0) + \gamma^* c_0 a^+ \Phi_0 + \gamma c_1 \Phi_0 = E(c_0 \Phi_0 + c_1 a^+ \Phi_0) \tag{14.25}$$

Da die Wellenfunktionen des Grundzustandes und des angeregten Zustandes orthogonal sind, d. h. die Relationen

$$\begin{aligned} \langle a^+ \Phi_0 | \Phi_0 \rangle &= 0 \\ \langle \Phi_0 | a^+ \Phi_0 \rangle &= 0 \end{aligned} \tag{14.26}$$

gelten, muß die Gleichung (14.25) für die Faktoren von Φ_0 bzw. $a^+ \Phi_0$ für sich erfüllt sein. Dies führt zu den beiden homogenen Gleichungen

$$\begin{aligned} \left(-\frac{1}{2} E_0 - E\right) c_0 + \gamma c_1 &= 0 \\ \gamma^* c_0 + \left(\frac{1}{2} E_0 - E\right) c_1 &= 0 \end{aligned} \tag{14.27}$$

Die Lösbarkeitsbedingung, d. h. das Verschwinden der Koeffizientendeterminante führt unmittelbar auf die Beziehung

$$E = \pm \sqrt{\left(\frac{E_0}{2}\right)^2 + |\gamma|^2} \tag{14.28}$$

Das Koeffizientenverhältnis ist durch

$$\frac{c_1}{c_0} = \frac{1}{2\gamma}\{E_0 \pm \sqrt{E_0^2 + 4|\gamma|^2}\} \qquad \frac{c_0}{c_1} = \frac{1}{2\gamma^*}\{-E_0 \pm \sqrt{E_0^2 + 4|\gamma|^2}\} \tag{14.29}$$

gegeben.

c) Mehrere Fermi-Operatoren

1. Lineare Transformationen. Wir betrachten einen Satz von Fermi-Operatoren, die den Vertauschungsrelationen

$$a_k a_{k'}^+ + a_{k'}^+ a_k = \delta_{kk'} \tag{14.30}$$

$$a_k a_{k'} + a_{k'} a_k = 0 \tag{14.31}$$

$$a_k^+ a_{k'}^+ + a_{k'}^+ a_k^+ = 0 \tag{14.32}$$

genügen. Wir bilden nun Linearkombinationen in der Form

$$A_j = \sum_k c_{jk} a_k \tag{14.33}$$

$$A_j^+ = \sum_k c_{jk}^* a_k^+ \tag{14.34}$$

wobei wir annehmen, daß die Koeffizientenmatrix c_{jk} unitär ist. Wir behaupten, daß dann die Relationen

$$A_j A_{j'} + A_{j'} A_j = 0 \tag{14.35}$$

$$A_j A_{j'}^+ + A_{j'}^+ A_j = \delta_{j'j} \tag{14.36}$$

und die zu (14.35) konjugierte Relation gelten. Setzen wir nämlich in (14.35) die Ausdrücke (14.33) ein, so erhalten wir unmittelbar

$$\sum_{kk'} c_{jk} c_{j'k'} (a_k a_{k'} + a_{k'} a_k) = 0 \tag{14.37}$$

Da die Klammerausdrücke gemäß (14.31) verschwinden, ergibt sich sofort das behauptete Resultat. Um (14.36) zu beweisen, ersetzen wir wieder A und A^+ gemäß (14.33) und (14.34) durch die Operatoren a_k, a_k^+. Wegen der Relation (14.30) reduziert sich die linke Seite sofort auf eine Summe über Produkte der Koeffizienten c für gleiches k. Aufgrund der vorausgesetzten Unitarität von c (d.h. $c_{jk}^* = (c^{-1})_{kj} = (c^+)_{kj}$) folgt aber dann unmittelbar

$$\sum_k c_{jk} c_{j'k}^* = \delta_{jj'} \tag{14.38}$$

Mit Hilfe dieser Transformation können wir den Hamiltonoperator H von einer im allgemeinen nichtdiagonalen Form

$$H = \sum_{kk'} a_k^+ M_{kk'} a_{k'} \tag{14.39}$$

sofort auf die Diagonalform

$$H = \sum_j m_j A_j^+ A_j \tag{14.40}$$

bringen, wobei m_j die reellen Eigenwerte der als hermitisch vorausgesetzten Matrix $M_{kk'}$ sind.

2. Die Bogoljubov-Transformation. Während wir soeben nur Kombinationen von Erzeugungs- und Vernichtungsoperatoren für sich betrachtet haben, untersucht die Bogoljubov-Transformation eine gemischte Transformation. Wir betrachten hier 2 Paare von Operatoren a_1, a_1^+ und a_2, a_2^+. Die *Bogoljubov-Transformation* ist dann durch

$$\tilde{a}_1^+ = a_1^+ u - a_2 v; \qquad \tilde{a}_1 = a_1 u^* - a_2^+ v^* \tag{14.41}$$

$$\tilde{a}_2 = a_1^+ v + a_2 u; \qquad \tilde{a}_2^+ = a_1 v^* + a_2^+ u^* \tag{14.42}$$

mit den Nebenbedingungen

$$|u|^2 + |v|^2 = 1; \qquad uv^* - vu^* = 0 \tag{14.43}$$

definiert. Man stellt leicht fest, daß die neuen Operatoren $\tilde{a}_1^+$, $\tilde{a}_1$, $\tilde{a}_2^+$, $\tilde{a}_2$ wieder den Relationen (14.1) bis (14.3) genügen. Zum Beispiel erhalten wir für $(\tilde{a}_1^+)^2$ die folgende Relation

$$(\tilde{a}_1^+)^2 = (a_1^+)^2 u^2 - uv(a_1^+ a_2 + a_2 a_1^+) + a_2^2 v^2 = 0 \tag{14.44}$$

Das gleiche stellt man für $(\tilde{a}_1)^2$, $(\tilde{a}_2)^2$ und $(\tilde{a}_2^+)^2$ fest.

Setzen wir in den Ausdruck

$$\tilde{a}_1^+ \tilde{a}_2 + \tilde{a}_2 \tilde{a}_1^+ \tag{14.45}$$

die rechten Seiten von (14.41) und (14.42) ein, so ergeben die symmetrisierten Produkte immer Null, da nie ein a_j^+ auf ein a_j trifft.

Untersuchen wir schließlich noch

$$\tilde{a}_1^+ \tilde{a}_1 + \tilde{a}_1 \tilde{a}_1^+ \tag{14.46}$$

indem wir wieder die rechten Seiten von (14.41) und (14.42) einsetzen. Wir erhalten dann

$$[a_1^+, a_1]_+ |u|^2 - [a_2, a_1]_+ u^* v - [a_1^+, a_2^+]_+ uv^* + [a_2, a_2^+]_+ |v|^2 \tag{14.47}$$

wobei die eckigen Klammern symmetrisierte Produkte bedeuten, also durch

$$[A, B]_+ = AB + BA \tag{14.48}$$

definiert sind. Das erste und letzte symmetrisierte Produkt gibt jeweils 1, während die übrigen verschwinden. Wegen der Nebenbedingung (14.43) erhalten wir somit schließlich die Relation

$$\tilde{a}_1^+ \tilde{a}_1 + \tilde{a}_1 \tilde{a}_1^+ = 1 \tag{14.49}$$

Wir wollen nun als nächstes zeigen, daß sich die Bogoljubov Transformation mit Hilfe einer unitären Transformation erzeugen läßt. Wie wir später sehen werden, ist dieser Zusammenhang äußerst wichtig, um zu erkennen, daß die zunächst formal verschiedenen Supraleitungstheorien von Bardeen, Cooper und Schrieffer und von Bogoljubov miteinander völlig äquivalent sind.

3. Darstellung der Bogoljubov-Transformation mit Hilfe einer unitären Transformation. Analogie zum verschobenen harmonischen Oszillator[1]). Wir betrachten die Überlagerung des Vakuumzustandes Φ_0 mit einer Funktion, in der zwei Teilchen in den Zuständen (1) und (2) erzeugt sind:

$$\Phi = (u + v a_1^+ a_2^+) \Phi_0 \tag{14.50}$$

Formal können wir den Operatorausdruck vor Φ_0 als eine Exponentialfunktion schreiben, da ja alle Potenzen von höherer als 1. Ordnung von $a_1^+ a_2^+$ verschwinden:

$$\Phi = N e^{c a_1^+ a_2^+} \Phi_0 \tag{14.51}$$

Hierbei sind N und c wie folgt gegeben

$$N = u, \qquad c = \frac{v}{u} \tag{14.52}$$

Wir führen nun für das Produkt aus dem Paaroperator $a_1^+ a_2^+$ eine Abkürzung ein

$$a_1^+ a_2^+ = A^+ \tag{14.53}$$

und fragen nun, ob wir nicht ganz ähnlich wie bei den Bose-Operatoren (vgl. § 5) den Operator

$$N e^{cA^+} \tag{14.54}$$

[1]) Dieser Abschnitt ist etwas anspruchsvoller und kann bei einer ersten Lektüre überschlagen werden.

zu einem unitären Operator ausbauen können. Dazu machen wir versuchsweise den Ansatz

$$\Phi = N e^{cA^+} \Phi_0 = e^{cA^+ - c^* A} \Phi_0; \qquad A^+ = a_1^+ a_2^+ \tag{14.55}$$

wobei der auf der rechten Seite von Gleichung (14.55) stehende Exponentialausdruck der gesuchte unitäre Operator sein soll. Wie wir sofort feststellen können, hat dieser Operator tatsächlich die Eigenschaften unitär zu sein. Wir wissen aber noch nicht, ob die Relation (14.55) tatsächlich gilt. Aus diesem Grund untersuchen wir die Potenzreihenentwicklung

$$U = e^{cA^+ - c^* A} = \sum_{n=0}^{\infty} \frac{1}{n!} (cA^+ - c^* A)^n \tag{14.56}$$

wobei wir ausgiebig von den Fermi-Vertauschungsrelationen Gebrauch machen. Mit deren Hilfe beweist man sofort:

$$[A, A^+]_- = 1 - a_1^+ a_1 - a_2^+ a_2 \tag{14.57}$$

$$A^2 = A^{+2} = 0 \tag{14.58}$$

$$A^+ A A^+ = A^+ \tag{14.59a}$$

$$A A^+ A = A \tag{14.59b}$$

Mit Hilfe von (14.59a, b) zeigt man leicht durch vollständige Induktion:

$$(A^+ A)^n = A^+ A \qquad \text{für} \qquad n \geqq 1 \tag{14.60a}$$

$$(AA^+)^n = AA^+ \tag{14.60b}$$

Wir berechnen nun die Potenzen $(cA^+ - c^* A)^n$, wobei wir streng auf die Reihenfolge von A^+ und A achten müssen. Wegen (14.58) bleiben nur solche Glieder stehen, bei denen A und A^+ abwechselnd aufeinander folgen. Dabei unterscheiden wir zwischen n gerade und n ungerade:

a) n gerade

$$(cA^+ - c^* A)^n = (-1)^{\frac{n}{2}} (\underbrace{A^+ A A^+ A \ldots A^+ A}_{n\text{-fach}} \cdot |c|^n + \underbrace{AA^+ \ldots AA^+}_{n\text{-fach}} |c|^n) \tag{14.61a}$$

b) n ungerade

$$(cA^+ - c^* A)^n = (-1)^{\frac{n-1}{2}} (\underbrace{A^+ A A^+ \ldots AA^+}_{n\text{-fach}} |c|^{n-1} c - \underbrace{AA^+ A \ldots A^+ A}_{n\text{-fach}} |c|^{n-1} c^*) \tag{14.61b}$$

Wegen (14.59a, b), (14.60a, b) läßt sich (14.61a, b) vereinfachen

$$(cA^+ - c^* A)^n = (-1)^{\frac{n}{2}} |c|^n (A^+ A + AA^+) \qquad n \text{ gerade} \tag{14.62a}$$

$$(cA^+ - c^* A)^n = (-1)^{\frac{n-1}{2}} |c|^{n-1} (cA^+ - c^* A) \qquad n \text{ ungerade} \tag{14.62b}$$

Wir führen (14.62a) bzw. (14.62b) in (14.56) ein. Zur Unterscheidung der geraden und ungeraden n's setzen wir $n = 2m$ bzw. $n = 2m + 1$. Damit erhalten wir

$$U = 1 + \sum_{m=1}^{\infty} \frac{(-1)^m}{(2m)!} |c|^{2m} (AA^+ + A^+A) +$$

$$+ \sum_{m=0}^{\infty} \frac{(-1)^m}{(2m+1)!} |c|^{2m} (cA^+ - c^*A)$$

Die Operatoren können vor die Summen gezogen werden, die im wesentlichen dann mit der *cos*- bzw. *sin*-Reihe übereinstimmen:

$$U = 1 - \left(A \frac{c^*}{|c|} - \frac{c}{|c|} A^+ \right) \sin|c| + (AA^+ + A^+A)(\cos|c| - 1) \tag{14.63}$$

Denken wir nun an unsere ursprüngliche Aufgabe. Wir wollten ja zeigen, daß die Relation (14.55) gilt, wobei die linke Seite von (14.55) natürlich mit der linken Seite von (14.50) identisch ist. Wir wenden nun die rechte Seite von (14.63) auf Φ_0 an und beachten, daß $(1 - (AA^+ + A^+A))\Phi_0 = 0$ ist wegen (14.57) und $a_j \Phi_0 = 0$.
Dies ergibt

$$U \Phi_0 = \left(\cos|c| + \frac{c}{|c|} \sin|c| A^+ \right) \Phi_0$$

Vergleichen wir dies mit der linken Seite von (14.50),

$$(u + vA^+)\Phi_0 \tag{14.64}$$

so erhalten wir sofort durch Vergleich die grundlegenden Relationen

$$\cos|c| = u \tag{14.65}$$

$$\frac{c}{|c|} \sin|c| = v \tag{14.66}$$

Im folgenden wollen wir annehmen, daß die Konstante c reell ist. Dann können wir (14.65) und (14.66) durch

$$\cos c = u \tag{14.67}$$

$$\sin c = v \tag{14.68}$$

ersetzen. Behalten wir nun weiterhin die Analogie mit dem verschobenen harmonischen Oszillator im Auge. Dort hatten wir in § 6 gezeigt, daß wir die Eigenschaften der Operatoren, die sich auf die angeregten Zustände beziehen, sofort übersehen können, wenn wir wissen, wie sie sich unter der unitären Transformation transformieren. Hierbei handelt es sich gerade um diejenige unitäre Transformation, die den alten mit dem neuen Grundzustand verbindet. Wir berechnen nun den Ausdruck

$$f_1(c) = U a_1^+ U^+ \tag{14.69}$$

wobei U durch

$$U = e^{cA^+ - cA} \tag{14.70}$$

gegeben ist. Hierzu differenzieren wir (14.69) nach c und erhalten

$$\begin{aligned} \frac{d}{dc}(U a_1^\dagger U^+) &= U\{(A^+ - A)a_1^\dagger - a_1^\dagger(A^+ - A)\}U^+ \\ &= -U[A, a_1^\dagger]U^+ \end{aligned} \tag{14.71}$$

Wie man aufgrund der Vertauschungsrelationen sofort nachrechnet, gilt

$$a_2 a_1 a_1^\dagger - a_1^\dagger a_2 a_1 = a_2 \tag{14.72}$$

so daß sich (14.71) auf

$$-U a_2 U^+ \tag{14.73}$$

reduziert. Nun müssen wir noch (14.73) berechnen. Entsprechend wie oben erhalten wir die Gleichungen

$$\frac{d}{dc}(U a_2 U^+) = U[A^+, a_2]U^+ = U a_1^\dagger U^+ \tag{14.74}$$

Setzen wir (14.74) in (14.71) ein und berücksichtigen (14.69), so erhalten wir eine Differentialgleichung für f_1 in der Form

$$f_1'' + f_1 = 0 \tag{14.75}$$

Unter Berücksichtigung der Anfangsbedingungen $f(0) = a_1^\dagger$, $f'(0) = -a_2$ erhalten wir als Lösung sofort

$$U a_1^\dagger U^+ \equiv f_1 = a_1^\dagger \cos c - a_2 \sin c \tag{14.76}$$

Da $\cos c$ und $\sin c$ mit u und v durch die Relation (14.67) und (14.68) verknüpft sind, haben wir als Endresultat schließlich

$$\tilde{a}_1^\dagger \equiv U a_1^\dagger U^+ = a_1^\dagger u - a_2 v \tag{14.77}$$

gefunden. Darin haben wir zugleich einen neuen Operator $\tilde{a}_1^\dagger$ als Transformierten von $a_1^\dagger$ definiert. In entsprechender Weise ergibt sich das Resultat

$$\tilde{a}_2 \equiv U a_2 U^+ = u a_2 + v a_1^\dagger \tag{14.78}$$

Damit haben wir gezeigt, daß tatsächlich die Bogoljubov-Transformation durch die unitäre Transformation U (vgl. (14.70)) hervorgerufen wird. Wie schon bemerkt, wird uns diese Tatsache bei der Theorie der Supraleitung von entscheidendem Nutzen sein.

Aufgaben zu § 14

Anwendungen des verschobenen Fermi-Oszillators:

a) *Spin* $^1/_2$ *im Magnetfeld.* Man setze

$$a^+ = \sigma^+, \quad a = \sigma^-, \quad \sigma_z = \frac{1}{2}(a^+ a - a a^+) \tag{A 14.1}$$

und zeige, daß die folgenden Vertauschungsrelationen gelten:

$$\begin{aligned} &\sigma^{+2} = \sigma^{-2} = 0, \quad \sigma^+\sigma^- + \sigma^-\sigma^+ = 1; \quad \sigma^+\sigma^- - \sigma^-\sigma^+ = 2\sigma_z, \\ &\sigma^\pm\sigma_z - \sigma_z\sigma^\pm = \mp\sigma^\pm \end{aligned} \tag{A 14.2}$$

Man setze $\sigma^\pm = \sigma_x \pm i\sigma_y$, sowie $s_j = \hbar\sigma_j, j = x, y, z$. Wir erhalten damit den Spinoperator $s = (s_x, s_y, s_z)$ für den Spin $^1/_2$. Man zeige mit Hilfe von (A 14.2), daß die Komponenten von s den Vertauschungsrelationen für Drehimpulse

$$s_x s_y - s_y s_x = i\hbar s_z$$

$$s_y s_z - s_z s_y = i\hbar s_x$$

$$s_z s_x - s_x s_z = i\hbar s_y$$

genügen. Die Schrödingergleichung für die Wellenfunktion ψ eines Spins $^1/_2$ im Magnetfeld $\boldsymbol{H}$ lautet:

$$\frac{e}{mc}(\boldsymbol{H}, s)\psi = i\hbar\dot{\psi} \tag{A 14.3}$$

Man zeige, daß die linke Seite von (A 14.3) mit der von (14.23) äquivalent ist und bestimme E_0, γ^*, γ.

b) 2-*Niveau-Atom im äußeren elektrischen Feld.* Wir betrachten ein Atom mit nur zwei Zuständen $\mu = 1, 2$ und einem Elektron. Man setze in Gl. (13.9) $V(\boldsymbol{x}) = V_0(\boldsymbol{x}) + V_s(\boldsymbol{x})$, wobei $V_0(\boldsymbol{x})$ die potentielle Energie des Elektrons ist und $V_s(\boldsymbol{x})$ von der äußeren Störung herrührt. $\varphi_\mu(\boldsymbol{x})$ in (13.1; 1a) seien Lösung der Schrödingergleichung (13.1b) mit $V(\boldsymbol{x}) = V_0(\boldsymbol{x})$. Wie lautet der Hamiltonoperator in 2. Quantelung einschließlich $V_s(\boldsymbol{x})$, in a_μ^+, a_μ? Man setze $a_2^+ a_1 = a^+$, $a_1^+ a_2 = a$ und zeige, daß bei geeigneter Identifizierung der Konstanten die sich so ergebende Schrödingergleichung mit (14.23) übereinstimmt.

§ 15 Die Wechselwirkung zwischen Feldern: seiltanzende Elektronen

In § 12 hatten wir bereits am Beispiel der Coulombschen Wechselwirkung gesehen, daß ein Feld mit sich selbst in Wechselwirkung treten kann. Sowohl im Festkörper als auch z. B. in der Kernphysik hat man es aber oft auch mit Wechselwirkungen zwischen verschiedenen Feldern zu tun. Beispielsweise treten die Elektronen im Festkörper in Wechselwirkung mit Gitterschwingungen oder mit dem quantisierten Lichtfeld.

Um zu zeigen, wie derartige Wechselwirkungsprobleme behandelt werden können, beschäftigen wir uns hier mit einem sehr anschaulichen Beispiel. Wir betrachten eine Saite („Seil"), auf der Teilchen (z. B. Elektronen) laufen können, wobei diese Teilchen der Schwerkraft unterliegen. Von der Wirkung der Schwerkraft auf die Saite sehen wir hingegen ab. Es handelt sich bei unserem Problem also im wahrsten Sinne des Wortes um „seiltanzende“ Elektronen (vgl. Fig. 24). Um zur Quantisierung des Problems für das gekoppelte System zu kommen, gehen wir ganz den uns schon gewohnten Weg:

a) Aufstellung der Bewegungsgleichungen,
b) Aufstellung der Lagrange-Funktion, deren Lagrange-Gleichungen zu den Bewegungsgleichungen zurückführen,
c) Übergang zur Hamiltonfunktion,
d) Quantisierung,
e) Entwicklung nach Eigenfunktionen.

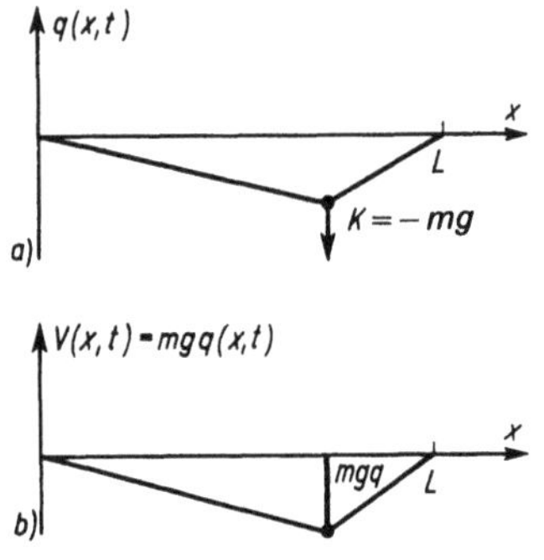

Fig. 24
Wechselwirkung eines Massenpunktes mit einem Seil
a) Die Auslenkung $q(x, t)$ des Seiles als Funktion des Ortes x zu einem Zeitpunkt t.
b) Die potentielle Energie $V(x, t)$ des Elektrons (Massenpunktes) am Ort x des Seiles.

a) Aufstellung der Bewegungsgleichungen. Die Gleichung der kräftefrei schwingenden Saite lautet

$$\varrho \ddot{q}(\mathrm{x}, \mathrm{t}) - s \frac{\partial^2 q(x, t)}{\partial x^2} = 0 \tag{15.1}$$

Hierbei ist ϱ die Massendichte, q die transversale Auslenkung an der Stelle x zur Zeit t und s die Seilspannung.

Setzen wir ein einzelnes Teilchen mit der Masse m auf das Seil, so zieht es wegen der Schwerkraft die Saite mit der Kraft

$$K = -mg \tag{15.2}$$

nach unten, wobei m die Masse des Teilchens (Elektrons) und g die Schwerebeschleunigung ist. Da die Gleichung (15.1) auf ihrer linken Seite die Massendichte enthält, bezieht sich diese Bewegungsgleichung auf Dichten. Daher müssen wir durch Division mit dx und Grenzübergang zur Kraftdichte übergehen, wenn wir in (15.1) die erzwingende Kraft einführen wollen. Denken wir uns, ganz im Sinne eines Feldes das Elektron „verschmiert“ und dementsprechend seine Massendichte durch

$\varrho_{El}(x, t)$ dargestellt, so ist die Kraftdichte durch

$$K = -\varrho_{El}(x, t) g \tag{15.3}$$

gegeben. Im Hinblick auf die beabsichtigte Quantisierung des Schrödingerschen Feldes nehmen wir an, daß das Elektron bereits in der 1. Quantisierung durch eine Wellenfunktion beschrieben ist. Die Massendichte ist dann durch

$$\varrho_{El}(x, t) = m\psi^+(x)\psi(x) \tag{15.4}$$

dargestellt. Führen wir die durch (15.3) und (15.4) gegebene Kraftdichte in (15.1) ein, so erhalten wir als Gleichung für die erzwungene Schwingung der Saite

$$\varrho \ddot{q}(x, t) - s\frac{\partial^2 q(x, t)}{\partial x^2} = -mg\psi^+(x)\psi(x) \tag{15.5}$$

Betrachten wir nun die Bewegungsgleichung des Elektrons oder, genauer gesagt, des Elektronen-Wellenfeldes, die ja mit der üblichen Schrödingergleichung eines einzelnen Teilchens identisch ist.

Hier gibt die Auslenkung der Saite unmittelbar die Erniedrigung der potentiellen Energie des Teilchens im Schwerefeld an, sofern wir q noch mit dem Gewicht des Teilchens

$$mg = G \tag{15.6}$$

multiplizieren. Das Potential, das wir in die Schrödingergleichung einzusetzen haben, lautet also

$$V(x, t) = mgq(x, t) \tag{15.7}$$

An dem Verlauf der Auslenkung $q(x, t)$ läßt sich somit unmittelbar das Potential des Elektrons ablesen. Die zugehörige gewöhnliche Schrödingergleichung lautet

$$\left\{-\frac{\hbar^2}{2m}\frac{\partial^2}{\partial x^2} + Gq(x, t)\right\}\psi(x, t) = i\hbar\dot{\psi}(x, t) \tag{15.8}$$

Mit der Aufstellung der Gleichungen (15.5) und (15.8) haben wir die Bewegungsgleichungen der Felder $q(x, t)$ und $\psi(x, t)$ gewonnen.

b) Die Lagrangefunktion. Die Lagrangefunktion für die kräftefrei schwingende Saite ist uns in § 9 begegnet, diejenige des Elektronenwellenfeldes mit einem vorgegebenen Potential in Gl. (12.3). Wir setzen die Lagrangefunktion des Gesamtproblems versuchsweise aus diesen beiden Beiträgen zusammen, wobei sich

$$L = \int \psi^*(x, t)\left\{i\hbar\frac{\partial}{\partial t} + \frac{\hbar^2}{2m}\frac{\partial^2}{\partial x^2}\right\}\psi(x, t)dx + \frac{1}{2}\int\left(\varrho\, \dot{q}(x, t)^2 - s\left(\frac{\partial q(x, t)}{\partial x}\right)^2\right)dx - \\ - \int Gq(x, t)\psi^*(x, t)\psi(x, t)dx \tag{15.9}$$

ergibt. Es mag zunächst verwundern, daß wir hierin zwar die Einwirkung der Saite auf das Elektron in Form des Potentialfeldes (15.7) berücksichtigt haben, nicht dagegen die Einwirkung der erzwingenden Kraft in (15.5) auf die Saite. Leitet man aber nun mit Hilfe der Lagrangefunktion (15.9) die üblichen Lagrangeschen Bewegungsgleichungen her, so kommt man nicht nur auf die Gleichung (15.8) zurück, sondern auch auf die vollständige Gleichung (15.5). Wegen des Gesetzes actio = reactio liefert die Lagrangefunktion (15.9) also auch die richtige antreibende Kraft für (15.5).

c) Aufstellung der Hamiltonfunktion. Zur Aufstellung der Hamiltonfunktion brauchen wir die kanonisch konjugierten Impulse, die aus der Lagrangefunktion durch Ableitung nach $\dot{q}$ bzw. $\dot{\psi}$ gewonnen werden:

$$\pi_\psi = \frac{\partial L}{\partial \dot{\psi}}; \qquad \pi_q = \frac{\partial L}{\partial \dot{q}}$$

Die Berechnung verläuft genau wie in den Paragraphen 9 und 12, so daß die dortigen Ausdrücke sofort übernommen werden können. Aus der allgemeinen Formel für H

$$H = \int \pi_\psi \dot{\psi}\, dx + \int \pi_q \dot{q}\, dx - L \tag{15.10}$$

gewinnen wir dann unmittelbar

$$H = \int \psi^*(x) \left\{ -\frac{\hbar^2}{2m} \frac{\partial^2}{\partial x^2} \right\} \psi(x)\, dx + \frac{1}{2\varrho} \int \pi_q^2(x)\, dx + \\ + \frac{s}{2} \int \left(\frac{\partial q(x)}{\partial x} \right)^2 dx + \int G q(x) \psi^*(x) \psi(x)\, dx \tag{15.11}$$

Fassen wir hierin das erste und letzte Integral zusammen, so ist dies nichts anderes, als der Energie-Erwartungswert eines Elektrons im Potentialfeld $-Gq(x)$, während das zweite Integral einfach die Energie der frei schwingenden Saite wiedergibt. Damit erhalten wir eine wichtige *Regel, wie die Hamiltonfunktion von derartigen Systemen mit Wechselwirkung zu bekommen ist*: *Man benutzt die volle Hamiltonfunktion der Teilchen und fügt zu diesen die Hamiltonfunktion der frei schwingenden Felder hinzu.*

d) Quantisierung. Um zur Quantisierung zu gelangen, unterwirft man die Funktionen $\pi_\psi \equiv -(\hbar/i)\psi^+$ und ψ den gleichen Vertauschungsrelationen wie früher, also den Fermivertauschungsrelationen (13.8). Ferner unterwirft man π_q und q, wie früher, den Bose-Vertauschungsrelationen, die ja für Gitterschwingungen oder auch Saitenschwingungen gelten. Da sich ψ^+, ψ und π_q, q auf verschiedene Teilsysteme beziehen, fordert man des weiteren, daß Paare von Operatoren verschiedener Systeme miteinander vertauschbar sind:

$$\begin{aligned} &[\psi^+(x), \pi_q(x')] = 0 \qquad [\psi(x), \pi_q(x')] = 0 \\ &[\psi^+(x), q(x')] = 0 \qquad [\psi(x), q(x')] = 0 \end{aligned} \tag{15.12}$$

Dies ist eine Regel, die man aus der alten Schrödingerschen Theorie für Systeme mehrerer Teilchen übernehmen oder die man axiomatisch auch an den Anfang der Wechselwirkungsprobleme stellen kann.

e) Die Entwicklung nach Eigenfunktionen. Auch den letzten Schritt vollziehen wir in weitgehender Analogie zu unseren bisherigen Betrachtungen in früheren Paragraphen. Dort hatten wir sowohl die Gitterauslenkung $q(x)$ als auch die Elektronenwellenfunktion nach Eigenfunktionen entwickelt. Da das Problem, Eigenfunktionen des Hamiltonoperators (15.11) zu finden, äußerst schwierig ist und in der Tat eine der wichtigsten Aufgaben der Quantenfeldtheorie darstellt, ist es nicht sinnvoll, H nach Eigenfunktionen der zugehörigen klassischen Wellengleichungen zu entwickeln.

Man greift hier vielmehr zu Entwicklungen nach Eigenfunktionen der Wellengleichungen ohne gegenseitige Kopplung. Wir benutzen also die Entwicklungen

$$\begin{aligned} \psi(x) &= \sum_k a_k \frac{1}{\sqrt{L}} e^{ikx} \\ \psi^+(x) &= \sum_k a_k^+ \frac{1}{\sqrt{L}} e^{-ikx} \end{aligned} \tag{15.13}$$

$$q(x) = \sum_w \sqrt{\frac{\hbar}{2\varrho\omega_w}} \frac{1}{\sqrt{L}} (e^{iwx} b_w + e^{-iwx} b_w^+) \tag{15.14}$$

Die Vertauschungsrelationen für a_k und a_k^+ bzw. b_w und b_w^+ jeweils unter sich sind die gleichen wie früher (vgl. (13.4) bis (13.6), (10.18). Aus (15.12) hingegen folgt sehr rasch, daß die Operatoren der beiden Systeme gegenseitig vertauschen

$$[a_k, b_w] = [a_k, b_w^+] = [a_k^+, b_w] = [a_k^+, b_w^+] = 0 \tag{15.15}$$

Wir kürzen nun in (15.11) der Reihe nach die einzelnen Integrale mit $H_{0,El}$, $H_{0,G}$, H_{WW} ab, so daß der Hamiltonoperator die allgemeine Gestalt

$$H = H_{0,El} + H_{0,G} + H_{WW} \tag{15.16}$$

annimmt. Führen wir nun die Entwicklungen (15.13) und (15.14) in die entsprechenden Ausdrücke in (15.11) bzw. (15.16) ein, so erhalten wir für die ersten beiden Glieder die uns schon gut geläufigen Ausdrücke

$$H_{0,El} = \sum_k \frac{\hbar^2 k^2}{2m} a_k^+ a_k \tag{15.17}$$

$$H_{0,G} = \sum_w \hbar\omega_w b_w^+ b_w \tag{15.18}$$

Im folgenden werden wir hier sehr oft die Abkürzung

$$H_0 \equiv H_{0,El} + H_{0,G} \equiv \sum_k \frac{\hbar^2 k^2}{2m} a_k^+ a_k + \sum_w \hbar\omega_w b_w^+ b_w \tag{15.19}$$

$$\hbar\varepsilon_k = \frac{\hbar^2 k^2}{2m}$$

verwenden. Neu ist für uns die Berechnung des Wechselwirkung-Hamiltonoperators H_{WW}, der nach Einsetzen der Entwicklungen (15.13) und (15.14) die Gestalt

$$H_{WW} = G \int \sum_w \sqrt{\frac{\hbar}{2\varrho\omega_w}} \frac{1}{\sqrt{L}} (b_w + b^+_{-w}) e^{iwx} \sum_k a^+_{k} \frac{1}{\sqrt{L}} e^{-ikx} \cdot \sum_{k'} a_{k'} \frac{1}{\sqrt{L}} e^{ik'x} dx \tag{15.20}$$

hat. Zur weiteren Auswertung ziehen wir alle Ausdrücke, die nicht von der Integration betroffen sind, vor das Integral. Wir erhalten dann vor dem Integral Summen über w, k, k' sowie die Operatoren $b_w + b^+_{-w}$ multipliziert mit a^+_k und $a_{k'}$. Schließlich stehen noch Zahlenfaktoren und das Integral selbst da. Dieses letztere Produkt kürzen wir mit $\hbar G_{kk'w}$ ab. Damit nimmt H_{WW} die Gestalt

$$H_{WW} = \sum_{w,k,k'} (b_w + b^+_{-w}) a^+_k a_{k'} \hbar G_{kk'w} \tag{15.21}$$

an. $G_{kk'w}$ ist explizit durch den Ausdruck

$$G_{kk'w} = \frac{1}{\sqrt{2\hbar\varrho\omega_w}} L^{-3/2} \int_0^L e^{i(w-k+k')x} dx \tag{15.22}$$

gegeben. Da sich das Integral über x zu einem Kroneckersymbol reduziert, nimmt (15.22) die Gestalt

$$G_{kk'w} = \sqrt{\frac{1}{\hbar 2\varrho\omega_w}} \frac{1}{\sqrt{L}} \delta_{k,k'+w} \tag{15.23}$$

an, wofür wir noch die Abkürzung

$$G_{kk'w} = g_w \delta_{k,k'+w} \tag{15.24}$$

einführen. Nach diesen Umformungen sind wir in der Lage, den gesamten Hamiltonoperator anzugeben. Er lautet

$$H = H_0 + H_{WW} = \hbar\Big(\sum_k \varepsilon_k a^+_k a_k + \sum_w \omega_w b^+_w b_w + \sum_{k,w} (a^+_k b^+_w a_{k+w} g^*_w + a^+_{k+w} a_k b_w g_w)\Big) \tag{15.25}$$

Dabei haben wir von dem Kroneckersymbol (15.24) bereits Gebrauch gemacht. Im folgenden verwenden wir, wie schon in (15.25) angedeutet, die Abkürzung

$$H_0 = H_{0,El} + H_{0,G} \tag{15.26}$$

Wie wir später sehen werden, bekommen wir bei der Wechselwirkung zwischen Elektronen und Gitterschwingungen, wie auch bei der Wechselwirkung zwischen Elektronen und Licht eine sehr ähnliche, wenn nicht sogar identische Struktur. Der

Ausdruck (15.25) bildet die Grundlage vieler Untersuchungen für gekoppelte Felder und wir werden im Verlauf dieses Buches eine Reihe von Methoden kennenlernen, um die zu (15.25) gehörige Schrödingergleichung zu lösen.

Anmerkung: Die Bildung der Erwartungswerte und Matrixelemente erfolgt wie schon früher (§ 4 und § 13) unter den dort gegebenen Regeln.

Aufgaben zu § 15

1. Wir schalten die Kopplung zwischen beiden Feldern aus und suchen die Lösungen der Schrödingergleichung

$$H_0\Phi \equiv \{\sum_k \hbar\varepsilon_k a_k^+ a_k + \sum_w \hbar\omega_w b_w^+ b_w\}\, \Phi = E\Phi \tag{A15.1}$$

Man zeige, daß diese gegeben sind durch

$$\Phi_{\{n_k, m_w\}} = \prod_k (a_k^+)^{n_k} \prod_w \frac{1}{\sqrt{m_w!}} (b_w^+)^{m_w} \Phi_0 \tag{A15.2}$$

wobei

$$n_j = 0, 1; \quad m_j = 0, 1, 2, \ldots,$$

und

$$a_k\Phi_0 = b_w\Phi_0 = 0 \qquad \text{für alle } k, w \tag{A15.3}$$

Die zugehörige Energie lautet:

$$E_{\{n_k, m_w\}} = \sum_k \hbar\varepsilon_k n_k + \sum_w \hbar\omega_w m_w \tag{A15.4}$$

Identifizieren wir die Indizes k und w mit 1, 2, 3, ..., so läßt sich (A15.2) explizit in der folgenden Weise wiedergeben:

$$\Phi_{n_1, n_2, \ldots, n_k \ \ldots, m_1, m_2, \ldots} = \frac{1}{\sqrt{m_1!\; m_2! \ldots}} (a_1^+)^{n_1} (a_2^+)^{n_2} \ldots (b_1^+)^{m_1} (b_2^+)^{m_2} \ldots \Phi_0$$

Anleitung: Man setze (A15.2) in (A15.1) ein, und verwende die Vertauschungsrelationen sowie (A15.3).

2. Man zeige, daß die allgemeine Lösung der zeitabhängigen Schrödingergleichung

$$H_0\Phi = i\hbar\dot{\Phi} \tag{A15.5}$$

durch

$$\Phi = \sum c_{\{n_k, m_w\}} e^{-\frac{i}{\hbar} E_{\{n_k, m_w\}} t}\, \Phi_{\{n_k, m_w\}} \tag{A15.6}$$

gegeben ist. Die Summe läuft über alle möglichen Kombinationen

$$(n_1, n_2, \ldots; m_1, m_2, \ldots) \quad \text{mit} \quad n_j = 0, 1;\ m_j = 0, 1, 2 \ldots$$

Die Koeffizienten sind beliebig.

Anleitung: Man setze (A 15.6) in die entsprechende zeitabhängige Gleichung (15.1) ein und berücksichtige, daß (A 15.2) Lösung der zeitunabhängigen Schrödingergleichung ist.

3. Man beweise

$$\langle \Phi_{n_1,n_2,\ldots,n_k,\ldots,m_1,\ldots,m_w,\ldots} | a_k^+ b_w | \Phi_{n'_1,n'_2,\ldots,n'_k,\ldots,m'_1,\ldots,m'_w,\ldots} \rangle$$
$$= \delta_{n_1 n'_1} \delta_{n_2 n'_2} \ldots \delta_{n_k, n'_k+1} \ldots \delta_{m_1 m'_1} \ldots \delta_{m_w m'_w - 1} \ldots \cdot \sqrt{m'_w} \tag{A15.7}$$

sowie

$$\langle \Phi_{n_1,n_2,\ldots,n_k,\ldots,m_1,\ldots,m_w,\ldots} | a_k b_w^+ | \Phi_{n'_1,n'_2,\ldots,n'_k,\ldots,m'_1,\ldots,m'_w,\ldots} \rangle$$
$$= \delta_{n_1 n'_1} \delta_{n_2 n'_2} \ldots \delta_{n_k, n'_k-1} \ldots \delta_{m_1 m'_1} \ldots \delta_{m_w m'_w + 1} \ldots \cdot \sqrt{m'_w + 1} \tag{A15.8}$$

In (A15.7), (A15.8) sind n und n' auf 0 oder 1 beschränkt.

§ 16 Methodische Kunstgriffe: das Wechselwirkungsbild und das Heisenbergbild[1])

a) Das Wechselwirkungsbild. In diesem Paragraphen besprechen wir einige methodische Kunstgriffe, und zwar das sogenannte Wechselwirkungs- und das Heisenbergbild. Diese „Bilder" sind keineswegs auf die Quantenfeldtheorie beschränkt, sie treten vielmehr schon in der üblichen Quantentheorie auf, doch wollen wir hier nicht deren Kenntnis voraussetzen.

Der Hamiltonoperator läßt sich in vielen praktisch wichtigen Fällen in zwei Teile aufspalten:

1. einen Teil H_0, der die freie Bewegung der Teilchen beschreibt und bei dem man annehmen darf, daß die Lösungen der zugehörigen Schrödingergleichung bekannt sind,
2. einen weiteren Anteil, der die Wechselwirkung zwischen gleichen oder verschiedenartigen Teilen wiedergibt: H_{WW}.

In dieser Bezeichnungsweise hat also die Schrödingergleichung die Form

$$(H_0 + H_{WW})\Phi(t) = i\hbar\dot{\Phi}(t) \tag{16.1}$$

In diesem Bild, dem *Schrödingerbild*, sind die Operatoren zeitunabhängig, dagegen die Zustandsfunktion Φ zeitabhängig. Es liegt nahe, die Gleichung (16.1) zu vereinfachen, indem man benutzt, daß man die Lösung der einfachen Schrödingergleichung

$$H_0\Phi^0(t) = i\hbar\dot{\Phi}^0(t) \tag{16.2}$$

bereits kennt. Für das folgende genügt es sogar, wenn diese Lösung nur formal bekannt ist. Wir schreiben die Lösung von (16.2) in der Form

$$\Phi^0(t) = U(t)\Phi^0(0) \tag{16.3}$$

wobei $U(t)$ ein Operator ist, der, wenn er auf den Anfangszustand $\Phi(0)$ angewendet

[1]) Die Resultate dieses Paragraphen werden erst in § 27 sowie ab Kapitel V gebraucht.

wird, die eigentliche Lösung $\Phi^0(t)$ ergibt. U läßt sich nun in der Form der folgenden Exponentialfunktion schreiben

$$U = e^{-\frac{i}{\hbar}H_0 t} \tag{16.4}$$

Der Beweis, daß (16.3) mit (16.4) der Gleichung (16.2) genügt, erfolgt ganz wie bei einer gewöhnlichen Differentialgleichung 1. Ordnung, indem man die Exponentialfunktion in die Gleichung einsetzt und differenziert. Obwohl H_0 ein Operator ist, funktioniert dieses Verfahren auch hier, weil H_0 ja mit sich selbst und daher auch mit (16.4) kommutiert. Zur Lösung von (16.1) machen wir einen zu (16.3) völlig analogen Ansatz in der Form

$$\Phi = U\tilde{\Phi} \tag{16.5}$$

wobei jedoch die Funktion $\tilde{\Phi}$ noch unbekannt ist. (Dieses Vorgehen ist analog der „Variation der Konstanten" bei gewöhnlichen Differentialgleichungen.) Setzen wir (16.5) in (16.1) ein, multiplizieren auf der linken Seite aus und führen die Differentiation auf der rechten Seite aus, so erhalten wir unmittelbar

$$H_0 U\tilde{\Phi} + H_{WW} U\tilde{\Phi} = H_0 U\tilde{\Phi} + i\hbar U\dot{\tilde{\Phi}} \tag{16.6}$$

Die mit H_0 behafteten Glieder in Gleichung (16.6) heben sich offensichtlich heraus, die übrigbleibende Gleichung multiplizieren wir von links her mit U^{-1} und erhalten dann mit der Abkürzung

$$U^{-1} H_{WW} U = \tilde{H}_{WW} \tag{16.7}$$

als endgültige Gleichung

$$\tilde{H}_{WW}\tilde{\Phi} = i\hbar\dot{\tilde{\Phi}} \tag{16.8}$$

Da der neue Wechselwirkungsoperator $\tilde{H}_{WW}$ nun noch H_0 in der Exponentialfunktion enthält (vgl. (16.4)), könnte es scheinen, als ob das Problem nun wesentlich schwieriger wäre, da man ja zunächst $\tilde{H}_{WW}$ bestimmen muß. Tatsächlich aber können wir dieses $\tilde{H}_{WW}$ sehr einfach berechnen. Betrachten wir als ganz konkretes Beispiel das $\tilde{H}_{WW}$, das im vorigen Paragraphen auftrat und die Wechselwirkung zwischen Elektronen und Schwingungen beschrieb. Ein typisches Summenglied von $\tilde{H}_{WW}$, vgl. (15.21), hat die Form

$$U^{-1} a_{k'}^{+} a_k b_w U. \tag{16.9}$$

Wir formen nun (16.9) mit Hilfe eines Kunstgriffes um, indem wir den Einheitsoperator in der etwas merkwürdigen Gestalt

$$1 = U^{-1} U \tag{16.10}$$

verwenden. Damit läßt sich der Ausdruck (16.9) in die Gestalt

$$(U^{-1} a_{k'}^{+} U)(U^{-1} a_k U)(U^{-1} b_w U) \tag{16.11}$$

überführen. Betrachten wir nun das 1. Glied im einzelnen:

$$e^{\frac{i}{\hbar}H_0 t} a_{k'}^{+} e^{-\frac{i}{\hbar}H_0 t} \tag{16.12}$$

In Anlehnung an das Beispiel aus dem vorigen Paragraphen setzen wir H_0 in der Form einer Summe aus Elektronen- und Gitterschwingungsbeiträgen an

$$H_0 = \sum_{k} \hbar\varepsilon_k a_k^{+} a_k + \sum_{w} \hbar\omega_w b_w^{+} b_w \tag{16.13}$$

Da alle Elektronenoperatoren mit allen Phononenoperatoren vertauschen, heben sich die Phononenoperatoren, die in H_0 in (16.12) auftreten, insgesamt heraus. Ebenso dürfen wir annehmen, daß $a_{k'}^{+}$ mit allen Produkten $a_k^{+} a_k$ für $k \neq k'$ vertauscht, da zwar die a's unter sich antikommutieren, aber bei zweimaliger Vertauschung das Vorzeichen erhalten bleibt. Wir haben also nur noch die Aufgabe, Ausdrücke der Form

$$f(t) = e^{i\varepsilon_{k'} a_{k'}^{+} a_{k'} t} a_{k'}^{+} e^{-i\varepsilon_{k'} a_{k'}^{+} a_{k'} t} \tag{16.14}$$

zu bestimmen.

Diese Aufgabe wurde aber bereits in § 14 gelöst:

$$U^{-1} a_{k'}^{+} U \equiv f(t) = e^{i\varepsilon_{k'} t} a_{k'}^{+} \tag{16.15}$$

Die übrigen in (16.11) auftretenden Faktoren lassen sich in völlig analoger Weise bestimmen (vgl. §§ 14, 5). So erhalten wir

$$U^{-1} a_k U = e^{-i\varepsilon_k t} a_k \tag{16.16}$$

und

$$U^{-1} b_w U = e^{-i\omega_w t} b_w \tag{16.17}$$

Der Vollständigkeit halber fügen wir noch

$$U^{-1} b_w^{+} U = e^{i\omega_w t} b_w^{+} \tag{16.18}$$

hinzu. Diese Überlegungen machen es klar, daß wir alle Produkte aus Operatoren a, a^{+}, b und b^{+} in einfacher Weise in die Wechselwirkungsdarstellung überführen können, indem wir Ersetzungen gemäß (16.15) bis (16.18) vornehmen. Um bei unserem expliziten Beispiel zu bleiben, geht also für diesen Fall der Hamiltonoperator (15.25) in den folgenden Hamiltonoperator in der Wechselwirkungsdarstellung über

$$\begin{aligned}\tilde{H}_{WW} = \sum_{k,w} (&\hbar g_w a_{k+w}^{+} a_k b_w e^{i(\varepsilon_{k+w} - \varepsilon_k - \omega_w)t} + \\ &+ \hbar g_w^{*} a_k^{+} a_{k+w} b_w^{+} e^{-i(\varepsilon_{k+w} - \varepsilon_k - \omega_w)t})\end{aligned} \tag{16.19}$$

b) Das Heisenbergbild (die Heisenbergdarstellung). Im vorigen Abschnitt haben wir benutzt, daß wir die Schrödingergleichung für H_0 formal lösen können. Im Heisenbergbild geht man nun noch einen Schritt weiter, indem man die Schrödingergleichung

$$H\Phi(t) = i\hbar\dot{\Phi}(t) \tag{16.20}$$

die sich also auf das gesamte Problem einschließlich der Wechselwirkung bezieht, formal durch den Ansatz

$$\Phi(t) = e^{-\frac{i}{\hbar}Ht}\Phi(0) \tag{16.21}$$

löst. Mit dieser formalen Lösung ist natürlich im allgemeinen nichts gewonnen, da die explizite Auswertung des Operators, der durch die Exponentialfunktion dargestellt wird, im allgemeinen größte Schwierigkeiten bereitet. Trotzdem bringt der Ansatz (16.21) einen neuen Lösungsweg mit sich. Wie wir ja ganz allgemein in der Quantentheorie wissen, sind für den Vergleich mit Meßwerten lediglich Erwartungswerte von Bedeutung, die wir durchweg in der Form

$$\langle \Phi | A | \Phi \rangle \tag{16.22}$$

schreiben können. Setzen wir in (16.22) die Funktion (16.21) ein, so erhalten wir unter Berücksichtigung der Definition des Erwartungswerts (16.22) den Ausdruck

$$\langle \Phi(0) | e^{\frac{i}{\hbar}Ht} A e^{-\frac{i}{\hbar}Ht} | \Phi(0) \rangle \tag{16.23}$$

Wir haben dabei lediglich den Faktor $e^{-(i/\hbar)Ht}$ auf A abgewälzt. (16.23) können wir aber nun in einer völlig neuen Weise interpretieren, nämlich so, daß man jetzt den Erwartungswert eines neuen Operators

$$e^{\frac{i}{\hbar}Ht} A e^{-\frac{i}{\hbar}H(t)} = \hat{A} \tag{16.24}$$

bezüglich der Anfangswellenfunktion $\Phi(0)$ zu nehmen hat. *Im Heisenbergbild sind die Operatoren zeitabhängig, die Zustandsfunktionen hingegen zeitunabhängig.*

Für das Folgende beachten wir noch, daß für $A = H$ folgt

$$e^{\frac{i}{\hbar}Ht} H e^{-\frac{i}{\hbar}Ht} = H = \hat{H}$$

Da die Anfangswellenfunktionen aus dem jeweiligen physikalischen Problem vorgegeben sind, bleibt die Aufgabe übrig, den Zeitverlauf des Operators (16.24) zu bestimmen. Für $\hat{A}$ kann man nun leicht eine Gleichung gewinnen, indem man $\hat{A}$ nach der Zeit differenziert. Man erhält dann aus (16.24) sofort die Gleichung

$$\frac{d\hat{A}(t)}{dt} = \frac{i}{\hbar}(H\hat{A} - \hat{A}H) \equiv \frac{i}{\hbar}[H, \hat{A}] \tag{16.25}$$

Die Gleichung (16.25) gibt also die Bewegungsgleichung der Operatoren im Heisenbergbild an. Der Einfachheit halber haben wir angenommen, daß der Operator A nicht explizit von der Zeit abhängt. Bei der expliziten Auswertung von $[H, A]$ brauchen wir Vertauschungsrelationen. Wir zeigen nun: Beim Übergang vom Schrödingerbild zum Heisenbergbild bleiben die Vertauschungsrelationen (für gleiche Zeiten) erhalten, wenn wir überall den Übergang $A \to \hat{A}$, $B \to \hat{B}$ vollziehen: Zum Beweise gehen wir aus von

$$[A, B] = C \tag{16.26}$$

(A, B, C Operatoren) und multiplizieren von links mit $e^{(i/\hbar)Ht}$, von rechts mit $e^{-(i/\hbar)Ht}$ Für die linke Seite von (16.26) erhalten wir:

$$e^{\frac{i}{\hbar}Ht}(AB-BA)e^{-\frac{i}{\hbar}Ht} \equiv e^{\frac{i}{\hbar}Ht}Ae^{-\frac{i}{\hbar}Ht}e^{\frac{i}{\hbar}Ht}Be^{-\frac{i}{\hbar}Ht} - $$

$$- e^{\frac{i}{\hbar}Ht}Be^{-\frac{i}{\hbar}Ht}e^{\frac{i}{\hbar}Ht}Ae^{-\frac{i}{\hbar}Ht} \tag{16.27}$$

$$\equiv \hat{A}\hat{B}-\hat{B}\hat{A} \equiv [\hat{A},\hat{B}]$$

Für die rechte Seite ergibt sich unmittelbar $\hat{C}$, also gilt

$$[\hat{A},\hat{B}] = \hat{C} \tag{16.28}$$

Das Gleiche gilt natürlich für Plus-Vertauschungsrelationen. Zur Illustration von Gleichung (16.25) behandeln wir nun wieder ein konkretes Beispiel.

Beispiel. Die Wechselwirkung zwischen Schwingungen und Elektronen (vgl. § 15). Für die Größe A wählen wir den Operator b^+. Im Heisenbergbild wird aus ihm der Operator $\hat{b}^+$, der gemäß (16.25) der Gleichung

$$\dot{\hat{b}}_w^+ = \frac{i}{\hbar}[(\hat{H}_0 + \hat{H}_{WW}), \hat{b}_w^+] \tag{16.29}$$

genügt.

Wie darin $\hat{H}_0$ und $\hat{H}_{WW}$ aus H_0 und H_{WW} zu gewinnen sind, erläutern wir an einem Beispiel:

$$H_0 = \hbar\omega b^+ b .$$

Nach (16.24) gilt:

$$\hat{H}_0 = \hbar\omega e^{\frac{i}{\hbar}Ht}b^+ be^{-\frac{i}{\hbar}Ht}$$

das sich durch Einschieben einer „1“ zwischen b^+ und b in nunmehr geläufiger Weise umformen läßt zu

$$\hat{H}_0 = \hbar\omega \underbrace{e^{\frac{i}{\hbar}Ht}b^+ e^{-\frac{i}{\hbar}Ht}}_{\hat{b}^+} \underbrace{e^{\frac{i}{\hbar}Ht}be^{-\frac{i}{\hbar}Ht}}_{\hat{b}}$$

also zu

$$\hat{H}_0 = \hbar\omega\hat{b}^+\hat{b}$$

Wir lesen an diesem Beispiel die folgende Regel ab: *Wir gelangen von H_0, H_{WW} zu $\hat{H}_0$, $\hat{H}_{WW}$, indem wir einfach überall in H_0, H_{WW} die folgenden Ersetzungen vornehmen*

$$b \to \hat{b},\ b^+ \to \hat{b}^+,\ a \to \hat{a},\ a^+ \to \hat{a}^+$$

Den sich auf H_0 beziehenden Anteil in (16.29)

$$\frac{i}{\hbar}[\hat{H}_0, \hat{b}_w^+] \tag{16.30}$$

können wir leicht auswerten, da ja alle Operatoren $\hat{b}_{\mathbf{w}}$ für verschiedene $\mathbf{w}$'s untereinander vertauschbar sind.

Von dem gesamten Operator $\hat{H}_0$ brauchen wir bei der Bildung des Kommutators (16.30) daher nur das Summenglied mit $\mathbf{w}$ zu berücksichtigen. Auf Grund der Bose-Vertauschungsrelationen $[\hat{b}_{\mathbf{w}}, \hat{b}^+_{\mathbf{w}'}] = \delta_{\mathbf{w},\mathbf{w}'}$ finden wir für (16.30) unmittelbar

$$i\omega_{\mathbf{w}}\hat{b}^+_{\mathbf{w}} \tag{16.31}$$

Ähnlich können wir mit dem zweiten in (16.29) auftretenden Anteil

$$\frac{i}{\hbar}[\hat{H}_{WW}, \hat{b}^+_{\mathbf{w}}] \tag{16.32}$$

verfahren. Da die Operatoren $\hat{b}^+_{\mathbf{w}}$ unter sich vertauschen, können wir von vornherein in $\hat{H}_{WW}$ von Formel (15.21) alle Glieder mit $\hat{b}^+_{\mathbf{w}}$ weglassen. Da aber auch alle Operatoren $\hat{b}_{\mathbf{w}'}$ mit $\hat{b}^+_{\mathbf{w}}$ für $\mathbf{w} \neq \mathbf{w}'$ vertauschen, bleibt nur noch ein einziges Glied aus der Summe von (15.21) mit $\mathbf{w}$ stehen. Auf Grund der Bose-Vertauschungsrelation reduziert sich (16.32) somit auf

$$i\sum_{\mathbf{k}} g_{\mathbf{w}}\hat{a}^+_{\mathbf{k}+\mathbf{w}}\hat{a}_{\mathbf{k}} \tag{16.33}$$

Fassen wir nun (16.31) und (16.33) zusammen, so erhalten wir anstelle der Gleichung (16.29) explizit die *Bewegungsgleichung für den Operator $\hat{b}^+_{\mathbf{w}}$ für das Problem: Wechselwirkung zwischen Elektronen und Schwingungen*

$$\dot{\hat{b}}^+_{\mathbf{w}} = i\omega_{\mathbf{w}}\hat{b}^+_{\mathbf{w}} + i\sum_{\mathbf{k}} g_{\mathbf{w}}\hat{a}^+_{\mathbf{k}+\mathbf{w}}\hat{a}_{\mathbf{k}} \tag{16.34}$$

In ganz entsprechender Weise erhält man die Gleichung für $b_{\mathbf{w}}$ in der Form

$$\dot{\hat{b}}_{\mathbf{w}} = -i\omega_{\mathbf{w}}\hat{b}_{\mathbf{w}} - i\sum_{\mathbf{k}} g^*_{\mathbf{w}}\hat{a}^+_{\mathbf{k}}\hat{a}_{\mathbf{k}+\mathbf{w}} \tag{16.35}$$

Diese Gleichungen sind deshalb von äußerst großem Nutzen, weil sie sehr stark an klassische Bewegungsgleichungen erinnern: Wären nämlich die Operatoren $\hat{a}^+$ und $\hat{a}$ klassische Größen, so würde man im Rahmen der Theorie der Gitterschwingungen genau Gleichungen von der Form (16.34) und (16.35) für klassische Amplituden $\hat{b}$ und $\hat{b}^+$ finden, die von klassischen Kräften (die Summe über $\mathbf{k}$ in (16.34) und (16.35)) zu Schwingungen angeregt werden (vgl. hierzu auch Aufgabe 1). Diese enge Analogie ist in vielen Fällen äußerst nützlich, da sie es erlaubt, Gleichungen der Form (16.34) und (16.35) in völliger Analogie zu Gleichungen der klassischen Physik zu lösen.

Aufgaben zu § 16

1. Wir betrachten den Spezialfall $H_{WW} = 0$. Unter Benutzung von H_0 in der Form (16.13) zeige man:

a) Lautet im Schrödingerbild die Lösung von

$$H_0\Phi = i\hbar\dot{\Phi} \tag{A16.1}$$

$$\Phi = e^{-i(\ _1 + m_1\omega_1)t} a_1^+ \frac{1}{\sqrt{m_1!}} (b_1^+)^{m_1} \Phi_0 \tag{A16.2}$$

wobei Φ_0 der Vakuumzustand ist, so lautet im Wechselwirkungsbild die Lösung von

$$i\hbar \dot{\tilde{\Phi}} = 0 \tag{A16.3}$$

$$\tilde{\Phi} = a_1^+ \frac{1}{\sqrt{m_1!}} (b_1^+)^{m_1} \Phi_0 \tag{A16.4}$$

und ganz allgemein:

b) Lautet die Lösung von (A16.1)

$$\Phi = \sum c_{\{n_k, m_w\}} e^{-\frac{i}{\hbar} E_{\{n_k, m_w\}} t} \Phi_{\{n_k, m_w\}} \tag{A16.5}$$

so lautet die entsprechende von (A16.3)

$$\tilde{\Phi} = \sum c_{\{n_k, m_w\}} \Phi_{\{n_k, m_w\}} \tag{A16.6}$$

Anleitung: Man verwende die Transformation (16.5), (16.4), die Regeln (16.15), (16.18) sowie

$$e^{-\frac{i}{\hbar} H_0 t} \Phi_0 = \Phi_0 \tag{A16.7}$$

Die letztere Regel (A16.7) beweise man, indem man die Exponentialfunktion in eine Potenzreihe entwickelt und beachtet, daß $H_0 \Phi_0 = 0$ ist.

2. a) Die klassische Hamiltonfunktion des erzwungenen harmonischen Oszillators lautet:

$$H = \frac{p^2}{2m} + \frac{m\omega^2}{2} q^2 - f(t) q \tag{A16.8}$$

Man schreibe die Hamiltonschen Gleichungen für $\dot{p}$ und $\dot{q}$ in die neuen Variablen um

$$\beta(t) = \frac{1}{\sqrt{2\hbar}} \left(\frac{i}{\sqrt{m\omega}} p + \sqrt{m\omega}\, q \right) \tag{A16.9}$$

$$\beta^*(t) = \frac{1}{\sqrt{2\hbar}} \left(- \frac{i}{\sqrt{m\omega}} p + \sqrt{m\omega}\, q \right)$$

und vergleiche das Resultat mit (A16.11), (A16.12).

b) Man zeige, daß zu dem Hamilton*operator*

$$H = \hbar\omega b^+ b + \hbar F^*(t) b + \hbar F(t) b^+ \tag{A16.10}$$

die Bewegungsgleichungen

$$\dot{\tilde{b}}^+ = i\omega \tilde{b}^+ + i F^*(t) \tag{A16.11}$$

$$\dot{\tilde{b}} = -i\omega \tilde{b} - i F(t) \tag{A16.12}$$

gehören. $F(t)$ ist hierbei eine klassische „Kraft".
Man löse (A16.11), (A16.12) mit der Anfangsbedingung (warum?)

$$\tilde{b}(0) = b, \quad \tilde{b}^+(0) = b^+ \tag{A16.13}$$

wobei b^+, b die *Operatoren* im Schrödingerbild sind. Man überzeuge sich anhand der Lösung, daß $\hat{b}(t)$, $\hat{b}^+(t)$ für alle Zeiten der Relation $[\hat{b}, \hat{b}^+] = 1$ genügen. Man berechne

$$\langle \Phi_0 | \hat{b} | \Phi_0 \rangle \quad \text{mit} \quad b\Phi_0 = 0$$

und vergleiche das Resultat mit dem von Aufgabe 4 in § 6, wobei man $F = -\omega\gamma$ (γ reell) setze.

3. Man leite die Gleichung für den Fermionen-Vernichtungsoperator $\psi(x, t)$ im Heisenbergbild her, wobei der Hamiltonoperator durch (vgl. (13.30))

$$H = \int \psi^+(x) \left\{ -\frac{\hbar^2}{2m} \Delta + V(x) \right\} \psi(x) dx^3 + \\ + \frac{1}{2} \iint \psi^+(x) \psi^+(x') \frac{e^2}{|x - x'|} \psi(x') \psi(x) d^3x d^3x' \tag{A16.14}$$

gegeben ist.

Lösung:

$$i\hbar \frac{d\hat{\psi}(x, t)}{dt} = \left\{ -\frac{\hbar^2}{2m} \Delta + V(x) \right\} \hat{\psi}(x, t) + \int \hat{\psi}^+(x', t) \frac{e^2}{|x' - x|} \psi(x', t) \psi(x, t) d^3x' \tag{A16.15}$$

4. Man leite mit Hilfe des Hamiltonoperators (15.25) Bewegungsgleichungen für das Operatorprodukt $a_{k_1}^+ a_{k_2}$ her.

IV. Elektronen im starren Gitter

§ 17 Elektronen im Kristallgitter: ein kurzer Abriß der Blochschen Theorie

Wir betrachten ein Kristallgitter, dessen Atome räumlich streng periodisch und ruhend angeordnet sind. Wir sehen also im Moment von Gitterschwingungen ab. Jedes einzelne Elektron im Kristallgitter bewegt sich im elektrischen Felde der Atomkerne und aller übrigen Elektronen. Es handelt sich also um ein sehr kompliziertes Mehrteilchenproblem. In der Blochschen Theorie der Kristallelektronen wird dieses Vielelektronenproblem auf das Problem eines einzigen Elektrons durch folgende Betrachtung reduziert. Wir stellen uns vor, daß die Wirkung der Atomkerne und aller übrigen Elektronen auf das herausgegriffene Elektron in pauschaler Weise durch die Angabe eines fest vorgegebenen Potentialfeldes $V(\boldsymbol{x})$ beschrieben werden kann. Da die Gitterbausteine streng periodisch angeordnet sind, muß dieses Potential dann selbst diese Gitterperiodizität besitzen (vgl. Fig. 25). Diese Eigenschaft geben wir durch die Formel

$$V(\boldsymbol{x}+\boldsymbol{l}) = V(\boldsymbol{x}) \tag{17.1}$$

wieder, wobei $\boldsymbol{l}$ ein Vektor des Gitters ist, also von einer Gitterstelle zur nächsten weist. Die Einteilchen-Schrödingergleichung ist, wie aus der normalen Quantenmechanik bekannt ist, durch

$$H\varphi \equiv \left(-\frac{\hbar^2}{2m}\Delta + V(\boldsymbol{x})\right)\varphi(\boldsymbol{x}) = E\varphi(\boldsymbol{x}) \tag{17.2}$$

gegeben. Wir ziehen nun Nutzen aus der Periodizität des Potentials V. Dazu definieren wir einen „Translationsoperator" T mit der folgenden Eigenschaft: Wird T auf eine beliebige Funktion $F(\boldsymbol{x})$ angewendet, so ersetze man in F die Koordinate $\boldsymbol{x}$ durch $\boldsymbol{x}+\boldsymbol{l}$:

$$TF(\boldsymbol{x}) = F(\boldsymbol{x}+\boldsymbol{l}).$$

Wir wählen $F(\boldsymbol{x}) = H(\boldsymbol{x})\varphi(\boldsymbol{x})$ und beachten, daß wegen (17.1) gilt

$$TH(\boldsymbol{x}) = H(\boldsymbol{x}+\boldsymbol{l}) = H(\boldsymbol{x})$$

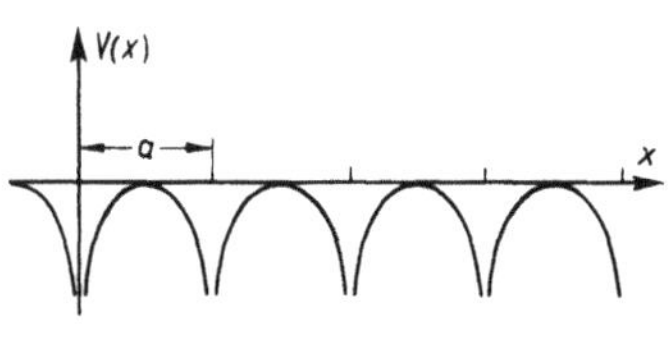

Fig. 25 Verlauf des periodischen Gitterpotentials

Wir erhalten dann

$$TH(x)\varphi(x) = H(x)\varphi(x+l) = H(x)T\varphi(x)$$

oder nach einer kleinen Umformung:

$$(TH(x) - H(x)T)\varphi(x) = 0$$

Da dies für beliebiges $\varphi(x)$ gilt, folgert man in der Quantentheorie

$$TH - HT = 0 \tag{17.3}$$

Da T mit H vertauschbar ist, können wir die Wellenfunktionen $\varphi(x)$ nach den Grundregeln der Quantenmechanik so wählen, daß sie nicht nur Eigenfunktionen zu H gemäß Gleichung (17.2), sondern auch Eigenfunktionen zum Translationsoperator T sind:

$$T\varphi(x) = \lambda\varphi(x) \tag{17.4}$$

Die n-malige Anwendung des Translationsoperators auf $\varphi(x)$ ergibt dann eine n-malige Multiplikation von $\varphi(x)$ mit λ:

$$T^n\varphi = \lambda^n\varphi \tag{17.5}$$

Da aber $T^n\varphi(x)$ nichts anderes bedeutet als $\varphi(x+nl)$, das aber aus Normierungsgründen beschränkt sein muß, folgt, daß auch $\lambda^n\varphi(x)$ beschränkt sein muß. Da $\varphi(x)$ nicht identisch Null sein kann, darf λ dem Betrage nach sicher nicht größer als Eins sein. Andererseits kann λ betragsmäßig auch nicht kleiner als 1 sein, da wir bei Fortschreiten in negativer Richtung (l durch $-l$ ersetzt) wiederum die Aussage erhielten, daß φ nicht beschränkt ist. Es muß daher gelten

$$|\lambda| = 1 \tag{17.6}$$

Um die Bedingung (17.6) zu erfüllen, schreiben wir λ in der Form[1]).

$$\lambda = e^{ikl} \tag{17.7}$$

Mit (17.7) können wir die Relation (17.4) auch als

$$\varphi(x+l) = e^{ikl}\varphi(x) \tag{17.8}$$

formulieren. Um die funktionale Beziehung (17.8) zu erfüllen, setzen wir φ in der Form

$$\varphi(x) = e^{ikx}u_k(x) \tag{17.9}$$

an. Einsetzen von (17.9) in (17.8) liefert die Aussage, daß die Funktion u gitterperiodisch ist

$$u_k(x+l) = u_k(x) \tag{17.10}$$

[1]) In Übereinstimmung mit fast allen Originalarbeiten bezeichnen wir den Wellenzahlvektor der Elektronenwelle mit $\boldsymbol{k}$.

(17.9) und (17.10) stellen zusammen das *Blochsche Theorem* dar: *Die Eigenfunktionen in einem unendlich ausgedehnten Gitter haben die Form ebener Wellen, die noch gitterperiodisch moduliert sind* (vgl. Fig. 26). Das eigentliche Problem besteht nun

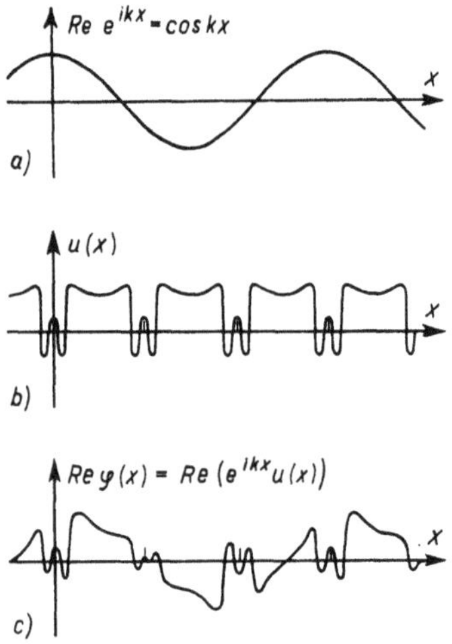

Fig. 26
Die Blochwelle ist eine ebene Welle (a), die gitterperiodisch durch u moduliert ist (b); (c) stellt den Realteil der resultierenden Blochwelle dar

darin, bei vorgegebenem Potentialfeld V die Funktionen $u(\boldsymbol{x})$ zu bestimmen. Setzt man (17.9) in die Schrödingergleichung (17.2) ein, so erhält man nach elementarer Rechnung eine Gleichung für u in der Gestalt

$$\left\{\frac{\hbar^2}{2m}(\boldsymbol{k}^2 - 2i\boldsymbol{k}\,grad - \Delta) + V(\boldsymbol{x})\right\} u_{\boldsymbol{k}}(\boldsymbol{x}) = E_{\boldsymbol{k},j} u_{\boldsymbol{k}}(\boldsymbol{x}) \tag{17.11}$$

Aus dieser Gleichung geht hervor, daß u und damit auch die Energie E noch von $\boldsymbol{k}$ als Parameter abhängen. Bei festem $\boldsymbol{k}$ läßt die Gleichung (17.11) noch eine Folge von Eigenwerten zu, die wir daher durch einen weiteren Index j unterscheiden müssen. Wir erwarten daher, daß E einerseits in kontinuierlicher Weise von $\boldsymbol{k}$, andererseits aber noch von den diskreten Werten j abhängt. Um u und E zu bestimmen, muß man nun entweder auf exakt behandelbare einfache Modelle oder auf Näherungsmethoden, z.B. mit Hilfe der Störungstheorie oder auf Computerrechnungen zurückgreifen. Die Bestimmung der Energie $E_{\boldsymbol{k},j}$ als Funktion von $\boldsymbol{k}$ und j bildet eine wichtige Aufgabe, die wir hier aber nicht zu erörtern brauchen, da sie zum Verständnis der Quantenfeldtheorie nichts beiträgt. Wir geben daher nur das entscheidende Resultat an, das in Fig. 27 veranschaulicht ist. Die Energien sind bänderförmig angeordnet, d.h. die sogenannten erlaubten Bänder wechseln mit verbotenen Zonen ab. Im endlichen Kristall stehen in diesen Bändern den Elektronen eng aneinanderliegende diskrete Zustände ($k = 2\pi n/L$) zur Verfügung. Diese Zustände können nun nach dem Pauli-Prinzip mit Elektronen der beiden Spinrichtungen von unten her aufgefüllt werden. Das letzte volle Band bezeichnet man dann üblicherweise als Valenzband, das erste leere, oder teilweise gefüllte Band, als Leitungsband.

Das Verhalten von Elektronen in Kristallen ist besonders an den Bandrändern, in unserem Falle bei $k = 0$, leicht zu verstehen. Im Beispiel, wie es in Fig. 27 wiedergegeben ist, kann man E in der Nähe der Bandkante nach k entwickeln und für genügend kleine k-Werte in der Gestalt

$$E_{\mathbf{k},j} = E_{0,j} + \frac{\hbar^2 k^2}{2m^*} \qquad (17.12)$$

wiedergeben. (In (17.12) haben wir uns auf den einfachen Fall eines isotropen Bandes beschränkt, bei dem die Entwicklung mit dem *Betragsquadrat* k^2 beginnt.) Diese Form (17.12) steht in völliger Analogie zu einem freien Elektron mit dem einzigen

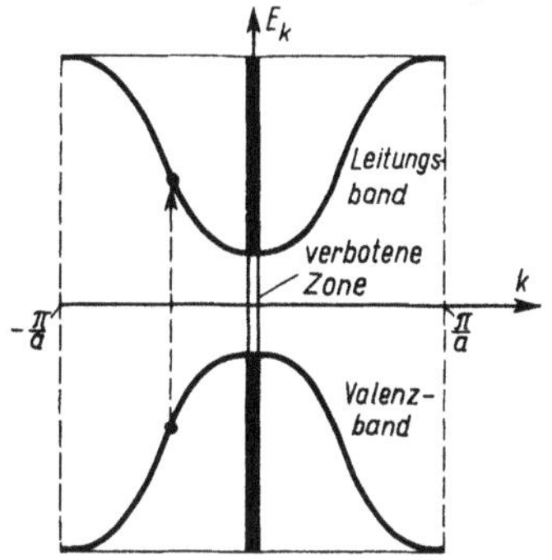

Fig. 27
Die Energie des Valenz- und Leitungsbandes als Funktion von k. Die senkrechten schwarzen Striche stellen die Projektion der erlaubten Energiezustände auf die Energieachse dar. Dabei entstehen die Bänder, die durch die verbotene Zone getrennt sind. Bei der Absorption und Emission machen die Elektronen einen senkrechten Übergang (gestrichelter Pfeil)

Unterschied, daß jetzt die Masse m^* von der eines freien Elektrons völlig verschieden sein kann. Dieser Faktor m^*, auch *effektive* oder *scheinbare Masse* genannt, kann nicht nur wesentlich größer sondern auch wesentlich kleiner als bei einem freien Elektron sein.

Die Analogie zwischen einem Kristallelektron und einem Elektron im freien Raum geht aber noch wesentlich weiter. Betrachten wir hierzu ein Wellenpaket, das aus Wellen der Form (17.9) in der Umgebung einer Wellenzahl k gebildet wird. Es läßt sich dann leicht zeigen, daß die Gruppengeschwindigkeit v dieses Wellenpaketes sich in üblicher Weise durch

$$v = \frac{\partial \omega}{\partial k} \qquad (17.13)$$

ausdrücken läßt. Verwenden wir noch die Beziehung $E = \hbar\omega$, so läßt sich (17.13) in der Form

$$v = \frac{1}{\hbar}\frac{\partial E}{\partial k} \qquad (17.14)$$

oder im Dreidimensionalen in der Form

$$\mathbf{v} = \frac{1}{\hbar}\, grad_{\mathbf{k}}\, E \qquad (17.14a)$$

darstellen. Benützen wir noch für E den Ausdruck (17.12), so erhalten wir die für ein freies Elektron geläufigen Beziehungen zwischen Impuls $\hbar \boldsymbol{k}$ und Geschwindigkeit $\boldsymbol{v}$

$$\boldsymbol{v} = \frac{\hbar \boldsymbol{k}}{m^*} \tag{17.15}$$

Auch unter dem Einfluß äußerer Felder verhält sich das Elektron ganz wie ein freies Elektron mit einer scheinbaren Masse m^*, sofern nur diese Felder räumlich und zeitlich langsam veränderlich sind (vgl. § 18). So gilt z. B. bei Anwesenheit eines elektrischen Feldes $\boldsymbol{F}$ die Bewegungsgleichung

$$m^* \dot{\boldsymbol{v}} \equiv \hbar \dot{\boldsymbol{k}} = e\boldsymbol{F} \tag{17.16}$$

Aus dem Gesagten geht hervor, daß das Bändermodell es gestattet, Formeln für die elektrische Leitfähigkeit herzuleiten, wobei man die Elektronen als freie Teilchen auffassen darf. Ferner zeigt es, daß bei einem vollen Band keine Leitfähigkeit auftritt, während einzelne Elektronen oder viele Elektronen im Leitungsband Anlaß zur Leitfähigkeit geben, so daß hier eine natürliche Unterscheidung zwischen Isolatoren und Leitern gegeben ist. Das Bändermodell gestattet ferner, Voraussagen über die optische Absorption zu machen. Es zeigt hier, daß bei dem optischen Übergang die sogenannte k-Auswahlregel gilt, die besagt, daß die Elektronen bei der optischen Anregung aus dem Valenzband in das Leitungsband unter Beibehaltung ihres $\boldsymbol{k}$-Vektors übergehen (vgl. Fig. 27). Auf Grund dieser Vorstellung erhält man schematisch folgenden Verlauf der Absorptionskurve. Bei kleiner Photonenenergie können die Elektronen nicht aus dem Valenzband in das Leitungsband übergehen. Steigert man die Photonenenergie bis zur Größe der Energielücke, so wird dieser Übergang möglich und man erwartet dann eine Absorptionsbande der in Fig. 28 wiedergegebenen Gestalt.

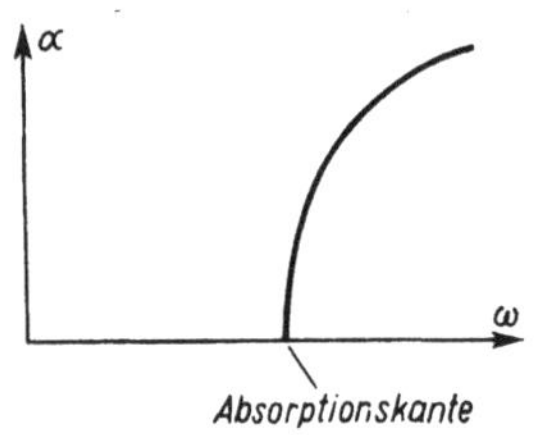

Fig. 28
Der Absorptionskoeffizient α als Funktion der Lichtfrequenz bei einem Band zu Band-Übergang, schematisch

Trotz mannigfacher Erfolge hat das Bändermodell aber entscheidende Mängel, von denen wir nur die folgenden aufführen:

1. Man geht hier von einem gitterperiodischen Gitterpotential $V(\boldsymbol{x})$ aus, müßte aber dieses Gitterpotential eigentlich durch die Wechselwirkung der Elektronen untereinander bestimmen.

2. Entfernt man ein Elektron aus dem Valenzband, so daß ein unbesetzter Zustand (Loch) zurückbleibt, so verhält sich, wie man aus Experimenten weiß, ein derartiges

Loch wie ein einzelnes Teilchen, jedoch mit einer positiven Ladung und einer bestimmten scheinbaren Masse. Man muß also nachweisen, daß sich ein System von N Elektronen im Valenzband genauso wie ein einzelnes Teilchen verhält, was nur in befriedigender Weise im Rahmen der 2. Quantelung durchgeführt werden kann. Schon aus diesen Beispielen geht hervor, daß die Behandlung des Mehrelektronenproblems insbesondere mit Hilfe der 2. Quantelung, ein vordringliches Problem der Festkörpertheorie darstellt. Auf diese Probleme werden wir in den §§ 20, 21, 22 eingehen.

3. Das Absorptionsschema von Fig. 28 wird nicht bei allen Stoffen gefunden, sondern es sind oft derartigen Absorptionsbanden noch mehr oder minder breite diskrete Linien vorgelagert, die nicht von Störstellen herrühren, sondern eine Eigenschaft des Elektronensystems des Grundgitters sind. Da diese Linien nicht im Rahmen des Bändermodells vorhergesagt werden können, müssen hier grundsätzlich neue Überlegungen im Rahmen einer Vielteilchentheorie angestellt werden (§§ 23, 24).

§ 18 Die Methode der scheinbaren Masse

In diesem Paragraphen beweisen wir den für die Festkörperphysik grundlegenden

Satz. Elektronen im periodischen Kristallfeld, die sich am unteren Rand des Leitungsbandes befinden, verhalten sich unter dem Einfluß zusätzlicher, *langsam veränderlicher* Felder wie Elektronen im freien Raum, aber mit einer *scheinbaren* Masse m^*.

Dieser Satz besagt also, daß man das gitterperiodische Potential, wie immer es auch aussieht, völlig weglassen darf, wenn man nur die Elektronenmasse m durch die scheinbare Masse m^* ersetzt.

Zum Beweis dieses Satzes geben wir ihm als erstes eine präzise mathematische Form. Dazu führen wir die folgenden Bezeichnungen und Voraussetzungen ein:

$V(\boldsymbol{x})$ sei das gitterperiodische Potentialfeld.

$W(\boldsymbol{x})$ sei das Potential der Zusatzfelder. Es soll sich so langsam über den Kristall hinweg ändern, daß es innerhalb einer Gitterzelle als konstant angesehen werden darf. Die Lösungen der Schrödingergleichung für $V(\boldsymbol{x})$ allein (also ohne $W(\boldsymbol{x})$)

$$\left\{-\frac{\hbar^2}{2m}\Delta + V(\boldsymbol{x})\right\}\varphi_{\boldsymbol{k}}(\boldsymbol{x}) = E_{\boldsymbol{k}}\varphi_{\boldsymbol{k}}(\boldsymbol{x}) \tag{18.1}$$

haben nach dem Blochschen Theorem (17.9), (17.10) die Gestalt

$$\varphi_{\boldsymbol{k}}(\boldsymbol{x}) = e^{i\boldsymbol{k}\boldsymbol{x}}\frac{1}{\sqrt{N}}u_{\boldsymbol{k}}(\boldsymbol{x}) \tag{18.2}$$

Darin haben wir den Normierungsfaktor $1/\sqrt{N}$ (N: Zahl der Gitterzellen des Kristalls) aus $u_{\boldsymbol{k}}(\boldsymbol{x})$ explizit herausgezogen, so daß $u_{\boldsymbol{k}}(\boldsymbol{x})$ pro Gitterzelle normiert ist.

E_k sei an der Stelle $k = 0$ entwickelbar in der Form

$$E_k = E_0 + \frac{\hbar^2 k^2}{2m^*} + \text{(höhere, zu vernachlässigende Glieder)} \tag{18.3}$$

Die mathematisch präzise Formulierung lautet nun:
Die Energiewerte und Wellenfunktionen des vollständigen Problems: gitterperiodisches Potential $V(x)$ *und* Zusatzpotential $W(x)$

$$\left\{-\frac{\hbar^2}{2m}\Delta + V(x) + W(x)\right\}\varphi(x) = E\varphi(x) \tag{18.4}$$

können durch die Energiewerte und Wellenfunktionen des viel einfacheren Problems

$$\left\{E_0 - \frac{\hbar^2}{2m^*}\Delta + W(x)\right\}\psi(x) = E'\psi(x) \tag{18.5}$$

in folgendem Sinne bestimmt werden:

1. Die Energiewerte stimmen überein:

$$E = E'$$

2. Entwickelt man $\varphi(x)$ nach den Blochwellen (18.2) und $\psi(x)$ nach ebenen Wellen, so sind die Entwicklungskoeffizienten c_k in $\varphi(x)$ und $\psi(x)$ identisch

$$\varphi(x) = \sum_k c_k \frac{1}{\sqrt{N}} e^{ikx} u_k(x) \tag{18.6}$$

$\Updownarrow$ identisch!

$$\psi(x) = \sum_k c_k \frac{1}{\sqrt{V}} e^{ikx} \tag{18.7}$$

In (18.7) ist V das Kristallvolumen.

Sind in (18.7) und damit auch in (18.6) nur Koeffizienten mit kleinem k wesentlich, so dürfen wir in $u_k(x)$ den Vektor $k \approx 0$ setzen. Damit erhalten wir aus (18.6) und (18.7)

$$\varphi(x) \approx u_0(x)\psi(x)$$

Die gesuchte Lösung von (18.4) erscheint also als Produkt aus dem rasch veränderlichen, gitterperiodischen Faktor $u_0(x)$ und der langsam veränderlichen „Einhüllenden" $\psi(x)$.

Zum Beweis der Behauptungen 1. und 2. gehen wir folgendermaßen vor[1]):

a) wir setzen die Entwicklung (18.6) in (18.4) ein und erhalten eine Gleichung für die Koeffizienten c_k,

---

[1]) Der mehr an den feldtheoretischen Methoden interessierte Leser kann diesen Beweis übergehen.

b) aufgrund unserer Voraussetzungen über $W(\boldsymbol{x})$ und $E_{\boldsymbol{k}}$ vereinfachen wir diese Gleichung,
c) wir zeigen, daß diese neue Gleichung mit (18.5) äquivalent ist, wenn wir die Entwicklung (18.7) verwenden.

a) Wir setzen (18.6) in (18.4) ein, multiplizieren von links mit $\varphi_{\boldsymbol{k}'}^*$ und integrieren über das Volumen

$$\sum_{\boldsymbol{k}} c_{\boldsymbol{k}} \int \varphi_{\boldsymbol{k}'}^*(\boldsymbol{x}) \left\{ -\frac{\hbar^2}{2m} \Delta + V(\boldsymbol{x}) + W(\boldsymbol{x}) \right\} \varphi_{\boldsymbol{k}}(\boldsymbol{x}) d^3x = \tag{18.8}$$
$$= \sum_{\boldsymbol{k}} c_{\boldsymbol{k}} E \int \varphi_{\boldsymbol{k}'}^*(\boldsymbol{x}) \varphi_{\boldsymbol{k}}(\boldsymbol{x}) d^3x$$

Auf der linken Seite verwenden wir, daß $\varphi_{\boldsymbol{k}}(\boldsymbol{x})$ der Gleichung (18.1) genügt und setzen ferner zur Abkürzung:

$$W_{\boldsymbol{k}'\boldsymbol{k}} = \frac{1}{N} \int e^{-i\boldsymbol{k}'\boldsymbol{x}} u_{\boldsymbol{k}'}^*(\boldsymbol{x}) W(\boldsymbol{x}) e^{i\boldsymbol{k}\boldsymbol{x}} u_{\boldsymbol{k}}(\boldsymbol{x}) d^3x \tag{18.9}$$

Auf beiden Seiten von (18.8) benutzen wir schließlich die Orthogonalität der Blochwellen. Wir erhalten dann

$$c_{\boldsymbol{k}'} E_{\boldsymbol{k}'} + \sum_{\boldsymbol{k}} c_{\boldsymbol{k}} W_{\boldsymbol{k}'\boldsymbol{k}} = E c_{\boldsymbol{k}'} \tag{18.10}$$

b) Wir vereinfachen Gleichung (18.10). Für $E_{\boldsymbol{k}'}$ verwenden wir (18.3). Das Integral von $W_{\boldsymbol{k}'\boldsymbol{k}}$ (18.9) zerlegen wir in eine Summe über die einzelnen Gitterzellen mit dem Mittelpunktvektor $\boldsymbol{l}$

$$W_{\boldsymbol{k}'\boldsymbol{k}} = \frac{1}{N} \sum_{\boldsymbol{l}} \int_{\text{Gitterzelle } \boldsymbol{l}} e^{-i\boldsymbol{k}'\boldsymbol{x}} u_{\boldsymbol{k}'}^*(\boldsymbol{x}) W(\boldsymbol{x}) e^{i\boldsymbol{k}\boldsymbol{x}} u_{\boldsymbol{k}}(\boldsymbol{x}) d^3x \tag{18.11}$$

Nach Voraussetzung ist $W(\boldsymbol{x})$ innerhalb einer jeden Gitterzelle als konstant zu betrachten, so daß $W(\boldsymbol{x}) = W(\boldsymbol{l})$ vor das Integral gezogen werden darf.

Wir nehmen nun an, daß nur kleine $\boldsymbol{k}$-Werte in (18.6) bzw. (18.7) und damit auch in (18.11) eine Rolle spielen. (Nach der Unschärferelation $\Delta k \Delta x \approx 1$ bedeutet dies, daß die Erstreckung Δx des Wellenpaketes (18.7) groß ist.) Dies hat zur Folge:

ba) $e^{-i\boldsymbol{k}'\boldsymbol{x}} e^{i\boldsymbol{k}\boldsymbol{x}}$ ändert sich in einer Gitterzelle wenig, darf also vor das Integral gezogen werden,

bb) in $u_{\boldsymbol{k}'}^*(\boldsymbol{x})$ und $u_{\boldsymbol{k}}(\boldsymbol{x})$ dürfen $\boldsymbol{k}' = \boldsymbol{k} = 0$ gesetzt werden (bzw. u^*, u nach $\boldsymbol{k}'$ und $\boldsymbol{k}$ entwickelt werden, wobei sich ergibt, daß die höheren Glieder vernachlässigt werden können).

Damit erhalten wir

$$W_{\boldsymbol{k}'\boldsymbol{k}} \approx \overline{W}_{\boldsymbol{k}'\boldsymbol{k}} = \frac{1}{N} \sum_{\boldsymbol{l}} W(\boldsymbol{l}) e^{i(\boldsymbol{k}-\boldsymbol{k}')\boldsymbol{l}} \int_{\text{Gitterzelle } \boldsymbol{l}} u_0^*(\boldsymbol{x}) u_0(\boldsymbol{x}) d^3x \tag{18.12}$$

Da die u's gitterperiodisch sind und in einer Gitterzelle auf 1 normiert sind, geht (18.12) über in

$$\overline{W}_{k'k} = \frac{1}{N} \sum_{l} W(l) e^{i(k-k')l} \tag{18.13}$$

Jetzt machen wir einen Schritt rückwärts: Da $W(x)$ und die Exponentialfunktionen langsam veränderlich sind, dürfen wir die Summe über l in ein Integral über den Kristall verwandeln (wobei

$$\frac{1}{N} \sum_{l} \quad \frac{1}{V} \int \cdots d^3x$$

gilt und wir die Faktoren etwas anders anordnen)

$$\overline{W}_{k'k} = \int \frac{1}{\sqrt{V}} e^{-ik'x'}\, W(x') \frac{1}{\sqrt{V}} e^{ikx'}\, d^3x' \tag{18.14}$$

Wir setzen nun (18.3) und (18.14) in (18.10) ein, wobei wir $\int$ und $\sum$ vertauschen

$$\left(E_0 + \frac{\hbar^2 k'^2}{2m^*}\right) c_{k'} + \int \frac{1}{\sqrt{V}} e^{-ik'x'}\, W(x') \sum_{k} c_k \frac{1}{\sqrt{V}} e^{ikx'}\, d^3x' = E c_{k'} \tag{18.15}$$

Wir multiplizieren nun diese Gleichung mit $1/\sqrt{V} e^{ik'x}$, beachten, daß

$$k'^2 e^{ik'x} = -\Delta e^{ik'x}$$

ist und summieren über k' auf:

$$\begin{aligned} &\left(E_0 - \frac{\hbar^2}{2m^*}\Delta\right) \sum_{k'} c_{k'} \frac{1}{\sqrt{V}} e^{ik'x} + \\ &+ \int \left\{\frac{1}{V} \sum_{k'} e^{ik'(x-x')}\right\} W(x') \sum_{k} c_k \frac{1}{\sqrt{V}} e^{ikx'}\, d^3x' \\ &= E \sum_{k'} c_{k'} \frac{1}{\sqrt{V}} e^{ik'x'} \end{aligned} \tag{18.16}$$

Setzen wir nun

$$\sum_{k'} c_{k'} \frac{1}{\sqrt{V}} e^{ik'x} = \psi(x)$$

und beachten

$$\left\{\frac{1}{V} \sum_{k'} e^{ik'(x-x')}\right\} = \delta(x - x'),$$

so ergibt sich gerade die Gleichung (18.5). Damit ist aber der Beweis unserer Sätze erbracht.

§ 19 Wannierfunktionen: Wellenpakete aus Blochfunktionen

Wellenpakete, insbesondere aus ebenen Wellen, sind in der Quantentheorie gut bekannt. Man erreicht damit, daß die Wellenfunktion von Teilchen in einem bestimmten Raumgebiet konzentriert erscheint, also die Lokalisierung der Teilchen wiedergeben kann. Wegen der starken Analogie zwischen Blochwellen und ebenen Wellen liegt es nahe, derartige Wellenpakete aus Blochwellen aufzubauen. Dies geschieht in der Form

$$w(\boldsymbol{x}-\boldsymbol{l})=\frac{1}{\sqrt{N}}\sum_{\boldsymbol{k}} e^{-i\boldsymbol{k}\boldsymbol{l}}e^{i\boldsymbol{k}\boldsymbol{x}}u_{\boldsymbol{k}}(\boldsymbol{x}) \tag{19.1}$$

wobei die Summe über alle $\boldsymbol{k}$-Werte eines einzelnen Energiebandes geht. N ist die Zahl der Gitterzellen. Die durch (19.1) definierten Funktionen heißen *Wannierfunktionen*. Sie haben mehrere für die Festkörpertheorie wichtige Eigenschaften, die wir im Folgenden nachweisen werden.

1. *Die Wannierfunktionen beschreiben die Lokalisierung eines Elektrons* in der Umgebung des Ortes $\boldsymbol{l}$ auf die Erstreckung von ca. 1 Gitterkonstante. Um dies zu sehen, betrachten wir den Spezialfall, daß die Funktionen $u_{\boldsymbol{k}}(\boldsymbol{x})$ nicht von $\boldsymbol{k}$ abhängen.

$$u_{\boldsymbol{k}}(\boldsymbol{x})\Rightarrow u_0(\boldsymbol{x}) \tag{19.2}$$

Die Summation in (19.1) läßt sich dann sofort ausführen und ergibt bei einem kubischen Gitter (bis auf einen Phasenfaktor).

$$w(\boldsymbol{x}-\boldsymbol{l})=\frac{1}{\sqrt{N}}u_0(\boldsymbol{x})\cdot\frac{\sin\left\{(x-l_x)\frac{\pi}{a}\right\}}{\sin\left\{(x-l_x)\frac{\pi}{L}\right\}}\cdot\frac{\sin\left\{(y-l_y)\frac{\pi}{a}\right\}}{\sin\left\{(y-l_y)\frac{\pi}{L}\right\}}\cdot\frac{\sin\left\{(z-l_z)\frac{\pi}{a}\right\}}{\sin\left\{(z-l_z)\frac{\pi}{L}\right\}} \tag{19.3}$$

Darin sind a der Gitterabstand und L die Kantenlänge des Kristalls. Im Nenner dürfen wir, wie man sich leicht überzeugen kann, die Sinusfunktionen praktisch durch ihre Argumente ersetzen, so daß (19.3) in

$$w(\boldsymbol{x}-\boldsymbol{l})=u_0(\boldsymbol{x})\sqrt{N}\left(\frac{a}{\pi}\right)^3\frac{\sin\left\{(x-l_x)\frac{\pi}{a}\right\}}{(x-l_x)}\,\frac{\sin\left\{(y-l_y)\frac{\pi}{a}\right\}}{(y-l_y)}\,\frac{\sin\left\{(z-l_z)\frac{\pi}{a}\right\}}{(z-l_z)} \tag{19.4}$$

übergeht. Wie man sich an dem Funktionsverlauf von (19.4) leicht klar macht, sind die Wellenfunktionen w tatsächlich im Raumgebiet der Größe a lokalisiert.

Bevor wir weitergehen, besprechen wir noch kurz eine Verallgemeinerung von (19.1). Oft werden wir es nämlich mit Wannierfunktionen zu tun haben, die zu verschiedenen Bändern gehören. In diesem Falle müssen wir die Modulationsfunktionen $u_{\boldsymbol{k}}$ noch mit Hilfe eines weiteren Indexes μ unterscheiden. In diesem Falle hängt dann auch die Wannierfunktion noch von diesem Index μ ab.

2. *Wannierfunktionen, die an verschiedenen Orten $\boldsymbol{l}$, $\boldsymbol{l}'$ lokalisiert sind oder zu verschiedenen Bändern μ, μ' gehören, sind aufeinander orthogonal.* Zum Beweise bilden wir

$$\int w_\mu^*(\boldsymbol{x}-\boldsymbol{l})\, w_{\mu'}(\boldsymbol{x}-\boldsymbol{l}')\, d^3x$$
$$= \frac{1}{N} \sum_{\boldsymbol{k}\boldsymbol{k}'} e^{i\boldsymbol{k}\boldsymbol{l}-i\boldsymbol{k}'\boldsymbol{l}'} \underbrace{\int e^{-i\boldsymbol{k}\boldsymbol{x}} u_{\boldsymbol{k},\mu}^*(\boldsymbol{x})\, e^{i\boldsymbol{k}'\boldsymbol{x}} u_{\boldsymbol{k}',\mu'}(\boldsymbol{x})\, d^3x}_{\delta_{\boldsymbol{k}\boldsymbol{k}'}\,\delta_{\mu\mu'}} \tag{19.5}$$

Da Blochfunktionen verschiedener Bänder bzw. für verschiedene $\boldsymbol{k}$-Werte aufeinander orthogonal sind, reduziert sich das Integral auf ein Produkt von Kroneckersymbolen. Damit geht (19.5) in

$$\delta_{\mu\mu'} \frac{1}{N} \sum_{\boldsymbol{k}} e^{i\boldsymbol{k}\boldsymbol{l}-i\boldsymbol{k}\boldsymbol{l}'} \tag{19.6}$$

über. Die Summation über $\boldsymbol{k}$ ist aber sofort auszuführen (vgl. z. B. § 7) und liefert wiederum ein Kroneckersymbol für verschieden Lokalisationsorte. Damit erhalten wir die endgültige Beziehung

$$\int w_\mu^*(\boldsymbol{x}-\boldsymbol{l})\, w_{\mu'}(\boldsymbol{x}-\boldsymbol{l}')\, d^3x = \delta_{\mu\mu'}\,\delta_{\boldsymbol{l}\boldsymbol{l}'} \tag{19.7}$$

§ 20 Elektronen im Kristallgitter: Formulierung des Mehrkörperproblems. Der Hartree-Fock-Ansatz.

In diesem Paragraphen formulieren wir das Mehrelektronenproblem im Festkörper mit Hilfe der 2. Quantelung. Hierzu legen wir folgendes Modell zugrunde: Die Elektronen sollen sich in einem streng periodischen Gitter bewegen, dessen Ionen unendlich schwer angenommen werden und sich daher in Ruhe befinden. Wir nehmen ferner an, daß die Elektronen der *inneren* atomaren Schalen pauschal dadurch berücksichtigt werden, daß sie gemeinsam mit den positiven Atomkernen zu einem effektiven gitterperiodischen Potential V_G Anlaß geben. Da die Coulombsche Wechselwirkungsenergie zwischen den Elektronen den weitaus größten Beitrag unter den Wechselwirkungsenergien zwischen den Elektronen darstellt, nehmen wir nur diese explizit mit. Der allgemeine Formalismus läßt sich aber auch auf andere Wechselwirkungsarten, z. B. magnetische Wechselwirkungen, ausdehnen. Der Hamiltonoperator besteht aus 3 Anteilen, der kinetischen Energie der Elektronen, der potentiellen Energie im periodischen Kristallgitter und schließlich der Coulombschen Wechselwirkungsenergie zwischen den Elektronen. Wie wir bereits in § 13 gesehen haben, lautet die entsprechende Schrödingergleichung

$$\Bigg[\int \psi^+(\boldsymbol{x})\left\{-\frac{\hbar^2}{2m}\Delta + V_G(\boldsymbol{x})\right\}\psi(\boldsymbol{x})\, d^3x + \\ + \frac{1}{2}\iint \psi^+(\boldsymbol{x})\psi^+(\boldsymbol{x}')\frac{e^2}{|\boldsymbol{x}-\boldsymbol{x}'|}\psi(\boldsymbol{x}')\psi(\boldsymbol{x})\, d^3x\, d^3x'\Bigg]\Phi = E\Phi \tag{20.1}$$

Die Funktionen $\psi^+(x)$ und $\psi(x)$ sind dabei noch Operatoren, die den Fermi-Vertauschungsrelationen des § 13 genügen. Wir zerlegen nun diese Operatoren nach Eigenfunktionen $\varphi_k(x)$ und $\varphi_k^*(x)$ in der Form

$$\psi(x) = \sum_k a_k \varphi_k(x) \tag{20.2}$$

$$\psi^+(x) = \sum_k a_k^+ \varphi_k^*(x) \tag{20.3}$$

Wir nehmen zunächst lediglich an, daß diese Eigenfunktionen φ_k bzw. φ_k^+ einen vollständigen Satz orthonormierter Funktionen darstellen. Wir setzen jedoch noch nicht voraus, daß diese Wellenfunktionen Lösungen einer bestimmten Schrödingergleichung sind, sondern wir wollen vielmehr erst eine Schrödingergleichung finden, zu der diese φ_k in „optimaler Weise" Eigenfunktionen sind. Darunter wollen wir folgendes verstehen. Wir beabsichtigen, diese Wellenfunktionen im Rahmen des Hartree-Fock-Verfahrens festzulegen. Bei diesem Verfahren geht man folgendermaßen vor. Man denkt sich die Wellenfunktionen in einer 0-ten Näherung vorge-

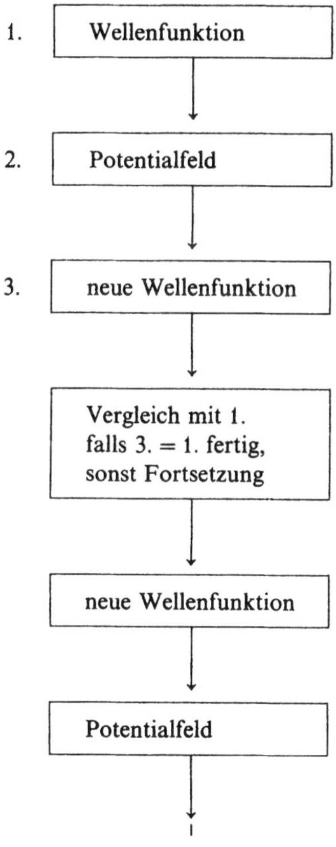

geben, bestimmt dann das Potentialfeld, das von der Ladungsverteilung dieser Wellenfunktion herrührt, bestimmt daraus wieder Wellenfunktionen, die sich im Feld der Atomrümpfe, und der obengenannten Ladungsverteilung ausbilden, sodann benutzt man die neubestimmte Wellenfunktion als Ausgangspunkt einer nächsten Näherung. Wir wollen jedoch dieses Verfahren nicht in der üblichen Weise wiederholen, sondern gerade im Rahmen der 2. Quantelung begründen. Dazu denken wir uns die Wellenfunktion φ_k, wie bereits gesagt, in später zu bezeichnender Weise vorgegeben und erzeugen nun einen Zustand Φ der Kristallelektronen. Dazu werden wir die Elektronen nacheinander in die Zustände $k_1, k_2, \ldots, k_N$ setzen. Wir legen also die Zustandsfunktion

$$\Phi = a_{k_1}^+ a_{k_2}^+ \ldots a_{k_N}^+ \Phi_0 \tag{20.4}$$

zugrunde. Mit dieser Zustandsfunktion (20.4) bilden wir nun den Erwartungswert des in (20.1) auftretenden Hamiltonoperators mit der Nebenbedingung, daß diese Zustandsfunktion normiert ist. Die Normierung von Φ impliziert natürlich die Normierung der oben eingeführten Funktionen φ, so daß wir diese Nebenbedingung im folgenden stellen werden.

Die Funktion (20.4) ist natürlich nicht exakt, da sie Korrelationen zwischen den Elektronen außer acht läßt. Wenn wir trotzdem die Energie optimal, d. h. im Sinne des Variationsprinzips minimal, erhalten wollen, so müssen wir noch frei wählbare Parameter zur Verfügung haben. Da die Amplituden a_k, a_k^+ fest vorgegebene Operatoren mit den Vertauschungsrelationen (13.4), (13.5), (13.6) sind, sind die einzigen noch variierbaren Größen die Wellenfunktionen φ_k. Unser Ziel ist daher folgendes. Wir stellen die Forderung

$$\langle \Phi | H | \Phi \rangle = \text{Min!} \tag{20.5}$$

mit der Nebenbedingung

$$\langle \Phi | \Phi \rangle = 1 \tag{20.6}$$

auf, berechnen dann den Ausdruck auf der linken Seite von Gleichung (20.5) als Funktion oder, genauer gesagt, „Funktional" der φ_k, die wir dann durch ein Variationsverfahren bestimmen. Um dieses Programm durchzuführen, setzen wir (20.2) und (20.3) in die Schrödingergleichung (20.1) ein. Da die Operatoren a^+, a nicht von der Integration abhängen und die Wellenfunktionen φ mit den Operatoren vertauschbar sind, können wir die Operatoren vor das Integral ziehen und erhalten somit für den Hamiltonoperator H den Ausdruck

$$\begin{aligned} H = & \sum_{lm} a_l^+ a_m \int \varphi_l^*(\boldsymbol{x}) \left\{ -\frac{\hbar^2}{2m} \Delta + V_G(\boldsymbol{x}) \right\} \varphi_m(\boldsymbol{x}) d^3x + \\ & + \frac{1}{2} \sum_{lml'm'} a_l^+ a_m^+ a_{m'} a_{l'} \int \varphi_l^*(\boldsymbol{x}) \varphi_m^*(\boldsymbol{x}') \frac{e^2}{|\boldsymbol{x} - \boldsymbol{x}'|} \varphi_{m'}(\boldsymbol{x}') \varphi_{l'}(\boldsymbol{x}) d^3x \, d^3x' . \end{aligned} \tag{20.7}$$

Wir haben nun den Erwartungswert des Hamiltonoperators (20.7) bezüglich der Zustandsfunktion (20.4) zu bilden. Dazu müssen wir die verschiedenen Erwartungswerte mit den einzelnen Operatoren a^+, a näher diskutieren. Wir beginnen hierzu mit dem Ausdruck

$$\langle a_{k_1}^+ \dots a_{k_N}^+ \Phi_0 | a_l^+ a_m | a_{k_1}^+ \dots a_{k_N}^+ \Phi_0 \rangle \tag{20.8}$$

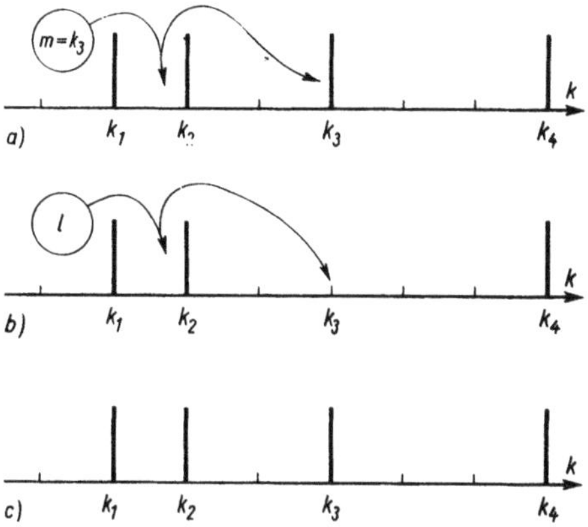

Fig. 29 Zur Berechnung des Erwartungswertes (20.8)

Um die Berechnung dieses Ausdrucks durchzuführen, betrachten wir als Hilfsmittel Figur 29. Die Punkte auf der k-Achse bezeichnen hier die einzelnen Quantenzustände, in die Elektronen hineingesetzt werden können. Die tatsächlich besetzten Zustände k_1, k_2, k_3 usw. sind mit einem senkrechten Strich gekennzeichnet. Gemäß der Beziehung (20.8) soll nun durch den Vernichtungsoperator a_m ein Elektron im Zustand m vernichtet werden. Ist kein Elektron in diesem Zustand vorhanden, so können wir den Vernichtungsoperator unmittelbar auf den Grundzustand Φ_0 wirken lassen und erhalten 0. Wir bekommen daher nur dann einen von Null verschiedenen Beitrag, wenn m gleich einem der k's ist. Im Beispiel von Fig. 29 $m = k_3$. Um die Vernichtung des Elektrons im Zustand k_j durchzuführen, müssen wir a_m mit allen Erzeugungsoperatoren, die links von dem Operator mit dem Index k_j stehen, vertauschen. Wegen der Antivertauschungsrelationen (13.4) bis (13.6) erhalten wir daher den Faktor: (-1) hoch Zahl der Vertauschungen. Ferner haben wir zu berücksichtigen, daß $a_m a_{k_j}^+ = 1 - a_{k_j}^+ a_m$ ist. Da nun kein weiteres Elektron mehr in diesem Zustand m vorhanden ist, ergibt die Anwendung des Vernichtungsoperators auf die in (20.8) stehenden Elektronenzustände 0. Wir haben daher lediglich noch einen Ausdruck der Gestalt

$$\langle a_{k_1}^+ \dots a_{k_N}^+ \Phi_0 | a_l^+ a_{k_1}^+ \dots a_{k_{j-1}}^+ \; a_{k_{j+1}}^+ \dots a_{k_N}^+ \Phi_0 \rangle \cdot (-1)^{Vert} \tag{20.9}$$

zu berechnen. Wir bringen nun den verbliebenen Erzeugungsoperator a_l^+ an die frei gewordene Stelle mit dem Index k_j, wobei die gleiche Zahl von Vertauschungen wie vorher auszuführen ist, also das Minuszeichen in Gleichung (20.9) sich heraushebt. Gemäß (13.37) sind Zustandsfunktionen, die verschiedene Besetzungen mit Elektronen enthalten, aufeinander orthogonal. Nun steht in Gleichung (20.9) links eine Zustandsfunktion, in der Zustände $k_1, k_2, \dots, k_N$ besetzt sind, rechts dagegen eine, in der bis auf die Stelle k_j ebenfalls diese Zustände besetzt sind. Der Zustand $k_j = m$ ist dagegen mit dem Zustand l ausgetauscht worden. Auf Grund der Orthogonalitätsrelation ist aber (20.9) nur dann von Null verschieden, wenn $k_j = l$ ist. Wir bekommen daher folgendes Resultat für den Erwartungswert (20.8).

$$\langle a_{k_1}^+ \dots a_{k_N}^+ \Phi_0 | a_l^+ a_m | a_{k_1}^+ \dots a_{k_N}^+ \Phi_0 \rangle = \begin{cases} \delta_{ml}, & \text{falls } m = k_1, \dots, k_N \\ 0 & \text{sonst.} \end{cases} \tag{20.10}$$

Damit haben wir diejenigen Erwartungswerte berechnet, die für die Einteilchenoperatoren in (20.7) maßgebend sind.

Betrachten wir nun die entsprechenden Erwartungswerte für die Wechselwirkungsenergie, die durch

$$\langle \Phi | a_l^+ a_m^+ a_{m'} a_{l'} | \Phi \rangle \tag{20.11}$$

gegeben sind. Veranschaulichen wir uns die Auswertung von (20.11) wieder an einem Bild (Fig. 30).

Auf der k-Achse sind durch senkrechte Striche wieder die besetzten Zustände wiedergegeben. Betrachten wir zunächst die Wirkungsweise des Vernichtungsoperators $a_{l'}$. Er liefert nur dann einen von Null verschiedenen Beitrag, wenn ein Zustand $k_j = l'$

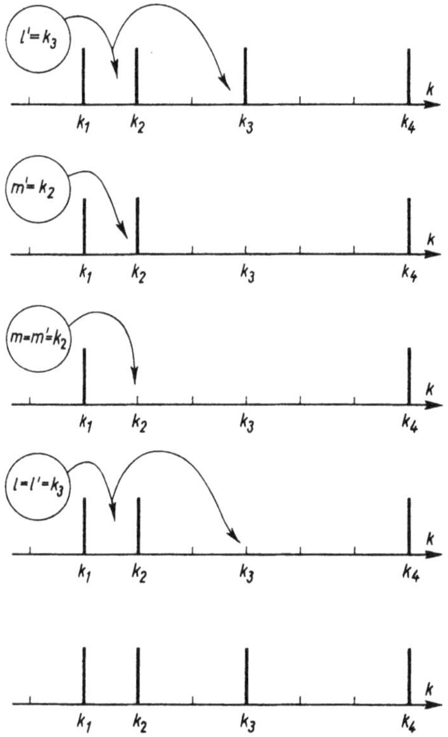

Fig. 30 Zur Berechnung des Erwartungswertes (20.11)

besetzt ist. Die Zustandsfunktion Φ geht dann in

$$a_{k_1}^+ \dots a_{k_{j-1}}^+ a_{k_{j+1}}^+ \dots a_{k_N}^+ \; \Phi_0 \; (-1)^{Vert.(l' \to k_j)} \tag{20.12}$$

über, wobei wiederum ein Faktor (-1) so oft auftritt, wie Vertauschungen nötig waren, um von links her den Vernichtungsoperator $a_{l'}$ durch die Erzeugungsoperatoren a_{k_1} bis zur Stelle k_j hin durchzuziehen.

Wir lassen nun in entsprechender Weise den Vernichtungsoperator $a_{m'}$ auf den Zustand (20.12) wirken. Wir erhalten wiederum nur dann einen Beitrag, wenn m' mit einem der verbliebenen Zustände k_1 bis k_N (außer dem Zustand k_j) übereinstimmt, und erhalten wiederum einen weiteren Faktor (-1) hoch Zahl der nötigen Vertauschungen. Aus dem mit N Elektronen besetzten Zustand (20.4) wird somit der mit $N-2$ Elektronen besetzte Zustand

$$a_{k_1}^+ \dots a_{k_{j-1}}^+ a_{k_{j+1}}^+ \dots a_{k_{i-1}}^+ a_{k_{i+1}}^+ \dots a_{k_N}^+ \Phi_0 \cdot (-1)^{Vert.(l' \to k_j, m' \to k_i)} \tag{20.13}$$

Durch die weitere Anwendung der in (20.11) auftretenden beiden Erzeugungsoperatoren a_l^+ und a_m^+ wird aus dem Zustand (20.13) wieder ein N Elektronenzustand, der entweder mit dem ursprünglichen Zustand (20.4) übereinstimmen kann oder sich von diesem unterscheiden kann. Falls er sich von ihm unterscheidet, verschwindet der Ausdruck (20.11), da ja der neue Zustand (20.13) auf den alten Zustand (20.4), der ebenfalls in (20.11), und zwar links, auftritt, orthogonal ist. Wir müssen daher untersuchen, in welcher Weise durch die Anwendung der Erzeugungsoperatoren $a_l^+ a_m^+$ der alte Zustand wiederhergestellt wird. Dies kann nun in zweierlei Weise geschehen, je nachdem

$$m = m', \qquad l = l' \tag{20.14}$$

oder $$m = l', \qquad l = m' \tag{20.15}$$

gilt. Um zu sehen, ob ein Plus- oder Minuszeichen auftritt, führen wir die Schritte wieder einzeln durch. Im Falle (20.14) wird der alte Zustand dadurch hergestellt, daß man die Erzeugungsschritte in genau der umgekehrten Reihenfolge wie vorher die Vernichtungsschritte durchführt. Das bedeutet, daß die Vertauschungen in der jeweils entsprechenden Zahl durchgeführt werden, so daß sich das Minuszeichen ganz heraushebt.

Als Resultat erhalten wir somit für den Erwartungswert (20.11) im Falle (20.14)

$$\begin{aligned} \langle \Phi | a_l^+ a_m^+ a_{m'} a_{l'} | \Phi \rangle &= \delta_{ll'} \delta_{mm'} \quad \text{für} \quad l \neq m,\ l' \neq m'; \quad & l &= k_1, \dots, k_N \\ &= 0 \ \textit{sonst} & m &= k_1, \dots, k_N \end{aligned} \tag{20.16}$$

Betrachten wir nun den zweiten Fall (20.15). Indem wir in (20.11) die Reihenfolge der Erzeugungsoperatoren mit den Indizes l und m vertauschen, führen wir diesen

Fall unmittelbar auf den vorhergehenden Fall (20.14) zurück und erhalten somit

$$\begin{aligned}
&\langle \Phi | a_l^+ a_m^+ a_{m'} a_{l'} | \Phi \rangle \\
&= - \langle \Phi | a_m^+ a_l^+ a_{m'} a_{l'} | \Phi \rangle = - \delta_{lm'} \delta_{ml'} \quad \text{für} \quad l \neq m;\ l' \neq m'; \\
&\qquad\qquad\qquad\qquad\qquad\qquad\qquad\qquad\quad l = k_1, \ldots, k_N \\
&\qquad\qquad\qquad\qquad = 0 \text{ sonst} \qquad\qquad\quad m = k_1, \ldots, k_N
\end{aligned} \tag{20.17}$$

Die Resultate (20.16) und (20.17) können wir in einheitlicher Form durch

$$\begin{aligned}
\langle \Phi | a_l^+ a_m^+ a_{m'} a_{l'} | \Phi \rangle &= \{ \delta_{ll'} \delta_{mm'} - \delta_{lm'} \delta_{ml'} \} \quad l \neq m,\ l' \neq m' \\
&\qquad\qquad\qquad\qquad\qquad\qquad l = k_1 \ldots k_N \\
&= 0 \text{ sonst} \qquad\qquad\qquad\quad m = k_1 \ldots k_N
\end{aligned} \tag{20.18}$$

wiedergeben. Damit haben wir unsere Aufgabe gelöst, die einzelnen Erwartungswerte, zu denen der Hamiltonoperator (20.7) Anlaß gibt, auszurechnen. Unter Verwendung der Resultate für diese Erwartungswerte, nämlich (20.10) und (20.18) haben wir als Endresultat den Ausdruck für die Gesamtenergie in der Form

$$\begin{aligned}
&\langle \Phi | H | \Phi \rangle \\
&= \sum_{k_j} \int \varphi_{k_j}^*(x) \left\{ - \frac{\hbar^2}{2m} \Delta + V_G(x) \right\} \varphi_{k_j}(x) d^3x + \\
&+ \frac{1}{2} \sum_{k_j, k_i} \int\int \varphi_{k_j}^*(x) \varphi_{k_i}^*(x') \frac{e^2}{|x - x'|} \varphi_{k_i}(x') \varphi_{k_j}(x) d^3x d^3x' - \\
&- \frac{1}{2} \sum_{k_j, k_i} \int\int \varphi_{k_j}^*(x) \varphi_{k_i}^*(x') \frac{e^2}{|x - x'|} \varphi_{k_j}(x') \varphi_{k_i}(x) d^3x d^3x'
\end{aligned} \tag{20.19}$$

Die Summen laufen *nur* über die *besetzten* Zustände $k_1, \ldots, k_N$.
Wie wir schon vorher bemerkt hatten, ist der Ausdruck für die Gesamtenergie ein Funktional in den Einzelwellenfunktionen φ_k. Wir bestimmen nun diese Einzelwellenfunktionen so, daß der Energieausdruck (20.19) extremal wird. Als Nebenbedingung haben wir die Normierung der Wellenfunktionen, die durch

$$\int \varphi_k^* \varphi_k d^3x = 1 \tag{20.20}$$

ausgedrückt wird, zu berücksichtigen. Dazu verwenden wir in üblicher Weise einen Lagrange-Parameter, den wir mit E bezeichnen. Die Ausführung der Variation $\delta/\delta\varphi_k^*(x)$ des Ausdrucks (20.19) mit der Nebenbedingung (20.20) führt uns dann unmittelbar auf die Gleichung[1])

[1]) Den nicht mit der Variationsrechnung vertrauten Leser erinnern wir an die Definition von $\delta/\delta\varphi_k^*(x)$, die in §9 mit einer anderen Bezeichnung $\delta/\delta q(x)$ genau behandelt wurde.

$$\left\{-\frac{\hbar^2}{2m}\Delta + V_G(\boldsymbol{x})\right\}\varphi_k(\boldsymbol{x}) + \sum_{k_j}\int \varphi_{k_j}^*(\boldsymbol{x}')\frac{e^2}{|\boldsymbol{x}-\boldsymbol{x}'|}\varphi_{k_j}(\boldsymbol{x}')d^3x'\,\varphi_k(\boldsymbol{x})$$
$$-\sum_{k_j}\int \varphi_{k_j}^*(\boldsymbol{x}')\frac{e^2}{|\boldsymbol{x}-\boldsymbol{x}'|}\varphi_k(\boldsymbol{x}')d^3x'\,\varphi_{k_j}(\boldsymbol{x}) \qquad (20.21)$$
$$= E\varphi_k(\boldsymbol{x})$$

Zur Interpretation der Schrödingergleichung (20.21) sehen wir uns die Glieder einzeln an. Die beiden Glieder in der geschweiften Klammer stellen die uns geläufige kinetische und potentielle Energie im periodischen Kristallgitter dar. Der nächste Ausdruck stellt ein Produkt aus der gesuchten Wellenfunktion φ_k und einer Summe über k_j dar:

$$\varphi_k(\boldsymbol{x})\cdot\tilde{V}(\boldsymbol{x}) \qquad (20.22)$$

wobei $$\tilde{V}(\boldsymbol{x}) = \sum_{k_j}\int |\varphi_{k_j}(\boldsymbol{x}')|^2\frac{e^2}{|\boldsymbol{x}-\boldsymbol{x}'|}d^3x' \qquad (20.22a)$$

Da $|\varphi|^2\cdot e$ die Ladungsdichte bedeutet, hat die Summe über k_j die Bedeutung des elektrostatischen Potentials, das von den Ladungsverteilungen der Elektronen in den Zuständen k_j herrührt. Der letzte Ausdruck auf der linken Seite von (20.21) hat die Gestalt

$$-\sum_{k_j}\varphi_{k_j}(\boldsymbol{x})A_{k_j,k}(\boldsymbol{x}) \qquad (20.23)$$

mit $$A_{k_j,k}(\boldsymbol{x}) = \int \varphi_{k_j}^*(\boldsymbol{x}')\frac{e^2}{|\boldsymbol{x}-\boldsymbol{x}'|}\varphi_k(\boldsymbol{x}')d^3x' \qquad (20.23a)$$

Der Buchstabe A soll darauf hinweisen, daß (20.23) vom „Austausch" der Elektronen herrührt. Vergleichen wir ihn mit (20.22), so erkennen wir, daß in ihm die Wellenfunktion φ_k, die vorher außerhalb des Integrals stand, nun mit einer Wellenfunktion φ_{k_j} unter dem Integral vertauscht worden ist. Es handelt sich hier um die sogenannte *Coulombsche Austauschwechselwirkung*.

Die Summen über k_j verlaufen, wie wir bei der Herleitung dieser Ausdrücke gesehen haben, über die besetzten Zustände. Mit Hilfe der Abkürzungen (20.22) und (20.23) läßt sich die Gleichung (20.21) in einer sehr prägnanten Form schreiben:

$$\left\{-\frac{\hbar^2}{2m}\Delta + V_G(\boldsymbol{x}) + \tilde{V}(\boldsymbol{x})\right\}\varphi_k(\boldsymbol{x}) - \sum_{k_j}A_{k_j,k}\,\varphi_{k_j}(\boldsymbol{x}) = E\varphi_k(\boldsymbol{x}) \qquad (20.24)$$

Wie daraus nochmals hervorgeht, stellt $\tilde{V}(\boldsymbol{x})$ ein zusätzliches Potentialfeld dar.

Das Gleichungssystem (20.24) ist *nichtlinear*, da die gesamten Wellenfunktionen φ_k ja auch unter den Summenausdrücken als Faktoren von φ_k auftreten. Zur numerischen Lösung des Gleichungssystems (20.24) wurde eine Reihe von Methoden entwickelt, doch soll es nicht die Aufgabe dieses Buches sein, diese Methoden im Einzelnen darzulegen, da das dann nicht mehr Gegenstand der Quantenfeldtheorie ist.

Das übliche Verfahren besteht darin, daß, wie schon besprochen, in nullter Näherung die Wellenfunktion als bekannt angesehen wird, dann Potentialausdrücke der Form, wie sie in (20.24) auftreten, gebildet werden und aus der nun entstehenden Integrodifferentialgleichung neue Wellenfunktionen φ_k bestimmt werden. Diese dienen dann als Ausgangsfunktionen für den nächsten Näherungsschritt. Das Verfahren konvergiert, wenn man nach einigen Wiederholungen die gleichen Wellenfunktionen wieder erhält, die man beim vorangegangenen Schritt hineingesteckt hat („self-consistent field"-Verfahren).

Die Schrödingergleichung (20.24) kann man in der abgekürzten Form

$$H_{eff}\ \varphi_k(x) \equiv \left\{ -\frac{\hbar^2}{2m}\Delta + V_{eff}\ (x) \right\} \varphi_k(x) = E\varphi_k(x) \tag{20.25}$$

schreiben, wobei man sich darüber im klaren sein muß, daß V_{eff} nicht ein gewöhnliches Potential ist, sondern noch ein Austauschglied enthält. Es läßt sich lediglich allgemein feststellen, daß auch V_{eff} eine gitterperiodische Funktion ist. (Sofern wir in „selbstkonsistenter" Weise für die φ's Blochsche Funktionen verwenden.)

Die Gleichung (20.25) hat nun genau die Gestalt, wie wir sie für die Blochsche Theorie im § 17 zugrundegelegt haben. Daher gelten alle dort gemachten Aussagen für die Wellenfunktion und das Energieschema auch hier, womit es gelungen ist, das Bändermodell besser zu rechtfertigen. Allerdings darf nicht übersehen werden, daß wir eine noch sehr eingeschränkte Zustandsfunktion, nämlich (20.4) verwendet haben, so daß eine ganze Reihe von Effekten noch nicht berücksichtigt ist. Im folgenden werden wir an Beispielen zeigen, wie weitere Effekte, die auf der sogenannten *Korrelation zwischen den Elektronen* beruhen, behandelt werden können.

In dem bisherigen Formalismus hatten wir noch nicht spezialisiert, wie weit die sich hier ergebenden Bänder aufgefüllt werden. Die Betrachtungen gelten insbesondere für den Fall, daß das Valenzband vollständig gefüllt ist und wir noch ein weiteres Elektron im nächsten Band, dem Leitungsband, haben. Um die Wellenfunktion (20.4) genauer zu charakterisieren, fügen wir zu den Quantenzahlen k noch die Quantenzahlen V entsprechend dem Valenzband und L entsprechend dem Leitungsband zu. Für das *Überschußelektron* (d. h. das Valenzband ist voll und nur ein Elektron im Leitungsband) hat dann die Zustandsfunktion die allgemeine Gestalt

$$\Phi = a^+_{k,L}\underbrace{(a^+_{k_1,V}\,a^+_{k_2,V}\ldots a^+_{k_N,V}\,\Phi_0)}_{\Phi_V} \tag{20.26}$$

Da der in Klammern gesetzte Anteil eine Funktion darstellt, die die Elektronen im Valenzband beschreibt, kürzen wir sie durch Φ_V ab und schreiben daher im folgenden die *Zustandsfunktion eines Überschußelektrons* in der Form

$$\Phi = a^+_{k,L}\Phi_V \tag{20.27}$$

Aufgabe zu § 20

Man beweise die folgende, für die Hartree-Fock-Zustandsfunktion Φ (20.4) gültige und für Anwendungen äußerst wichtige Relation:

$$\begin{aligned} &\langle\Phi|\psi^+(x_1)\psi^+(x_2)\psi(x_3)\psi(x_4)|\Phi\rangle \\ &= \langle\Phi|\psi^+(x_1)\psi(x_4)|\Phi\rangle\langle\Phi|\psi^+(x_2)\psi(x_3)|\Phi\rangle - \\ &- \langle\Phi|\psi^+(x_1)\psi(x_3)|\Phi\rangle\langle\Phi|\psi^+(x_2)\psi(x_4)|\Phi\rangle \end{aligned} \tag{A20.1}$$

Anleitung: Man zerlege ψ^+, ψ gemäß (20.2), (20.3), verwende (20.4) sowie (20.18). Wir geben noch ein Zwischenresultat an:
Verwendet man noch die Besetzungszahlen $n_j = 1$ für $k = k_1, k_2, \ldots, k_N$ (vgl. (20.4); $n_j = 0$ sonst, so erhält man für die linke Seite von (A20.1)

$$\begin{aligned} &\{\sum_j n_j\varphi_j^*(x_1)\varphi_j(x_4)\}\{\sum_{j'} n_{j'}\varphi_{j'}^*(x_2)\varphi_{j'}(x_3)\} - \\ &- \{\sum_j n_j\varphi_j^*(x_1)\varphi_j(x_3)\}\{\sum_{j'} n_{j'}\varphi_{j'}^*(x_2)\varphi_{j'}(x_4)\} \end{aligned}$$

Dies ist aber wegen

$$\sum_j n_j\varphi_j^*(x)\varphi_j(x') = \langle\Phi|\psi^+(x)\psi(x')|\Phi\rangle \tag{A20.2}$$

identisch mit der rechten Seite von (A20.1). Der Beweis von (A20.2) erfolgt mit Hilfe von (20.10).
Anmerkung: Beim Hartree-Ansatz läßt man in (A20.1) das 2. Produkt auf der rechten Seite weg.

§ 21 Defektelektronen

Der Formalismus der 2. Quantisierung setzt uns in die Lage, den Begriff des Defektelektrons in besonders einfacher Weise einzuführen und mathematisch zu erfassen.

Hierbei handelt es sich um folgendes Problem.

Wir gehen aus von einem *vollen Valenzband*, aus dem wir ein einzelnes Elektron in einem Zustand k entfernen. Wie wir zeigen werden, *verhält sich dieser leere Zustand genau wie ein Teilchen, jedoch mit positiver Ladung*. Zur mathematischen Formulierung gehen wir vom voll besetzten Valenzband mit der Wellenfunktion Φ_V aus, in dem wir nun ein Elektron mit Hilfe des Vernichtungsoperators $a_{k,V}$ in diesem Zustand vernichten

$$\Phi_k = a_{k,V}\Phi_V \tag{21.1}$$

Da, wie wir sehen werden, durch diese Operation ein Teilchen, nämlich das Defektelektron geschaffen wird, führen wir statt des Vernichtungsoperators $a_{k,V}$ einen Erzeugungsoperator d_k^+ ein und den entsprechenden Vernichtungsoperator mit Hilfe der Beziehungen

$$\begin{aligned} a_{k,V} &= d_k^+ \\ a_{k,V}^+ &= d_k \end{aligned} \tag{21.2}$$

Da das Valenzband besetzt ist, gelten für den Vernichtungsoperator d_k die Relationen

$$d_k \Phi_V = a_{kV}^+ \Phi_V = 0 \tag{21.3}$$

Hieraus ersehen wir, daß der Zustand Φ_V für die Teilchenoperatoren d_k den Vakuumzustand darstellt. In der Formulierung des Hamiltonoperators (20.7) erkennen wir, daß in ihm die Erzeugungsoperatoren stets links von den Vernichtungsoperatoren stehen. Es liegt daher nahe, den Hamiltonoperator mit Hilfe der Defektelektronenoperatoren derart umzuschreiben, daß wiederum die Erzeugungsoperatoren der Defektelektronen links von den Vernichtungsoperatoren stehen. Unter Verwendung der Vertauschungsrelationen (13.4), (13.5), (13.6) erhalten wir dann für das Paar aus zwei Operatoren

$$d_l d_m^+ = \delta_{lm} - d_m^+ d_l \tag{21.4}$$

Durch wiederholte Anwendung der genannten Vertauschungsrelationen ergibt sich für den aus vier Operatoren bestehenden Ausdruck

$$\begin{aligned} d_l d_m d_{m'}^+ d_{l'}^+ = {} & \delta_{mm'} \delta_{ll'} - \delta_{mm'} d_{l'}^+ d_l - \delta_{m'l} \delta_{ml'} + \delta_{ml'} d_{m'}^+ d_l + \\ & + \delta_{m'l} d_{l'}^+ d_m - d_{m'}^+ d_m \delta_{ll'} + d_{m'}^+ d_{l'}^+ d_l d_m \end{aligned} \tag{21.5}$$

Da sich alle unsere weiteren Überlegungen in diesem Paragraphen auf besetzte oder unbesetzte Zustände im Valenzband beziehen, spezifizieren wir den Hamiltonoperator (20.7) auf Zustände im Valenzband, d. h. wir lassen die Summen über l und m nur über die Quantenzahlen des Valenzbandes laufen. Die hier auftretenden Operatoren können wir aber nun gemäß (21.2) überall durch die Defektelektronenoperatoren ersetzen. Sodann vertauschen wir gemäß den Relationen (21.4) und (21.5) die Reihenfolge der Operatoren. Wie wir aus der Darstellung (21.4) und (21.5) ersehen, treten nun Glieder auf, die gar nicht mehr von den Defektelektronenoperatoren d abhängen, nämlich die Kronecker-Symbole δ_{lm}. Beim Einsetzen von (21.4) und (21.5) in den Hamiltonoperator (20.7) erhalten wir daher für die Energie einen gewissen konstanten Ausdruck, der folgendermaßen lautet:

$$\begin{aligned} E_V = {} & \sum_l \int \varphi_l^*(x) \left\{ -\frac{\hbar^2}{2m} + V_G(x) \right\} \varphi_l(x) d^3x + \\ & + \frac{1}{2} \sum_{lm} \iint \varphi_l^*(x) \varphi_m^*(x') \frac{e^2}{|x - x'|} \varphi_m(x') \varphi_l(x) d^3x d^3x' - \\ & - \frac{1}{2} \sum_{lm} \iint \varphi_l^*(x) \varphi_m^*(x') \frac{e^2}{|x - x'|} \varphi_l(x') \varphi_m(x) d^3x d^3x' \end{aligned} \tag{21.6}$$

Vergleichen wir diesen Ausdruck mit dem Ausdruck (20.19) und berücksichtigen dabei, daß die Summationen nun jeweils über das volle Valenzband gehen, so erkennen wir unmittelbar, daß der Ausdruck (21.6) die Energie der Valenzbandelektronen in der Hartree-Fock-Näherung wiedergibt. Dieses Resultat ist sehr vernünftig. Wenden wir nämlich den gesamten Hamiltonoperator (20.7) nach der Transformation (21.4) und (21.5) auf den Zustand des vollen Valenzbandes Φ_V an, so muß gerade die Energie des vollen Valenzbandes herauskommen. Als nächstes betrachten wir nun die Glieder, die $d_m^+ d_l$ enthalten. Nach einer einfachen Vertauschung der Indizes erhalten wir hierfür den folgenden Ausdruck

$$\begin{aligned} -\sum_{lm} d_m^+ d_l \int \varphi_l^*(x) \Bigg\{ \left(-\frac{\hbar^2}{2m} \Delta + V_G(x) \right) \varphi_m(x) + \\ + \int \sum_{m'} \varphi_{m'}^*(x') \frac{e^2}{|x - x'|} \varphi_{m'}(x') d^3x' \cdot \varphi_m(x) - \\ - \int \sum_{m'} \varphi_{m'}^*(x') \frac{e^2}{|x - x'|} \varphi_m(x') d^3x' \cdot \varphi_{m'}(x) \Bigg\} d^3x \end{aligned} \tag{21.7}$$

Die Summen über l, m, m' laufen darin über das volle Valenzband. Der Ausdruck in der geschweiften Klammer von (21.7) ist uns bereits im vorigen Paragraphen begegnet. Er ist nichts anderes als die linke Seite der Schrödinger-Gleichung (20.21), spezialisiert auf ein Valenzbandelektron. Unter Verwendung der Schreibweise (20.25) geben wir (21.7) in der Form

$$-\sum_{l,m} d_m^+ d_l \int \varphi_l^*(x) H_{eff} \varphi_m(x) d^3x \tag{21.8}$$

wieder. Da gemäß den Überlegungen des vorigen Paragraphen die Wellenfunktionen φ_m Eigenfunktionen zu H_{eff} mit dem Energiewert

$$E_m \tag{21.9}$$

sind, reduziert sich (21.8) auf

$$-\sum_{l,m} d_m^+ d_l E_m \int \varphi_l^*(x) \varphi_m(x) d^3x \tag{21.10}$$

Wegen der Orthogonalität der Wellenfunktionen bleiben von der Summe nur die Diagonalglieder übrig, so daß wir schließlich anstelle von (21.7) den Ausdruck

$$-\sum_k d_k^+ d_k E_{k,V} \tag{21.11}$$

erhalten.

Hierin haben wir den Index k anstelle des früheren Index m eingeführt, da ja die Eigenfunktion φ_m die Gestalt von Blochfunktionen haben und diese durch den Wellenzahlvektor unterschieden sind. Der weitere Index V soll hervorheben, daß es sich um die Energie eines Elektrons im Valenzband handelt. Der Ausdruck (21.11) hat genau die Gestalt eines Hamiltonoperators, der sich auf unabhängige Einzelteilchen bezieht, so wie wir das schon für freie Teilchen in § 13 kennengelernt haben. Erinnern wir uns kurz an unser Vorgehen. Wir hatten mit der Vorschrift (21.2) und den Vertauschungsrelationen (21.4) und (21.5) die Elektronen-Operatoren im Hamiltonoperator (20.7) von § 20 durch Defektelektronen-Operatoren ersetzt. Bislang hatten wir diejenigen Glieder berücksichtigt, die von den Defektelektronen-Operatoren unabhängig sind, oder soweit sie nur ein Paar solcher Operatoren enthielten, was zu den Ausdrücken (21.6) bzw. (21.11) führte. Wie wir anhand von (21.5) erkennen, treten nun noch die Operatoren auf, die 4 Defektelektronen-Operatoren enthalten und somit zu einem Ausdruck Anlaß geben, der die Coulombsche Wechselwirkung zwischen den Defektelektronen mit Hilfe des Ausdrucks

$$H_{DD} = \frac{1}{2} \sum_{\substack{l,m,\\ l',m'}} d_{m'}^{+} d_{l'}^{+} d_l d_m W(l, m \mid m', l') \tag{21.12}$$

mit

$$W(l, m \mid m', l') = \iint \varphi_l^*(x) \varphi_m^*(x') \frac{e^2}{|x - x'|} \varphi_{m'}(x') \varphi_{l'}(x) d^3x d^3x' \tag{21.12a}$$

beschreibt. (Der Index DD bei H soll auf die Defektelektron-Defektelektron-Wechselwirkung hinweisen.) Durch Zusammenfassung von (21.6), (21.11) und (21.12) erhalten wir den

Hamiltonoperator der Defektelektronen. (Dabei ersetzen wir die allgemeinen Quantenzahlen l, m, l', m' durch die Wellenzahlvektoren $\boldsymbol{k}$ von Blochwellen.)

$$\begin{aligned} H = E_V &- \sum_{\boldsymbol{k}} d_{\boldsymbol{k}}^{+} d_{\boldsymbol{k}} E_{\boldsymbol{k},V} + \\ &+ \frac{1}{2} \sum_{\boldsymbol{k}_1,\boldsymbol{k}_2,\boldsymbol{k}_3,\boldsymbol{k}_4} d_{\boldsymbol{k}_1}^{+} d_{\boldsymbol{k}_2}^{+} d_{\boldsymbol{k}_3} d_{\boldsymbol{k}_4} W(\boldsymbol{k}_3 \boldsymbol{k}_4 \mid \boldsymbol{k}_1 \boldsymbol{k}_2) \end{aligned} \tag{21.13}$$

Hierin ist E_V die Energie des vollen Bandes, während der 2. Ausdruck die Energie der Defektelektronen ohne gegenseitige Wechselwirkung wiedergibt. Der letzte Ausdruck schließlich ist die durch (21.12) gegebene Coulombsche Wechselwirkung zwischen den Defektelektronen.

Im Folgenden lassen wir die Coulombsche Wechselwirkung zwischen den Defektelektronen außer acht und diskutieren den Ausdruck (21.11). Es könnte zunächst bei einem oberflächlichen Blick auf (21.11) scheinen, als ob die Defektelektronenenergie negativ wäre und somit nicht mit der eines freien Teilchens verglichen werden könnte. Betrachten wir aber ein typisches Valenzband (vgl. Fig. 27), so befindet sich dessen Maximum gerade an der Stelle $k = 0$. Entwickeln wir nun die Energie um die Stelle $k = 0$, so hat die Energie die Gestalt

$$E_{\boldsymbol{k},V} = E_{0,V} - \frac{\hbar^2 k^2}{2m_V}; \qquad m_V > 0 \tag{21.14}$$

Lassen wir die uninteressanten konstanten Ausdrücke in (21.13) weg, so erhalten wir schließlich für den *Hamiltonoperator der Defektelektronen*

$$H = \sum_{\boldsymbol{k}} d_{\boldsymbol{k}}^{+} d_{\boldsymbol{k}} \left(\frac{\hbar^2 k^2}{2m_V} - E_{0,V} \right) \tag{21.15}$$

Daraus geht klar hervor, daß die Defektelektronen sich wie Teilchen mit einer positiven scheinbaren Masse m_V verhalten.

Es geht jedoch noch nicht hervor, daß die Defektelektronen sowohl nach außen hin als auch unter dem Einfluß äußerer Felder sich wie Teilchen mit einer der Elektronenladung entgegengesetzten, also positiven Ladung verhalten. Um dies nachzuweisen, betrachten wir den Operator der Elektronenladungsdichte, den wir mit Hilfe der Betrachtungen von § 12 unmittelbar in der Form

$$\varrho(\boldsymbol{x}) = e\psi^+(\boldsymbol{x})\psi(\boldsymbol{x}) \tag{21.16}$$

schreiben können. Setzen wir noch die Entwicklung des Operators ψ nach Bandfunktionen ein, so erhalten wir

$$\varrho(\boldsymbol{x}) = e \sum_{\boldsymbol{k}\boldsymbol{k}'} \varphi_{\boldsymbol{k}}^*(\boldsymbol{x})\varphi_{\boldsymbol{k}'}(\boldsymbol{x})a_{\boldsymbol{k}}^+ a_{\boldsymbol{k}'} \tag{21.17}$$

Wir nehmen an, daß sich die Summe in (21.17) über alle Valenzbandzustände erstreckt. Um zu den Defektelektronen zu gelangen, benützen wir nun wieder die Beziehung (21.2) und ändern gemäß (21.4) die Reihenfolge der Operatoren ab, so daß wieder die Vernichtungsoperatoren für die Defektelektronen nach rechts zu stehen kommen. Damit erhalten wir für den Operator der Ladungsdichte, der nun mit Hilfe der Defektelektronenoperatoren ausgedrückt ist, den Ausdruck

$$\varrho(\boldsymbol{x}) = e \sum_{\boldsymbol{k}} |\varphi_{\boldsymbol{k}}(\boldsymbol{x})|^2 - e \sum_{\boldsymbol{k}\boldsymbol{k}'} \varphi_{\boldsymbol{k}'}^*(\boldsymbol{x})\varphi_{\boldsymbol{k}}(\boldsymbol{x})d_{\boldsymbol{k}}^+ d_{\boldsymbol{k}'} \tag{21.18}$$

Die erste Summe stellt dabei offensichtlich die Ladungsdichte des vollen, mit Elektronen gefüllten Valenzbandes dar. Da der Kristall als Ganzes neutral ist, müssen wir annehmen, daß diese Ladungsdichte von den positiv geladenen Kernen kompensiert wird. Es bleibt also nur noch die zweite Summe stehen, in der wir übrigens die Indizes vertauscht haben. Diese 2. Summe hat eine völlig analoge Struktur, wie der Ausdruck (21.17) bezüglich der Elektronen, nur daß jetzt offensichtlich das Vorzeichen der Ladung umgedreht ist. Rechnen wir kurz nach, daß die zugehörigen Erwartungswerte tatsächlich nun eine positive Ladungsdichte darstellen, wobei wir natürlich berücksichtigen müssen, daß die Elektronenladung in sich negativ ist. Dazu berechnen wir den Erwartungswert von dem Defektelektronenanteil des Ausdrucks (21.18) bezüglich eines Defektelektrons im Zustand k_0

$$\langle\varrho\rangle = \langle\Phi_{\boldsymbol{k}_0}|(-e) \sum_{\boldsymbol{k}\boldsymbol{k}'} \varphi_{\boldsymbol{k}'}^*(\boldsymbol{x})\varphi_{\boldsymbol{k}}(\boldsymbol{x})d_{\boldsymbol{k}}^+ d_{\boldsymbol{k}'}|\Phi_{\boldsymbol{k}_0}\rangle \tag{21.19}$$

mit $$\Phi_{\boldsymbol{k}_0} = d_{\boldsymbol{k}_0}^+ \Phi_V \tag{21.20}$$

Die Rechnungen verlaufen genauso, wie die vorangegangenen Rechnungen in diesem Kapitel, und es ergibt sich unmittelbar

$$\langle\varrho\rangle = -e|\varphi_{\boldsymbol{k}_0}|^2 \tag{21.21}$$

Dabei haben wir natürlich, um es nochmals zu betonen, die Ladungsdichte des vollen Bandes wegen der Kompensation des vollen Bandes weggelassen.

Zum Abschluß zeigen wir noch, daß die Ladung der Defektelektronen sich im Wechselwirkungsausdruck bei äußeren Feldern umdreht. Dazu betrachten wir als Beispiel ein konstantes elektrisches Feld. Der Ausdruck des Operators für die potentielle Energie lautet dann nach den Vorschriften, wie sie in § 12 hergeleitet sind

$$V_{Feld} = \int \psi^+(\boldsymbol{x})(-e\boldsymbol{E}\boldsymbol{x})\psi(\boldsymbol{x})d^3x \tag{21.22}$$

Wir setzen wieder die Entwicklung (20.2), (20.3) ein und erhalten dann unmittelbar

$$V_{Feld} = \sum_{\boldsymbol{k},\boldsymbol{k}'} M_{\boldsymbol{k}\boldsymbol{k}'} a_{\boldsymbol{k}}^+ a_{\boldsymbol{k}'} \tag{21.23}$$

wobei die Matrixelemente $M_{\boldsymbol{k}\boldsymbol{k}'}$ durch

$$M_{\boldsymbol{k}\boldsymbol{k}'} = \int \varphi_{\boldsymbol{k}}^*(\boldsymbol{x})(-e\boldsymbol{E}\boldsymbol{x})\varphi_{\boldsymbol{k}'}(\boldsymbol{x})d^3x \tag{21.24}$$

gegeben sind. Wir nehmen nun wieder die Transformationen (21.2) und (21.4) vor und erhalten dann unmittelbar

$$V_{Feld} = \sum_{\boldsymbol{k}} M_{\boldsymbol{k}\boldsymbol{k}} - \sum_{\boldsymbol{k}\boldsymbol{k}'} d_{\boldsymbol{k}'}^+ d_{\boldsymbol{k}} (M_{\boldsymbol{k}'\boldsymbol{k}})^* \tag{21.25}$$

Der 1. Ausdruck stellt wieder die potentielle Energie des vollen Bandes im elektrischen Feld dar. Auch hier dürfen wir wieder Ladungskompensation mit dem Grundgitter annehmen, so daß als wichtiger Ausdruck für uns nur die 2. Summe in (21.25) übrig bleibt. Auch hier hat sich offenbar das Vorzeichen geändert. Es erscheint also so, als hätte sich die Ladung umgedreht.

Wie wir aus dem vorangegangenen ersehen können, ist die Umkehr der elektrischen Ladung des Defektelektrons eine ganz simple Folge der Eigenschaften der Vertauschungsrelationen. Andererseits sind diese Defektelektronen in vielen Experimenten, insbesondere durch den anomalen Halleffekt, nachgewiesen (vgl. Fig. 31). Wir haben hier somit ein sehr schönes Beispiel, wie auf Grund ganz einfacher Gesetzmäßigkeiten der quantenfeldtheoretischen Behandlung weitreichende physikalische Folgerungen gezogen werden können, die gerade für Anwendungen, wir denken hier z. B. an die Transistoren, von grundlegender Wichtigkeit sind.

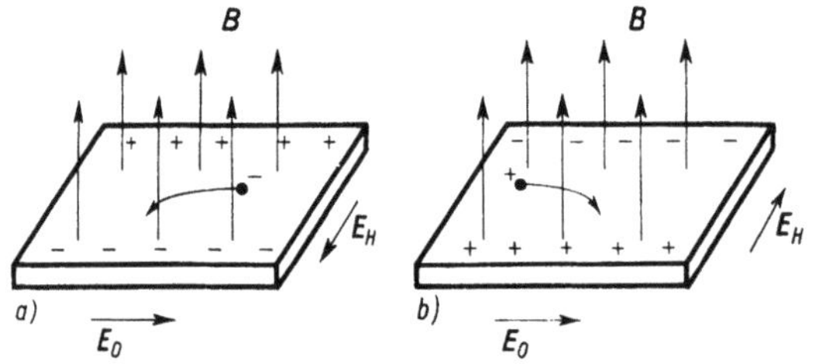

Fig. 31
a) Beim *Halleffekt* werden Ladungsträger im gekreuzten elektrischen und magnetischen Feld abgelenkt. Durch die Ladungsanhäufung wird die Hallspannung hervorgerufen
b) Der *anomale* Halleffekt ist nur dadurch zu verstehen, daß die Ladungsträger positives Vorzeichen haben

§ 22 Die Wechselwirkung zwischen Elektronen und Defektelektronen

Wir betrachten einen Kristall mit Halbleitercharakter, d. h. wir nehmen an, daß im Grundzustand dieses Kristalls das Valenzband voll mit Elektronen aufgefüllt, das Leitungsband hingegen leer ist. In diesem Paragraphen untersuchen wir nun, welche effektiven Wechselwirkungen sich ergeben, wenn wir eine Reihe von Elektronen aus dem Valenzband entfernen, d. h. Defektelektronen schaffen und wir außerdem eine Reihe von Elektronen in das Leitungsband hineinbringen. Physikalisch kann das z. B. so geschehen, daß man Licht einstrahlt, wobei die Elektronen aus dem Valenzband in das Leitungsband gehoben werden. Hierbei ist natürlich die Zahl der geschaffenen Elektronen im Leitungsband gleich der Zahl der Defektelektronen. Man kann aber auch durch Anlegen von Strömen Ladungsträger in den Kristall hineinschicken, so daß wir im folgenden es zulassen wollen, daß die Zahl der Elektronen im Leitungsband durchaus verschieden von der der Defektelektronen im Valenzband ist. Ausgangspunkt für unsere Betrachtungen ist, wie immer, die Schrödingergleichung

$$H\Phi = E\Phi, \tag{22.1}$$

deren Hamiltonoperator

$$H = \int \psi^+(\boldsymbol{x})\left(-\frac{\hbar^2}{2m}\Delta + V_G(\boldsymbol{x})\right)\psi(\boldsymbol{x})d^3x + \\ + \frac{1}{2}\iint \psi^+(\boldsymbol{x})\psi^+(\boldsymbol{x}')\frac{e^2}{|\boldsymbol{x}-\boldsymbol{x}'|}\psi(\boldsymbol{x}')\psi(\boldsymbol{x})d^3x\,d^3x' \tag{22.2}$$

uns schon früher begegnet ist und nicht mehr erläutert zu werden braucht. Da wir Zustände im Valenz- und Leitungsband explizit betrachten wollen, zerlegen wir die Operatoren des Wellenfeldes nach den Eigenfunktionen des Valenzbandes und des Leitungsbandes

$$\psi^+(\boldsymbol{x}) = \sum_{\boldsymbol{k}} a^+_{\boldsymbol{k},V}\varphi^*_{\boldsymbol{k},V}(\boldsymbol{x}) + \sum_{\boldsymbol{k}} a^+_{\boldsymbol{k},L}\varphi^*_{\boldsymbol{k},L}(\boldsymbol{x}) \tag{22.3}$$

$$\psi(\boldsymbol{x}) = \sum_{\boldsymbol{k}} a_{\boldsymbol{k},V}\varphi_{\boldsymbol{k},V}(\boldsymbol{x}) + \sum_{\boldsymbol{k}} a_{\boldsymbol{k},L}\varphi_{\boldsymbol{k},L}(\boldsymbol{x}) \tag{22.4}$$

Wir nehmen dabei an, daß diese Wellenfunktionen im Leitungs- und Valenzband durch einen effektiven Hamiltonoperator bestimmt sind.

$$H_{eff}\varphi(\boldsymbol{x}) = E\varphi(\boldsymbol{x}) \tag{22.5}$$

mit
$$H_{eff} = -\frac{\hbar^2}{2m}\Delta + V_{eff}(\boldsymbol{x}) \tag{22.5a}$$

Dieser Hamiltonoperator ist uns schon im vorletzten Paragraphen (§ 20) begegnet und wir denken uns, daß es gelungen sei, die Wellenfunktionen $\varphi_{\boldsymbol{k},V}$ und $\varphi_{\boldsymbol{k},L}$ zu bestimmen, was, wie wir bereits bemerkten, allerdings nicht Aufgabe der Quantenfeldtheorie ist, sondern den Experten der Bänderberechnung überlassen bleiben muß.

Für das Folgende setzen wir voraus, daß die Wellenfunktionen φ aufeinander orthogonal sind

$$\int \varphi^*_{\boldsymbol{k},i}(\boldsymbol{x})\varphi_{\boldsymbol{k}',j}(\boldsymbol{x})d^3x = \delta_{\boldsymbol{k}\boldsymbol{k}'}\cdot\delta_{ij} \tag{22.6}$$

Die Entwicklungskoeffizienten a und a^+ in (22.3), (22.4) sind natürlich wieder Operatoren, die den Vertauschungsrelationen

$$\begin{aligned} &a_{\boldsymbol{k},i}a_{\boldsymbol{k}',j} + a_{\boldsymbol{k}',j}a_{\boldsymbol{k},i} = 0 \\ &a^+_{\boldsymbol{k},i}a^+_{\boldsymbol{k}',j} + a^+_{\boldsymbol{k}',j}a^+_{\boldsymbol{k},i} = 0 \\ &a_{\boldsymbol{k},i}a^+_{\boldsymbol{k}',j} + a^+_{\boldsymbol{k}',j}a_{\boldsymbol{k},i} = \delta_{\boldsymbol{k}\boldsymbol{k}'}\delta_{ij} \end{aligned} \tag{22.7}$$

genügen. Gemäß den beiden Integralen in (22.2) spalten wir den Hamiltonoperator in einen Anteil auf, der gewissermaßen die freie Bewegung der Teilchen beschreibt und einen zweiten Teil, der die Wechselwirkung wiedergibt

$$H = H_0 + H_{WW} \tag{22.8}$$

Setzen wir in die entsprechenden Ausdrücke die Entwicklungen (22.3) und (22.4) ein, so erhalten wir für H_0 den Ausdruck

$$H_0 = \sum_{\boldsymbol{k},\boldsymbol{k}',i,j} a^+_{\boldsymbol{k},i}a_{\boldsymbol{k}',j} \int \varphi^*_{\boldsymbol{k},i}(\boldsymbol{x})\left(-\frac{\hbar^2}{2m}\Delta + V(\boldsymbol{x})\right)\varphi_{\boldsymbol{k}',j}(\boldsymbol{x})d^3x \tag{22.9}$$
$$i,j = L, V$$

Wegen der Translationssymmetrie des Problems dürfen wir annehmen, daß die Doppelsumme über $\boldsymbol{k}$ und $\boldsymbol{k}'$ sich auf eine einzige Summe reduziert. Die Indizes i und j dürfen die beiden Werte L (Leitungsband) und V (Valenzband) annehmen. Der zweite in (22.8) auftretende Ausdruck, der sich auf die Wechselwirkung bezieht, nimmt nach Einsetzen der Entwicklungen (22.3) und (22.4) die Form

$$\begin{aligned} H_{WW} = \frac{1}{2}\sum_{\boldsymbol{k}_1\boldsymbol{k}_2\boldsymbol{k}_3\boldsymbol{k}_4,j_1j_2j_3j_4} & a^+_{\boldsymbol{k}_1,j_1}a^+_{\boldsymbol{k}_2,j_2}a_{\boldsymbol{k}_3,j_3}a_{\boldsymbol{k}_4,j_4}\cdot \\ \cdot\iint \varphi^*_{\boldsymbol{k}_1,j_1}(\boldsymbol{x})\varphi^*_{\boldsymbol{k}_2,j_2}(\boldsymbol{x}') & \frac{e^2}{|\boldsymbol{x}-\boldsymbol{x}'|}\varphi_{\boldsymbol{k}_3,j_3}(\boldsymbol{x}')\varphi_{\boldsymbol{k}_4,j_4}(\boldsymbol{x})d^3x\,d^3x' \end{aligned} \tag{22.10}$$

an. Unser weiteres Vorgehen ist im Prinzip höchst einfach. Wir führen wieder statt der Elektronenoperatoren des Valenzbandes die Defektelektronenoperatoren gemäß

$$\begin{aligned} a_{\boldsymbol{k},V} &= d^+_{\boldsymbol{k}} \\ a^+_{\boldsymbol{k},V} &= d_{\boldsymbol{k}} \end{aligned} \tag{22.11}$$

ein. Zur Vereinfachung der Schreibweise lassen wir ferner bei den Operatoren, die sich auf Leitungsband-Elektronen beziehen, den Index L weg:

$$\begin{aligned} a_{\boldsymbol{k},L} &\equiv a_{\boldsymbol{k}} \\ a^+_{\boldsymbol{k},L} &\equiv a^+_{\boldsymbol{k}} \end{aligned}$$

Im folgenden machen wir eine Näherung. Wir nehmen nämlich an, daß die Zahl der Elektronen im Leitungs- und Valenzband getrennt erhalten bleibt. Diese Voraussetzung mag auf den ersten Blick als selbstverständlich erscheinen, da wir ja keine reellen Übergänge zwischen Valenz- und Leitungsband betrachten, d. h. annehmen, daß die Vorgänge der Erzeugung der Elektronen und Defektelektronen bereits abgeschlossen sind. Wir betrachten nur noch, wie sich die so geschaffenen Elektronen und Defektelektronen verhalten. Wir müssen aber hier ausdrücklich betonen, daß es sich bei dieser scheinbaren Evidenz um eine einschneidende Näherung handelt, indem wir nämlich die sogenannten virtuellen Übergänge vernachlässigen. Hierbei handelt es sich darum, daß sich unter dem Einfluß der Wechselwirkungen Polarisationseffekte einstellen, bei denen z. B. Elektronenfunktionen im Valenzband solchen des Leitungsbandes überlagert werden, ohne daß dabei ein reeller Übergang vor sich geht. Auf derartige Effekte werden wir später noch ausführlich in § 25 zu sprechen kommen, doch wollen wir uns jetzt in den Formalismus hineinstürzen. Dieser besteht darin, daß wir die Defektelektronenoperatoren nach (22.11) einführen und diese im Hamiltonoperator so umordnen, daß jeweils alle Vernichtungsoperatoren rechts stehen. Nach unseren Voraussetzungen nehmen wir in H_0 folgende Vereinfachungen und Umformungen vor

$$\text{Für } i = j = L: \quad a^+_{k,L} a_{k,L} \equiv a^+_k a_k \tag{22.12}$$

$$\text{Für } i = j = V: \quad a^+_{k,V} a_{k,V} = 1 - d^+_k d_k \tag{22.13}$$

In H_{WW} müssen wir verschiedene Indexkombinationen berücksichtigen, nämlich die folgenden:

1. Alle Indizes gehören zum Leitungsband

$$j_1 = j_2 = j_3 = j_4 = L \tag{22.14}$$

2. Alle Indizes gehören zum Valenzband

$$j_1 = j_2 = j_3 = j_4 = V \tag{22.15}$$

3. Je zwei Indizes gehören zum Valenzband und zwei zum Leitungsband, jedoch so, daß nicht gleichzeitig 2 Teilchen im Leitungsband und 2 im Valenzband erzeugt werden, sondern nur so, daß ein Teilchen im Leitungsband vernichtet und erzeugt und ein Teilchen im Valenzband vernichtet und erzeugt wird. Dieses gibt die Indexkombinationen

$$\begin{Bmatrix} j_1 = j_4 = V & \quad j_1 = j_4 = L \\ j_2 = j_3 = L & \quad j_2 = j_3 = V \end{Bmatrix} \tag{22.16}$$

die, wie wir zeigen werden, identische Beiträge liefern, sowie die Indexkombinationen

$$\begin{Bmatrix} j_1 = j_3 = V & \quad j_1 = j_3 = L \\ j_2 = j_4 = L & \quad j_2 = j_4 = V \end{Bmatrix} \tag{22.17}$$

die ebenfalls identische Beiträge liefern. Für das Folgende kürzen wir das Matrixelement, das die Coulombsche Wechselwirkung beschreibt, in der folgenden Weise ab:

$$\iint \varphi^*_{\boldsymbol{k}_1 j_1}(\boldsymbol{x})\, \varphi^*_{\boldsymbol{k}_2, j_2}(\boldsymbol{x}')\, \frac{e^2}{|\boldsymbol{x}-\boldsymbol{x}'|}\, \varphi_{\boldsymbol{k}_3, j_3}(\boldsymbol{x}')\, \varphi_{\boldsymbol{k}_4, j_4}(\boldsymbol{x})\, d^3x\, d^3x' = W\begin{pmatrix} \boldsymbol{k}_1 \boldsymbol{k}_2 & | & \boldsymbol{k}_3 \boldsymbol{k}_4 \\ j_1\, j_2 & | & j_3\, j_4 \end{pmatrix} \tag{22.18}$$

Die obere Reihe in W bezieht sich dabei auf die $\boldsymbol{k}$-Vektoren, die untere Reihe auf die Indizes für Leitungs- oder Valenzband. Auf Grund der Indexkombinationen (22.14) und (22.17) gibt es zum Wechselwirkungsoperator ganz verschiedene Beiträge, nämlich die Wechselwirkungen im Leitungsband, die Wechselwirkungen im Valenzband und die Wechselwirkungen zwischen Leitungs- und Valenzband

$$H_{WW} = H_{LL} + H_{VV} + H_{LV} \tag{22.19}$$

Entsprechend der Aufteilung (22.19) erhalten wir die folgenden Beiträge

1. *die Wechselwirkung unter den Leitungsbandelektronen*

$$H_{LL} = \frac{1}{2} \sum_{\boldsymbol{k}_1 \ldots \boldsymbol{k}_4} a^+_{\boldsymbol{k}_1} a^+_{\boldsymbol{k}_2} a_{\boldsymbol{k}_3} a_{\boldsymbol{k}_4}\, W\begin{pmatrix} \boldsymbol{k}_1 \boldsymbol{k}_2 & | & \boldsymbol{k}_3 \boldsymbol{k}_4 \\ L\, L & | & L\, L \end{pmatrix} \tag{22.20}$$

2. *die Wechselwirkung unter den Defektelektronen*

$$H_{VV} = \frac{1}{2} \sum_{\boldsymbol{k}_1 \ldots \boldsymbol{k}_4} d_{\boldsymbol{k}_1} d_{\boldsymbol{k}_2} d^+_{\boldsymbol{k}_3} d^+_{\boldsymbol{k}_4}\, W\begin{pmatrix} \boldsymbol{k}_1 \boldsymbol{k}_2 & | & \boldsymbol{k}_3 \boldsymbol{k}_4 \\ V\, V & | & V\, V \end{pmatrix} \tag{22.21}$$

Bringen wir hierin die Vernichtungsoperatoren wieder nach rechts, so begegnen uns Ausdrücke, die wir schon von dem vorangegangenen Kapitel über die Defektelektronen kennen. H_{VV} läßt sich nämlich in der Form wiedergeben:

$$\begin{aligned} H_{VV} = \frac{1}{2} \sum_{\boldsymbol{k}_1 \ldots \boldsymbol{k}_4} \{ & \underbrace{\delta_{\boldsymbol{k}_2 \boldsymbol{k}_3} \delta_{\boldsymbol{k}_1 \boldsymbol{k}_4}}_{A} - \underbrace{\delta_{\boldsymbol{k}_1 \boldsymbol{k}_3} \delta_{\boldsymbol{k}_2 \boldsymbol{k}_4}}_{B} - \\ & - \underbrace{\delta_{\boldsymbol{k}_2 \boldsymbol{k}_3} d^+_{\boldsymbol{k}_4} d_{\boldsymbol{k}_1}}_{C} + \underbrace{\delta_{\boldsymbol{k}_1 \boldsymbol{k}_3} d^+_{\boldsymbol{k}_4} d_{\boldsymbol{k}_2}}_{D} + \\ & + \underbrace{\delta_{\boldsymbol{k}_2 \boldsymbol{k}_4} d^+_{\boldsymbol{k}_3} d_{\boldsymbol{k}_1}}_{E} - \underbrace{\delta_{\boldsymbol{k}_1 \boldsymbol{k}_4} d^+_{\boldsymbol{k}_3} d_{\boldsymbol{k}_2}}_{F} + \\ & + \underbrace{d^+_{\boldsymbol{k}_3} d^+_{\boldsymbol{k}_4} d_{\boldsymbol{k}_1} d_{\boldsymbol{k}_2}}_{G} \}\, W\begin{pmatrix} \boldsymbol{k}_1 \boldsymbol{k}_2 & | & \boldsymbol{k}_3 \boldsymbol{k}_4 \\ V\, V & | & V\, V \end{pmatrix} \end{aligned} \tag{22.22}$$

Wir diskutieren die einzelnen Glieder A bis G, wobei der Faktor $W\begin{pmatrix} \boldsymbol{k}_1 \boldsymbol{k}_2 & | & \boldsymbol{k}_3 \boldsymbol{k}_4 \\ V\, V & | & V\, V \end{pmatrix}$ jeweils dazu zu rechnen ist. Das Glied A gibt die Coulomb-Wechselwirkung im vollen Valenzband wieder und ist natürlich experimentell nicht nachzuweisen. Das Glied B gibt die Coulomb-Austauschwechselwirkung im vollen Valenzband wieder, während C die Wechselwirkung von Defektelektronen mit Valenzelektronen und D die entsprechende Coulomb-Austauschwechselwirkung darstellt. Ferner sind die weiteren

Glieder mit früheren Gliedern identisch: $E = D$, $F = C$. Das letzte Glied schließlich stellt die Coulombsche Wechselwirkung zwischen zwei Defektelektronen dar. Die Glieder C und D sind uns schon in § 20 (bzw. 21) begegnet. Wie wir damals sahen, handelt es sich hier um effektive Potentialbeiträge, die zur Bestimmung der Bandfunktionen mit Hilfe eines „selfconsistent field"-Verfahrens herangezogen werden müssen. Für uns sind diese Glieder jedoch nicht weiter von Belang, sondern lediglich das einzig übrig bleibende Glied G.

3. Betrachten wir das im jetzigen Zusammenhang wichtigste Glied, das die Wechselwirkung zwischen den *Leitungs- und Defektelektronen beschreibt*. Gemäß den Tabellen (22.16) und (22.17) gibt es hier zwei verschiedenartige Beiträge. Wir untersuchen den Wechselwirkungsausdruck

$$H_{LV} = \frac{1}{2} \sum a^{+}_{\mathbf{k}_1 j_1} a^{+}_{\mathbf{k}_2 j_2} a_{\mathbf{k}_3 j_3} a_{\mathbf{k}_4 j_4} W\left(\begin{smallmatrix} \mathbf{k}_1 & \mathbf{k}_2 \\ j_1 & j_2 \end{smallmatrix} \middle| \begin{smallmatrix} \mathbf{k}_3 & \mathbf{k}_4 \\ j_3 & j_4 \end{smallmatrix}\right) \tag{22.23}$$

wobei die Indizes $j_1, \ldots, j_4$ den Einschränkungen (22.16) oder (22.17) unterliegen. Wir haben also nur Beiträge nach folgendem Schema zu betrachten:

$$\left.\begin{matrix} L \;\; V \;\; V \;\; L \rightarrow a^{+}_{\mathbf{k}_1} a_{\mathbf{k}_4} d_{\mathbf{k}_2} d^{+}_{\mathbf{k}_3} \\ V \;\; L \;\; L \;\; V \rightarrow a^{+}_{\mathbf{k}_2} a_{\mathbf{k}_3} d_{\mathbf{k}_1} d^{+}_{\mathbf{k}_4} \end{matrix}\right\} \tag{22.24}$$

$$\left.\begin{matrix} L \;\; V \;\; L \;\; V \rightarrow -a^{+}_{\mathbf{k}_1} a_{\mathbf{k}_3} d_{\mathbf{k}_2} d^{+}_{\mathbf{k}_4} \\ V \;\; L \;\; V \;\; L \rightarrow -a^{+}_{\mathbf{k}_2} a_{\mathbf{k}_4} d_{\mathbf{k}_1} d^{+}_{\mathbf{k}_3} \end{matrix}\right\} \tag{22.25}$$

Wir zeigen, daß die Beiträge zu (22.23), die von den Kombinationen (22.24) herrühren, identisch sind und daß das Entsprechende für die zweite Gruppe von Beiträgen von (22.25) ebenfalls gilt. Dazu benennen wir die Indizes in der Summe (22.23), die sich auf die 2. Kombination in (22.24) bezieht, um. Wir ersetzen $\mathbf{k}_1$ durch $\mathbf{k}_2$, $\mathbf{k}_2$ durch $\mathbf{k}_1$, $\mathbf{k}_3$ durch $\mathbf{k}_4$ und $\mathbf{k}_4$ durch $\mathbf{k}_3$. Dadurch geht offensichtlich die 2. Zeile in (22.24) in die 1. Zeile über. Gleichzeitig entsteht aber aus dem Matrixelement W in (22.23) ein neues Matrixelement gemäß

$$W\left(\begin{smallmatrix} \mathbf{k}_1 & \mathbf{k}_2 \\ L & V \end{smallmatrix} \middle| \begin{smallmatrix} \mathbf{k}_3 & \mathbf{k}_4 \\ V & L \end{smallmatrix}\right) \rightarrow W\left(\begin{smallmatrix} \mathbf{k}_2 & \mathbf{k}_1 \\ V & L \end{smallmatrix} \middle| \begin{smallmatrix} \mathbf{k}_4 & \mathbf{k}_3 \\ L & V \end{smallmatrix}\right) \tag{22.26}$$

wobei in der expliziten Form des Matrixelementes die Koordinaten vertauscht werden müssen

$$\mathbf{x} \rightarrow \mathbf{x}' \tag{22.27}$$

Das Wichtigste ist nun, daß, wie man sich anhand der expliziten Form (22.18) sofort überzeugen kann, die beiden Matrixelemente in (22.26) einander gleich sind. Das Entsprechende beweist man dann für die beiden Kombinationen in (22.25). Für das Folgende genügt es also, wenn wir uns auf die jeweils 1. Kombination von (22.24) und (22.25) beschränken und die restlichen beiden Kombinationen dadurch berücksichtigen, daß wir in der Summe (22.23) den Faktor 2 hinzufügen. Von der ersten Zeile in (22.24) herrührend, bekommen wir einen Wechselwirkungsausdruck für (22.23), den wir wieder mit Hilfe der Vertauschungsrelationen der Defektelektronenoperatoren in der uns nun schon geläufigen Weise umformen können, wobei wir

$$H_{LV}^{(1)} = \sum_{\boldsymbol{k}_1 \ldots \boldsymbol{k}_4} a_{\boldsymbol{k}_1}^+ a_{\boldsymbol{k}_4} \delta_{\boldsymbol{k}_2 \boldsymbol{k}_3} W\left(\begin{smallmatrix} \boldsymbol{k}_1 & \boldsymbol{k}_2 \\ L & V \end{smallmatrix} \middle| \begin{smallmatrix} \boldsymbol{k}_3 & \boldsymbol{k}_4 \\ V & L \end{smallmatrix}\right) - \\ - \sum_{\boldsymbol{k}_1 \cdots \boldsymbol{k}_4} a_{\boldsymbol{k}_1}^+ a_{\boldsymbol{k}_4} d_{\boldsymbol{k}_3}^+ d_{\boldsymbol{k}_2} W\left(\begin{smallmatrix} \boldsymbol{k}_1 & \boldsymbol{k}_2 \\ L & V \end{smallmatrix} \middle| \begin{smallmatrix} \boldsymbol{k}_3 & \boldsymbol{k}_4 \\ V & L \end{smallmatrix}\right) \tag{22.28}$$

erhalten. Die 1. Summe hierin beschreibt die *Wechselwirkung eines Elektrons im Leitungsband mit dem vollen Valenzband.* Dies wird besonders deutlich, wenn wir die Vorschrift des Kroneckersymbols anwenden und die Summe ein klein wenig umformen. Wir erhalten dann für den 1. Teil in (22.28) den Ausdruck

$$\sum_{\boldsymbol{k}_1 \boldsymbol{k}_4} a_{\boldsymbol{k}_1}^+ a_{\boldsymbol{k}_4} \sum_{\boldsymbol{k}} W\left(\begin{smallmatrix} \boldsymbol{k}_1 & \boldsymbol{k} \\ L & V \end{smallmatrix} \middle| \begin{smallmatrix} \boldsymbol{k} & \boldsymbol{k}_4 \\ V & L \end{smallmatrix}\right) \tag{22.29}$$

Um ihn vollends zu deuten, benutzen wir die explizite Form von W, die in (22.18) dargestellt ist und erhalten dann

$$\sum_{\boldsymbol{k}} W\left(\begin{smallmatrix} \boldsymbol{k}_1 & \boldsymbol{k} \\ L & V \end{smallmatrix} \middle| \begin{smallmatrix} \boldsymbol{k} & \boldsymbol{k}_4 \\ V & L \end{smallmatrix}\right) = \int \varphi_{\boldsymbol{k}_1}^*(\boldsymbol{x}) \left\{ \int \sum_{\boldsymbol{k}} |\varphi_{\boldsymbol{k}}(\boldsymbol{x}')|^2 \frac{e^2}{|\boldsymbol{x} - \boldsymbol{x}'|} d^3x' \right\} \varphi_{\boldsymbol{k}_4}(\boldsymbol{x}) d^3x \tag{22.30}$$

Dieses zeigt, wie schon angekündigt, daß die 1. Summe in (22.28) nichts anderes darstellt als die Wechselwirkungsenergie eines Leitungselektrons mit dem vollen Valenzband. Der zweite Ausdruck in (22.28) beschreibt die Vernichtung und anschließende Erzeugung eines Defektelektrons und gleichzeitig damit die Vernichtung und anschließende Erzeugung eines Elektrons. Dieser Ausdruck beschreibt also die *Streuung eines Elektrons an einem Defektelektron aufgrund der Coulombschen Wechselwirkung*, die in unserem Formalismus in dem Wechselwirkungsausdruck W steckt. In ähnlicher Weise läßt sich derjenige Anteil des Wechselwirkungsoperators (22.23) schreiben, der von (22.25) herrührt. Wir erhalten dann sofort

$$H_{LV}^{(2)} = - \sum_{\boldsymbol{k}_1 \ldots \boldsymbol{k}_4} a_{\boldsymbol{k}_2}^+ a_{\boldsymbol{k}_4} \delta_{\boldsymbol{k}_1 \boldsymbol{k}_3} W\left(\begin{smallmatrix} \boldsymbol{k}_1 & \boldsymbol{k}_2 \\ V & L \end{smallmatrix} \middle| \begin{smallmatrix} \boldsymbol{k}_3 & \boldsymbol{k}_4 \\ V & L \end{smallmatrix}\right) \\ + \sum_{\boldsymbol{k}_1 \ldots \boldsymbol{k}_4} a_{\boldsymbol{k}_2}^+ a_{\boldsymbol{k}_4} d_{\boldsymbol{k}_3}^+ d_{\boldsymbol{k}_1} W\left(\begin{smallmatrix} \boldsymbol{k}_1 & \boldsymbol{k}_2 \\ V & L \end{smallmatrix} \middle| \begin{smallmatrix} \boldsymbol{k}_3 & \boldsymbol{k}_4 \\ V & L \end{smallmatrix}\right) \tag{22.31}$$

Der 1. Ausdruck läßt sich deuten als die *Austauschwechselwirkung eines Elektrons im Leitungsband mit dem vollen Valenzband*, während der letzte Ausdruck wiederum sehr wichtig ist, weil er die *Coulombsche Austauschwechselwirkung zwischen einem Elektron im Leitungsband und einem Defektelektron* beschreibt. Daß es sich hierbei um eine *Austauschwechselwirkung* handelt wird klar, wenn man W gemäß der expliziten Darstellung (22.18) untersucht und dabei feststellt, daß für gleiche $\boldsymbol{k}$-Werte im Valenzband, d.h. für $\boldsymbol{k}_1 = \boldsymbol{k}_3$ und für gleiche $\boldsymbol{k}$-Werte im Leitungsband, d.h. für $\boldsymbol{k}_2 = \boldsymbol{k}_4$ gemischte Ladungsdichten auftreten. Unsere bisherigen Betrachtungen waren zwar elementar, trotzdem natürlich etwas ausgedehnt. Deshalb wollen wir uns nun nochmals ansehen, was wir mit diesen Umformungen erreicht haben. Es ging ja darum, statt der Elektronenoperatoren im Valenzband die entsprechenden Defektelektronenoperatoren einzuführen. Dabei ergeben sich ganz verschiedene Beiträge, die nun verschiedenartigen physikalischen Prozessen zugeordnet werden können. Wir fassen unsere bisherigen Ergebnisse in der folgenden Weise zu einem gesamten *Hamiltonoperator für Elektronen und Defektelektronen* zusammen

$$H = H_0 + H_{WW} = H_{El} + H_D + H_{El\text{-}D} + H_{El\text{-}El} + H_{D\text{-}D} + W_{voll} \tag{22.32}$$

Die Indizes El (= Elektron) und D (= Defektelektron) geben an, welche Operatoren in den einzelnen H's auftreten. Gehen wir die einzelnen Beiträge durch, die wir dadurch erhalten, daß wir die oben abgeleiteten Ausdrücke in geeigneter Weise zusammenfassen.

$$\begin{aligned} H_{El} = \sum_{\boldsymbol{k}} a_{\boldsymbol{k}}^+ a_{\boldsymbol{k}} \Bigg\{ \int \varphi_{\boldsymbol{k},L}^* \left(-\frac{\hbar^2}{2m} \Delta + V(\boldsymbol{x}) \right) \varphi_{\boldsymbol{k},L} \, d^3x \, + \\ + \sum_{\boldsymbol{k}'} \left\{ W\left(\begin{smallmatrix}\boldsymbol{k}\,\boldsymbol{k}'\\ L\,V\end{smallmatrix}\middle|\begin{smallmatrix}\boldsymbol{k}'\,\boldsymbol{k}\\ V\,L\end{smallmatrix}\right) - W\left(\begin{smallmatrix}\boldsymbol{k}'\,\boldsymbol{k}\\ V\,L\end{smallmatrix}\middle|\begin{smallmatrix}\boldsymbol{k}'\,\boldsymbol{k}\\ V\,L\end{smallmatrix}\right) \right\} \Bigg\} \end{aligned} \tag{22.33}$$

beschreibt die *Energie der Elektronen im Leitungsband* (aber ohne Wechselwirkung untereinander oder mit den Defektelektronen). Dieser Ausdruck wurde bereits in § 20 gefunden und diskutiert. Wegen der Translationssymmetrie dürfen wir aber $\boldsymbol{k}_1 = \boldsymbol{k}_4$ setzen. Einen ganz entsprechenden Ausdruck erhalten wir für die Defektelektronen (ohne Wechselwirkung untereinander oder mit den Elektronen).

$$\begin{aligned} H_D = -\sum_{\boldsymbol{k}} d_{\boldsymbol{k}}^+ d_{\boldsymbol{k}} \Bigg\{ \int \varphi_{\boldsymbol{k},V}^* \left(-\frac{\hbar^2}{2m} \Delta + V(\boldsymbol{x}) \right) \varphi_{\boldsymbol{k},V} \, d^3x \, + \\ + \sum_{\boldsymbol{k}'} \left\{ (W\left(\begin{smallmatrix}\boldsymbol{k}\,\boldsymbol{k}'\\ V\,V\end{smallmatrix}\middle|\begin{smallmatrix}\boldsymbol{k}'\,\boldsymbol{k}\\ V\,V\end{smallmatrix}\right) - W\left(\begin{smallmatrix}\boldsymbol{k}'\,\boldsymbol{k}\\ V\,V\end{smallmatrix}\middle|\begin{smallmatrix}\boldsymbol{k}'\,\boldsymbol{k}\\ V\,V\end{smallmatrix}\right) \right\} \Bigg\} \end{aligned} \tag{22.34}$$

Auch dieser Ausdruck ist uns schon früher, und zwar in § 21 begegnet. Der nächste Ausdruck ist für unsere weiteren Betrachtungen, die sich auf Halbleiter beziehen, von grundlegender Wichtigkeit. Er beschreibt nämlich die *Wechselwirkung zwischen Elektronen* und *Defektelektronen*

$$\begin{aligned} H_{El\text{-}D} = \sum_{\boldsymbol{k}_1 \ldots \boldsymbol{k}_4} (-1) a_{\boldsymbol{k}_1}^+ a_{\boldsymbol{k}_4} d_{\boldsymbol{k}_3}^+ d_{\boldsymbol{k}_2} W\left(\begin{smallmatrix}\boldsymbol{k}_1\boldsymbol{k}_2\\ L\;V\end{smallmatrix}\middle|\begin{smallmatrix}\boldsymbol{k}_3\boldsymbol{k}_4\\ V\;L\end{smallmatrix}\right) + \\ + \sum_{\boldsymbol{k}_1 \ldots \boldsymbol{k}_4} a_{\boldsymbol{k}_2}^+ a_{\boldsymbol{k}_4} d_{\boldsymbol{k}_3}^+ d_{\boldsymbol{k}_1} W\left(\begin{smallmatrix}\boldsymbol{k}_1\boldsymbol{k}_2\\ V\;L\end{smallmatrix}\middle|\begin{smallmatrix}\boldsymbol{k}_3\boldsymbol{k}_4\\ V\;L\end{smallmatrix}\right) \end{aligned} \tag{22.35}$$

Wichtig ist dabei das hier explizit angegebene Minuszeichen, das sich anschaulich folgendermaßen deuten läßt: in der Coulomb-Wechselwirkung, die ja proportional zum Quadrat der Ladung e war, hat sich das Vorzeichen einer Ladung umgekehrt und damit ist, wie wir schon früher sahen, die Defektelektronenladung positiv geworden. Die drei letzten Glieder in (22.32) sind besonders einfach zu deuten. Es sind dies die *Elektron-Elektron-Wechselwirkung im Leitungsband*

$$H_{El\text{-}El} = \frac{1}{2} \sum_{\boldsymbol{k}_1 \ldots \boldsymbol{k}_4} a_{\boldsymbol{k}_1}^+ a_{\boldsymbol{k}_2}^+ a_{\boldsymbol{k}_3} a_{\boldsymbol{k}_4} W\left(\begin{smallmatrix}\boldsymbol{k}_1\boldsymbol{k}_2\\ L\;L\end{smallmatrix}\middle|\begin{smallmatrix}\boldsymbol{k}_3\boldsymbol{k}_4\\ L\;L\end{smallmatrix}\right) \tag{22.36}$$

die *Defektelektron-Defektelektron-Wechselwirkung im Valenzband*

$$H_{D\text{-}D} = \frac{1}{2} \sum_{\boldsymbol{k}_1 \ldots \boldsymbol{k}_4} d_{\boldsymbol{k}_3}^+ d_{\boldsymbol{k}_4}^+ d_{\boldsymbol{k}_1} d_{\boldsymbol{k}_2} W\left(\begin{smallmatrix}\boldsymbol{k}_1\boldsymbol{k}_2\\ V\;V\end{smallmatrix}\middle|\begin{smallmatrix}\boldsymbol{k}_3\boldsymbol{k}_4\\ V\;V\end{smallmatrix}\right) \tag{22.37}$$

und schließlich noch ein konstantes Glied, das keine Operatoren mehr enthält:

$$\begin{aligned} W_{voll} = & \sum_{\boldsymbol{k}} \int \varphi^*_{\boldsymbol{k},V} \left(-\frac{\hbar^2}{2m} \Delta + V(\boldsymbol{x}) \right) \varphi_{\boldsymbol{k},V} \, d^3x + \\ & + \frac{1}{2} \sum_{\boldsymbol{k}\boldsymbol{k}'} \left\{ W\left({\boldsymbol{k}\,\boldsymbol{k}' \atop V\,V} \middle| {\boldsymbol{k}'\,\boldsymbol{k} \atop V\,V} \right) - W\left({\boldsymbol{k}\,\boldsymbol{k}' \atop V\,V} \middle| {\boldsymbol{k}\,\boldsymbol{k}' \atop V\,V} \right) \right\} \end{aligned} \tag{22.38}$$

beschreibt einfach die *Energie des vollen Valenzbandes.*

Betrachten wir abschließend noch die in den einzelnen Energieausdrücken (22.33) und (22.34) auftretenden äußerst langen Klammerausdrücke. Diese Klammerausdrücke sind uns, wie wir bei näherem Hinsehen feststellen, schon früher in den §§ 20 bzw. 21 begegnet, und zwar bedeuten diese nichts anderes als die Erwartungswerte für die Energien der Elektronen bzw. Defektelektronen. Um dem Leser das Zurückblättern zu ersparen, wiederholen wir diese Ausdrücke hier nochmals und haben dann

$$\int \varphi^*_{\boldsymbol{k},L} \left(-\frac{\hbar^2}{2m} \Delta + V(\boldsymbol{x}) \right) \varphi_{\boldsymbol{k},L} \, d^3x + \sum_{\boldsymbol{k}'} \left\{ W\left({\boldsymbol{k}\,\boldsymbol{k}' \atop L\,V} \middle| {\boldsymbol{k}'\,\boldsymbol{k} \atop V\,L} \right) - W\left({\boldsymbol{k}'\,\boldsymbol{k} \atop V\,L} \middle| {\boldsymbol{k}'\,\boldsymbol{k} \atop V\,L} \right) \right\} = E_L(\boldsymbol{k}) \tag{22.39}$$

und

$$\int \varphi^*_{\boldsymbol{k},V} \left(-\frac{\hbar^2}{2m} \Delta + V(\boldsymbol{x}) \right) \varphi_{\boldsymbol{k},V} \, d^3x + \sum_{\boldsymbol{k}'} \left\{ W\left({\boldsymbol{k}\,\boldsymbol{k}' \atop V\,V} \middle| {\boldsymbol{k}'\,\boldsymbol{k} \atop V\,V} \right) - W\left({\boldsymbol{k}\,\boldsymbol{k}' \atop V\,V} \middle| {\boldsymbol{k}\,\boldsymbol{k}' \atop V\,V} \right) \right\} = E_V(\boldsymbol{k}) \tag{22.40}$$

In den meisten experimentell wichtigen Fällen dürfen wir annehmen, daß sich die Elektronen und Defektelektronen jeweils in der Nähe der Bandkanten aufhalten. Deshalb ist es sofort möglich, $E_{\boldsymbol{k},L}$ in der Form

$$E_{\boldsymbol{k},L} = E_{0,L} + \frac{\hbar^2 k^2}{2m_L} \tag{22.39a}$$

und $E_{\boldsymbol{k},V}$ in der Form

$$E_{\boldsymbol{k},V} = E_{0,V} - \frac{\hbar^2 k^2}{2m_V} \tag{22.40a}$$

zu entwickeln. Wenn die Minima entartet sind und an Stellen liegen, für die $k \neq 0$ ist, kann man natürlich entsprechende Entwicklungen durchführen. Doch soll auf diese Feinheiten nicht eingegangen werden, weil dies nichts mit der grundsätzlichen Methode der Quantenfeldtheorie zu tun hat. Der Hamiltonoperator H kann nun Ausgangspunkt für eine ganze Reihe physikalisch äußerst wichtiger Probleme sein. Im Folgenden werden wir den Fall herausgreifen, daß sich nur ein Elektron und nur ein Defektelektron in den entsprechenden Bändern befinden. Wir werden dann sofort sehen, daß hier grundsätzlich neue Zustände auftreten können, die sogenannten Exzitonen.

Aber auch der allgemeine Hamiltonoperator, der sich auf viele Elektronen und Defektelektronen bezieht, ist in letzter Zeit von großer Aktualität geworden, da es möglich wurde, durch hohe Laserintensitäten sehr viele Elektronen aus dem Valenzband in das Leitungsband zu bringen. Hierauf werden wir noch in § 26 über „Exzitonenmaterie" eingehen.

§ 23 Exzitonen mit großem Bahnradius (Wannier-Exzitonen)

Im vorausgegangenen Paragraphen haben wir einen Hamiltonoperator für das folgende Problem hergeleitet: Während sich im Leitungsband eine bestimmte Zahl von Elektronen befindet, ist das Valenzband mit einer weiteren Zahl von Defektelektronen besetzt. Wie wir gesehen haben, können wir die Elektronen und Defektelektronen wie freie Teilchen mit einer bestimmten scheinbaren Masse beschreiben. Zwischen diesen Teilchen herrschen jedoch noch Coulombsche Kräfte. Der Hamiltonoperator für dieses Gesamtsystem hatte die folgende Gestalt

$$\begin{aligned} H_{tot} = W_{voll} &+ \sum_{\boldsymbol{k}} \left(\frac{\hbar^2 k^2}{2m_L} + E_{0,L}\right) a_{\boldsymbol{k}}^+ a_{\boldsymbol{k}} + \sum_{\boldsymbol{k}} \left(\frac{\hbar^2 k^2}{2m_V} - E_{0,V}\right) d_{\boldsymbol{k}}^+ d_{\boldsymbol{k}} - \\ &- \sum_{\boldsymbol{k}_1 \ldots \boldsymbol{k}_4} a_{\boldsymbol{k}_1}^+ a_{\boldsymbol{k}_4} d_{\boldsymbol{k}_3}^+ d_{\boldsymbol{k}_2} \left\{ W\left(\begin{smallmatrix}\boldsymbol{k}_1 \boldsymbol{k}_2\\ L\ V\end{smallmatrix}\middle|\begin{smallmatrix}\boldsymbol{k}_3 \boldsymbol{k}_4\\ V\ L\end{smallmatrix}\right) - W\left(\begin{smallmatrix}\boldsymbol{k}_2 \boldsymbol{k}_1\\ V\ L\end{smallmatrix}\middle|\begin{smallmatrix}\boldsymbol{k}_3 \boldsymbol{k}_4\\ V\ L\end{smallmatrix}\right)\right\} + \\ &+ \frac{1}{2} \sum_{\boldsymbol{k}_1 \ldots \boldsymbol{k}_4} a_{\boldsymbol{k}_1}^+ a_{\boldsymbol{k}_2}^+ a_{\boldsymbol{k}_3} a_{\boldsymbol{k}_4} W\left(\begin{smallmatrix}\boldsymbol{k}_1 \boldsymbol{k}_2\\ L\ L\end{smallmatrix}\middle|\begin{smallmatrix}\boldsymbol{k}_3 \boldsymbol{k}_4\\ L\ L\end{smallmatrix}\right) + \\ &+ \frac{1}{2} \sum_{\boldsymbol{k}_1 \ldots \boldsymbol{k}_4} d_{\boldsymbol{k}_3}^+ d_{\boldsymbol{k}_4}^+ d_{\boldsymbol{k}_1} d_{\boldsymbol{k}_2} W\left(\begin{smallmatrix}\boldsymbol{k}_1 \boldsymbol{k}_2\\ V\ V\end{smallmatrix}\middle|\begin{smallmatrix}\boldsymbol{k}_3 \boldsymbol{k}_4\\ V\ V\end{smallmatrix}\right) \end{aligned} \tag{23.1}$$

Hierin ist das erste Glied die Energie des vollständig gefüllten Valenzbandes. Das zweite Glied stellt die kinetische Energie der Elektronen im Leitungsband, das dritte diejenige der Defektelektronen im Valenzband dar. Das nächstfolgende Glied beschreibt die Wechselwirkung zwischen einem Defektelektron und einem Elektron. Die in der geschweiften Klammer auftretenden Matrixelemente W sind in Formel (22.18) definiert und beschreiben die Coulombsche Wechselwirkung bzw. die Coulombsche Austauschwechselwirkung. Das vorletzte Glied beschreibt die Wechselwirkung zwischen Elektronen im Leitungsband, das letzte Glied schließlich die der Defektelektronen. Unsere Aufgabe besteht natürlich wieder darin, die zugehörige Schrödingergleichung

$$H_{tot}\, \Phi = E\Phi \tag{23.2}$$

zu lösen. Dies soll im vorliegenden Paragraphen ganz explizit für den Fall durchgeführt werden, daß nur ein Elektron im Leitungsband und ein Defektelektron im Valenzband ist. Die Wellenfunktion für ein Elektron im Zustand $\boldsymbol{k}_1$ und ein Defektelektron im Zustand $\boldsymbol{k}_2$ können wir aus dem Zustand, der das voll besetzte Valenzband beschreibt, gewinnen, indem wir die Erzeugungsoperatoren $a_{\boldsymbol{k}_1}^+$ und $d_{\boldsymbol{k}_2}^+$ nacheinander auf die Funktion des vollen Valenzbandes Φ_V anwenden:

$$a_{\boldsymbol{k}_1}^+ d_{\boldsymbol{k}_2}^+ \Phi_V \tag{23.3}$$

Wir werden natürlich erwarten müssen, daß dieses Elektron und Defektelektron nicht ungestört aneinander vorbeifliegen, sondern aneinander gestreut werden und deshalb alle möglichen verschiedenen $\boldsymbol{k}$-Zustände annehmen. Wir bilden deshalb eine Summe über alle $\boldsymbol{k}$-Zustände von Elektron und Defektelektron. Da die einzelnen Zustände natürlich noch verschieden stark besetzt sein können, fügen wir noch Koeffizienten $c_{\boldsymbol{k}_1,\boldsymbol{k}_2}$ hinzu, die dann zu bestimmen sind. Aufgrund dieser Überlegungen lautet unser *Ansatz für* dieses Zweiteilchensystem, *das* sogenannte *Exziton*

$$\Phi = \sum_{\boldsymbol{k}_1\boldsymbol{k}_2} c_{\boldsymbol{k}_1\boldsymbol{k}_2} a^+_{\boldsymbol{k}_1} d^+_{\boldsymbol{k}_2} \Phi_V \tag{23.4}$$

Wir untersuchen nun, welche Vereinfachungen sich ergeben, wenn wir den Hamiltonoperator (23.1) auf die Zustandsfunktion (23.4) anwenden. Im Hamiltonoperator (23.1) beschreiben die beiden letzten Summen Wechselwirkungen im Valenzband bzw. Leitungsband allein und enthalten dementsprechend jetzt zwei Vernichtungsoperatoren für Elektronen bzw. Defektelektronen. Da unsere Zustandsfunktion (23.4) aber nur je ein Elektron und Defektelektron enthält, ergibt die Anwendung der entsprechenden Wechselwirkungsoperatoren Null, so daß wir auf die letzten beiden Summen in (23.1) völlig verzichten können.

Den so verkürzten Hamiltonoperator (23.1) zerlegen wir, wie üblich, in den Anteil der kinetischen Energie und einen, der die Wechselwirkung zwischen Elektron und Defektelektron beschreibt (um W_{voll} wegzulassen, verschieben wir E entsprechend)

$$H_{tot} = H_{kin} + H_{El\text{-}D} \tag{23.5}$$

Unter Berücksichtigung der expliziten Form von H_{kin} und der Wellenfunktion (23.4) erhalten wir

$$H_{kin}\Phi = \sum_{\boldsymbol{k}_1\boldsymbol{k}_2} c_{\boldsymbol{k}_1\boldsymbol{k}_2}\left(\frac{\hbar^2 k_1^2}{2m_L} + \frac{\hbar^2 k_2^2}{2m_V} + \text{const}\right) a^+_{\boldsymbol{k}_1} d^+_{\boldsymbol{k}_2}\Phi_V; \qquad \text{const} = E_{0,L} - E_{0,V} \tag{23.6}$$

und entsprechend für den Wechselwirkungsanteil

$$\begin{aligned} H_{El\text{-}D}\Phi = -\sum_{\boldsymbol{k}_1\ldots\boldsymbol{k}_4} &\left\{W\left(\begin{smallmatrix}\boldsymbol{k}_1 & \boldsymbol{k}_2\\ L & V\end{smallmatrix}\middle|\begin{smallmatrix}\boldsymbol{k}_3 & \boldsymbol{k}_4\\ V & L\end{smallmatrix}\right) - W\left(\begin{smallmatrix}\boldsymbol{k}_2 & \boldsymbol{k}_1\\ V & L\end{smallmatrix}\middle|\begin{smallmatrix}\boldsymbol{k}_3 & \boldsymbol{k}_4\\ V & L\end{smallmatrix}\right)\right\}\cdot \\ &\sum_{\boldsymbol{k}\boldsymbol{k}'} c_{\boldsymbol{k}\boldsymbol{k}'} a^+_{\boldsymbol{k}_1} a_{\boldsymbol{k}_4} d^+_{\boldsymbol{k}_3} d_{\boldsymbol{k}_2} a^+_{\boldsymbol{k}} d^+_{\boldsymbol{k}'}\Phi_V \end{aligned} \tag{23.7}$$

Die rechte Seite von Gleichung (23.2) schreiben wir explizit in der Form

$$E\Phi = E\sum_{\boldsymbol{k}_1\boldsymbol{k}_2} c_{\boldsymbol{k}_1\boldsymbol{k}_2} a^+_{\boldsymbol{k}_1} d^+_{\boldsymbol{k}_2}\Phi_V \tag{23.8}$$

Den Ausdruck (23.7) vereinfachen wir in bekannter Weise, indem wir alle Vernichtungsoperatoren nach rechts bringen und beachten, daß sowohl der Elektronen-Vernichtungsoperator als auch der Defektelektronen-Vernichtungsoperator angewandt auf Φ_V Null ergeben. Vertauschen wir noch die Indizes 3, 2, 4, so erhalten wir schließlich für (23.7)

$$H_{El-D}\Phi = -\sum_{\boldsymbol{k}_1\boldsymbol{k}_2\boldsymbol{k}_3\boldsymbol{k}_4} c_{\boldsymbol{k}_3\boldsymbol{k}_4} a^+_{\boldsymbol{k}_1} d^+_{\boldsymbol{k}_2}\Phi_V\left\{W\left(\begin{smallmatrix}\boldsymbol{k}_1 & \boldsymbol{k}_4\\ L & V\end{smallmatrix}\middle|\begin{smallmatrix}\boldsymbol{k}_2 & \boldsymbol{k}_3\\ V & L\end{smallmatrix}\right) - W\left(\begin{smallmatrix}\boldsymbol{k}_4 & \boldsymbol{k}_1\\ V & L\end{smallmatrix}\middle|\begin{smallmatrix}\boldsymbol{k}_2 & \boldsymbol{k}_3\\ V & L\end{smallmatrix}\right)\right\} \tag{23.9}$$

Wie ein Blick auf die Ausdrücke (23.6), (23.8) und (23.9) lehrt, treten in ihnen Linearkombinationen über Wellenfunktionen auf, die sämtlich von der Form (23.3) sind. Wie wir aber wissen (vgl. (13.37)), sind Funktionen der Form (23.3) für verschiedene $\boldsymbol{k}$-Vektoren aufeinander orthogonal. Aus diesem Grund kann die Gleichung (23.2), auf deren linker Seite ja die Ausdrücke (23.6) und (23.9) stehen, während die rechte Seite durch (23.8) wiedergegeben ist, nur dann erfüllt sein, wenn die Koeffizienten der Funktionen (23.3) schon für sich gleich sind. Aufgrund dieses Koeffizientenvergleichs erhalten wir sofort ein System von Gleichungen für die Koeffizienten $c_{\boldsymbol{k}_1\boldsymbol{k}_2}$

$$c_{\boldsymbol{k}_1\boldsymbol{k}_2}\left(\frac{\hbar^2 k_1^2}{2m_L}+\frac{\hbar^2 k_2^2}{2m_V}+const.\right)-\sum_{\boldsymbol{k}_3\boldsymbol{k}_4} c_{\boldsymbol{k}_3\boldsymbol{k}_4}\{W\left(\begin{smallmatrix}\boldsymbol{k}_1 & \boldsymbol{k}_4\\ L & V\end{smallmatrix}\middle|\begin{smallmatrix}\boldsymbol{k}_2 & \boldsymbol{k}_3\\ V & L\end{smallmatrix}\right)- \\ - W\left(\begin{smallmatrix}\boldsymbol{k}_4 & \boldsymbol{k}_1\\ V & L\end{smallmatrix}\middle|\begin{smallmatrix}\boldsymbol{k}_2 & \boldsymbol{k}_3\\ V & L\end{smallmatrix}\right)\} = E c_{\boldsymbol{k}_1\boldsymbol{k}_2} \tag{23.10}$$

Im folgenden soll gezeigt werden, daß dieses Gleichungssystem völlig äquivalent einer normalen Zwei-Teilchen-Schrödingergleichung ist, wobei zwischen den beiden Teilchen eine Coulombsche Wechselwirkung herrscht. Dazu vereinfachen wir das Matrixelement W, das durch

$$W\left(\begin{smallmatrix}\boldsymbol{k}_1 & \boldsymbol{k}_4\\ L & V\end{smallmatrix}\middle|\begin{smallmatrix}\boldsymbol{k}_2 & \boldsymbol{k}_3\\ V & L\end{smallmatrix}\right) = \iint \varphi^*_{\boldsymbol{k}_1,L}(\boldsymbol{x})\,\varphi^*_{\boldsymbol{k}_4,V}(\boldsymbol{x}')\frac{e^2}{|\boldsymbol{x}-\boldsymbol{x}'|}\varphi_{\boldsymbol{k}_2,V}(\boldsymbol{x}')\,\varphi_{\boldsymbol{k}_3 L}(\boldsymbol{x})\,d^3x\,d^3x' \tag{23.11}$$

definiert ist, indem wir für die einzelnen Bandfunktionen die explizite Form einer Blochschen Welle

$$\varphi_{\boldsymbol{k},j}(\boldsymbol{x}) = e^{i\boldsymbol{k}\boldsymbol{x}}u_{\boldsymbol{k},j}(\boldsymbol{x}) \tag{23.12}$$

verwenden. Wir entwickeln dann weiterhin die Funktionen u, die sowohl von $\boldsymbol{x}$ als auch von $\boldsymbol{k}$ abhängen, in eine Taylorreihe nach $\boldsymbol{k}$. Wir nehmen hiermit schon an, daß nur solche Matrixelemente wichtig sind, für welche die k-Werte klein sind. Damit erhalten wir dann die Formel

$$W\left(\begin{smallmatrix}\boldsymbol{k}_1 & \boldsymbol{k}_4\\ L & V\end{smallmatrix}\middle|\begin{smallmatrix}\boldsymbol{k}_2 & \boldsymbol{k}_3\\ V & L\end{smallmatrix}\right) \approx \iint e^{-i\boldsymbol{k}_1\boldsymbol{x}}e^{-i\boldsymbol{k}_4\boldsymbol{x}'}\frac{e^2}{|\boldsymbol{x}-\boldsymbol{x}'|}e^{i\boldsymbol{k}_2\boldsymbol{x}'}e^{i\boldsymbol{k}_3\boldsymbol{x}}\{|u_{0,L}(\boldsymbol{x})|^2|u_{0,V}(\boldsymbol{x}')|^2 + \\ + (\boldsymbol{k}_1\nabla_{\boldsymbol{k}_1}u^*_{\boldsymbol{k}_1,L}(\boldsymbol{x}))_{\boldsymbol{k}_1=0}u_{0,L}(\boldsymbol{x})\cdot|u_{0,V}(\boldsymbol{x}')|^2+\ldots)\}\,d^3x\,d^3x' \tag{23.13}$$

In einem nächsten Schritt nehmen wir an, daß die $\boldsymbol{k}$-Werte, die eine Rolle spielen, so klein sind, daß wir von der Taylorreihe nur das allererste Glied mitzunehmen brauchen. Wir behalten also in der geschweiften Klammer in (23.13) nur das Glied $|u_{0,L}(\boldsymbol{x})|^2|u_{0,V}(\boldsymbol{x}')|^2$ bei. Diese Funktion ist gitterperiodisch, kann aber im Inneren einer Gitterzelle auch rasch oszillieren. Da wir annehmen, daß nur kleine $\boldsymbol{k}$-Werte (mit $|k| \ll \pi/l_0$; l_0 Gitterabstand) wichtig sind, dürfen wir die Exponentialfunktionen in (23.13) in jeder Gitterzelle für sich als praktisch konstant ansehen. Daher können wir (23.13) jetzt so auswerten, daß wir dieses über die einzelnen Gitterzellen mitteln. Da die Blochfunktionen im Volumen V auf 1 normiert sein müssen, und diese zweimal vorkommen, tritt bei dieser Mittelung der Faktor $1/V^2$ auf. Wir erhalten somit anstelle von (23.13)

$$W \approx \frac{1}{V^2} \iint e^{-i\boldsymbol{k}_1\boldsymbol{x} - i(-\boldsymbol{k}_2)\boldsymbol{x}'} \frac{e^2}{|\boldsymbol{x} - \boldsymbol{x}'|} e^{i\boldsymbol{k}_3\boldsymbol{x} + i(-\boldsymbol{k}_4)\boldsymbol{x}'} d^3\boldsymbol{x}\, d^3\boldsymbol{x}' \tag{23.14}$$

Schließlich *vernachlässigen wir* noch in Gleichung (23.10) das 2. Glied der geschweiften Klammer, das *die Coulombsche Austauschwechselwirkung* beschreibt und das, wie sich im einzelnen nachweisen läßt, für kleine k-Werte, d. h. genügend große Abstände zwischen Elektron und Loch schnell nach Null geht. Wir behaupten nun, daß das Gleichungssystem (23.10) mit der Vereinfachung (23.14) und unter Vernachlässigung der Coulombschen Austauschwechselwirkung mit der folgenden Zwei-Teilchen-Schrödingergleichung völlig äquivalent ist. Diese Gleichung lautet

$$\left(const - \frac{\hbar^2}{2m_L}\Delta_1 - \frac{\hbar^2}{2m_V}\Delta_2 - \frac{e^2}{|\boldsymbol{x}_1 - \boldsymbol{x}_2|}\right)\psi(\boldsymbol{x}_1, \boldsymbol{x}_2) = E\psi(\boldsymbol{x}_1, \boldsymbol{x}_2) \tag{23.15}$$

Zum Beweis unserer Behauptung setzen wir die Wellenfunktion $\psi(\boldsymbol{x}_1, \boldsymbol{x}_2)$ in der Gestalt

$$\psi(\boldsymbol{x}_1, \boldsymbol{x}_2) = \sum_{\boldsymbol{k}_1\boldsymbol{k}_2} c_{\boldsymbol{k}_1\boldsymbol{k}_2} \frac{1}{V} e^{i\boldsymbol{k}_1\boldsymbol{x}_1 - i\boldsymbol{k}_2\boldsymbol{x}_2} \tag{23.16}$$

an und leiten aus (23.10) (mit den genannten Vereinfachungen von (23.10)) die Gleichung (23.15) für ψ her. Dazu multiplizieren wir (23.10) mit

$$\frac{1}{V} e^{i\boldsymbol{k}_1\boldsymbol{x}_1 - i\boldsymbol{k}_2\boldsymbol{x}_2} \tag{23.17}$$

und summieren über $\boldsymbol{k}_1, \boldsymbol{k}_2$ auf. Betrachten wir als erstes den Anteil, der von der kinetischen Energie herrührt:

$$\sum_{\boldsymbol{k}_1\boldsymbol{k}_2} \frac{1}{V} e^{i\boldsymbol{k}_1\boldsymbol{x}_1 - i\boldsymbol{k}_2\boldsymbol{x}_2} c_{\boldsymbol{k}_1\boldsymbol{k}_2} \left(\frac{\hbar^2 k_1^2}{2m_L} + \frac{\hbar^2 k_2^2}{2m_V} + const\right) \tag{23.18}$$

Da wir $k^2 e^{i\boldsymbol{k}\boldsymbol{x}}$ in der Form

$$-\left(\frac{\partial^2}{\partial x^2} + \frac{\partial^2}{\partial y^2} + \frac{\partial^2}{\partial z^2}\right) e^{i\boldsymbol{k}\boldsymbol{x}} = -\Delta e^{i\boldsymbol{k}\boldsymbol{x}}$$

schreiben können, geht (23.18) über in

$$\left(-\frac{\hbar^2}{2m_L}\Delta_1 - \frac{\hbar^2}{2m_V}\Delta_2 + const\right) \sum_{\boldsymbol{k}_1\boldsymbol{k}_2} \frac{1}{V} e^{i\boldsymbol{k}_1\boldsymbol{x}_1 - i\boldsymbol{k}_2\boldsymbol{x}_2} c_{\boldsymbol{k}_1\boldsymbol{k}_2} \tag{23.19}$$

Gemäß (23.16) ist dieser letztere Ausdruck aber identisch mit

$$\left(-\frac{\hbar^2}{2m_L}\Delta_1 - \frac{\hbar^2}{2m_V}\Delta_2 + const\right)\psi(\boldsymbol{x}_1, \boldsymbol{x}_2) \tag{23.20}$$

Der Wechselwirkungsanteil lautet nach Multiplikation mit (23.17) und unter Verwendung von (23.14)

$$\sum_{k_1 k_2} \frac{1}{V} e^{ik_1x_1 - ik_2x_2} \sum_{k_3k_4} c_{k_3k_4} \frac{1}{V^2} \iint e^{-ik_1x + ik_2x'} \frac{e^2}{|x - x'|} e^{ik_3x - ik_4x'} d^3x d^3x' \quad (23.21)$$

Wir fassen nun alle Exponentialfunktionen in (23.21), die k_1 bzw. k_2 enthalten, zusammen und benutzen die Relation

$$\frac{1}{V} \sum_k e^{ik(x_1 - x')} = \delta(x_1 - x') \quad \text{(Diracfunktion)} \quad (23.22)$$

für $k = k_1$ bzw. $k = k_2$.

Wegen des zweimaligen Auftretens der δ-Funktion fallen die beiden Integrationen über d^3x, d^3x' weg und (23.21) geht (mit $x = x_1$ und $x' = x_2$) über in

$$\sum_{k_3k_4} c_{k_3k_4} \frac{1}{V} e^{ik_3x_1 - ik_4x_2} \frac{e^2}{|x_1 - x_2|} \quad (23.23)$$

Dies ist aber identisch mit

$$\frac{e^2}{|x_1 - x_2|} \psi(x_1, x_2) \quad (23.24)$$

Fassen wir (23.20) und (23.24) zusammen, so ergibt sich gerade die linke Seite von Gleichung (23.15). Da die rechte Seite in trivialer Weise folgt, haben wir tatsächlich die Äquivalenz von (23.15) mit der vereinfachten Gleichung (23.10) bewiesen.

Mit diesen Betrachtungen ist gezeigt, daß sich ein Elektron und ein Defektelektron ganz genauso verhalten wie zwei Teilchen mit entgegengesetzter Ladung und gewissen scheinbaren Massen m_L und m_V. Da zwischen diesen beiden Teilchen eine Coulombsche Anziehungskraft besteht, erhalten wir *Bindungszustände zwischen diesen Teilchen mit einem wasserstoffähnlichen Spektrum.* Derartige Spektren sind bei der Lichtabsorption in Kristallgittern von Nikitine und anderen gefunden und im Detail aufgeklärt worden. Ein solches Spektrum ist in Fig. 32 wiedergegeben.

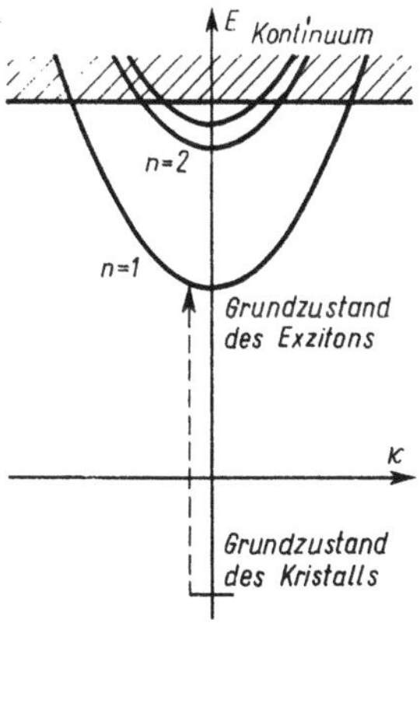

Fig. 32
Energieschema eines Exzitons mit großem Radius. Aufgetragen ist die Gesamtenergie *E aller* Kristallelektronen als Funktion der Gesamtwellenzahl *K*. Im Grundzustand des Kristalls ist kein Exziton vorhanden, sowie $K = 0$. Wurde ein Exziton geschaffen, so zerlegen wir dessen Bewegung in Schwerpunktbewegung (a) und Relativbewegung (b)
(a) wird durch die Gesamtwellenzahl *K* gekennzeichnet. Die zugehörige Energie ist $E_{schwerp.} = \hbar^2 K^2/2m_G$, wobei $m_G = m_V + m_L$ die effektive Gesamtmasse des Exzitons ist
(b) Die Relativbewegung kann bei großen Radien, wie beim Wasserstoffatom, durch die Quantenzahlen *n*, *l*, *m* beschrieben werden. Die zugehörige Energie lautet $E_{relativ} = -m_r e^4/(2\hbar^2 \varepsilon^2)/(1/n^2)$; $n = 1, 2, 3, \ldots$
Darin ist $1/m_r = 1/m_V + 1/m_L$ die reduzierte Masse des Exzitons. Zu diesem Energieausdruck treten in realistischen Fällen noch mehrere Korrekturen.
Der senkrechte, gestrichelte Pfeil bezeichnet einen optischen Übergang.

Auf einen wichtigen Punkt sei noch hingewiesen. Das Coulombsche Wechselwirkungsglied erscheint hier ohne jeden Zusatzfaktor; andererseits wissen wir, daß in einem polarisierbaren Medium das Coulombsche Gesetz durch die Dielektrizitätskonstante modifiziert wird. In Gleichung (23.15) ist also phänomenologisch

$$-\frac{e^2}{|\boldsymbol{x}_1-\boldsymbol{x}_2|} \quad \text{durch} \quad -\frac{e^2}{\varepsilon|\boldsymbol{x}_1-\boldsymbol{x}_2|} \tag{23.25}$$

zu ersetzen. Daß diese Dielektrizitätskonstante hier nicht auftritt, liegt in der zu starken Vereinfachung des Hamiltonoperators im § 22, wo wir virtuelle Übergänge zwischen den Bändern vernachlässigt haben.

Tatsächlich ist es aber möglich, in einer völlig systematischen Weise die effektive Dielektrizitätskonstante aus einer mikroskopischen Theorie im Rahmen der 2. Quantelung herzuleiten, worauf wir in § 25 näher eingehen.

Aufgabe zu § 23

Wie ist (23.15) abzuändern, wenn die Austauschwechselwirkung zwischen Elektron und Defektelektron berücksichtigt wird?

§ 24 Frenkel-Exzitonen

Im vorangegangenen Paragraphen hatten wir angenommen, daß der Abstand zwischen Elektron und Defektelektron im Exziton relativ groß ist, so daß es sinnvoll war, die Feldoperatoren $\psi^+(\boldsymbol{x})$ und $\psi(\boldsymbol{x})$ nach Blochschen Wellen zu entwickeln. Im vorliegenden Paragraphen betrachten wir den entgegengesetzten, besonders für *Molekülkristalle* wichtigen, Grenzfall, daß nämlich Elektron und Defektelektron immer am gleichen Atom sitzen. Es liegt nahe, hier nicht mehr nach Blochschen Wellen zu entwickeln, sondern eher nach Atomfunktionen oder noch besser, nach den Wannierfunktionen, die wir kurz in § 19 erörtert haben. Den beiden Bändern, Valenz- und Leitungsband, entsprechend führen wir hier die Wannierfunktionen

$$w_{l,V}(\boldsymbol{x}) = w_V(\boldsymbol{x}-\boldsymbol{l}) \quad \text{(Valenzband } V) \tag{24.1}$$

und

$$w_{l,L}(\boldsymbol{x}) = w_L(\boldsymbol{x}-\boldsymbol{l}) \quad \text{(Leitungsband } L) \tag{24.2}$$

ein. $\boldsymbol{l}$ ist dabei jeweils der Lokalisationsort. Die Entwicklung der Feldoperatoren $\psi(\boldsymbol{x})$ und $\psi^+(\boldsymbol{x})$ nach diesen Wannierfunktionen schreiben wir in der Form

$$\psi(\boldsymbol{x}) = \sum_{l} a_{l,V} w_V(\boldsymbol{x}-\boldsymbol{l}) + \sum_{l} a_{l,L} w_L(\boldsymbol{x}-\boldsymbol{l}) \tag{24.3}$$

$$\psi^+(\boldsymbol{x}) = \sum_{l} a^+_{l,V} w^*_V(\boldsymbol{x}-\boldsymbol{l}) + \sum_{l} a^+_{l,L} w^*_L(\boldsymbol{x}-\boldsymbol{l}) \tag{24.4}$$

an. $a^+_{l,V}$ erzeugt ein Elektron im Valenzband an der Stelle $\boldsymbol{l}$, während der Operator a mit den gleichen Indizes das Elektron vernichtet. Entsprechend erzeugt der Operator $a^+_{l,L}$ ein Elektron im Leitungsband am Atom $\boldsymbol{l}$. Da die Wannierfunktionen ein orthogonales System bilden, folgt ganz entsprechend wie in § 13, daß die a's den Vertauschungsrelationen

$$\begin{aligned} & a_{l,j}a_{l',j'} + a_{l',j'}a_{l',j} = 0 \\ & a^+_{l,j}a^+_{l',j'} + a^+_{l',j'}a^+_{l,j} = 0 \\ & a_{l,j}a^+_{l',j'} + a^+_{l',j'}a_{l,j} = \delta_{l\,l'}\delta_{jj'} \end{aligned} \tag{24.5}$$

genügen. Hierin haben die Indizes j und j' die Bedeutung von V und L. Genau wie in § 22 müssen wir wieder den Hamiltonoperator H (22.2) durch die Erzeugungs- und Vernichtungsoperatoren a^+, a ausdrücken. Wir zerlegen H in zwei Anteile

$$H = H_0 + H_{WW} \tag{24.6}$$

wobei sich H_0 auf die kinetische und potentielle Energie der Elektronen im Feld der vorgegebenen Atomrümpfe bezieht, während H_{WW} die Coulombsche Wechselwirkung zwischen den Elektronen darstellt. Nach Einsetzen der Entwicklungen (24.3) und (24.4) in (22.2) erhalten wir

$$\begin{aligned} H_0 &= \int \psi^+(\boldsymbol{x})\left\{-\frac{\hbar^2}{2m}\Delta + V(\boldsymbol{x})\right\}\psi(\boldsymbol{x})\,d^3x \\ &= \sum_{l,m} a^+_{l,L}a_{m,L}H_{l,m,L} + \\ &+ \sum_{l,m} a^+_{l,V}a_{m,V}H_{l,m,V} \end{aligned} \tag{24.7}$$

wobei wir die Abkürzung

$$H_{l,m,j} = \int w_j^*(\boldsymbol{x}-\boldsymbol{l})\left\{-\frac{\hbar^2}{2m}\Delta + V(\boldsymbol{x})\right\}w_j(\boldsymbol{x}-\boldsymbol{m})\,d^3x;\; j = L, V \tag{24.7a}$$

benutzt haben. Wir nehmen dabei an, daß der in den geschweiften Klammern stehende Operator in (24.7) keine Übergänge zwischen verschiedenen Bändern bewirkt. In entsprechender Weise transformieren wir

$$H_{WW} = \frac{1}{2}\iint \psi^+(\boldsymbol{x})\psi^+(\boldsymbol{x}')\frac{e^2}{|\boldsymbol{x}-\boldsymbol{x}'|}\psi(\boldsymbol{x}')\psi(\boldsymbol{x})\,d^3x\,d^3x'$$

und erhalten hierfür

$$H_{WW} = \frac{1}{2}\sum_{\substack{l_1,l_2,l_3,l_4\\ j_1j_2j_3j_4}} a^+_{l_1,j_1}a^+_{l_2,j_2}a_{l_3,j_3}a_{l_4,j_4}\hat{W}\binom{l_1\,l_2\,l_3\,l_4}{j_1\,j_2\,j_3\,j_4} \tag{24.8}$$

wobei $\hat{W}$ folgendermaßen definiert ist

$$\begin{aligned} & \hat{W}\binom{l_1\,l_2\,l_3\,l_4}{j_1\,j_2\,j_3\,j_4} = \\ & = \iint w^*_{j_1}(\boldsymbol{x}-\boldsymbol{l}_1)w^*_{j_2}(\boldsymbol{x}'-\boldsymbol{l}_2)\frac{e^2}{|\boldsymbol{x}-\boldsymbol{x}'|}w_{j_3}(\boldsymbol{x}'-\boldsymbol{l}_3)w_{j_4}(\boldsymbol{x}-\boldsymbol{l}_4)\,d^3x\,d^3x' \end{aligned} \tag{24.9}$$

Die oberen Indizes von $\hat{W}$ beziehen sich auf den Lokalisationsort, die unteren auf die Bänder.

Zur weiteren Vereinfachung beschränken wir uns hier auf den Fall, daß Überlappungen zwischen den Wellenfunktionen vernachlässigt werden können. Dies erfordert, daß $l_4 = l_1 = l$ ist, sowie $l_3 = l_2 = l'$.

Im folgenden betrachten wir nur Wellenfunktionen, bei denen ein einziges Elektron-Defektelektronpaar erzeugt worden ist. Dies bedeutet natürlich, daß nicht zweimal ein Elektron im Valenzband vernichtet bzw. zweimal im Leitungsband erzeugt werden kann. Dies führt zu den Bedingungen

$$\begin{aligned} j_3 &\neq j_4 \\ j_1 &\neq j_2 \end{aligned} \tag{24.10}$$

Wenden wir diese auf (24.8) an, so reduziert sich (24.8) auf

$$\begin{aligned} H_{WW} = &\sum_{l,l'} a^+_{l,V} a^+_{l',L} a_{l',L} a_{l,V} \hat{W}\binom{l\ l'\ l'\ l}{V\,L\,L\,V} + \\ &+ \sum_{l,l'} a^+_{l,V} a^+_{l',L} a_{l',V} a_{l,L} \hat{W}\binom{l\ l'\ l'\ l}{V\,L\,V\,L} \end{aligned} \tag{24.11}$$

Hierbei haben wir bereits benutzt, daß jeweils Paare von Gliedern in (24.8) den gleichen Beitrag liefern, so daß der Faktor $^1/_2$ entfällt. Da wir annehmen, daß das Valenzband ohne das Exziton ganz gefüllt ist und wir nur ein einziges Exziton betrachten, liegt es nahe, wieder Defektelektronenoperatoren gemäß den Vorschriften

$$a_{l,V} = d^+_l, \qquad a^+_{l,V} = d_l \tag{24.12}$$

einzuführen. Zur Vereinfachung der Schreibweise lassen wir ab jetzt bei den Elektronen des Leitungsbandes den Index L weg

$$a_{l,L} = a_l; \qquad a^+_{l,L} = a^+_l \tag{24.13}$$

Führen wir in (24.11) die Defektelektronenoperatoren (24.12) ein, so erhalten wir für die Operatoren in der ersten Zeile von (24.11):

$$a^+_{l,V} a^+_{l',L} a_{l',L} a_{l,V} = d_l a^+_{l'} a_{l'} d^+_l \tag{24.14}$$

oder, nachdem wir den Vernichtungsoperator d_l nach rechts gebracht haben:

$$(24.14) = -a^+_{l'} a_{l'} d^+_l d_l + a^+_{l'} a_{l'} \tag{24.14a}$$

Die erste Zeile von H_{WW} (24.11) lautet damit

$$\begin{aligned} H^{(1)}_{WW} = &- \sum_{l,l'} a^+_{l'} a_{l'} d^+_l d_l \hat{W}\binom{l\ l'\ l'\ l}{V\,L\,L\,V} + \\ &+ \sum_{l'} a^+_{l'} a_{l'} \sum_{l} \hat{W}\binom{l\ l'\ l'\ l}{V\,L\,L\,V} \end{aligned} \tag{24.15}$$

Hierin enthält die zweite Summe nur Operatoren $a^+_{l'} a_{l'}$, hat also die gleiche Struktur wie H_0 (24.7).

In entsprechender Weise verfahren wir mit den Operatoren in der zweiten Zeile von (24.11):

$$a_{l,V}^+ a_{l',L}^+ a_{l',V} a_{l,L} = d_l a_{l'}^+ d_{l'}^+ a_l$$
$$= a_{l'}^+ a_l d_{l'}^+ d_l - a_l^+ a_l \delta_{l,l'} \tag{24.16}$$

Die zweite Zeile von H_{WW} (24.11) ergibt sich damit zu

$$H_{WW}^{(2)} = \sum_{l,l'} a_{l'}^+ a_l d_{l'}^+ d_l \hat{W}\binom{l\ l'\ l'\ l}{V\ L\ V\ L} - \sum_{l} a_l^+ a_l \hat{W}\binom{l\ l\ l\ l}{V\ L\ V\ L} \tag{24.17}$$

Auch hierin enthält die zweite Summe nur Operatoren $a_l^+ a_l$, wie sie schon in H_0 (24.7) auftreten.

Den gesamten Hamiltonoperator $H = H_0 + H_{WW} = H_0 + H_{WW}^{(1)} + H_{WW}^{(2)}$ erhalten wir durch Zusammenfassung von (24.7), (24.15) und (24.17).

Dabei ist es zweckmäßig, alle Summen in (24.7), (24.15), (24.17), die sich nur auf das Leitungsband L beziehen, zu einem H_L^{eff} zusammenfassen (wobei wir in (24.15) l mit l' vertauschen).

$$H_L^{eff} = \sum_{l,m} a_l^+ a_m H_{l,m,L} + \sum_{l} a_l^+ a_l \underbrace{\left\{ \sum_{l'} \hat{W}\binom{l'\ l\ l\ l'}{V\ L\ L\ V} - \hat{W}\binom{l\ l\ l\ l}{V\ L\ V\ L}\right\}}_{\Delta E_L} \tag{24.18}$$

Darin ist ΔE_L, wie man sich mit Hilfe von (24.9) klarmacht, von l unabhängig, so daß ΔE_L für das Elektron am Platze l nur eine konstante Zusatzenergie bedeutet, die durch seine Coulombsche Wechselwirkung mit dem vollen Valenzband entsteht. Wir setzen daher

$$H_L^{eff} = \sum_{l,m} a_l^+ a_m (H_{l,m,L} + \delta_{lm} \Delta E_L) \equiv \sum_{l,m} a_l^+ a_m H_{l,m,L}^{eff} \tag{24.19}$$

Schließlich schreiben wir den Defektelektronenanteil von H_0 (24.7) in nunmehr geläufiger Weise um:

$$\begin{aligned} H_D &\equiv \sum_{l,m} a_{l,V}^+ a_{m,V} H_{l,m,V} \\ &= - \sum_{l,m} d_m^+ d_l H_{l,m,V} + \underbrace{\sum_{l} H_{l,l,V}}_{\Delta E} \\ &= \sum_{l,m} d_l^+ d_m H_{l,m,D}^{eff} + \Delta E \end{aligned} \tag{24.20}$$

Nach dieser elementaren Umformung nimmt der Gesamt-Hamiltonoperator die folgende Gestalt an:

$$\begin{aligned} H = & \sum_{l,m} H_{l,m,L}^{eff} a_l^+ a_m + \sum_{l,m} H_{l,m,D}^{eff} d_l^+ d_m - \\ & - \sum_{l,l'} a_{l'}^+ a_{l'} d_l^+ d_l \hat{W}\binom{l\ l'\ l'\ l}{V\ L\ L\ V} + \\ & + \sum_{l,l'} a_{l'}^+ a_l d_{l'}^+ d_l \hat{W}\binom{l\ l'\ l'\ l}{V\ L\ V\ L} + \Delta E \end{aligned} \tag{24.21}$$

Die einzelnen Glieder dieses Hamiltonoperators besitzen jeweils eine anschauliche Bedeutung:

In der ersten Summe mit dem Glied $a_l^+ a_m$ wird ein Elektron am Orte $\boldsymbol{m}$ vernichtet und am Orte $\boldsymbol{l}$ neu erzeugt. Dieser Teil von H beschreibt also die individuelle Bewegung des Elektrons. Ganz entsprechend gibt die zweite Summe in (24.21) die individuelle Bewegung eines Defektelektrons wieder. Die letzte Summe in (24.21) mit

$$a_{l'}^+ a_l d_{l'}^+ d_l \equiv a_{l'}^+ d_{l'}^+ d_l a_l$$

beschreibt die Vernichtung eines Elektron-Defektelektron-Paares am Orte $\boldsymbol{l}$ und dessen Wiedererzeugung am Orte $\boldsymbol{l}'$, gibt also den gekoppelten Transport von Elektron und Defektelektron wieder. Das 3. Glied in (24.21) schließlich gibt keinen Transport wieder: Das Defektelektron bleibt am Orte $\boldsymbol{l}$, das Elektron am Orte $\boldsymbol{l}'$. Wie ein Blick auf die Definition von $\hat{W}$ (24.9) lehrt, beschreibt $\hat{W}$ die Coulombsche Wechselwirkung zwischen Elektron und Defektelektron an den entsprechenden Orten.

Natürlich kommt die tatsächliche Bewegung des Elektrons und Defektelektrons erst durch das Zusammenwirken aller Glieder in (24.21) zustande, wobei die relative Größe dieser Glieder entscheidet, welche „Bewegungsform“ realisiert wird.

Im Falle des Frenkel-Exzitons sollen Elektron und Defektelektron stets innerhalb eines Atoms oder Moleküls zusammen bleiben. Welche Glieder von H sind hierfür günstig, welche schädlich? Die ersten beiden Glieder in H (24.21) geben zur *individuellen* Bewegung der einzelnen Teilchen Anlaß, drohen also das Elektron-Defektelektron-Paar auseinander zu reißen und sind somit „schädlich“. Das 3. Glied fördert die Anziehung zwischen Elektron und Defektelektron, ist also günstig. Das 4. Glied schließlich ist von entscheidender Wichtigkeit, da es den Transport des Teilchen-Paares von einem Ort zum anderen verursacht. Im Grenzfall des Frenkel-Exzitons müssen daher die Glieder H^{eff} für $\boldsymbol{l} \neq \boldsymbol{m}$ genügend klein sein. Diese Forderung ist in Molekülkristallen besonders gut erfüllt, da hier die Überlappung zwischen den Molekülfunktionen $w_j(\boldsymbol{x} - \boldsymbol{l})$ gering ist und die Größe dieser Überlappung gerade die Größe von H^{eff} für $\boldsymbol{l} \neq \boldsymbol{m}$ bestimmt (vgl. Aufgabe 1). Obwohl nun kein individueller Transport möglich ist, bewegt sich, wie wir sehen werden, das Elektron-Defektelektron-Paar als Ganzes.

Es ist jetzt zweckmäßig, den expliziten Ansatz für die Zustandsfunktion einzuführen. Wir gehen aus von dem voll besetzten Valenzband, das durch die Zustandsfunktion Φ_g beschrieben wird. Wir erzeugen gleichzeitig ein Elektron und ein Defektelektron am Orte $\boldsymbol{l}$. Wegen der Translationssymmetrie des Problems müssen wir noch über alle Lokalisationsorte $\boldsymbol{l}$ mit dem Faktor $e^{i\boldsymbol{kl}}$ aufsummieren. Unser Ansatz lautet also

$$\Phi = \frac{1}{\sqrt{N}} \sum_{\boldsymbol{l}} e^{i\boldsymbol{kl}} a_l^+ d_l^+ \Phi_g \tag{24.22}$$

(N ist die Zahl der Gitterorte und sorgt für die Normierung). In (24.22) beschreibt der Operator

$$a_l^+ d_l^+ = B_l^+ \tag{24.23a}$$

die Erzeugung eines am Orte $\boldsymbol{l}$ lokalisierten Exzitons. Der zu (24.22) gehörige Vernichtungsoperator eines Exzitons lautet

$$d_l a_l = B_l . \tag{24.23b}$$

Unser Ziel ist es, den gesamten Hamiltonoperator (24.21) *durch B_l^+ und B_l auszudrücken.* Mit Hilfe des Exzitonen-Operators B_l^+ lassen sich die in (24.21) im letzten Glied auftretenden Operatoren wie folgt schreiben

$$a_{l'}^+ a_l d_{l'}^+ d_l = +(a_{l'}^+ d_{l'}^+)(d_l a_l) = B_{l'}^+ B_l \tag{24.24}$$

so daß

$$\sum_{l,l'} a_{l'}^+ a_l d_{l'}^+ d_l \, \hat{W}\binom{l\ l'\ l'\ l}{V\,L\,V\,L} = \sum_{l,l'} B_{l'}^+ B_l \, \hat{W}\binom{l\ l'\ l'\ l}{V\,L\,V\,L} \tag{24.25}$$

Dieser Ausdruck gibt so die Vernichtung eines Exzitons am Orte l und die nachfolgende Erzeugung eines Exzitons am Orte l' wieder. Fragen wir nun, welchen Beitrag das 3. Glied in (24.21) liefert, indem wir die Anwendung der darin auftretenden Operatoren auf einen lokalisierten Exzitonenzustand betrachten. Wir erhalten dann sofort die Aussage

$$\left.\begin{array}{l} a_{l'}^+ a_{l'} d_l^+ d_l | a_m^+ d_m^+ \Phi_g \quad \neq 0 \\ \text{für } \boldsymbol{l} = \boldsymbol{m}, \quad \boldsymbol{l}' = \boldsymbol{m}, \quad \text{also} \quad \boldsymbol{l} = \boldsymbol{l}' \end{array}\right\} \tag{24.26}$$

Bei Verwendung der Wellenfunktion (24.22) brauchen wir also im 3. Glied von (24.21) nur solche Glieder mitzunehmen, in denen die Indizes $\boldsymbol{l}'$ und $\boldsymbol{l}$ gleich sind:

$$\begin{aligned} &\sum_{l} a_l^+ a_l d_l^+ d_l \, \hat{W}\binom{l\ l\ l\ l}{V\,L\,L\,V} \\ &= \sum_{l} a_l^+ d_l^+ d_l a_l \, \hat{W}\binom{l\ l\ l\ l}{V\,L\,L\,V} = \sum_{l} B_l^+ B_l \, \hat{W}\binom{l\ l\ l\ l}{V\,L\,L\,V} \end{aligned} \tag{24.27}$$

In (24.27) wird nur die Energie des lokalisierten Exzitonenzustandes geändert, jedoch kein Übergang zwischen verschiedenen Orten hervorgerufen. Betrachten wir der Vollständigkeit halber die ersten beiden Glieder in (24.21). Die Anwendung eines typischen Operatorpaares aus der 1. Summe in (24.21) auf einen lokalisierten Exzitonenzustand liefert

$$a_l^+ a_{l'} a_m^+ d_m^+ \Phi_g = a_l^+ d_m^+ \Phi_g \delta_{l'm} \tag{24.28}$$

Für $\boldsymbol{l} \neq \boldsymbol{m}$ würde dies bedeuten, daß ein ganz neuartiger Zustand entstanden ist, nämlich einer, in dem sich das Elektron von seinem Defektelektron entfernt hat. Um konsistent mit unserer Grundannahme (24.22) zu bleiben, beschränken wir uns wieder auf den Grenzfall verschwindender Überlappung, so daß H^{eff} für $\boldsymbol{l} \neq \boldsymbol{m}$ vernachlässigt werden darf. Wir nehmen daher ab jetzt nur Glieder mit $\boldsymbol{l} = \boldsymbol{m}$ mit und setzen

$$H_{l,l,L}^{eff} = E_{0,L} \tag{24.29}$$

In der Tat hängt die linke Seite gar nicht mehr von $\boldsymbol{l}$ ab, da $H^{eff}_{\boldsymbol{l},\boldsymbol{m},L}$ nur von der Differenz $\boldsymbol{l}-\boldsymbol{m}$ abhängig ist. Ebenso setzen wir für das Defektelektron

$$H^{eff}_{\boldsymbol{l},\boldsymbol{l},D} = E_{0,D} \tag{24.30}$$

Wir schreiben nun die Operatoren $a_{\boldsymbol{l}}^+ a_{\boldsymbol{l}}$ (siehe 1. Summe in (24.21)) mit Hilfe von $B_{\boldsymbol{l}}^+ B_{\boldsymbol{l}}$ um und behaupten, daß wir $a_{\boldsymbol{l}}^+ a_{\boldsymbol{l}}$ durch $B_{\boldsymbol{l}}^+ B_{\boldsymbol{l}}$ ersetzen dürfen, wenigstens solange wir die Zustandsfunktionen (24.22) verwenden

$$a_{\boldsymbol{l}}^+ a_{\boldsymbol{l}} \to B_{\boldsymbol{l}}^+ B_{\boldsymbol{l}} \tag{24.31}$$

Behauptung: Die Relation

$$a_{\boldsymbol{l}}^+ a_{\boldsymbol{l}} \cdot a_{\boldsymbol{m}}^+ d_{\boldsymbol{m}}^+ \Phi_g = \delta_{\boldsymbol{l},\boldsymbol{m}} a_{\boldsymbol{m}}^+ d_{\boldsymbol{m}}^+ \Phi_g \tag{24.32}$$

kann ersetzt werden durch

$$B_{\boldsymbol{l}}^+ B_{\boldsymbol{l}} \cdot B_{\boldsymbol{m}}^+ \Phi_g = \delta_{\boldsymbol{l},\boldsymbol{m}} B_{\boldsymbol{m}}^+ \Phi_g \tag{24.33}$$

Zum Beweis brauchen wir in der zweiten Zeile nur die Definitionen von $B_{\boldsymbol{l}}^+$, $B_{\boldsymbol{l}}$ (24.23a) und (24.23b) einzusetzen und die Vertauschungsrelationen zwischen den a's auszunützen

$$a_{\boldsymbol{l}}^+ d_{\boldsymbol{l}}^+ d_{\boldsymbol{l}} a_{\boldsymbol{l}} a_{\boldsymbol{m}}^+ d_{\boldsymbol{m}}^+ \Phi_g = \delta_{\boldsymbol{l}\boldsymbol{m}} a_{\boldsymbol{m}}^+ d_{\boldsymbol{m}}^+ \Phi_g \tag{24.34}$$

(Man beachte, daß $d_{\boldsymbol{l}} \Phi_g = 0$, $a_{\boldsymbol{l}} \Phi_g = 0$.)

Mit den Beziehungen (24.32) und (24.33) läßt sich die erste Summe in (24.21) wie folgt schreiben ($\boldsymbol{l} = \boldsymbol{m}$)

$$\sum_{\boldsymbol{l}} H^{eff}_{\boldsymbol{l},\boldsymbol{l},L} \, a_{\boldsymbol{l}}^+ a_{\boldsymbol{l}} = E_{0,El} \sum_{\boldsymbol{l}} B_{\boldsymbol{l}}^+ B_{\boldsymbol{l}} \tag{24.35}$$

Eine ganz entsprechende Beziehung gilt auch für die zweite Summe in (24.21). Nachdem wir bereits die 3. und 4. Summe in $B_{\boldsymbol{l}}^+$ und $B_{\boldsymbol{l}}$ umgeschrieben haben, vgl. (24.25) und (24.27), nimmt damit (24.21) endgültig die folgende Gestalt an:

$$H = \sum_{\boldsymbol{l}} B_{\boldsymbol{l}}^+ B_{\boldsymbol{l}} E_{0,ges} + \sum_{\boldsymbol{l},\boldsymbol{l}'} B_{\boldsymbol{l}'}^+ B_{\boldsymbol{l}} \hat{W}(\boldsymbol{l} - \boldsymbol{l}') \tag{24.36}$$

wobei wir $E_{0,ges} = E_{0,L} + E_{0,D} - \hat{W}_0$, (24.37)

$$\hat{W}_0 = \hat{W}\binom{\boldsymbol{l}\,\boldsymbol{l}\,\boldsymbol{l}\,\boldsymbol{l}}{V\,L\,L\,V} \tag{24.38}$$

$$\hat{W}(\boldsymbol{l}-\boldsymbol{l}') = \hat{W}\binom{\boldsymbol{l}\,\boldsymbol{l}'\,\boldsymbol{l}'\,\boldsymbol{l}}{V\,L\,V\,L} \tag{24.39}$$

setzten und die konstante Energie ΔE weggelassen haben. Anhand der Definition von $\hat{W}$(24.9) überzeugt man sich leicht, daß (24.39) nur von $\boldsymbol{l} - \boldsymbol{l}'$ abhängt, während (24.38) von $\boldsymbol{l}$ gänzlich unabhängig ist.

Die Analogie zwischen (24.36) und einem Hamiltonoperator für gekoppelte harmonische Oszillatoren ist unverkennbar. Allerdings haben wir hier nicht gezeigt, daß die B^+, B Bose-Operatoren sind. Hierauf kommen wir in § 26 zurück. Hier zeigen wir lediglich, daß die Zustandsfunktion (24.22) die zu (24.36) gehörige Schrödingergleichung löst und bestimmen die zugehörige Energie. Dazu setzen wir die Zustandsfunktion (24.22), die wir jetzt mit Hilfe von B_l^+ formulieren,

$$\Phi = \frac{1}{\sqrt{N}} \sum_l e^{ikl} B_l^+ \Phi_g \tag{24.40}$$

in (24.36) ein. Wegen der Relation (24.33) erhalten wir

$$H\Phi = \mathrm{E}_{0,ges}\Phi + \frac{1}{\sqrt{N}} \sum_{l'} \sum_l \hat{W}(l-l') B_{l'}^+ e^{ikl} \Phi_g \tag{24.41}$$

Das 2. Glied formen wir wie folgt um

$$\frac{1}{\sqrt{N}} \sum_{l'} e^{ikl'} B_{l'}^+ \underbrace{\sum_l \hat{W}(l-l') e^{ik(l-l')}}_{W(k)} \Phi_g \tag{24.42}$$

Offenbar läßt sich (24.42) auffassen als die ursprüngliche Wellenfunktion (24.40) mal dem Energiebeitrag $W(k)$. Damit haben wir nachgewiesen, daß unter den oben näher ausgeführten Vereinfachungen die Wellenfunktion (24.22) bzw. (24.40) Eigenfunktion zum Hamiltonoperator (24.21) ist, wobei die Energie durch

$$E(k) = E_{0,tot} + W(k) \tag{24.43}$$

wiedergegeben wird. Entwickelt man E nach dem Wellenzahlvektor k, so erhalten wir in üblicher Weise

$$E(k) = E(0) + \frac{\hbar^2 k^2}{2m^*} \tag{24.44}$$

also durch Vergleich mit (24.43) einen expliziten Ausdruck für die effektive Masse

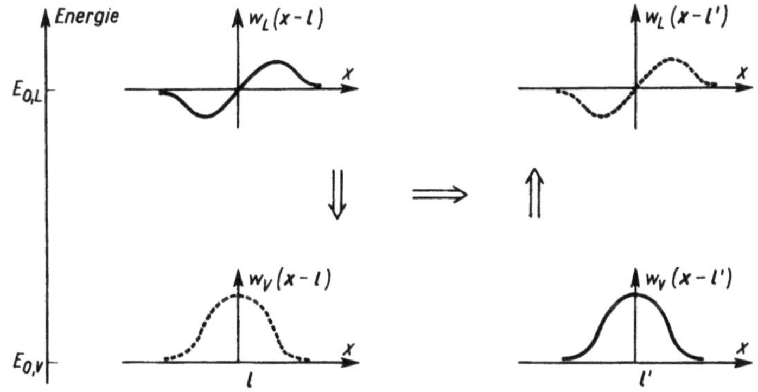

Fig. 33
Ausbreitungsmechanismus des Frenkel-Exzitons. Das Elektron am Atom l geht vom angeregten Zustand in den Grundzustand und überträgt durch Coulombsche Wechselwirkung seine Energie auf das Elektron am Orte l', das nun in den angeregten Zustand übergeht

des Exzitons. Wie aus dem vorangegangenen klar wird, rührt die Bewegungsmöglichkeit des Frenkel-Exzitons ausschließlich von dem Austauschglied $W\binom{l\,l'\,l'\,l}{V\,L\,V\,L}$ her (vgl. Fig. 33). (Dieser Prozeß spielt übrigens bei der Energieübertragung organischer Moleküle in Lösungen eine erhebliche Rolle und ist dort als „Försterprozeß" bekannt.) Aufgrund der Austauschwechselwirkung können sich Anregungszustände im Festkörper ausbreiten, obwohl die scheinbare Masse des Elektrons und Lochs für sich unendlich groß sein können (dies ist ja dann der Fall, wenn keine Überlappung zwischen Nachbarwellenfunktionen vorkommen).

In der Praxis können natürlich beide Mechanismen, d.h. Austauschwechselwirkung und Überlappung, vorhanden sein.

Aufgaben zu § 24

1. Warum ist $H_{l,m,j}$ (24.7) für $l \neq m$ bei geringer Überlappung der Wannierfunktionen viel kleiner als $H_{l,l,j}$?

2. Man setze

$$B_l^+ = \frac{1}{\sqrt{N}} \sum_k e^{-ikl} \hat{B}_k^+, \qquad B_l = \frac{1}{\sqrt{N}} \sum_k e^{ikl} \hat{B}_k$$

und leite die Umkehrrelationen

$$\hat{B}_k^+ = \frac{1}{\sqrt{N}} \sum_l e^{ikl} B_l^+, \qquad \hat{B}_k = \frac{1}{\sqrt{N}} \sum_{l'} e^{-ikl} B_l$$

her. Man zeige, daß der Hamiltonoperator (24.36) damit diagonal wird:

$$H = \sum_k E(k) \hat{B}_k^+ \hat{B}_k$$

§ 25 Elektronische Polarisationswellen

Am Beispiel der Frenkel-Exzitonen läßt sich besonders einfach erklären, wie wir im Rahmen der 2. Quantisierung die Polarisation von Kristallelektronen beschreiben können, und wie Polarisationswellen entstehen. Um unsere Überlegungen möglichst anschaulich zu gestalten, fassen wir in leichter Verallgemeinerung von § 24 die folgende Situation ins Auge: Die Wannierfunktionen $w_V(\boldsymbol{x} - \boldsymbol{l})$ des Valenzbandes sollen (wie atomare s-Funktionen) eine kugelsymmetrische Ladungsverteilung des Elektrons beschreiben (vgl. Fig. 34).

Im Leitungsband hingegen sollen zu jedem Atomort $\boldsymbol{l}$ drei Funktionen gehören, deren Ladungsverteilungen hantelförmig in die x, bzw. y, bzw. z-Richtung weisen („p-Funktionen") (vgl. Fig. 34).

Wir unterscheiden diese Wannierfunktionen noch durch den Index μ (= x- oder y- oder z-Orientierung) und schreiben für sie $w_{L,\mu}(\boldsymbol{x} - \boldsymbol{l})$. Die Indizes V und L, μ fassen wir zu einem Index j zusammen.

$$j = \begin{cases} V \\ L,\mu \end{cases}$$

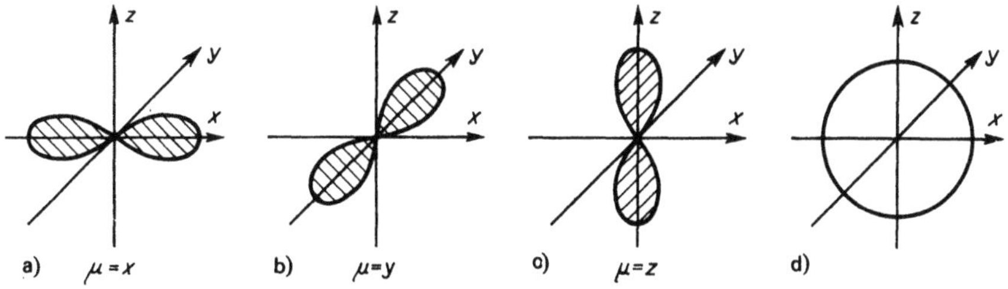

Fig. 34 Schematische Darstellung der Ladungsverteilung bei einer Wannier(oder Atom-)-Funktion
a) bis c): Leitungsband p-Funktionen
d) Valenzband s-Funktion

Die Feldoperatoren $\psi^+(x)$ und $\psi(x)$ zerlegen wir nach diesen Wannierfunktionen:

$$\begin{aligned} \psi(x) &= \sum_{l,j} a_{l,j} w_j(x-l) \\ \psi^+(x) &= \sum_{l,j} a^+_{l,j} w^*_j(x-l) \end{aligned} \tag{25.1}$$

Diese sind dann natürlich wieder in den Hamiltonoperator (24.6) einzusetzen. Die sich dann anschließenden Umformungen verlaufen praktisch wie im vorigen Paragraphen, so daß wir gleich das Endresultat anschreiben: Der dortige Hamiltonoperator (24.36) ist zu ersetzen durch

$$H = \sum_{l,\mu} B^+_{l,\mu} B_{l,\mu} E_{0,ges} + \sum_{\substack{l,l' \\ \mu,\mu'}} B^+_{l',\mu'} B_{l,\mu} \hat{W}_{\mu'\mu}(l-l') \tag{25.2}$$

wobei

$$\hat{W}_{\mu'\mu}(l-l') = \int\int w^*_V(x-l) w_{L,\mu}(x-l) \frac{e^2}{|x-x'|} w^*_{L,\mu'}(x'-l') w_V(x'-l') d^3x d^3x'$$

Die anschauliche Bedeutung dieses letzteren Ausdrucks ist in Fig. 33 erläutert. Viel wichtiger als die nochmalige Herleitung von (25.2) ist für unser Verständnis, warum Frenkel-Exzitonen mit Polarisationswellen identisch sind, das Folgende: Wir denken uns eine Reihe von Punktladungen e_i an Stellen l_i im Kristallgitter. Der Ausdruck für die *Wechselwirkungsenergie zwischen einer Zusatzladung und dem quantisierten Feld der Kristallelektronen lautet*

$$\int \psi^+(x) \frac{e_i e}{|x-l_i|} \psi(x) d^3x \tag{25.3}$$

Setzen wir hierin für die Feldoperatoren ψ^+ und ψ die Entwicklung (25.1) ein, so transformiert sich (25.3) in

$$\sum_{l,l',j,j'} a^+_{l,j} a_{l',j'} \int w^*_j(x-l) \frac{e_i e}{|x-l_i|} w_{j'}(x-l') d^3x \tag{25.4}$$

Wir nehmen wieder, wie im vorangegangenen Paragraphen, an, daß zwischen den

Wellenfunktionen keine Überlappung herrscht, so daß in der Summe (25.4) nur Glieder mit $\boldsymbol{l}' = \boldsymbol{l}$ stehen bleiben. Glieder, in denen dann auch noch $j = j'$ ist, sind für uns uninteressant, da Beiträge der Form

$$a^+_{l,j} a_{l,j} \int \ldots d^3x$$

nur eine konstante Energieverschiebung bedeuten, die also nicht mit elektronischen Übergängen verknüpft ist. Wir betrachten daher im folgenden nur Beiträge in (25.3) mit $j \neq j'$. In dem Integral von (25.4), das sich über das ganze Volumen erstreckt, schließen wir zunächst die Gitterzelle an der Stelle $\boldsymbol{l}_i$ aus und entwickeln $\frac{1}{|\boldsymbol{x} - \boldsymbol{l}_i|}$ nach Potenzen von $\frac{1}{|\boldsymbol{l} - \boldsymbol{l}_i|}$, wobei $\boldsymbol{l}$ wieder die in (25.1, 2) auftretenden Lokalisationsorte der Wannierfunktionen bezeichnet.

Wir führen die Abkürzungen

$$\boldsymbol{x} - \boldsymbol{l} = \boldsymbol{\xi} \tag{25.5a}$$

$$\boldsymbol{l}_i - \boldsymbol{l} = \boldsymbol{R} \tag{25.5b}$$

ein, woraus sich

$$\boldsymbol{x} - \boldsymbol{l}_i = \boldsymbol{\xi} - \boldsymbol{R} \tag{25.5c}$$

ergibt. Für $|\boldsymbol{\xi}| \ll |\boldsymbol{R}| = R$ gilt die Entwicklung

$$\frac{1}{|\boldsymbol{\xi} - \boldsymbol{R}|} \approx \frac{1}{R}\left\{1 + \frac{\boldsymbol{\xi}\boldsymbol{R}}{R^2} + \cdots\right\} \tag{25.6}$$

Setzen wir diese in das Integral von (25.4) ein, so erhalten wir

$$\begin{aligned} \int \ldots d^3x = {} & \frac{e_i e}{|\boldsymbol{l}_i - \boldsymbol{l}|} \underbrace{\int w_j^*(\boldsymbol{\xi}) w_{j'}(\boldsymbol{\xi}) d^3\xi}_{=0 \quad \text{für } j \neq j'} + \\ & + e_i \frac{\boldsymbol{l}_i - \boldsymbol{l}}{|\boldsymbol{l}_i - \boldsymbol{l}|^3} \underbrace{\int w_j^*(\boldsymbol{\xi}) e\boldsymbol{\xi}\, w_{j'}(\boldsymbol{\xi}) d^3\xi}_{\boldsymbol{D}_{jj'}} \end{aligned} \tag{25.7}$$

Das 1. Integral auf der rechten Seite von (25.7) verschwindet wegen der Orthogonalität der Wannierfunktionen verschiedener Bänder. Das 2. Integral kürzen wir, wie angegeben, durch $\boldsymbol{D}_{jj'}$ ab. Wie sich zeigen läßt (was aber in die Atomphysik gehört), ist $\boldsymbol{D}_{jj'} = 0$, falls sich j und j' beide auf s-Funktionen oder beide auf p-Funktionen beziehen. Für uns heißt dies hier: $\boldsymbol{D}_{jj'} \neq 0$ höchstens dann, wenn j der Valenzbandindex und j' der Leitungsbandindex ist, oder umgekehrt. Anstelle der in (25.4) stehenden Operatorprodukte $a^+_{l,j} a_{l,j'}$ führen wir mit Hilfe von Defektelektronenoperatoren d_l wieder die Erzeugungs- und Vernichtungsoperatoren von lokalisierten Exzitonen nach folgendem Schema ein:

für

$$\left.\begin{array}{l} j = L, \mu \\ j' = V \end{array}\right. \quad \text{wird} \quad a_{l,j}^{+} a_{l,j'} \quad \text{ersetzt durch} \quad a_{l,\mu}^{+} d_l^{+} = B_{l,\mu}^{+} \tag{25.8a}$$

für

$$\left.\begin{array}{l} j = V \\ j' = L, \mu \end{array}\right. \quad \text{wird} \quad a_{l,j}^{+} a_{l,j'} \quad \text{ersetzt durch} \quad d_l a_{l,\mu} = B_{l,\mu} \tag{25.8b}$$

Ferner schreiben wir das Dipolmatrixelement $\boldsymbol{D}$ in etwas einfacherer Weise, und zwar

für

$$\begin{array}{l} j = L, \mu \\ j' = V \end{array} \quad \boldsymbol{D}_{jj'} = \boldsymbol{D}_{\mu}$$

und für

$$\begin{array}{l} j = V \\ j' = L, \mu \end{array} \quad \boldsymbol{D}_{jj'} = \boldsymbol{D}_{\mu}^{*} \tag{25.9}$$

Wegen der s- und p-Symmetrie der Wannierfunktionen unseres Beispiels läßt sich für $\mu = x, y, z$ zeigen, (was wir hier nicht ausführen wollen),

$$\begin{aligned} \boldsymbol{D}_x &= (D, 0, 0) = D\boldsymbol{e}_x \\ \boldsymbol{D}_y &= (0, D, 0) = D\boldsymbol{e}_y \qquad \boldsymbol{e}_{\mu}\text{: Einheitsvektor} \\ \boldsymbol{D}_z &= (0, 0, D) = D\boldsymbol{e}_z \end{aligned}$$

Dem Index μ ist so jeweils ein Dipolmoment D in der μ-Richtung ($\mu = x, y, z$) zugeordnet.

Setzen wir nach diesen Überlegungen und Umformungen (25.7) in (25.4) ein, so erhalten wir unmittelbar

$$\begin{aligned} &\int \psi^{+}(\boldsymbol{x}) \frac{e_i e}{|\boldsymbol{x} - \boldsymbol{l}_i|} \psi(\boldsymbol{x}) d^3x \\ &= \sum_{l,\mu} B_{l,\mu}^{+} e_i \frac{(\boldsymbol{l}_i - \boldsymbol{l})}{|\boldsymbol{l}_i - \boldsymbol{l}|^3} \boldsymbol{D}_{\mu} + \sum_{l,\mu} B_{l,\mu} e_i \frac{(\boldsymbol{l}_i - \boldsymbol{l})}{|\boldsymbol{l}_i - \boldsymbol{l}|^3} \boldsymbol{D}_{\mu}^{*} \end{aligned} \tag{25.10}$$

Die rechte Seite von (25.10) besitzt eine sehr anschauliche Bedeutung:

$$e_i \frac{(\boldsymbol{l}_i - \boldsymbol{l})}{|\boldsymbol{l}_i - \boldsymbol{l}|^3} (\boldsymbol{D}_{\mu} B_{l,\mu}^{+})$$

wäre klassisch nichts anderes als die Wechselwirkungsenergie zwischen einer Ladung e_i am Orte $\boldsymbol{l}_i$ und einem Dipol am Orte $\boldsymbol{l}$ und dem Dipolmoment $\boldsymbol{P} = \boldsymbol{D}_{\mu} B_{l,\mu}^{+} = D\boldsymbol{e}_{\mu} B_{l,\mu}^{+}$. Hierin erscheint $\boldsymbol{P}$ aufgespalten in ein (maximal erreichbares) Dipolmoment D, den Einheitsvektor in μ-Richtung und eine vom Orte $\boldsymbol{l}$ abhängige Amplitude $B_{l,\mu}^{+}$. Das genannte $\boldsymbol{P}$ ist zu deuten als Amplitude der Polarisationsschwingungen der Kristallelektronen. Den Ausdruck (25.10) müssen wir natürlich zu dem Hamiltonoperator (25.2) hinzufügen. Um den Formalismus nicht zu überladen, betrachten wir hier den einfachen Spezialfall, daß sich das Frenkel-Exziton nicht bewegt, und lassen die zweite Summe in (25.2) weg. In diesem Fall lautet unter Berücksichtigung von (25.2) und (25.10) die *Schrödingergleichung, welche die Wechselwirkung der Kristallelektronen mit den punktförmigen Ladungen* e_i *beschreibt* ($E_{0,ges} = E_0$)

$$\left\{\sum_{\boldsymbol{l},\mu}\left(E_0 B^+_{\boldsymbol{l},\mu} B_{\boldsymbol{l},\mu} + B^+_{\boldsymbol{l},\mu} \underbrace{\sum_i e_i \frac{(\boldsymbol{l}_i - \boldsymbol{l})}{|\boldsymbol{l}_i - \boldsymbol{l}|^3} \boldsymbol{D}_\mu}_{\gamma_{\boldsymbol{l},\mu}} + B_{\boldsymbol{l},\mu} \underbrace{\sum_i e_i \frac{(\boldsymbol{l}_i - \boldsymbol{l})}{|\boldsymbol{l}_i - \boldsymbol{l}|^3} \cdot \boldsymbol{D}^*_\mu}_{\gamma^*_{\boldsymbol{l},\mu}}\right)\right\} \Phi = E\Phi \quad (25.11)$$

(25.11) stellt nichts weiter dar als quantisierte Polarisationsschwingungen von Kristallelektronen, die mit festen Ladungen wechselwirken.

Wie wir in § 26 zeigen werden, dürfen die Operatoren $B^+_{\boldsymbol{l},\mu}$ und $B_{\boldsymbol{l},\mu}$ näherungsweise (aber nur näherungsweise!) als Bose-Operatoren aufgefaßt werden. In diesem Falle ist uns das Problem (25.11) schon völlig geläufig. Es handelt sich um nichts anderes als um einen Satz verschobener harmonischer Oszillatoren. Die Energie des Grundzustandes ist (vgl. § 6) durch

$$E = -\sum_{\boldsymbol{l},\mu} \frac{1}{E_0} |\gamma_{\boldsymbol{l},\mu}|^2 \quad (25.12)$$

gegeben, wobei die γ's bereits als Abkürzungen in (25.11) eingeführt wurden.

Um den physikalischen Inhalt von (25.12) näher zu erfassen, haben wir die explizite Form der γ's einzusetzen, wobei wir uns der Einfachheit halber auf 2 Punktladungen $i = 1, 2$ beschränken. Der Energieausdruck (25.12) nimmt dann die folgende Gestalt an:

$$\begin{aligned} E = &-\underbrace{\frac{1}{E_0}\sum_{\boldsymbol{l},\mu} e_1^2 \frac{|(\boldsymbol{l}_1 - \boldsymbol{l})\boldsymbol{D}_\mu|^2}{|\boldsymbol{l}_1 - \boldsymbol{l}|^6}}_{\sim e_1^2} - \underbrace{\{1 \to 2\}}_{\sim e_2^2} - \\ &-\underbrace{\frac{1}{E_0}\sum_{\boldsymbol{l},\mu} e_1 e_2 \frac{(\boldsymbol{l}_1 - \boldsymbol{l})\boldsymbol{D}_\mu \cdot (\boldsymbol{l}_2 - \boldsymbol{l})\boldsymbol{D}^*_\mu}{|\boldsymbol{l}_1 - \boldsymbol{l}|^3 |\boldsymbol{l}_2 - \boldsymbol{l}|^3}}_{\sim e_1 e_2} + \text{konj. kompl.} \end{aligned} \quad (25.13)$$

Die beiden Ausdrücke in der ersten Zeile sind negativ und proportional dem Quadrat der jeweiligen Ladungen e_i; durch das Hereinbringen einer Ladung in den Kristall wird also die Energie abgesenkt. Man spricht hier von der *Selbstenergie eines Teilchens*. Dieser Begriff spielt in der Quantenfeldtheorie, besonders auch in der Elementarteilchenphysik, eine grundlegende Rolle. Hier können wir ihn ganz anschaulich deuten. Die hereingebrachte Ladung verschiebt aufgrund der Coulombschen Wechselwirkung die Kristallelektronen aus ihren Ruhelagen, d.h. sie polarisiert diese. Diese Schwerpunktsverlagerung kann in unserem Beispiel als Überlagerung einer s- und p-Funktion aufgefaßt werden. Im Rahmen der 2. Quantisierung heißt das, daß ein Elektron aus dem Grundzustand, in unserem Modell dem s-Zustand, teilweise entfernt wird und mit der entsprechenden Wahrscheinlichkeit in den angeregten Zustand, in unserem Modell den p-Zustand, überführt wird (vgl. Fig. 35). Dies wird mathematisch durch die Erzeugungs- und Vernichtungsoperatoren B^+ und B in (25.11) zum Ausdruck gebracht. Die so polarisierten Kristallelektronen erzeugen ihrerseits ein Feld, das auf die eingebrachte Punktladung zurückwirkt und somit deren Energie verändert.

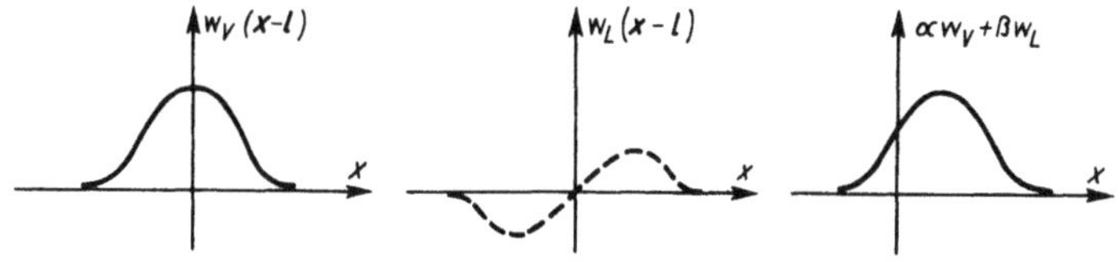

a) Φ_0 b) $B^+_{l,x}\Phi_0$ c) $(\alpha + \beta B^+_{l,x})\Phi_0$

Fig. 35
Veranschaulichung der Zustandsfunktion des „verschobenen Oszillators“

$$\Phi = \alpha \exp(\gamma B^+_{l,x})\Phi_0 \equiv \alpha\Phi_0 + \beta B^+_{l,x}\Phi_0; \ \beta = \alpha\gamma$$

a) Dem Grundzustand Φ_0 entspricht die Besetzung der s-artigen Funktion im Valenzband

b) Das Elektron wurde (wegen $B^+_l = a^+_{l,L}a_{l,V}$) im Zustand l, V vernichtet und im Zustand l, L, $\mu = x$ wieder erzeugt

c) Das Elektron befindet sich in einer Überlagerung aus V- und L-Funktionen. *Sein Ladungsschwerpunkt ist verschoben*, d. h. das Atom ist polarisiert

Berechnen wir nun den Ausdruck in der zweiten Zeile von (25.13). Dieser ist dem Produkt aus e_1 und e_2 proportional, stellt also eine *zusätzliche direkte Wechselwirkung zwischen diesen beiden Punktladungen* dar. Wir setzen zur Abkürzung

$$\boldsymbol{l}_1 - \boldsymbol{l}_2 = \mathscr{L} \tag{25.14}$$

und berücksichtigen, daß in unserem Modell $\boldsymbol{D}_\mu$ ein Vektor ist, dessen 3 Komponenten in x, y, z-Richtung gleich groß sind. Für die 2. Zeile von (25.13), die die Wechselwirkungsenergie zwischen den Ladungen wiedergibt und die wir daher mit E_{WW} abkürzen, erhalten wir sodann

$$E_{WW} = -e_1 e_2 \frac{2|D|^2}{E_0} \sum_{l} \frac{l_x(l_x - \mathscr{L}_x) + l_y(l_y - \mathscr{L}_y) + l_z(l_z - \mathscr{L}_z)}{|\boldsymbol{l}|^3 |\boldsymbol{l} - \mathscr{L}|^3} \tag{25.15}$$

Dabei haben wir unter Verwendung von (25.14) den Summationsindex $\boldsymbol{l}$ abgeändert. Die Auswertung der Summen in (25.15) hängt natürlich von der Gitterstruktur ab, da diese ja die Lokalisationsorte $\boldsymbol{l}$ bestimmt, und ist recht mühsam durchzuführen. Da es uns hier nur auf das Prinzipielle ankommt, werden wir sofort den Übergang ins Kontinuum durchführen. Wir ersetzen die Summe in (25.15) durch ein Integral (mit $\boldsymbol{l} \to \boldsymbol{x}$). Die Auswertung ist, wenn man an die Elektrostatik denkt, elementar. Wie dort gezeigt wird, gilt

$$\int \frac{\boldsymbol{x}(\boldsymbol{x}-\mathscr{L})}{|\boldsymbol{x}|^3\,|\boldsymbol{x}-\mathscr{L}|^3}\,d^3x = 4\pi\frac{1}{|\mathscr{L}|} \tag{25.16}$$

Mit diesem Ergebnis nimmt die (*zusätzliche*) *Wechselwirkungsenergie zwischen zwei Ladungen* (25.15) die sehr einfache Form

$$E_{WW} = -e_1 e_2 \frac{1}{|\boldsymbol{l}_1-\boldsymbol{l}_2|}\,const \tag{25.17}$$

an, wobei die Konstante durch

$$const = \frac{8\pi|D|^2}{E_0 v} \tag{25.18}$$

gegeben ist (v ist das Volumen der Gitterzelle). Die Zusatzenergie (25.17), die zur Wechselwirkungsenergie zwischen Punktladungen nach dem Coulombschen Gesetz im Vakuum tritt, läßt sich sehr leicht makroskopisch deuten. Die *gesamte Wechselwirkungsenergie setzt sich aus der Coulombschen Wechselwirkungsenergie im Vakuum* $\frac{e_1 e_2}{|\boldsymbol{l}_1-\boldsymbol{l}_2|}$ *und der Zusatzenergie* (25.17) *zu*

$$E_{WW,\,tot} = \frac{e_1 e_2}{|\boldsymbol{l}_1-\boldsymbol{l}_2|} - \frac{e_1 e_2}{|\boldsymbol{l}_1-\boldsymbol{l}_2|}\,const = \frac{e_1 e_2}{\varepsilon|\boldsymbol{l}_1-\boldsymbol{l}_2|} \tag{25.19}$$

zusammen. Darin haben wir im letzten Schritt die Dielektrizitätskonstante

$$\varepsilon = \frac{1}{1-\dfrac{8\pi|D|^2}{E_0 v}}$$

die uns ja immer in der phänomenologischen Theorie begegnet, eingeführt. Durch einen Vergleich zwischen der linken und der rechten Seite läßt sich ε wieder direkt aus atomaren Größen bestimmen. Wir erhalten somit eine mikroskopische Quantentheorie der Polarisierung eines Kristalls, und zwar der Kristallelektronen.

Die jetzige Formulierung mit der 2. Quantelung läßt aber mehrere offensichtliche Verallgemeinerungen zu. So hatten wir ja in § 24 gesehen, daß sich Frenkel-Exzitonen im allgemeinen bewegen. Das erste Summenglied in (25.11) ist daher im allgemeinen durch den Hamiltonoperator (25.2) zu ersetzen, so daß jetzt eine Kopplung zwischen $B^+_{\boldsymbol{l},\mu}$ und $B_{\boldsymbol{l}',\mu'}$ mit verschiedenen Indizes $\boldsymbol{l}$ und $\boldsymbol{l}'$ besteht. Wir müssen, um diesen Nachteil zu beheben, daher anstelle der lokalisierten Exzitonenoperatoren solche einführen, die sich auf laufende Wellen beziehen, wie das in § 24 in der Aufgabe 2 geschah. Des weiteren sind üblicherweise die Zusatzladungen e_i nicht unendlich schwer. Auf das Problem *beweglicher Zusatzladungen*, die in Wechselwirkung mit einem quantisierten Bose-Feld stehen, kommen wir in §§ 35, 36 ausführlich zurück.

Beides hat zur Folge, daß das Coulombsche Gesetz (25.19) bei kleinen Abständen abgeändert wird. Wegen der Einzelheiten verweisen wir auf die Spezialliteratur.

Aufgaben zu § 25

1. Man leite (25.2) in Analogie zu § 24 her.

2. Man zeige: H (25.2) wird durch den Ansatz ebener, longitudinaler und transversaler Polarisationswellen analog zu Aufgabe 2 in § 24 diagonalisiert.

3. Man gehe in $H_{ges} = (25.2) + (25.10)$ zu laufenden Polarisationswellen der Frenkel-Exzitonen über und transformiere H.

4. Man begründe die Interpretation von Fig. 35.

a) Warum gilt die dortige Formel?
b) Man berechne dazu $\langle \Phi | \int \psi^+(\boldsymbol{x}) e\boldsymbol{x} \psi(\boldsymbol{x}) d^3x | \Phi \rangle$, wobei man für Φ a), b), c) und für $\psi^+(\boldsymbol{x})$, $\psi(\boldsymbol{x})$ (25.1) verwendet.

§ 26 Exzitonenmaterie

In diesem Paragraphen wollen wir den Leser auf ein ganz neues Forschungsgebiet innerhalb der Festkörperphysik aufmerksam machen, wobei wir nur auf einige wichtige Gesichtspunkte hinweisen. Die in unserem Buch dargelegten mathematischen Methoden reichen aber aus, um die im folgenden erwähnten Probleme zu behandeln, so daß der Leser in der Lage sein wird, die Originalliteratur dann direkt zu verfolgen.

Durch die hohe Intensität von Laserlichtquellen ist es möglich geworden, hohe Exzitonendichten in Kristallen zu erzeugen. Damit eröffnet sich die faszinierende Möglichkeit, gewissermaßen eine Art künstlicher Materie zu schaffen. Jedes Exziton für sich stellt ja eine Art wasserstoffähnliches Gebilde dar, wobei aber durch die verschiedenartigen Kristalle die effektiven Massen von Elektron und Defektelektron und die Dielektrizitätskonstante im Coulombschen Gesetz noch ganz verschieden sein können. Bei diesen Exzitonendichten treten nun Erscheinungen auf, die man zum Teil ja von normaler Materie her kennt. Als erstes können Exzitonen, wie erstmalig von Nikitine und Mitarbeitern experimentell überzeugend nachgewiesen wurde, sich zu Exzitonen-Molekülen zusammenfinden. Da Exzitonen oft als Bose-Teilchen angesehen werden, wurde vorgeschlagen, daß bei hohen Dichten eine Bose-Einstein-Kondensation stattfinden kann, ganz in Analogie zum superflüssigen Helium. Allerdings muß hier darauf hingewiesen werden, daß Exzitonen keineswegs im exakten Sinn Bose-Teilchen sind. Das sehen wir an der folgenden kleinen Rechnung, die wir anhand der Frenkel-Exzitonen durchführen. Gehen wir von den Operatoren eines am Gitterort $\boldsymbol{l}'$ bzw. $\boldsymbol{l}$ lokalisierten Exzitons aus, so lassen sich, wie wir im § 24 sahen, hierzu laufende Wellen von Exzitonen in der folgenden Form konstruieren

$$\hat{B}_{k'}^{+} = \frac{1}{\sqrt{N}} \sum_{l'} e^{-ik'l'} B_{l'}^{+}; \qquad B_l^{+} = a_l^{+} d_l^{+}$$
$$\hat{B}_{k} = \frac{1}{\sqrt{N}} \sum_{l} e^{ikl} B_{l}; \qquad B_l = d_l a_l \tag{26.1}$$

Der Bose-Charakter wäre sichergestellt, wenn die Erzeugungs- und Vernichtungsoperatoren den üblichen Vertauschungsrelationen genügen. Dazu bilden wir den Kommutator aus $\hat{B}_k$ und $\hat{B}_{k'}^{+}$, wobei wir (26.1) verwenden:

$$[\hat{B}_k, \hat{B}_{k'}^{+}] = \frac{1}{N} \sum_{l,l'} e^{ikl - ik'l'} [d_l a_l, a_{l'}^{+} d_{l'}^{+}] \tag{26.2}$$

Der Kommutator unter der Summe, der die Elektronen und die Defektelektronen enthält, ergibt sich zu

$$[d_l a_l, a_{l'}^{+} d_{l'}^{+}] = \delta_{ll'}(1 - a_{l'}^{+} a_l - d_{l'}^{+} d_l) \tag{26.3}$$

Setzen wir dies in (26.2) ein und nützen die Orthogonalität ebener Wellen aus, so erhalten wir

$$[\hat{B}_k, \hat{B}_{k'}^{+}] = \delta_{kk'} - \frac{1}{N} \sum_{l} e^{i(k-k')l} (a_l^{+} a_l + d_l^{+} d_l) \tag{26.4}$$

Würde das Kronecker-Symbol auf der rechten Seite von (26.4) allein dastehen, so wären die Bose-Vertauschungsrelationen tatsächlich erfüllt. Das Zusatzglied hängt aber offensichtlich von der Zahl der Elektronen bzw. Defektelektronen ab, da es deren Anzahloperatoren enthält. Offensichtlich können wir dieses Glied solange vernachlässigen, solange die zugehörigen Zustandsfunktionen nur eine geringe Zahl von Exzitonen n enthalten, so daß $n \ll N$ ist. Bei der Behandlung einer hohen Exzitonendichte muß man daher unbedingt auf diese Verletzung der Bosonen-Vertauschungsrelation achten.

Nach einer Theorie von Keldysh und Kozlov bzw. Hanamura kann es u.U. auch dann noch zu einer Bose-Einstein-Kondensation kommen. Auf die hier durchgeführten Rechnungen gehen wir nicht ein, weisen jedoch den Leser darauf hin, daß die mathematische Methode ganz analog zu der der Supraleitungstheorie erfolgt, die wir in § 42 behandeln werden.

Nach einem Vorschlag von Keldysh soll es auch möglich sein, daß Exzitonen eine Art metallischer Tröpfchen bilden. Hier ist die Dichte schon so groß geworden, daß die einzelnen Elektronen sich von ihren Defektelektronen entfernen können. Diese Tröpfchen werden aber zusammengehalten, wobei z.B. Anderson und Mitarbeiter die Coulombsche Austauschwechselwirkung verantwortlich machen. Wie wir im Rahmen der Hartree-Fock-Näherung gesehen haben, gibt es neben den üblichen Coulombschen Wechselwirkungsgliedern die eben erwähnten Austauschwechselwirkungsglieder, deren Vorzeichen dem der eigentlichen Coulombschen Wechselwirkungsglieder entgegengesetzt ist und somit zu einer Anziehungskraft zwischen Teilchen gleichen Ladungsvorzeichens führen kann.

Diese Tröpfchen scheinen in der Tat von einer Reihe von Forschern, insbesondere von Benoit a la Guilleaume, nachgewiesen worden zu sein.

§ 27 Plasmonen

a) klassische Behandlung. Unter Plasmonen verstehen wir die Quanten von Plasmaschwingungen. Erinnern wir uns zunächst daran, worum es sich bei Plasmen und deren Schwingungen überhaupt handelt. Erhitzt man ein Gas sehr stark, so werden die Atome ganz oder teilweise ionisiert. Die Elektronen sind dann den Ionen bzw. den Kernen gegenüber frei beweglich. Ein derartiges System von entgegengesetzt geladenen und gegenseitig frei verschiebbaren Teilchen nennt man ein Plasma.

Wir machen uns zunächst am Beispiel klassischer Teilchen plausibel, daß ein derartiges Plasma Schwingungen ausführen kann. Der Einfachheit halber denken wir uns die positiv geladenen schweren Teilchen als einen homogenen Untergrund verteilt, der festgehalten wird, und betrachten lediglich die Bewegung der leichten, negativ geladenen Teilchen, eben der Elektronen. Wir fassen die Ladungsdichte ϱ dieser Teilchen als eine kontinuierliche Funktion des Ortes auf und entwickeln sie nach ebenen Wellen:

$$\varrho(\boldsymbol{x}, t) = \sum_{\boldsymbol{q}} \varrho_{\boldsymbol{q}}(t) e^{-i\boldsymbol{q}\boldsymbol{x}} \cdot \frac{1}{\sqrt{V}} \tag{27.1}$$

Eine einzelne derartige Welle ist in Fig. 9 dargestellt. Zerlegungen dieser Art sind uns schon früher begegnet, z. B. bei den Gitterschwingungen. Dort sahen wir bereits, daß für das Auftreten der Schwingungen typisch ist, daß die Amplituden harmonische Funktionen der Zeit sind:

$$\varrho_{\boldsymbol{q}}(t) = e^{i\Omega_{\boldsymbol{q}} t} \varrho_{\boldsymbol{q}}(0) \tag{27.2}$$

Anhand einfacher Beziehungen aus der klassischen Elektrodynamik läßt sich eine Gleichung für derartige Dichteschwingungen aufstellen und die zugehörige Plasmafrequenz Ω berechnen.

Wir betrachten dazu ein kleines Volumenelement ΔV, in dem sich ΔN Elektronen (unterschieden durch einen Index i) befinden. Die Ortskoordinaten bezeichnen wir mit $\boldsymbol{x}_i(t)$, die Geschwindigkeiten mit $\boldsymbol{v}_i(t)$. Jedes Elektron wird dann unter dem Einfluß der Feldstärke $\boldsymbol{E}$ (am jeweiligen Orte $\boldsymbol{x}_i$) beschleunigt:

$$m \frac{\partial \boldsymbol{v}_i}{\partial t} = e \boldsymbol{E}(\boldsymbol{x}_i)$$

Wir mitteln diese Gleichung über das herausgegriffene Volumenelement

$$m \frac{\partial}{\partial t} \frac{1}{\Delta V} \sum_i \boldsymbol{v}_i = e \frac{1}{\Delta V} \sum_i \boldsymbol{E}(\boldsymbol{x}_i) \tag{27.3}$$

Die mittlere Stromdichte $\boldsymbol{j}(\boldsymbol{x})$ führen wir durch die Gleichung

$$j(\boldsymbol{x}) = e\frac{1}{\Delta V}\sum_i \boldsymbol{v}_i$$

ein, sowie die mittlere Feldstärke $\boldsymbol{E}(\boldsymbol{x})$ durch

$$\boldsymbol{E}(\boldsymbol{x}) = \frac{1}{\Delta N}\sum_i \boldsymbol{E}(\boldsymbol{x}_i)$$

Damit nimmt Gleichung (27.3) die Gestalt

$$\frac{\partial}{\partial t} j(\boldsymbol{x}) = \frac{e^2}{m}\frac{\Delta N}{\Delta V}\boldsymbol{E}(\boldsymbol{x}) \tag{27.4}$$

an. Wir bilden beiderseits die Divergenz und berücksichtigen, daß nach der klassischen Elektrodynamik gilt

$$div\, j = -\frac{\partial \varrho}{\partial t}$$

$$div\, \boldsymbol{E} = 4\pi\varrho$$

wobei ϱ die Ladungsdichte ist. Damit geht Gl. (27.4) über in[1])

$$\frac{\partial^2 \varrho(\boldsymbol{x}, t)}{\partial t^2} = -\frac{4\pi}{m}\cdot\frac{\Delta N}{\Delta V}\cdot e^2\cdot\varrho(\boldsymbol{x}, t) \tag{27.5}$$

Diese Gleichung ist aber gerade die Schwingungsgleichung $\partial^2\varrho/\partial t^2 + \Omega_p^2\varrho = 0$ mit der Plasmafrequenz

$$\Omega_p = \sqrt{\frac{4\pi n e^2}{m}} \tag{27.6}$$

wobei $n = \Delta N/\Delta V$ die mittlere Teilchendichte ist. Alle Wellen schwingen mit der gleichen Plasmafrequenz Ω_p.

b) Quantenmechanische Behandlung. Die Ehrenreich-Cohen-Methode. Da wir es beim Festkörper mit alles anderem als ionisierten Gasen zu tun haben, mag es zunächst verwunderlich erscheinen, hier überhaupt an Plasmen zu denken. Nun haben wir aber oben gesehen, daß für das Auftreten von Plasmen lediglich nötig ist, daß die eine Ladungssorte gegenüber der anderen frei verschieblich ist. In der Tat wissen wir aus der Blochschen Theorie (vgl. § 17, § 20), daß sich Elektronen praktisch wie freie Teilchen verhalten. Insofern wären die Voraussetzungen für ein Plasma gegeben. Allerdings sind beim Festkörper doch noch wesentliche Unterschiede zu machen:

1. sind die Elektronen nach der Quantentheorie zu behandeln,
2. unterliegen die Elektronen der Fermistatistik.

[1]) Wir gehen hier über den Unterschied zwischen substantieller und lokaler Betrachtungsweise, der hier unerheblich ist, hinweg.

Wir müssen also jetzt eine Theorie entwickeln, die diesen beiden Gesichtspunkten Rechnung trägt. Dazu stützen wir uns am besten wieder auf den Formalismus der 2. Quantisierung und überlegen uns, wie wir die klassische Behandlung auf die quantenmechanische Behandlung übertragen können. Objekt unserer Untersuchungen ist auch hier wieder die Elektronendichte, die nun zum Operator in der bekannten Weise wird, wobei wir das Heisenbergbild (vgl. § 16) zugrundelegen.

$$\varrho(x, t) = \psi^+(x, t)\psi(x, t) \tag{27.7}$$

In (27.7) haben wir der Einfachheit halber die Elektronenladung weggelassen, da wir die Dichteschwankungen jeweils auch mit den Schwankungen der Ladungsdichte identifizieren können.

Es kommt uns nun darauf an nachzuweisen, daß die Fourierkomponenten von (27.7) tatsächlich ein Zeitverhalten haben, wie es durch (27.2) gegeben ist. Dazu zerlegen wir die Ladungsdichte (27.7) nach Fourier. Die zugehörigen Fourierkomponenten sind durch

$$\varrho_q(t) = \int \psi^+(x, t)\psi(x, t)e^{iqx}d^3x \cdot \frac{1}{\sqrt{V}} \tag{27.8}$$

gegeben. Dieser Ausdruck läßt sich noch umformen, wenn wir die Erzeugungs- und Vernichtungsoperatoren $\psi^+(x)$, $\psi(x)$ nach ebenen Wellen entwickeln, die im Volumen V normiert sind.

$$\psi(x) = \sum_k a_k e^{ikx} \frac{1}{\sqrt{V}} \tag{27.9}$$

$$\psi^+(x) = \sum_k a_k^+ e^{-ikx} \frac{1}{\sqrt{V}} \tag{27.10}$$

Setzen wir nun (27.9) und (27.10) in (27.8) ein, so erhalten wir nach kurzer Zwischenrechnung den Ausdruck

$$\varrho_q(t) = \frac{1}{\sqrt{V}} \sum_k a_{k+q}^+(t)a_k(t) \tag{27.11}$$

$\varrho_q(t)$ ist natürlich ein Operator, da auch die a_k und a_k^+ Operatoren sind. Um klassische Amplituden zu bekommen, müssen wir daher, wie in der Quantentheorie immer, schließlich zu Erwartungswerten von der Form

$$\overline{\varrho_q(t)} = \langle \Phi | \varrho_q | \Phi \rangle \tag{27.12}$$

übergehen. Worauf es uns nun ankommt, ist eine Bewegungsgleichung für (27.11) bzw. (27.12) zu gewinnen. Wir tun dies, indem wir zunächst eine Bewegungsgleichung für das Operatorprodukt

$$a_{k+q}^+(t)a_k(t) \tag{27.13}$$

herleiten. Wie aus den Formeln (27.7) oder (27.11) ersichtlich ist, sind die Operatoren zeitabhängig. Wir befinden uns, wie schon bemerkt, im Heisenbergbild (§ 16). Um die Bewegungsgleichung für einen Operator im Heisenbergbild herzuleiten, bedienen wir uns der Vorschriften von § 16. Die Bewegungsgleichung für einen Operator Ω ist ja allgemein durch

$$-i\hbar\dot{\Omega} = [H, \Omega] \tag{27.14}$$

gegeben, wobei H der Hamiltonoperator des Systems ist. Hier betrachten wir einen Hamiltonoperator, der die Wechselwirkung der Elektronen untereinander beschreibt. Das Gitterpotential denken wir uns durch die Methode der scheinbaren Masse erfaßt, so daß wir ein positiv geladenes Kontinuum zugrundelegen. Der Hamiltonoperator lautet also

$$\begin{aligned} H = &\int \psi^+(\boldsymbol{x})\left\{-\frac{\hbar^2}{2m^*}\Delta\right\}\psi(\boldsymbol{x})d^3x + \\ &+\frac{1}{2}\int \psi^+(\boldsymbol{x}')\psi^+(\boldsymbol{x})\frac{e^2}{|\boldsymbol{x}-\boldsymbol{x}'|}\psi(\boldsymbol{x})\psi(\boldsymbol{x}')d^3x\,d^3x' \end{aligned} \tag{27.15}$$

Dieser Hamiltonoperator ist in den Operatoren $\psi^+(\boldsymbol{x})$ und $\psi(\boldsymbol{x})$ formuliert. Da wir aber eine Bewegungsgleichung für (27.13) suchen, setzen wir als erstes in bewährter Weise (vgl. § 20) die Ansätze (27.9) und (27.10) in (27.15) ein und finden dann nach kurzer Umrechnung

$$H = \sum_{\boldsymbol{k}} E_{\boldsymbol{k}} a_{\boldsymbol{k}}^+ a_{\boldsymbol{k}} + \frac{1}{2}\sum_{\boldsymbol{k}_1,\ldots,\boldsymbol{k}_4} W(\boldsymbol{k}_1\boldsymbol{k}_2;\,\boldsymbol{k}_3\boldsymbol{k}_4)a_{\boldsymbol{k}_1}^+ a_{\boldsymbol{k}_2}^+ a_{\boldsymbol{k}_3} a_{\boldsymbol{k}_4} \tag{27.16}$$

Darin ist W durch

$$W(\boldsymbol{k}_1\,\boldsymbol{k}_2;\;\boldsymbol{k}_3\,\boldsymbol{k}_4) = \frac{1}{V^2}\iint e^{-i\boldsymbol{k}_1\boldsymbol{x}'-i\boldsymbol{k}_2\boldsymbol{x}}\frac{e^2}{|\boldsymbol{x}-\boldsymbol{x}'|}e^{i\boldsymbol{k}_3\boldsymbol{x}+i\boldsymbol{k}_4\boldsymbol{x}'}d^3x\,d^3x' \tag{27.17}$$

gegeben.

Das doppelte Fourier-Integral (27.17) über die Coulombsche Wechselwirkung läßt sich explizit auswerten, worauf wir hier jedoch nicht eingehen wollen, da das nicht die Sache der Quantenfeldtheorie ist. Man erhält folgendes Resultat: (27.17) ist durch

$$W = \delta(\boldsymbol{k}_1 + \boldsymbol{k}_2 - \boldsymbol{k}_3 - \boldsymbol{k}_4)\cdot v_{\boldsymbol{q}} \tag{27.18}$$

gegeben, wobei $v_{\boldsymbol{q}}$ durch

$$v_{\boldsymbol{q}} = \frac{4\pi e^2}{q^2 V} \quad \text{mit} \quad \boldsymbol{q} = \frac{1}{2}(\boldsymbol{k}_1 + \boldsymbol{k}_3 - \boldsymbol{k}_2 - \boldsymbol{k}_4) \tag{27.19}$$

dargestellt ist. Im Ausdruck (27.16) müssen wir den Wert $\boldsymbol{q} = 0$ auslassen, da wir uns vorstellen, daß die negative Elektronenladung völlig durch den positiven Untergrund kompensiert wird. Wir bilden nun eine Bewegungsgleichung für den Operator (27.13), indem wir die Beziehung (27.14) verwenden und für den Hamiltonoperator den Ausdruck (27.16) benutzen. Wir müssen dann Kommutatoren berechnen zwischen einem Paar von Operatoren und einem anderen Paar oder 4 weiteren Operatoren, z. B. Ausdrücke der Gestalt

$$[a_{k+q}^{+} a_{k}, a_{k'}^{+} a_{k'}] \tag{27.20}$$

Dies wurde in den Übungsaufgaben 4, § 16, berechnet.

Wir erhalten dann nach kurzen Umformungen die Bewegungsgleichung

$$\begin{aligned} i\hbar \frac{d}{dt}(a_{k+q}^{+} a_{k}) = {} & (E_{k} - E_{k+q})(a_{k+q}^{+} a_{k}) + \\ & + \sum_{k' q'} 2v_{q'} \{(a_{k+q}^{+} a_{k+q'})(a_{k'+q'}^{+} a_{k'}) - \\ & - (a_{k'+q'}^{+} a_{k'})(a_{k+q-q'}^{+} a_{k})\} \end{aligned} \tag{27.21}$$

Zur weiteren Behandlung von (27.21) hilft ein Gedanke von Ehrenreich und Cohen entscheidend weiter. Da wir ja später ohnehin Gleichungen für die Erwartungswerte der Form (27.12) suchen, liegt es nahe, in (27.21) von beiden Seiten den Erwartungswert bezüglich einer Zustandsfunktion Φ zu nehmen. Wir erkennen dann sofort, daß links Erwartungswerte auftreten, die 2 Operatoren enthalten, rechts dagegen solche, die auch 4 enthalten. Wir bekommen also letztlich eine Hierarchie von Gleichungen. Diese können, wenn wir uns den Grundgedanken des Hartree-Verfahrens aneignen, aber abgeschnitten werden. Wie wir in der Aufgabe zu § 20 bemerkten, wird beim Hartree-Verfahren der Erwartungswert von gewissen 4 Operatoren in ein Produkt zweier Erwartungswerte von je 2 Operatoren aufgespalten. In einer naheliegenden Abänderung der dortigen Regel setzen wir

$$\begin{aligned} & \langle \Phi | \psi^{+}(y') \psi(y) \psi^{+}(x') \psi(x) | \Phi \rangle \\ & \cong \langle \Phi | \psi^{+}(y') \psi(y) | \Phi \rangle \langle \Phi | \psi^{+}(x') \psi(x) | \Phi \rangle \end{aligned} \tag{27.22}$$

Nehmen wir von beiden Seiten von (27.22) die Fouriertransformierte, so erhalten wir unmittelbar die Beziehung

$$\langle \Phi | a_{k_1}^{+} a_{k_2} a_{k_3}^{+} a_{k_4} | \Phi \rangle = \langle \Phi | a_{k_1}^{+} a_{k_2} | \Phi \rangle \langle \Phi | a_{k_3}^{+} a_{k_4} | \Phi \rangle \tag{27.23}$$

Die Beziehung (27.23) liefert uns nun eine Möglichkeit, die rechte Seite von (27.21) zu vereinfachen. Wir erhalten damit

$$\begin{aligned} i\hbar \frac{d}{dt} \langle \Phi | a_{k+q}^{+} a_{k} | \Phi \rangle = {} & (E_{k} - E_{k+q}) \langle \Phi | a_{k+q}^{+} a_{k} | \Phi \rangle + \\ & + \sum_{k' q'} 2v_{q'} \{ \langle \Phi | a_{k+q}^{+} a_{k+q'} | \Phi \rangle \langle \Phi | a_{k'+q'}^{+} a_{k'} | \Phi \rangle \\ & - \langle \Phi | a_{k'+q'}^{+} a_{k'} | \Phi \rangle \langle \Phi | a_{k+q-q'}^{+} a_{k} | \Phi \rangle \} \end{aligned} \tag{27.24}$$

Die Gleichung (27.24) kann nach einer Idee von Bohm und Pines noch weiter vereinfacht werden. Die Produkte der Erwartungswerte auf der rechten Seite enthalten sowohl den Wellenzahlvektor $\boldsymbol{q}$ als auch den Wellenzahlvektor $\boldsymbol{q}'$. Die Erwartungswerte sind im allgemeinen komplexe Zahlen, haben also bestimmte Phasenfaktoren $e^{i\varphi}$. Diese Phasenfaktoren hängen natürlich von den Operatoren a bzw. deren Indizes ab. Insbesondere also von den Indizes $\boldsymbol{q}$ und $\boldsymbol{q}'$. Wir nehmen nun an, daß diese Phasenfaktoren für $\boldsymbol{q} \neq \boldsymbol{q}'$ nicht miteinander korreliert sind. Summieren wir nun auf der rechten Seite von (27.24) über $\boldsymbol{q}'$ auf, so heben sich wegen der unkorrelierten Phasen die Glieder im einzelnen weg und es bleibt nur ein einziges stehen, nämlich dann, wenn die Phasen korreliert sind, d.h. für $\boldsymbol{q} = \boldsymbol{q}'$. Mit dieser „random phase approximation" reduziert sich (27.24) auf

$$i\hbar \frac{d}{dt} \langle \Phi | a^+_{\boldsymbol{k}+\boldsymbol{q}} a_{\boldsymbol{k}} | \Phi \rangle = (E_{\boldsymbol{k}} - E_{\boldsymbol{k}+\boldsymbol{q}}) \langle \Phi | a^+_{\boldsymbol{k}+\boldsymbol{q}} a_{\boldsymbol{k}} | \Phi \rangle + \\ + 2 v_{\boldsymbol{q}} \{ \bar{n}_{\boldsymbol{k}+\boldsymbol{q}} - \bar{n}_{\boldsymbol{k}} \} \sum_{\boldsymbol{k}'} \langle \Phi | a^+_{\boldsymbol{k}'+\boldsymbol{q}} a_{\boldsymbol{k}'} | \Phi \rangle \tag{27.25}$$

wobei wir die Abkürzung

$$\langle \Phi | a^+_{\boldsymbol{k}} a_{\boldsymbol{k}} | \Phi \rangle = \bar{n}_{\boldsymbol{k}} \tag{27.26}$$

verwendet haben. $\bar{n}_{\boldsymbol{k}}$ ist offensichtlich die mittlere Besetzungszahl des Zustandes $\boldsymbol{k}$. In den Gleichungen (27.25) denken wir uns im folgenden $\boldsymbol{q}$ festgehalten. Dagegen darf $\boldsymbol{k}$ noch alle Werte annehmen. Da auf der rechten Seite von (27.25) eine Summe über $\boldsymbol{k}'$ steht, haben wir es in (27.25) mit einem gekoppelten System von Gleichungen für die Erwartungswerte

$$\langle \Phi | a^+_{\boldsymbol{k}+\boldsymbol{q}} a_{\boldsymbol{k}} | \Phi \rangle \tag{27.27}$$

zu tun. Dieses Gleichungssystem können wir jedoch mit einem Schlag lösen. Dazu denken wir uns den 1. Ausdruck auf der rechten Seite von (27.25), der die Differenz $E_{\boldsymbol{k}} - E_{\boldsymbol{k}+\boldsymbol{q}}$ enthält, auf die linke Seite gebracht und durch den gesamten Faktor oder genauer Operator, der bei (27.27) steht, durchdividiert. Damit erhalten wir

$$\langle \Phi | a^+_{\boldsymbol{k}+\boldsymbol{q}} a_{\boldsymbol{k}} | \Phi \rangle = \frac{1}{i\hbar \dfrac{d}{dt} + (E_{\boldsymbol{k}+\boldsymbol{q}} - E_{\boldsymbol{k}})} 2 v_{\boldsymbol{q}} \{ \bar{n}_{\boldsymbol{k}+\boldsymbol{q}} - \bar{n}_{\boldsymbol{k}} \} \sum_{\boldsymbol{k}'} \langle \Phi | a^+_{\boldsymbol{k}'+\boldsymbol{q}} a_{\boldsymbol{k}'} | \Phi \rangle \tag{27.28}$$

Da wir ja mit den Operatoren umzugehen gelernt haben, ist es für den Leser wohl nicht mehr schockierend, daß wir hier auf beiden Seiten von (27.28) durch einen Operator, der d/dt enthält, durchdividiert haben.

Unser Endziel war es, eine Gleichung für die Fourierkomponenten der Ladungsdichte – oder genauer für deren Erwartungswerte – (27.12) herzuleiten. Zu diesem Zweck summieren wir in (27.28) auf beiden Seiten über $\boldsymbol{k}$ auf und erhalten damit die Gleichung

$$\overline{\varrho_{\boldsymbol{q}}} = \left\{ 2 v_{\boldsymbol{q}} \sum_{\boldsymbol{k}} \frac{\bar{n}_{\boldsymbol{k}+\boldsymbol{q}} - \bar{n}_{\boldsymbol{k}}}{i\hbar \dfrac{d}{dt} + (E_{\boldsymbol{k}+\boldsymbol{q}} - E_{\boldsymbol{k}})} \right\} \overline{\varrho_{\boldsymbol{q}}} \tag{27.29}$$

d.h. eine Gleichung für $\overline{\varrho_{\boldsymbol{q}}}$. Zur Lösung von (27.29) machen wir den Ansatz

$$\overline{\varrho_{\boldsymbol{q}}} = e^{i\Omega_{\boldsymbol{q}} t - \alpha t} \overline{\varrho_{\boldsymbol{q}}}(0) \tag{27.30}$$

Die Differentiation d/dt in (27.29) geht dann mit Hilfe des Exponentialansatzes einfach in den Faktor $i\Omega_q - \alpha$ über. Da sich nun $\overline{\varrho_q}$ auf beiden Seiten von (27.29) heraushebt, erhalten wir die wichtige Beziehung

$$1 = v_q \sum_k \frac{\bar{n}_{k+q} - \bar{n}_k}{-\hbar\Omega_q - i\hbar\alpha + E_{k+q} - E_k} \qquad (\equiv f(\Omega_q)) \tag{27.31}$$

Hierin sind die Frequenz Ω_q und der Dämpfungsfaktor α noch zu bestimmende Größen. Die Lage von $\Omega_q(\alpha = 0)$ ist aus Fig. 35a zu ersehen. Hierin ist als Abszisse Ω und als Ordinate die rechte Seite von (27.31) aufgetragen. Die Schnittpunkte mit der Eins-Linie ergeben in ihrer Projektion auf die Abszisse die möglichen Ω-Werte. Wir erkennen in dem Diagramm deutlich, daß es hier zwei Arten von Eigenwerten gibt, nämlich Eigenwerte, die nahe bei $(1/\hbar)(E_{k+q} - E_k)$ liegen und einen zweiten Typ, und zwar mit einem einzigen Eigenwert, der außerhalb dieses Bereichs liegt. Die numerische Auswertung von (27.31) für kleine q-Werte zeigt, daß dieser Eigenwert tatsächlich wieder bei der Plasmafrequenz $\Omega = \Omega_p$ (Formel (27.6)) liegt.

Damit ist nachgewiesen, daß tatsächlich auch Elektronen im Metall Plasmaschwingungen ausführen können.

Befassen wir uns nun noch mit der Frage, was die Frequenzen, die bei $E_{k+q} - E_k$ liegen, bedeuten. Gehen wir mit dem Ansatz

$$\langle\Phi|a^+_{k+q}a_k|\Phi\rangle_t = \langle\Phi|a^+_{k+q}a_k|\Phi\rangle_0 e^{i\Omega_{qj}t-\alpha t}; \qquad \Omega_{qj} \approx \varepsilon_{qk_j} \equiv \frac{1}{\hbar}(E_{k_j+q} - E_{k_j}) \tag{27.32}$$

in die Gleichung (27.25) ein, so sehen wir, daß sich bis auf geringfügige Korrekturen die Glieder

$$\langle\Phi|a^+_{k_j+q}a_{k_j}|\Phi\rangle(E_{k_j} - E_{k_j+q}) \tag{27.33}$$

auf beiden Seiten für ein bestimmtes k_0 herausheben. Die übrig bleibende Summe in (27.25) muß also verschwindend klein sein. Dies ist damit konsistent, daß damit die übrigen Gleichungen für $k \neq k_j$ erfüllt sind, und die Erwartungswerte (27.32) für $k \neq k_j$ praktisch verschwinden. Aus diesen Überlegungen sehen wir, daß zu den Eigenwerten (27.32) Anregungen gehören, bei denen nur ein einzelnes Elektron vernichtet und dieses in einen neuen Zustand erzeugt worden ist. Es handelt sich also hier keineswegs um eine kollektive Anregung. Die kollektiven Plasmaanregungen sind experimentell nachweisbar. Schickt man beispielsweise Elektronen durch dünne Metallfolien, so können die Elektronen ihre Energie in quantenhafter Weise an die Plasmaschwingungen abgeben.

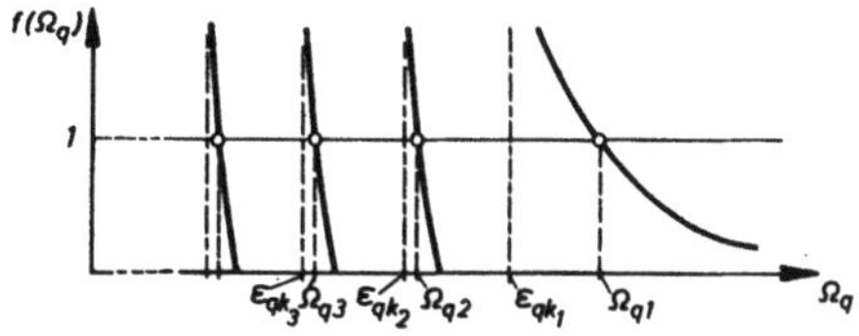

Fig. 35a
Graphische Bestimmung der Anregungsenergien eines Elektronengases nach der Beziehung (27.31) mit $\alpha = 0$. Qualitative Darstellung, bei der die ε_{qk} für die Folge $k = k_1, k_2, \ldots$ weit auseinander gezeichnet sind. Im realistischen Fall liegen die ε_{qk} dicht zusammen. Die Projektion der Schnittpunkte von $f(\Omega_q)$ mit der Eins-Linie auf die Ω_q-Achse ergeben die gesuchten Ω_{qj}-Werte.

§ 28 Spinwellen: Magnonen

a) Die Ursache des Ferromagnetismus. Die magnetischen Eigenschaften eines Ferromagneten lassen sich zwar im Rahmen der klassischen Physik dadurch deuten, daß der Ferromagnet aus einzelnen atomistischen Elementarmagneten besteht, die durch ein von ihnen selbst erzeugtes „inneres Feld“ ausgerichtet werden. Im Rahmen der klassischen Physik blieben aber zwei Kernfragen unbeantwortet:

1. Was ist die Natur der Elementarmagnete?
2. Was ist die Natur des „inneren Feldes“?

Wegen der Stärke des „inneren Feldes“ kommt nämlich das von den Elementarmagneten erzeugte Magnetfeld nicht zur Erklärung in Frage.

Die durch die Quantentheorie gegebenen Antworten lauten:

Zu 1. Jedes Elektron besitzt – unabhängig von seiner Bahnbewegung – einen eigenen Drehimpuls s, den sogenannten Spin. Dieser Drehimpuls ist quantisiert und besitzt in einer Vorzugsrichtung (z. B. hervorgerufen durch ein in z-Richtung angelegtes Magnetfeld) die Werte $s_z = +\hbar/2$ oder $s_z = -\hbar/2$. In einem mechanischen Modell läßt sich das dynamische Verhalten des Spins als *Kreisel* beschreiben. Mit dem Spin ist ein magnetisches Moment der Größe des Bohrschen Magnetons $M = e\hbar/(2mc)$ verknüpft, wobei e die Ladung und m die Masse des Elektrons ist und c die Lichtgeschwindigkeit darstellt. Die Elementarmagnete können nun direkt mit dem magnetischen Dipol, der mit dem Spin verknüpft ist, identifiziert werden.

Zu 2. Der Spin der Elektronen bestimmt indirekt auch deren Bahnbewegung (selbst wenn es keine Spin-Bahn-Kopplung gibt). Dies geschieht über das Pauli-Prinzip.

Nach ihm ist es nicht möglich, 2 Elektronen mit parallelem Spin in den gleichen Zustand zu setzen. Wie wir in § 13 sahen, hat dies zur Folge, daß die Wellenfunktion $f(\boldsymbol{x}_1, \boldsymbol{x}_2)$ in den beiden Teilchenkoordinaten antisymmetrisch ist. Wie sich andererseits zeigen läßt, ist die Wellenfunktion zweier Elektronen mit antiparallelem Spin in den Ortskoordinaten symmetrisch. *Die Spineinstellung bestimmt also die Symmetrie der Wellenfunktion.*

Am Beispiel des Heitler-London-Modells des Wasserstoffmoleküls zeigen wir, wie die Gesamtenergie von der Symmetrie der Wellenfunktionen abhängt. Wir betrachten nur *die Coulombsche Wechselwirkung* zwischen den beiden (festgehaltenen) Protonen, den beiden Elektronen und zwischen Elektronen und Protonen. Den Abstand zwischen den Teilchen bezeichnen wir mit $r_{\alpha\beta}$ (1, 2 für Elektronen, a, b für Protonen) (vgl. Fig. 36).

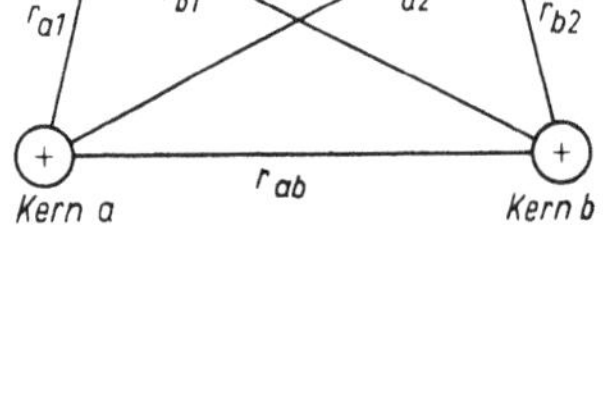

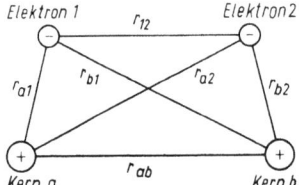

Fig. 36 Das Wasserstoff-Molekül. Schema der Koordinaten

Die Schrödingergleichung (13.31) lautet

$$\left\{-\frac{\hbar^2}{2m}(\Delta_1+\Delta_2)+e^2\left(\frac{1}{r_{ab}}+\frac{1}{r_{12}}-\frac{1}{r_{a1}}-\frac{1}{r_{a2}}-\frac{1}{r_{b1}}-\frac{1}{r_{b2}}\right)\right\}\varphi(\boldsymbol{x}_1,\boldsymbol{x}_2)$$
$$=E\varphi(\boldsymbol{x}_1,\boldsymbol{x}_2) \tag{28.1}$$

Zur näherungsweisen Lösung dieser Gleichung setzen wir (bis auf einen Normierungsfaktor)

$$\begin{aligned}\varphi_{\uparrow\uparrow}&=\varphi(r_{a1})\varphi(r_{b2})-\varphi(r_{a2})\varphi(r_{b1}) \quad \text{Spin parallel}\\ \varphi_{\uparrow\downarrow}&=\varphi(r_{a1})\varphi(r_{b2})+\varphi(r_{a2})\varphi(r_{b1}) \quad \text{Spin antiparallel}\end{aligned} \tag{28.2}$$

Die Pfeile deuten auf die relative Richtung der Elektronenspins hin. $\varphi(r_{\alpha j})$ ist die reelle Wellenfunktion des Elektrons $j(=1,2)$ im Grundzustand des Wasserstoffatoms $\alpha(=a,b)$ (vgl. Fig. 37).

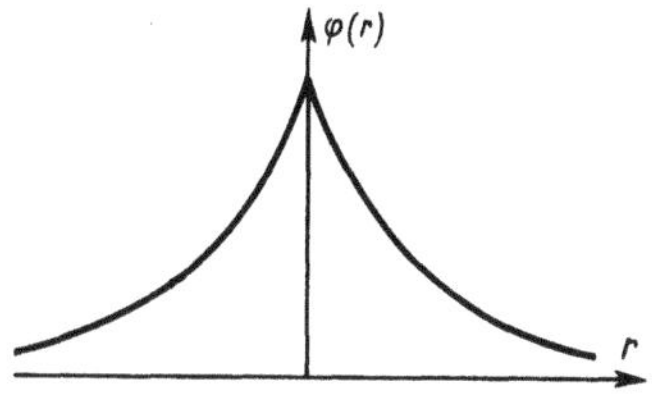

Fig. 37 $\varphi(r)$ beim Wasserstoffatom

Mit Hilfe von (28.2) bilden wir den Erwartungswert des in (28.1) auftretenden Hamiltonoperators

$$\begin{aligned}E_{\uparrow\uparrow}(r_{ab})&=\iint\varphi_{\uparrow\uparrow}H\varphi_{\uparrow\uparrow}\,d^3x_1\,d^3x_2\\ E_{\uparrow\downarrow}(r_{ab})&=\iint\varphi_{\uparrow\downarrow}H\varphi_{\uparrow\downarrow}\,d^3x_1\,d^3x_2\end{aligned} \tag{28.3}$$

Nach elementarer Rechnung finden wir im wesentlichen

$$\begin{aligned}E_{\uparrow\uparrow}&=E_0-A\\ E_{\uparrow\downarrow}&=E_0+A\end{aligned} \tag{28.4}$$

Die Energien unterscheiden sich also je nach Spinrichtung um $2A$, wobei das *Austauschintegral* A gegeben ist durch

$$A=A(r_{ab})=\int\varphi(r_{a1})\varphi(r_{b1})e^2\left(\frac{1}{r_{ab}}+\frac{1}{r_{12}}-\frac{1}{r_{a2}}-\frac{1}{r_{b1}}\right)\varphi(r_{a2})\varphi(r_{b2})d^3x_1\,d^3x_2 \tag{28.4a}$$

A hängt dabei vom Abstand r_{ab} der beiden Kerne ab. Während beim Wasserstoffmolekül $A<0$ ist, ist in Ferromagneten $A>0$ (weil dort andere Wellenfunktionen $\varphi(r)$ zu verwenden sind).

Obgleich die Spins *explizit* gar nicht in (28.4) erscheinen, hängt doch das Vorzeichen A davon ab. Wir besprechen daher jetzt einen Formalismus, bei dem die Spins explizit in Erscheinung treten und beginnen mit der Erläuterung von Spinoperatoren.

b) Spinoperatoren. Da der Spin seiner physikalischen Natur nach ein Drehimpuls ist, genügen die Spinoperatoren den Drehimpuls-Vertauschungsrelationen, die wir hier in der Form

$$\begin{aligned} s_x s_y - s_y s_x &= i s_z \\ s_y s_z - s_z s_y &= i s_x \\ s_z s_x - s_x s_z &= i s_y \end{aligned} \tag{28.5}$$

anschreiben. Den Faktor $\hbar$ haben wir dabei von den Spinoperatoren weggelassen. Die einzelnen Komponenten s_x, s_y und s_z lassen sich natürlich zu dem Vektor

$$\boldsymbol{s} = (s_x, s_y, s_z) \tag{28.6}$$

zusammenfassen. Bei mehreren Spins müssen wir jedem einzelnen Spin einen Vektor der Form

$$\boldsymbol{s}_m = (s_{xm}, s_{ym}, s_{zm}) \tag{28.7}$$

zuordnen. Da die einzelnen Elektronenspins ganz verschiedene Freiheitsgrade repräsentieren, die nichts miteinander zu tun haben, dürfen wir annehmen, daß die Spinoperatoren verschiedener Elektronen untereinander vertauschen

$$s_{jm} s_{j'm'} - s_{j'm'} s_{jm} = 0 \qquad \text{für} \qquad m \neq m' \tag{28.8}$$

Für unsere Zwecke wird es im folgenden günstig sein, statt der ursprünglichen Operatoren s_x und s_y neue Operatoren der Form

$$\begin{aligned} s^+ &= s_x + i s_y \\ s^- &= s_x - i s_y \end{aligned} \tag{28.9}$$

einzuführen. Die Definition (28.9) gilt noch für beliebige Spins. Wir beschränken uns nun aber auf einen Spin der Größe $^1/_2$. Die Eigenfunktionen zu s_z bezeichnen wir mit $\Phi(\uparrow)$ (Spin nach oben) und $\Phi(\downarrow)$ (Spin nach unten). Dann gilt

$$\begin{aligned} s_z \Phi(\uparrow) &= \frac{1}{2} \Phi(\uparrow) \\ s_z \Phi(\downarrow) &= -\frac{1}{2} \Phi(\downarrow) \end{aligned} \tag{28.10}$$

Wie sich zeigen läßt (vgl. Aufgabe 1), gilt ferner

$$\begin{aligned} s^+ \Phi(\downarrow) &= \Phi(\uparrow) \\ s^- \Phi(\uparrow) &= \Phi(\downarrow) \end{aligned} \tag{28.11}$$

Durch Anwendung von s^+ auf einen Zustand mit Spin nach unten entsteht also ein Zustand mit Spin nach oben.

Da man einen Spin, der nach oben zeigt, nicht nochmals nach oben drehen kann, folgt sofort, daß die Relation

$$(s^+)^2 = 0 \tag{28.12}$$

gilt. Analog gilt

$$(s^-)^2 = 0 \tag{28.13}$$

Aus den Vertauschungsrelationen (28.5) folgt ferner

$$s^+ s^- - s^- s^+ = 2 s_z \tag{28.14}$$

Schließlich folgt für Spin $^1/_2$ noch

$$s^- s^+ + s^+ s^- = 1 \tag{28.15}$$

wie man sofort erkennt, wenn man eine beliebige Funktion aus einer Spin-nach-oben- und Spin-nach-unten-Funktion aufbaut.

c) Der Austausch-Hamiltonoperator und das Heisenbergmodell des Ferromagnetismus. Wir knüpfen an das Problem von Abschnitt a) dieses Paragraphen an, $E_{\uparrow\downarrow}$, $E_{\uparrow\uparrow}$ (28.4) direkt durch Spinoperatoren $\boldsymbol{s}_1$ und $\boldsymbol{s}_2$ auszudrücken. Da $E_{\uparrow\downarrow}$, $E_{\uparrow\uparrow}$ von der relativen Spin-Richtung abhängen, liegt folgender Ansatz für einen „effektiven“ Hamiltonoperator nahe:

$$H = const - J \boldsymbol{s}_1 \boldsymbol{s}_2 \tag{28.16}$$

Wie die genaue quantenmechanische Rechnung mit Hilfe der Spinoperatoren zeigt, liefert H die richtigen Energiewerte $E_{\uparrow\uparrow}$, $E_{\uparrow\downarrow}$ falls

$$J = J_{\boldsymbol{r}} = 2A(\boldsymbol{r}) \quad (\text{wobei } \boldsymbol{r} = \boldsymbol{r}_{ab}) \tag{28.16a}$$

(vgl. Aufgabe 2).

Den Operator (28.16) dehnen wir nun auf ein System vieler Elektronen aus, die an den einzelnen Gitterpunkten sitzen. Der Abstandsvektor zwischen den einzelnen Gitterpunkten $\boldsymbol{l}$ und $\boldsymbol{m}$ ist mit $\boldsymbol{l} - \boldsymbol{m}$ bezeichnet. Der Austausch-Hamiltonoperator läßt sich dann sofort in der Gestalt

$$H_a = -\frac{1}{2} \sum_{\boldsymbol{l} \neq \boldsymbol{m}} J_{\boldsymbol{l}-\boldsymbol{m}} \boldsymbol{s}_{\boldsymbol{l}} \boldsymbol{s}_{\boldsymbol{m}} \tag{28.17}$$

wiedergeben, wobei wir nun konstante Energiebeiträge weggelassen haben, und die Indizes der Spins nach ihren Lokalisationsorten im Gitter wählen. Ohne Beschränkung der Allgemeinheit dürfen wir annehmen, daß die Austauschwechselwirkung symmetrisch in den Orten $\boldsymbol{l}$ und $\boldsymbol{m}$ ist, d.h. daß

$$J_{\boldsymbol{l}-\boldsymbol{m}} = J_{\boldsymbol{m}-\boldsymbol{l}} \tag{28.17a}$$

gilt. Wäre nämlich J nicht symmetrisch, so könnte man es ohne weiteres wegen der Vertauschbarkeit von $\mathbf{s}_l$ und $\mathbf{s}_m$ symmetrisieren. Der Faktor $^1/_2$ rührt daher, daß ein Elektronenpaar $\boldsymbol{l}$, $\boldsymbol{m}$ in der Summe (28.17) zweimal vertreten ist, nämlich in der Form $\mathbf{s}_l\mathbf{s}_m$ und $\mathbf{s}_m\mathbf{s}_l$. Wie sich zeigen läßt (vgl. Aufgabe 3), ist der Operator des Gesamtspins

$$\boldsymbol{S} = \sum_l \mathbf{s}_l \tag{28.18}$$

mit dem Austausch-Hamiltonoperator vertauschbar, d. h. es gilt

$$H_a\boldsymbol{S} = \boldsymbol{S}H_a \tag{28.19}$$

Für viele Zwecke ist es nun günstig, die ursprünglichen Operatoren $\mathbf{s}_l, \mathbf{s}_m$ mit Hilfe der Operatoren s_l^+, s_m^- auszudrücken. Wie sich zeigen läßt (vgl. Aufgabe 4), geht dann der *Austausch-Hamiltonoperator* (28.17) in

$$H_a = -\frac{1}{2}\sum_{l \neq m} J_{l-m}(s_l^+ s_m^- + s_{zl}s_{zm}) \tag{28.20}$$

über. Dies ist nach wie vor der Operator für das Heisenberg-Modell. Neben diesem Operator wird besonders in Theorien der Quantenstatistik ein anderer Modelloperator verwendet, nämlich der des sogenannten „*Ising-Modells*", in dem die Operatoren s^+, s^- weggelassen werden:

$$H_a = -\frac{1}{2}\sum_{l \neq m} J_{l-m}s_{zl}s_{zm} \tag{28.21}$$

Für unsere folgenden Betrachtungen legen wir jedoch den Operator (28.20) zugrunde.

In dem Operator (28.20) treten neben den Operatoren s^+, s^- noch die Operatoren s_z auf. Diese können wir jedoch in einfacher Weise wiederum durch die Operatoren s^+ und s^- ausdrücken. Aus den Relationen (28.14) und (28.15) folgt für Spin 1/2 die Beziehung

$$s_z = -\frac{1}{2} + s^+s^- \tag{28.22}$$

Setzen wir (28.22) für die verschiedenen Gitterorte $\boldsymbol{l}$ bzw. $\boldsymbol{m}$ in (28.20) ein, so nimmt der Hamilton-Operator die Gestalt

$$H_a = -\frac{1}{2}\sum_{l \neq m} J_{l-m}\left\{s_l^+ s_m^- + \frac{1}{4} - s_l^+ s_l^- + s_l^+ s_l^- s_m^+ s_m^-\right\} \tag{28.23}$$

an. Entsprechend der Zahl der in (28.23) vorkommenden Operatoren zerlegen wir H_a in 3 Teile

$$H_a = C + H^{(1)} + H^{(2)} \tag{28.24}$$

worin C eine von den Operatoren unabhängige Konstante ist.

$$C = -\frac{1}{8} \sum_{l \neq m} J_{l-m} \tag{28.25}$$

$H^{(1)}$ ist bilinear in den Operatoren s^+ und s^-

$$H^{(1)} = -\frac{1}{2} \sum_{l,m} s_l^+ s_m^- \tilde{J}_{lm} \tag{28.26}$$

wobei wir die Abkürzung

$$\tilde{J}_{lm} = (1 - \delta_{lm}) J_{l-m} - \delta_{lm} \sum_{m'}{}'^{(l)} J_{l-m'} \tag{28.27}$$

verwendet haben. Der formale Unterschied zwischen (28.23) und (28.26) rührt daher, daß wir alle bilinearen Glieder in (28.23) formal in der durch (28.26) gegebenen Weise schreiben können. $H^{(2)}$ schließlich enthält Glieder höherer als zweiter Ordnung. Diese lassen wir im allgemeinen weg in der Erwartung, daß sie nur kleine Beiträge liefern. Wir werden sogar sehen, daß in gewissen Fällen die entsprechenden Beiträge exakt verschwinden. Der Strich am Summenzeichen in (28.27) und das dahinter gesetzte $\boldsymbol{l}$ soll zum Ausdruck bringen, daß das Summenglied mit $\boldsymbol{m}' = \boldsymbol{l}$ wegzulassen ist. Die entsprechende Summe kürzen wir in der Form

$$\sum_{m'}{}'^{(l)} J_{l-m'} = J(0) \tag{28.28}$$

ab. Da der in (28.28) in der Funktion J auftretende Vektor unverändert bleibt, wenn wir eine Verschiebung im Gitter vornehmen, ist die Summe tatsächlich unabhängig von dem Index $\boldsymbol{l}$.

Nach diesen Vorbereitungen versuchen wir nun, die Schrödingergleichung mit dem Hamiltonoperator (28.23) $H_a \Phi = E\Phi$ zu lösen. Da H_a insbesondere mit S_z vertauschbar ist, suchen wir die Wellenfunktion so zu bestimmen, daß sie gleichzeitig auch noch Eigenfunktion zur Gesamtkomponente des Spinoperators in der z-Richtung ist

$$S_z \Phi = M\Phi \tag{28.29}$$

Beginnen wir zuerst mit der Lösung von (28.29) und suchen den Grundzustand des Systems, bei dem alle Spins parallel sind und in die $-z$-Richtung zeigen. Diese Wellenfunktion lautet

$$\Phi_g = \Phi(\downarrow\downarrow\downarrow \dots \downarrow) = \prod_m \Phi_m(\downarrow) \tag{28.30}$$

wobei das Produkt über alle N Gitterplätze zu erstrecken ist. $\Phi_m(\downarrow)$ ist Eigenfunktion zu s_{zm} mit Spin nach unten. Zu Φ_g gehört der Eigenwert

$$M = -\frac{N}{2} \tag{28.31}$$

Wenden wir nun auf die Funktion (28.30) an irgendeinem Gitterpunkt $\boldsymbol{l}$ den „Spin-Flip"-Operator s_l^- an, so ergibt sich (vgl. (28.13) und die dortigen Überlegungen)

$$s_l^- \Phi_g(\downarrow \dots \downarrow) = 0 \tag{28.32}$$

Wir wenden nun den vollständigen Hamiltonoperator (28.23) auf die Funktion (28.30) an. Wegen der Eigenschaft (28.32) bleibt dann nur noch das konstante Glied (28.25) stehen. Die Energie dieses Grundzustandes ist also durch

$$E_g = -\frac{1}{8} \sum_{\boldsymbol{l} \neq \boldsymbol{m}} J_{\boldsymbol{l}-\boldsymbol{m}} \tag{28.33}$$

gegeben, wobei die Doppelsumme über alle $\boldsymbol{l}$ und $\boldsymbol{m}$, die voneinander verschieden sind, auszuführen ist. Wir versuchen nun, von diesem Grundzustand ausgehend den 1. angeregten Zustand zu konstruieren, in dem wir zunächst wieder eine Eigenfunktion zu (28.29) suchen, jedoch nun derart, daß einer der Spins umgeklappt ist. Der zugehörige Eigenwert also durch

$$M = -\frac{N}{2} + 1 \tag{28.34}$$

gegeben ist. Da der Spin an einer beliebigen Stelle $\boldsymbol{l}$ umgeklappt sein kann, gibt es nun einen ganzen Satz von Wellenfunktionen

$$\Phi(\underset{\boldsymbol{l}_1}{\uparrow}\downarrow \dots \downarrow), \dots, \Phi(\downarrow \dots \downarrow \underset{\boldsymbol{l}}{\uparrow} \downarrow \dots \downarrow) \tag{28.35}$$

die alle den gleichen Eigenwert (28.34) in Gleichung (28.29) besitzen. Um die Schrödingergleichung mit (28.23) zu lösen, setzen wir die Funktion Φ als eine Überlagerung der Zustände (28.35) an:

$$\Phi = \sum_{\boldsymbol{l}} c_{\boldsymbol{l}} \Phi(\downarrow \dots \downarrow \underset{\boldsymbol{l}}{\uparrow} \downarrow \dots \downarrow) \tag{28.36}$$

Da der Kristall translationssymmetrisch ist, kann man ganz wie bei Blochschen Wellen schließen, daß die Koeffizienten $c_{\boldsymbol{l}}$ die Form

$$c_{\boldsymbol{l}} = c_0 e^{i\boldsymbol{k}\boldsymbol{l}} \tag{28.37}$$

haben müssen.

Ferner verwenden wir nun einen Trick, um die Funktion (28.35) eleganter zu schreiben. Wie wir von Spin-Operatoren her wissen (vgl.(28.11)), hat der Operator s_l^+ die Eigenschaft, die Spinfunktion mit Spin nach unten in die Spinfunktion mit Spin nach oben zu verwandeln. Deshalb dürfen wir die folgende Relation benutzen

$$\Phi(\downarrow \dots \downarrow \underset{\boldsymbol{l}}{\uparrow} \downarrow \dots \downarrow) = s_{\boldsymbol{l}}^+ \Phi_g \tag{28.38}$$

wobei Φ_g durch (28.30) gegeben ist. Mit (28.37) und (28.38) nimmt die Wellenfunktion (28.36) die Gestalt

$$\Phi_k = \frac{1}{\sqrt{N}} \sum_l e^{ikl} s_l^+ \Phi_g \tag{28.39}$$

an. $\boldsymbol{k}$ ist dabei der übliche Wellenzahlvektor. Die Funktion (28.39) stellt ganz offensichtlich eine Spinwelle dar, die mit dem Wellenzahlvektor $\boldsymbol{k}$ durch den Kristall läuft. An dieser Stelle erkennen wir nun eine starke formale Analogie mit dem Erzeugungsoperator des harmonischen Oszillators. Beim harmonischen Oszillator haben wir gesehen, daß wir die angeregten Zustände durch Anwendung des Erzeugungsoperators aus dem Grundzustand heraus erzeugen können. Im vorliegenden Fall sehen wir in Gl. (28.39), daß eine *Spinwelle*, d.h. ein angeregter Zustand aus dem Grundzustand durch Anwendung des *Operators*

$$S_k^+ = \frac{1}{\sqrt{N}} \sum_l e^{ikl} s_l^+ \tag{28.40}$$

erzeugt wird. Mit (28.40) können wir den *Spinwellenzustand* (28.39) in der Gestalt

$$\Phi_k = S_k^+ \Phi_g \tag{28.41}$$

wiedergeben. Wir definieren zu (28.40) einen hermitesch konjugierten Operator

$$S_k^- = \frac{1}{\sqrt{N}} \sum_l e^{-ikl} s_l^- \tag{28.42}$$

den wir natürlich gern in Analogie zu einem Vernichtungsoperator setzen möchten. Umgekehrt lassen sich natürlich die einzelnen Spinoperatoren durch die Fouriertransformation von (28.40) bzw. (28.42) in der Form

$$s_l^+ = \frac{1}{\sqrt{N}} \sum_k e^{-ikl} S_k^+ \tag{28.43}$$

$$s_l^- = \frac{1}{\sqrt{N}} \sum_k e^{ikl} S_k^- \tag{28.44}$$

gewinnen. Die von uns gesuchte Analogie mit dem harmonischen Oszillator legt es nahe, zu versuchen, den Hamiltonoperator (28.24) mit Hilfe der Operatoren (28.40) und (28.42) neu zu formulieren. Wir beschränken uns hier auf den in (28.24) auftretenden Operator $H^{(1)}$, der durch (28.26) gegeben ist. Der Anteil $H^{(2)}$ enthält ja höhere Potenzen von s, die auch beim harmonischen Oszillator nicht mehr exakt erfaßbar sind. Wir führen diese Transformation von den einzelnen Orten zugeordneten Spinoperatoren zu den Spinwellenoperatoren (28.40) und (28.42) durch. Hierzu drücken wir in $H^{(1)}$ (siehe (28.26)) s_l^+ und s_l^- gemäß (28.43) und (28.44) durch die Spinwellenoperatoren S_k aus. Dies liefert zunächst

$$H^{(1)} = -\frac{1}{2} \sum_{l,m} \frac{1}{\sqrt{N}} \sum_k e^{-ikl} S_k^+ \tilde{J}_{lm} \frac{1}{\sqrt{N}} \sum_{k'} e^{ik'm} S_{k'}^- \tag{28.45}$$

oder nach einfacher Änderung der Summationsreihenfolge

$$H^{(1)} = -\frac{1}{2}\sum_{kk'} S_k^+ S_{k'}^- \left(\frac{1}{N}\sum_{l,m} e^{-ikl} e^{ik'm} \tilde{J}_{lm}\right) \tag{28.46}$$

Wegen $\boldsymbol{l} = (\boldsymbol{l} - \boldsymbol{m}) + \boldsymbol{m}$ (28.47)

spalten wir die in Klammern gesetzte Summe in (28.46) in folgender Weise auf

$$\underbrace{\frac{1}{N}\sum_{m} e^{i(k'-k)m}}_{\delta_{kk'}} \underbrace{\sum_{l} e^{-ik(l-m)} \tilde{J}_{lm}}_{-2E(k)} \tag{28.48}$$

Die erste Summe in (28.48) stellt in bekannter Weise das Kronecker-Symbol $\delta_{kk'}$ dar, die 2. Summe hängt ab von dem Wellenzahlvektor $\boldsymbol{k}$, ist jedoch wieder wegen der Translationseigenschaften unabhängig von dem Index $\boldsymbol{m}$. Da (28.48) die Dimension einer Energie hat, schreiben wir sie in der Form $-2E(\boldsymbol{k})$. Mit diesen Zwischenresultaten finden wir schließlich für $H^{(1)}$ die Formel

$$H^{(1)} = \sum_{k} S_k^+ S_k^- E(\boldsymbol{k}) \tag{28.49}$$

Mit diesem Ergebnis könnte es scheinen, als ließe sich das Spinwellenproblem auf das des harmonischen Oszillators zurückführen. (28.49) hat ja genau die Gestalt eines Satzes von Hamiltonoperatoren für einzelne Oszillatoren, wobei die S_k^+, S_k^- den b_k^+, b_k entsprechen.

Das vorliegende Beispiel mag nun aber als Warnung dienen, daß man bei derartigen Operatorrechnungen nicht zu voreilig sein darf. Wir haben nämlich noch gar nicht geprüft, welchen Vertauschungsrelationen die Operatoren (28.40) und (28.42) genügen. Erst dann können wir ja mit Sicherheit sagen, ob die Analogie zum harmonischen Oszillator gewährleistet ist oder nicht. Bilden wir nun die Vertauschungsrelationen, indem wir (28.40) und (28.42) wieder durch die an den Orten definierten Spinoperatoren ausdrücken, so erhalten wir

$$S_k^- S_{k'}^+ - S_{k'}^+ S_k^- = \frac{1}{N}\sum_{ll'} e^{-ikl+ik'l'} \underbrace{\{s_l^- s_{l'}^+ - s_{l'}^+ s_l^-\}}_{\delta_{ll'}(-2s_{zl})} \tag{28.50}$$

Unter Verwendung der Vertauschungsrelationen für die Operatoren s_l^+ und s_l^- reduziert sich die rechte Seite von (28.50) auf

$$-\frac{2}{N}\sum_{l} e^{i(k'-k)l} s_{zl} \tag{28.51}$$

Wir erhalten also leider keineswegs die Oszillator-Vertauschungsrelation. Das Ergebnis wird ein klein wenig schöner, wenn wir den Erwartungswert von (28.51) bezüglich einer Eigenfunktion von (28.29) bilden. Wir können dann allgemein setzen

$$\langle \Phi | s_{zl} | \Phi \rangle = \bar{s}_{z,l} \tag{28.52}$$

Verwenden wir für Φ die Grundzustands-Wellenfunktion, so gilt

$$\Phi = \Phi_g \colon \ \overline{s_{z,l}} = -\frac{1}{2} \qquad (28.53)$$

In diesem Fall wird, wie man rasch feststellt, die rechte Seite von (28.50) zum Kroneckersymbol $\delta_{kk'}$ und wir erhalten

$$S_k^- S_{k'}^+ - S_{k'}^+ S_k^- = \delta_{k,k'} \qquad (28.54)$$

In ähnlicher Weise dürfen wir erwarten, daß das Resultat (28.54) genähert gültig bleibt, wenn wir statt des Grundzustandes Φ_g nun in (28.52) Wellenfunktionen verwenden, in denen nur relativ wenig Spins umgeklappt sind.

Immerhin müssen wir festhalten, daß die Vertauschungsrelationen zwischen den S_k^+ und S_k^- nicht exakte Bose-Vertauschungsrelationen sind. Man kann sich nun die Frage vorlegen, ob man nicht die Definition der $S^\pm$ so abändern könnte, daß man tatsächlich exakte Bose-Operatoren erhält. Dies geschieht nun mit Hilfe der *Holstein-Primakoff-Transformation*. Dazu betrachten wir einen einzelnen Spin und versuchen, dessen Operatoren s^+, s^- und s_z durch Bose-Operatoren b^+ und b auszudrücken. Hierzu setzen wir s_z in der Form

$$s_z = -\frac{1}{2} + b^+ b \qquad (28.55)$$

an, wobei s_z im Grundzustand des entsprechenden harmonischen Oszillators $= -\frac{1}{2}$ und im 1. angeregten Zustand dagegen $= +\frac{1}{2}$ ist. Da in den Vertauschungsrelationen (28.51) auf der rechten Seite s_z auftritt, liegt es nahe, bei der Transformation von s^+ und s^- auf Bose-Operatoren noch einen Normierungsfaktor, grob gesprochen in der Form $\sqrt{s_z}$, einzuführen. Dieser Ansatz ist noch nicht völlig exakt, liefert aber die grundlegende Idee. Macht man nämlich die folgenden Ansätze (*Holstein-Primakoff-Transformation*)

$$s^+ = b^+ \sqrt{1 - b^+ b} \qquad (28.56)$$

$$s^- = \sqrt{1 - b^+ b}\, b \qquad (28.57)$$

so erweist sich, daß z. B. s^+ und s^- die Vertauschungsrelation

$$s^+ s^- - s^- s^+ = 2 s_z \qquad (28.58)$$

erfüllen (vgl. Aufgabe 6).

In ähnlicher Weise sind auch die Vertauschungsrelationen zwischen s^+ und s^- bzw. s^- und s_z erfüllt, wenn wir für s^- und s_z jeweils die rechten Seiten der Gleichung (28.55) und (28.57) verwenden und für b die Bose-Vertauschungsrelationen annehmen. Offensichtlich hat die Transformation (28.56) und (28.57) nur dann einen Sinn, wenn der zugeordnete harmonische Oszillator nur schwach angeregt ist, so daß der Erwartungswert von $b^+ b$ kleiner als Eins ist. Die Transformationen (28.55) bis

(28.57) können wir natürlich für jeden einzelnen Spin am Orte l vornehmen und damit den Hamiltonoperator (28.20) durch $b_l^+ b_l$ ausdrücken. Hierbei sind die b_l^+ und b_l Oszillatoroperatoren, die den lokalen Spins zugeordnet sind. Man kann nun die Wurzelausdrücke nach den Operatoren $b_l^+ b_l$ entwickeln und sodann von den lokalen Boseoperatoren zu solchen übergehen, die laufenden Wellen entsprechen, also z. B. in der Form

$$b_l^+ = \frac{1}{\sqrt{N}} \sum_k e^{ikl} B_k^+ \tag{28.59}$$

Man beachte, daß sich dabei der Index l auf *lokalisierte* Oszillatoren bezieht, der Index k hingegen auf Oszillatoren, die laufenden Wellen entsprechen. Die Operatoren B_k^+ und die dazu hermitesch konjugierten Operatoren B_k genügen wieder Bose-Vertauschungsrelationen.

Die Glieder bis einschließlich der quadratischen Glieder des neuen Hamiltonoperators sind nun identisch mit den früheren Ausdrücken für H, wenn wir nur S_k^+ und S_k^- durch b_k^+ und b_k ersetzen. Der Vorteil der Holstein-Primakoff-Transformation besteht aber nun darin, daß er in systematischer Weise bei den höheren Gliedern die Abweichungen liefert, die dadurch entstehen, daß die S^+ und S^- nicht exakt den Bose-Relationen genügen.

Übrigens gibt es in der Literatur noch weitere Methoden, z. B. mit Hilfe einer indefiniten Metrik, worauf wir hier aber nicht näher eingehen wollen.

Aufgaben zu § 28

1. Man beweise (28.11).
Anleitung: Man multipliziere (28.10) von links mit s^- bzw. s^+ und benutze (28.14).

2. Man bestimme die gemeinsamen Eigenfunktionen für $(s_1 + s_2)^2$ und $s_{1z} + s_{2z}$ und zeige, daß bei geeigneter Wahl von „*const*" und J in (28.16) dieser Hamiltonoperator die richtigen Energiewerte (28.4) liefert.

3. Man zeige, daß (28.18) mit (28.17) vertauscht.

4. Mit Hilfe von (28.9) schreibe man (28.17) um in (28.20).

5. Man vergleiche Frenkel-Exzitonen mit Spinwellen. Dazu benutze man die Analogie

$$s_l^+ \quad \leftrightarrow \quad a_l^+ d_l^+$$
$$s_l^- \quad \leftrightarrow \quad d_l a_l$$

6. Man weise nach, daß (28.58) durch (28.55) bis (28.57) erfüllt wird.

V. Elektronen in Wechselwirkung mit Gitterschwingungen

§ 29 Fröhlichs Hamiltonoperator für die Wechselwirkung zwischen Elektronen und Phononen

In diesem Paragraphen leiten wir den Hamiltonoperator für die Wechselwirkung zwischen Elektronen und Gitterschwingungen her. Der Grundgedanke in diesem Kapitel liegt darin, sowohl die Elektronenbewegung als auch die Gitterschwingungen von Anfang an möglichst einfach darzustellen. Dazu nehmen wir an, daß die Elektronen sich am unteren Bandrand befinden, d.h. ihre Bloch-Funktion einen kleinen $\boldsymbol{k}$-Vektor hat und somit die entsprechende Wellenlänge groß gegenüber der Gitterkonstante ist. Ebenso nehmen wir an, daß auch nur solche Gitterschwingungen für die Wechselwirkung mit den Elektronen wichtig sind, bei denen die zugehörige Wellenlänge viel größer als der Gitterabstand ist. In beiden Fällen liegt es dann nahe, von der detaillierten Gitterstruktur abzusehen und die Bewegung der Elektronen und Ionen in einem Kontinuumsmodell zu behandeln.

Betrachten wir als erstes

a) Polare Kristalle. Hier untersuchen wir zuerst die Polarisationsschwingungen. Diese Polarisationsschwingungen behandeln wir in enger Anlehnung an die klassische Elektrodynamik. Erinnern wir uns kurz daran, wie man die Polarisation $\boldsymbol{P}(\boldsymbol{x})$ eines Mediums dort modellmäßig behandelt. Dazu geht man zunächst aus von individuellen Dipolen. Die Basis dieses Dipols bezeichnen wir durch den Vektor $\boldsymbol{q}$, seine schwingende Masse mit m und seine Eigenfrequenz mit ω. Die Gesamtenergie ist dann durch

$$\frac{m}{2}(\dot{\boldsymbol{q}}^2 + \omega^2 \boldsymbol{q}^2) \tag{29.1}$$

gegeben. Von diesen diskreten Dipolen, die an den einzelnen Punkten des Kristalls sitzen, gehen wir nun zu einem Kontinuum von Dipolen über. Dabei nehmen wir an, daß die Dipole untereinander nicht gekoppelt sind, wie das auch üblicherweise in der Theorie der Dispersion zugrundegelegt wird.

Ansonsten läßt sich aber der Grenzübergang zum Kontinuum in völliger Analogie zu § 9 durchführen. Dabei haben wir nur noch zu berücksichtigen, daß wir letztlich nicht eine Gleichung für die Auslenkungen $\boldsymbol{q}$, sondern für das Dipolmoment selbst herleiten, und wir dann im Sinne der üblichen Elektrodynamik vom Dipolmoment zur Dipoldichte übergehen. Bezeichnen wir die effektive Ladung, die in das Dipolmoment eingeht, mit e^*, so haben wir also die Ersetzung

$$e^* \boldsymbol{q}_n \to \boldsymbol{P}(\boldsymbol{x}) \tag{29.2}$$

vorzunehmen. Ferner führen wir, wie üblich, die Massendichte durch die Beziehung

$$m = \varrho d^3x \tag{29.3}$$

ein. Benutzen wir noch die Abkürzung

$$\frac{m}{e^{*2}} = \gamma d^3x \tag{29.4}$$

so nehmen die kinetische Energie T und die potentielle Energie U des frei schwingenden Polarisationsfeldes die Gestalt

$$T = \int \frac{\gamma}{2} \dot{\boldsymbol{P}}^2(\boldsymbol{x}) d^3x, \qquad U = \int \frac{\gamma\omega^2}{2} \boldsymbol{P}^2(\boldsymbol{x}) d^3x \tag{29.5}$$

an. Während die Frequenz ω mit der Frequenz der optischen Gitterschwingungen identifiziert werden kann (wir werden sogleich sehen, daß wir nur longitudinale Schwingungen zu berücksichtigen haben), ist die Konstante γ noch aus der phänomenologischen Theorie her zu bestimmen.

Dazu betrachten wir die Wechselwirkungsenergie zwischen den Elektronen und den Polarisationsschwingungen. Nach der Elektrostatik ist die Wechselwirkungsenergie einer Elektronenladung e am Orte $\boldsymbol{x}$ und einem Dipolmoment $\boldsymbol{P}$ am Orte $\boldsymbol{x}'$ durch

$$e \frac{(\boldsymbol{x} - \boldsymbol{x}')}{|\boldsymbol{x} - \boldsymbol{x}'|^3} \boldsymbol{P} \tag{29.6}$$

gegeben. Bei einer kontinuierlich verteilten Ladungsdichte $\varrho(\boldsymbol{x})$ und einer kontinuierlich verteilten Dipoldichte $\boldsymbol{P}(\boldsymbol{x}')$ geht der Ausdruck (29.6) in

$$\varrho(\boldsymbol{x}) d^3x \frac{(\boldsymbol{x} - \boldsymbol{x}')}{|\boldsymbol{x} - \boldsymbol{x}'|^3} \boldsymbol{P}(\boldsymbol{x}') d^3x' \tag{29.7}$$

über. Durch Integration über $\boldsymbol{x}$ und $\boldsymbol{x}'$ erhalten wir den Ausdruck für die Wechselwirkungsenergie E_{WW} vom Polarisationsfeld $\boldsymbol{P}(\boldsymbol{x})$ und einer kontinuierlich verteilten Ladungsdichte $\varrho(\boldsymbol{x})$

$$E_{WW} = \int\int \varrho(\boldsymbol{x}) \frac{(\boldsymbol{x} - \boldsymbol{x}')}{|\boldsymbol{x} - \boldsymbol{x}'|^3} \boldsymbol{P}(\boldsymbol{x}') d^3x\, d^3x' \tag{29.8}$$

Wir sehen nun für den Moment die Ladungsdichte $\varrho(\boldsymbol{x})$ als fest gegeben an und untersuchen die Bewegungsgleichungen für die Polarisationsschwingungen unter dem Einfluß der Ladungsdichte $\varrho(\boldsymbol{x})$. Die Lagrangefunktion ist durch

$$L = T - U - E_{WW} \tag{29.9}$$

gegeben. Die Bewegungsgleichung finden wir mit Hilfe der Lagrangegleichungen

$$\frac{d}{dt} \frac{\delta L}{\delta \dot{P}_j} - \frac{\delta L}{\delta P_j} = 0, \qquad j = x, y, z \tag{29.10}$$

Die Ausführung der Variationsableitungen δ haben wir ausführlich in § 9 besprochen. Mit Hilfe der Gleichung (29.10) und der expliziten Ausdrücke (29.5) und (29.8) ergibt sich sofort die Bewegungsgleichung

$$\gamma\left(\ddot{\boldsymbol{P}}(\boldsymbol{x}') + \omega^2 \boldsymbol{P}(\boldsymbol{x}')\right) = -\underbrace{\int \frac{(\boldsymbol{x} - \boldsymbol{x}')}{|\boldsymbol{x} - \boldsymbol{x}'|^3}\varrho(\boldsymbol{x})d^3x}_{\boldsymbol{D}(\boldsymbol{x}')} \tag{29.11}$$

Gemäß elementarer Formeln aus der klassischen Elektrostatik stellt die rechte Seite nichts anderes als die dielektrische Verschiebung $\boldsymbol{D}(\boldsymbol{x})$ dar, die von der Ladungsdichte $\varrho(\boldsymbol{x})$ herrührt. Um die bislang noch freie Konstante γ festzulegen, spezialisieren wir die Gleichung (29.11) auf den statischen Fall

$$\gamma\omega^2 \boldsymbol{P}(\boldsymbol{x}') = \boldsymbol{D}(\boldsymbol{x}') \tag{29.12}$$

Feldstärke und dielektrische Verschiebung sind bekanntlich durch

$$\boldsymbol{D} = \boldsymbol{E} + 4\pi \boldsymbol{P}_{ges} \tag{29.13}$$

bzw. $$\boldsymbol{D} = \varepsilon \boldsymbol{E} \tag{29.14}$$

miteinander verknüpft. Durch Kombination von (29.13) und (29.14) erhalten wir unmittelbar die Relation

$$4\pi \boldsymbol{P}_{ges} = \left(1 - \frac{1}{\varepsilon}\right)\boldsymbol{D} \tag{29.15}$$

Mit $\boldsymbol{P}_{ges}$ bezeichnen wir dabei die gesamte Polarisation, die sowohl von der Polarisation der Elektronen in den Ionenhüllen als auch von den Ionenverschiebungen herrührt. Beide Polarisationsanteile bilden sich bei einem statisch angelegten Feld voll aus, so daß unter ε die statische Dielektrizitätskonstante zu verstehen ist. Uns interessiert hier jedoch nur derjenige Anteil, der von der Polarisation des Gitters selbst herrührt. Um ihn herauszupräparieren, denken wir uns nun, nachdem das Feld zuerst langsam eingeschaltet worden ist, dieses sehr rasch ausgeschaltet. Bei diesem raschen Ausschalten können nur noch die Elektronen folgen, so daß wir jetzt einen Zusammenhang zwischen der Polarisation und D bekommen, der formal ebenso aussieht wie (29.15), wobei sich aber jetzt die linke Seite nur noch auf die Elektronenpolarisation δP bezieht, während ε jetzt durch die Dielektrizitätskonstante bei sehr hohen Frequenzen (etwa optischen Frequenzen) zu ersetzen ist. Damit erhalten wir die Relation

$$4\pi\delta \boldsymbol{P} = -\left(1 - \frac{1}{\varepsilon_\infty}\right)\boldsymbol{D} \tag{29.16}$$

Durch Addition von (29.15) und (29.16) (man beachte das Vorzeichen von δP wegen des Ausschaltens) erhalten wir für denjenigen Anteil der Polarisation, die nur von den Gitterschwingungen herrührt, die Beziehung

$$4\pi \boldsymbol{P} = 4\pi(\boldsymbol{P}_{ges} + \delta\boldsymbol{P}) = \left(\frac{1}{\varepsilon_\infty} - \frac{1}{\varepsilon}\right)\boldsymbol{D} \tag{29.17}$$

Vergleichen wir nun (29.12) mit (29.17), so erhalten wir schließlich die noch offen gebliebene Konstante γ

$$\gamma = \frac{4\pi}{\omega^2}\left(\frac{1}{\varepsilon_\infty} - \frac{1}{\varepsilon}\right)^{-1} \tag{29.18}$$

Um den gesamten Hamiltonoperator für Polarisationsschwingungen plus Elektronen zu bekommen, haben wir noch den Energieanteil der Elektronen hinzuzufügen. Dazu nehmen wir, wie wir vorhin schon vorausgeschickt hatten, an, daß die Elektronen sich am unteren Bandrand befinden und für die Wechselwirkung mit den Gitterschwingungen nur relativ lange Wellenlängen in Frage kommen. Dies bedeutet, daß wir getrost die Methode der scheinbaren Masse anwenden können, wir also völlig von dem periodischen Potentialfeld absehen dürfen und die Elektronen nur durch ihre scheinbare Masse m^* zu beschreiben haben. Bezeichnen wir wieder Operatoren des Elektronen-Wellenfeldes durch $\psi^+(\boldsymbol{x})$, $\psi(\boldsymbol{x})$, so lautet

$$H_{El} = \int \psi^+(\boldsymbol{x})\left(-\frac{\hbar^2}{2m^*}\Delta\right)\psi(\boldsymbol{x})d^3x \tag{29.19}$$

Damit geht gleichzeitig die klassische Ladungsdichte $\varrho(\boldsymbol{x})$ in den Operator der Ladungsdichte

$$\varrho(\boldsymbol{x}) = e\psi^+(\boldsymbol{x})\psi(\boldsymbol{x}) \tag{29.20}$$

über. Setzen wir (29.20) in (29.8) ein und führen außerdem eine partielle Integration bezüglich der Koordinate $\boldsymbol{x}'$ durch, so geht H_{WW} über in

$$H_{WW} = \iint \psi^+(\boldsymbol{x})\psi(\boldsymbol{x})\frac{e}{|\boldsymbol{x}-\boldsymbol{x}'|}(-div_{x'}\boldsymbol{P}(\boldsymbol{x}'))d^3x\,d^3x' \tag{29.21}$$

Damit haben wir alle Ausdrücke parat, um den gesamten Hamiltonoperator zu bilden. Dazu erinnern wir uns an unsere Bemerkung aus dem Paragraphen über „seiltanzende Elektronen“, daß wir den Hamiltonoperator für ein Wechselwirkungssystem dadurch bekommen, daß wir zunächst den Hamiltonoperator des einen Teilsystems unter dem Einfluß des anderen Teilsystems aufstellen und wir dann die wechselwirkungsfreie Energie des zweiten Teilsystems addieren. Hier hatten wir bereits die Energieausdrücke für das Teilsystem der Polarisationsschwingungen hergeleitet. Wir brauchen demnach nur noch die Energie des freien Elektronenfeldes zu addieren. Führen wir in dem Energieausdruck (29.5) statt $\dot{\boldsymbol{P}}$ noch den zu $\boldsymbol{P}$ kanonisch konjugierten Impuls $\boldsymbol{\Pi}$ ein und sammeln die Ausdrücke (29.5), (29.19) und (29.21), so ergibt sich schließlich unser Gesamt-Hamiltonoperator zu

$$H = \int \psi^+(\boldsymbol{x})\left(-\frac{\hbar^2}{2m^*}\Delta\right)\psi(\boldsymbol{x})d^3x + \int\left(\frac{1}{2\gamma}\boldsymbol{\Pi}^2(\boldsymbol{x}) + \frac{\gamma}{2}\omega^2\boldsymbol{P}^2(\boldsymbol{x})\right)d^3x +$$

$$+ \iint \psi^+(\boldsymbol{x})\psi(\boldsymbol{x})\frac{e}{|\boldsymbol{x}-\boldsymbol{x}'|}(-div_{x'}\boldsymbol{P}(\boldsymbol{x}'))d^3x\,d^3x' \tag{29.22}$$

Betrachten wir in (29.21) das Glied *div P*, so erkennen wir durch Zerlegen nach ebenen Wellen, daß hier nur longitudinale Wellen übrig bleiben. Wir können daher unseren Gesamt-Hamiltonoperator (29.22) von vornherein auf longitudinale Gitterschwingungen begrenzen.

Den Ausdruck (29.22) können wir zunächst klassisch auffassen als Energieausdruck für ein klassisches Polarisationsfeld und das Schrödingersche Wellenfeld. Insofern stellt (29.22) einen phänomenologischen Energieausdruck dar. Wir haben aber alle Hilfsmittel in der Hand, um diesen Energieausdruck nun zu quantisieren, was in völliger Analogie zu den Regeln von den §§ 11, 13 erfolgt und hier nicht weiter erörtert zu werden braucht. Es ist auch hier zweckmäßig, das Polarisationsfeld $\boldsymbol{P}$ und das Elektronenwellenfeld nach ebenen Wellen zu zerlegen. Unter Berücksichtigung, daß $\boldsymbol{P}$ nur longitudinale Wellen enthält, schreiben wir in Erweiterung von (10.13)

$$\boldsymbol{P}(\boldsymbol{x}') = \frac{1}{\sqrt{V}} \sum_{\boldsymbol{w}} \sqrt{\frac{\hbar}{2\gamma\omega}}\, \frac{\boldsymbol{w}}{w} e^{i\boldsymbol{w}\boldsymbol{x}'} (b_{\boldsymbol{w}} - b^{+}_{-\boldsymbol{w}}) \tag{29.23}$$

Setzen wir dieses in (29.22) ein, so nimmt der Hamiltonoperator die Gestalt

$$\begin{aligned} H = & \int \psi^{+}(\boldsymbol{x}) \left\{ -\frac{\hbar^2}{2m^*} \Delta \right\} \psi(\boldsymbol{x}) d^3x + \sum_{\boldsymbol{w}} \hbar\omega b^{+}_{\boldsymbol{w}} b_{\boldsymbol{w}} + \\ & + \int \psi^{+}(\boldsymbol{x}) \psi(\boldsymbol{x}) \left\{ 4\pi i \left(\frac{e^2\hbar}{2\gamma\omega V} \right)^{1/2} \sum_{\boldsymbol{w}} \frac{1}{w} (b^{+}_{\boldsymbol{w}} e^{-i\boldsymbol{w}\boldsymbol{x}} - b_{\boldsymbol{w}} e^{i\boldsymbol{w}\boldsymbol{x}}) \right\} d^3x \end{aligned} \tag{29.24}$$

an. Dabei wurde bereits das Integral über $\boldsymbol{x}'$ ausgeführt. Bei der Auswertung sind einige Kniffe anzuwenden, aber da der Leser nichts dabei über die Quantenfeldtheorie lernt, lassen wir dieses unter den Tisch fallen. Entwickeln wir nun auch noch die Elektronenwellenfunktion gemäß

$$\psi(\boldsymbol{x}) = \sum_{\boldsymbol{k}} a_{\boldsymbol{k}} \frac{1}{\sqrt{V}} e^{i\boldsymbol{k}\boldsymbol{x}} \tag{29.25}$$

und verwenden diese in (29.24), so nimmt der ursprüngliche Hamiltonoperator (29.22) die endgültige Gestalt

$$\begin{aligned} H = & \sum_{\boldsymbol{k}} \frac{\hbar^2 k^2}{2m^*} a^{+}_{\boldsymbol{k}} a_{\boldsymbol{k}} + \sum_{\boldsymbol{w}} \hbar\omega b^{+}_{\boldsymbol{w}} b_{\boldsymbol{w}} + \\ & \underbrace{+ \hbar \sum_{\boldsymbol{w},\boldsymbol{k}} (g_{\boldsymbol{w}} b_{\boldsymbol{w}} a^{+}_{\boldsymbol{k}+\boldsymbol{w}} a_{\boldsymbol{k}} + g^{*}_{\boldsymbol{w}} b^{+}_{\boldsymbol{w}} a^{+}_{\boldsymbol{k}-\boldsymbol{w}} a_{\boldsymbol{k}})}_{= H_{WW}} \end{aligned} \tag{29.26}$$

an. Die Kopplungskonstanten $g_{\boldsymbol{w}}$ sind dabei explizit durch

$$\hbar g_{\boldsymbol{w}} = -4\pi i \left(\frac{e^2\hbar}{2\gamma\omega V} \right)^{1/2} \frac{1}{w} \tag{29.27}$$

gegeben, wobei γ in (29.18) definiert ist. Um von (29.24) zu (29.26) zu gelangen, war das Integral über $\boldsymbol{x}$ auszuführen. Da aber in dieses nur ebene Wellen gemäß (29.24) und (29.25) eingehen, ist die Ausführung trivial und kann vom Leser direkt nachvollzogen werden.

b) Metalle. Auch hier ist unsere Absicht wieder, sowohl die Elektronen als auch die Gitterschwingungen in einem Kontinuumsmodell zu beschreiben. Den Elektronenoperator können wir sofort in der Form (29.19) von weiter oben übernehmen.

Dagegen müssen wir die Polarisationsschwingungen jetzt etwas anders behandeln, um mit den experimentellen Gegebenheiten im Einklang zu stehen. Während wir vorhin ein Modell benutzten, bei dem die Frequenz der Polarisationsschwingungen unabhängig vom Wellenzahlvektor ist, was experimentell in polaren Kristallen recht gut erfüllt ist, denken wir bei den Metallen in erster Linie an die Wechselwirkung zwischen Elektronen und *akustischen* Gitterschwingungen, für die ein Dispersionsgesetz $\omega = vk$ gilt, wobei v die Schallgeschwindigkeit ist. Nun hatten wir bereits in § 11 dieses Gesetz für ein Kontinuumsmodell hergeleitet, wobei die potentielle Energie nun nicht mehr durch $\boldsymbol{P}^2$ sondern durch $\sum_{j=1}^{3} (grad\ P_j)^2$ gegeben war (vgl. (11.32) oder auch (11.35)). Wir setzen daher jetzt die Energie der Gitterschwingungen in der Gestalt

$$E_{\boldsymbol{P}} = \int \left\{ \frac{\gamma}{2} \dot{\boldsymbol{P}}^2(\boldsymbol{x}) + \frac{g}{2}\left((grad\ P_x)^2 + (grad\ P_y)^2 + (grad\ P_z)^2\right) \right\} d^3x \qquad (29.28)$$

an, wobei γ und g noch freie Konstanten sind, die an das Experiment angepaßt werden können. Auch bei der Herleitung der Elektron-Gitter-Wechselwirkung müssen wir aufpassen, da ja jetzt die Elektronen im Metall frei verschiebbar sind und somit das Feld, das von einer Punktladung herrührt, stark abschirmen. Wie sich zeigen läßt, wird durch diese Abschirmung das Coulomb-Potential in das Gesetz

$$K(\boldsymbol{x} - \boldsymbol{x}') = C_0 \cdot \frac{e^{-\lambda|\boldsymbol{x} - \boldsymbol{x}'|}}{|\boldsymbol{x} - \boldsymbol{x}'|} \qquad (29.29)$$

abgeändert, wobei λ die sogenannte Abschirmkonstante ist. Damit haben wir in unserem früheren Wechselwirkungsausdruck (29.21) das Coulomb-Potential $\frac{e^2}{|\boldsymbol{x} - \boldsymbol{x}'|}$ durch (29.29) zu ersetzen und erhalten damit als Ausdruck für die Wechselwirkungsenergie

$$E_{WW} = \iint \psi^+(\boldsymbol{x})\psi(\boldsymbol{x})K(\boldsymbol{x} - \boldsymbol{x}')(-div\,\boldsymbol{P}(\boldsymbol{x}'))\,d^3x\,d^3x' \qquad (29.30)$$

Nehmen wir an, daß die Abschirmung sehr stark ist, so gibt der Ausdruck (29.29) praktisch für $\boldsymbol{x} \neq \boldsymbol{x}'$ Null und nur für $\boldsymbol{x} = \boldsymbol{x}'$ einen (unendlich) großen Beitrag. Bei einem geeigneten Grenzübergang für λ und C_0 hat K die Gestalt einer δ-Funktion. Da die explizite Ausführung des Grenzüberganges nichts zum Verständnis beiträgt, übergehen wir diesen und nehmen K im folgenden gleich in der Gestalt

$$K(x-x') = C\delta(x-x'), \qquad \text{wobei } C = e\frac{4\pi}{\lambda^2} \tag{29.31}$$

an. Mit Hilfe von (29.31) läßt sich das Wechselwirkungsglied (29.30) erheblich vereinfachen, da jetzt die Integration über x' ganz wegfällt. Führen wir wieder statt $\dot{P}$ den kanonisch konjugierten Impuls Π ein, so bekommen wir in leicht einzusehender Weise für den Gesamt-Hamiltonoperator die Gestalt

$$H = \int \psi^+(x)\left(-\frac{\hbar^2}{2m^*}\Delta\right)\psi(x)d^3x + \frac{1}{2}\int\left\{\frac{\Pi^2(x)}{\gamma} + g\sum_{j=x,y,z}(grad\,P_j)^2\right\}d^3x +$$

$$+ C\int \psi^+(x)\psi(x)\left(-div\,P(x)\right)d^3x \tag{29.32}$$

Auch hier ist bemerkenswert, daß die Polarisation wiederum nur mit ihren longitudinalen Schwingungen eingeht, so daß wir wieder für P den Ansatz

$$P = \frac{1}{\sqrt{V}}\sum_{w}\sqrt{\frac{\hbar}{2\gamma\omega_w}}\frac{w}{w}e^{iwx}(b_w - b^+_{-w}) \tag{29.33}$$

verwenden dürfen, wobei lediglich zu beachten ist, daß jetzt die Frequenzen ω von w abhängen. Einsetzen von (29.33) und (29.25) in (29.32) liefert in elementarer Weise genau den gleichen Hamiltonoperator wie (29.26), wobei lediglich die Kopplungskonstanten g_w eine andere Bedeutung haben, und zwar sind sie explizit durch

$$\hbar g_w = -\frac{4\pi e i}{\lambda^2}\sqrt{\frac{\hbar}{2\gamma V\omega_w}}\cdot w, \tag{29.34}$$

gegeben.

Besonders für die Theorie der Supraleitung wird es sich als wichtig herausstellen, daß die Kopplungskonstante g_w, die proportional zu $1/\sqrt{\gamma}$ ist, damit auch zu $1/\sqrt{M}$ proportional wird, wobei M die Masse eines Gitterions ist.

§ 30 Zeitabhängige Störungstheorie 1. Ordnung. Spontane und induzierte Emission sowie Absorption von Phononen. Darstellung durch Feynman-Graphen

In § 29 hatten wir den Hamiltonoperator für die Wechselwirkung zwischen Elektronen und Gitterschwingungen hergeleitet. Obgleich dieser Hamiltonoperator noch recht einfach aussieht, hat sich herausgestellt, daß die zugehörige Schrödingergleichung nicht exakt gelöst werden konnte. Man ist daher auf die Entwicklung geeigneter Näherungsverfahren angewiesen, um einen Einblick zu erhalten, in welcher Weise sich die Wechselwirkung zwischen Gitterschwingungen und Elektronen auswirkt. Zu einer ersten Orientierung liegt es nahe, sich der Störungstheorie zu bedienen, bei der die Wechselwirkungsenergie als sehr klein angesehen wird. Wir spalten daher den Hamiltonoperator wie üblich auf in

$$H = H_0 + H_{WW} \tag{30.1}$$

wobei H_0 das ungestörte Problem beschreibt, während H_{WW} als kleine Störung angesehen wird. Die Lösungen der Schrödingergleichung, die zu

$$H_0 = \sum_{k} \hbar\varepsilon_k a_k^+ a_k + \sum_{w} \hbar\omega_w b_w^+ b_w \tag{30.2}$$

gehören, sind leicht zu gewinnen (vgl. Übungsaufgabe 1, § 15). Die verschiedenen $\boldsymbol{k}$-Zustände der Elektronen können jeweils mit einem oder keinem Elektron besetzt sein. Die Zustände der Gitterschwingungen, die durch den Wellenzahlvektor $\boldsymbol{w}$ unterschieden werden, können mit einer bestimmten Anzahl von Phononen besetzt sein. Beispiele für derartige Zustände wären also

$$\Phi(0) = a_{k_0}^+ \Phi_0; \qquad a_{k_0}^+ b_{w_0}^+ \Phi_0; \qquad \ldots; \qquad a_{k_0}^+ \frac{1}{\sqrt{n!}} (b_{w_0}^+)^n \Phi_0 \tag{30.3}$$

Denken wir uns nun die Wechselwirkung eingeschaltet, so sind die Funktionen (30.3) nicht mehr Lösungen der zu (30.1) gehörigen Schrödingergleichung. Es ist nun zweckmäßig, ins *Wechselwirkungsbild* (vgl. § 16) überzugehen. Die zugehörige Schrödingergleichung nimmt dann die Gestalt

$$i\hbar\dot{\tilde{\Phi}}(t) = \tilde{H}_{WW}(t)\tilde{\Phi}(t) \tag{30.4}$$

an, wobei wir $\tilde{H}_{WW}$ weiter unten nochmals explizit angeben werden. Wir nehmen an, daß zur Anfangszeit $t = 0$ Zustände der Form (30.3) vorliegen, wobei gilt

$$\tilde{\Phi}(0) = \Phi(0) \tag{30.5}$$

da zur Anfangszeit $t = 0$ das Schrödingerbild und Wechselwirkungsbild zusammenfallen. Fassen wir (30.4) als Differentialgleichung bezüglich der Zeit auf, so ergibt die Integration von (30.4) sofort

$$\tilde{\Phi}(t) = \frac{1}{i\hbar} \int_0^t \tilde{H}_{WW}(\tau)\tilde{\Phi}(\tau)d\tau + \tilde{\Phi}(0) \tag{30.6}$$

Damit ist natürlich zunächst noch nichts gewonnen, da die gesuchte Funktion Φ wieder unter dem Integral auf der rechten Seite von (30.6) steht.

Wir machen nun aber davon Gebrauch, daß die Störung nur klein sein soll. Dann wird sich die gesuchte Zustandsfunktion auch nach Einschalten der Störung zumindest anfangs nur wenig ändern, so daß sich die linke Seite von (30.6) von $\Phi(0)$ nur wenig unterscheidet. Es liegt dann nahe, unter dem Integral $\tilde{\Phi}(\tau)$ durch $\Phi(0)$ zu ersetzen, was darauf hinausläuft, daß wir in (30.6) Glieder, die von quadratischer oder höherer Ordnung in H_{WW} sind, vernachlässigen. Gleichung (30.6) geht damit über in

$$\tilde{\Phi}(t) = \frac{1}{i\hbar} \int_0^t \tilde{H}_{WW}(\tau)d\tau \cdot \Phi(0) + \Phi(0) \tag{30.7}$$

Hierin sind auf der rechten Seite sowohl die Funktion $\Phi(0)$ als Anfangsfunktion als auch der Operator H_{WW} explizit gegeben, so daß wir die gesuchte Funktion $\Phi(t)$ berechnen können. Das ist im Folgenden unsere Aufgabe. Dazu geben wir den Wechselwirkungsoperator in der Wechselwirkungsdarstellung explizit an. Die Wechselwirkungsdarstellung des Operators H_{WW} (vgl. (29.26)) haben wir bereits in § 16 mit genau den gleichen Bezeichnungen hergeleitet. Wir geben sie der Vollständigkeit wegen hier nochmals an

$$\tilde{H}_{WW}(\tau) = \hbar \sum_{k,w} \{ g_w a^+_{k+w} a_k b_w e^{i(\varepsilon_{k+w} - \varepsilon_k - \omega_w)\tau} + \\ + g^*_w a^+_k a_{k+w} b^+_w e^{-i(\varepsilon_{k+w} - \varepsilon_k - \omega_w)\tau} \} \tag{30.8}$$

Der Operator in (30.8) besteht aus einer Linearkombination von Operatoren der Gestalt

$$a^+_{k+w} a_k b_w \tag{30.9}$$

und

$$a^+_k a_{k+w} b^+_w \tag{30.10}$$

wobei (30.9) die Vernichtung, (30.10) hingegen die Erzeugung eines Phonons beschreibt, wobei gleichzeitig Elektronen in einem Anfangszustand vernichtet und in einem neuen Endzustand wieder erzeugt werden.

Wir untersuchen nun, wie diese Operatoren auf den Anfangszustand wirken und behandeln hierzu einige typische

Beispiele. 1. Spontane Emission eines Phonons. Zu Anfang sei ein Elektron im Zustand k_0 vorhanden, jedoch kein Phonon. Der *Anfangszustand* ist somit durch

$$\Phi(0) = a^+_{k_0} \Phi_0 \tag{30.11}$$

gegeben. Wenden wir den Operator (30.9) auf den Anfangszustand (30.11) an, so verschwindet der entsprechende Ausdruck, da ein Phonon vernichtet wird, jedoch im Anfangszustand keines vorhanden war. Wenden wir hingegen (30.10) auf (30.11) an, verwenden die Vertauschungsrelation zwischen Fermi-Operatoren und die Tatsache, daß ein Vernichtungsoperator auf Φ_0 angewendet Null ergibt, so erhalten wir

$$a^+_k b^+_w \Phi_0 \cdot \delta_{k+w,k_0} \tag{30.12}$$

Um $\tilde{H}_{WW} a^+_{k_0} \Phi_0$ zu erhalten, haben wir (30.12) mit der in (30.8) stehenden Exponentialfunktion und $\hbar g^*_w$ zu multiplizieren und über k und w aufzusummieren. Denken wir uns das so entstandene Resultat in (30.7) eingesetzt, so erhalten wir ohne jede weitere Rechnung

$$\tilde{\Phi}(t) = \sum_{k,w} (-i) g^*_w \delta_{k,k_0-w} \int_0^t e^{-i(\varepsilon_{k+w} - \varepsilon_k - \omega_w)\tau} d\tau \cdot a^+_k b^+_w \Phi_0 \\ + a^+_{k_0} \Phi_0 \tag{30.13}$$

Wegen des Kronecker-Symbols läßt sich (30.13) in

$$\tilde{\Phi}(t) = \sum_{w} (-i) g_w^* \int_0^t e^{i\varepsilon_{k_0-w}\tau} e^{i\omega_w \tau} e^{-i\varepsilon_{k_0}\tau} d\tau \cdot a^+_{k_0-w} b^+_w \Phi_0 + a^+_{k_0} \Phi_0 \qquad (30.14)$$

überführen. Das Resultat (30.14) können wir wie folgt auffassen. Aus dem ursprünglichen Zustand mit einem Elektron mit dem Wellenzahlvektor $\boldsymbol{k}_0$ entstehen unter dem Einfluß der Störung neue Zustände, bei denen ein Phonon mit dem Wellenzahlvektor $\boldsymbol{w}$ entstanden ist und gleichzeitig das Elektron aus dem Anfangszustand $\boldsymbol{k}_0$ in einen neuen Zustand $\boldsymbol{k}_0 - \boldsymbol{w}$ übergegangen ist. Diesen Prozeß kann man anschaulich mit Hilfe eines Graphen wiedergeben.

Hier, wie auch im folgenden, lesen wir diese Graphen immer von rechts nach links, was vielleicht eine kleine Umgewöhnung erfordert, aber für die spätere Anwendung von Rechenregeln hilfreich ist.

Das einlaufende Elektron stellen wir durch eine ausgezogene Linie mit einem nach links weisenden Pfeil dar. Sodann wird die eintretende Wechselwirkung mit den Gitterschwingungen durch einen Knotenpunkt (im Englischen „vertex“) gekennzeichnet. Das nach der Wechselwirkung auslaufende Elektron stellen wir wiederum durch einen ausgezogenen Strich mit Pfeil, das auslaufende Phonon mit einem geschlängelten Strich mit Pfeil dar (vgl. Fig. 38). Durch diesen, wie auch durch ähnliche

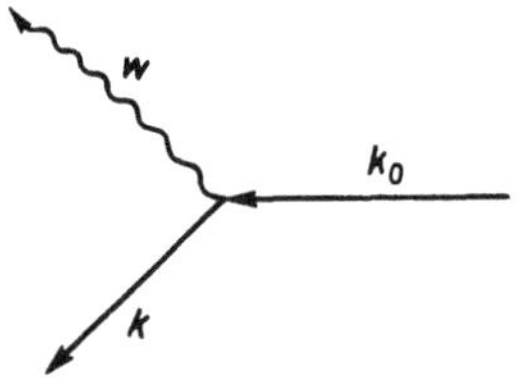

Fig. 38 Spontane Emission eines Phonons

Graphen, die wir im folgenden noch kennenlernen werden, lassen sich nicht nur die hier vorkommenden Prozesse sehr anschaulich beschreiben, sondern – und das ist gerade das Grundlegende an der Verwendung dieser Graphen – es lassen sich anhand eines Graphen genaue Rechenregeln aufstellen, mit deren Hilfe man die Funktion des Endzustandes berechnen kann. Dazu schreiben wir die Funktion des Endzustandes in der Form

$$\tilde{\Phi}(t) = \sum_{k,w} c_{k,w}(t) a_k^+ b_w^+ \Phi_0 + a_k^+ \Phi_0 \qquad (30.15)$$

Die Aufgabe der Theorie muß es sein, diese Koeffizienten $c_{k,w}(t)$ zu berechnen. Das Rezept für die Berechnung lautet nun folgendermaßen:

einlaufende Elektronenwelle	$e^{-i\varepsilon_{k_0}\tau}$	k_0
auslaufende Elektronenwelle	$e^{i\varepsilon_k \tau}$	k
auslaufende Gitterwelle	$e^{i\omega_w \tau}$	w
Knotenpunkt	$-ig_w^*$	

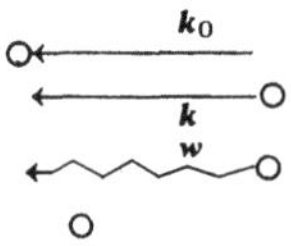

Am Knotenpunkt wird für die ein- und auslaufenden Wellen der Impulssatz $\hbar \boldsymbol{k}_0 = \hbar \boldsymbol{k} + \hbar \boldsymbol{w}$ angewendet. Die in dem Schema auf der rechten Seite stehenden

Funktionen sind nun sämtlich miteinander zu multiplizieren und schließlich ist von einer Anfangszeit t_0 (hier stets $t_0 = 0$ gewählt) bis zu einer Endzeit t aufzuintegrieren. Diese Vorschrift liefert uns den Koeffizienten $c_{\boldsymbol{k},\boldsymbol{w}}(t)$

$$c_{\boldsymbol{k},\boldsymbol{w}}(t) = -ig_{\boldsymbol{w}}^* \delta_{\boldsymbol{k}+\boldsymbol{w},\boldsymbol{k}_0} \int_0^t e^{i(\varepsilon_{\boldsymbol{k}_0-\boldsymbol{w}} + \omega_{\boldsymbol{w}} - \varepsilon_{\boldsymbol{k}_0})\tau} d\tau \tag{30.16}$$

Wie ein Vergleich mit (30.13) zeigt, ist es natürlich gerade das, was wir vorhin bekommen haben. Der aufmerksame Leser wird feststellen, daß es gar nicht schwer ist, diese Regel aufzustellen und es wird sich in anderen Fällen für ihn stets darum handeln, bei einem vorliegenden Wechselwirkungsansatz derartige Regeln selbst zu gewinnen.

Die Integration in (30.16) ist sofort auszuführen und liefert

$$c_{\boldsymbol{k},\boldsymbol{w}}(t) = g_{\boldsymbol{w}}^* \delta_{\boldsymbol{k}+\boldsymbol{w},\boldsymbol{k}_0} \frac{e^{it\Delta} - 1}{-\Delta} \tag{30.17}$$

mit der Abkürzung

$$\Delta = \varepsilon_{\boldsymbol{k}_0-\boldsymbol{w}} + \omega_{\boldsymbol{w}} - \varepsilon_{\boldsymbol{k}_0} \tag{30.18}$$

Was ist nun mit der Berechnung dieser Koeffizienten c, die bei den einzelnen Zustandsfunktionen stehen, gewonnen? Nach einer Grundregel der Quantenmechanik gibt das Absolutquadrat

$$|c_{\boldsymbol{k},\boldsymbol{w}}(t)|^2 \tag{30.19}$$

die Wahrscheinlichkeit an, das System in dem betreffenden Zustand anzutreffen. Hier also in einem Zustand mit einem Elektron mit dem Wellenzahlvektor $\boldsymbol{k}$ und einem Phonon mit dem Wellenzahlvektor $\boldsymbol{w}$. Durch die zeitliche Differentiation von (30.19) finden wir die Übergangswahrscheinlichkeit pro Sekunde, die also ein Maß dafür darstellt, wie schnell das Elektron aus dem Anfangszustand in den betreffenden Endzustand unter Aussendung eines Phonons gestreut wird. Wir erhalten hierfür die Relation

$$W^s = \frac{d}{dt} |c_{\boldsymbol{k},\boldsymbol{w}}(t)|^2 = |g_{\boldsymbol{w}}|^2 \delta_{\boldsymbol{k}+\boldsymbol{w},\boldsymbol{k}_0} 2 \frac{\sin \Delta t}{\Delta} \tag{30.20}$$

Die Funktion $\frac{1}{\pi} \frac{\sin \Delta t}{\Delta}$ ist im Grenzfall für große t die Diracsche δ-Funktion

$$\frac{1}{\pi} \frac{\sin \Delta t}{\Delta} = \delta(\Delta) \tag{30.21}$$

Die Bedingung, daß sie nur dann von Null verschieden ist, wenn ihr Argument $\Delta = 0$ ist, stellt natürlich, wie man anhand von (30.18) erkennt, nichts anderes als den Energiesatz dar:

Energie des ankommenden Elektrons
= Energie von gestreutem Elektron plus emittiertem Phonon (30.22)

Für Anwendungen, wie bespielsweise im folgenden Paragraphen über die elektrische Leitfähigkeit, ist es wichtig auszurechnen, mit wie großer Wahrscheinlichkeit das Elektron aus dem Anfangszustand überhaupt in irgendeinen Endzustand gestreut wird. Nach den Grundregeln der Statistik ist die Wahrscheinlichkeit, daß irgendein Prozeß vor sich geht, gleich der Summe der Wahrscheinlichkeiten für jeden einzelnen Prozeß. Im vorliegenden Falle erhalten wir also für die gesamte Übergangswahrscheinlichkeit

$$W^s_{tot} = \sum_{\boldsymbol{w}} W^s_{\boldsymbol{k}_0 \to \boldsymbol{k}_0 - \boldsymbol{w}} \tag{30.23}$$

Setzen wir hierin (30.20) mit (30.21) ein, so ergibt sich

$$W^s_{tot} = \sum_{\boldsymbol{w}} |g_{\boldsymbol{w}}|^2 2\pi\delta(\varepsilon_{\boldsymbol{k}_0 - \boldsymbol{w}} - \varepsilon_{\boldsymbol{k}_0} + \omega_{\boldsymbol{w}}) \tag{30.24}$$

Die δ-Funktion ist natürlich nur unter einem Integral sinnvoll. Aus diesem Grund denkt man sich die Summe über $\boldsymbol{w}$ durch ein Integral ersetzt. Dabei müssen wir eine geeignete Abzählvorschrift für die Wellenzahlvektoren $\boldsymbol{w}$ einführen. Wie wir schon früher am Beispiel des schwingenden Kontinuums gesehen haben, unterliegen die Gitterwellen, wie auch die Elektronenwellen, Periodizitätsbedingungen. Diese haben zur Folge, daß die w's explizit durch folgende Beziehungen gegeben sind

$$w_x = \frac{2\pi}{L} n_x, \qquad w_y = \frac{2\pi}{L} n_y, \qquad w_z = \frac{2\pi}{L} n_z \tag{30.25}$$

wobei n_x, n_y, n_z ganze Zahlen sind, die wegen des endlichen Gitterabstandes a in einem realen Kristall nur bis $|n_j| = L/(2a)$ (L: Kantenlänge des Kristalls) laufen.

Die Summe über w schreiben wir nun in leicht einzusehender Weise formal folgendermaßen

$$\sum_{\boldsymbol{w}} \equiv \sum_{n_x, n_y, n_z} = \sum \ldots dn_x dn_y dn_z \quad \text{mit } dn_j = 1 \tag{30.26}$$

Die letztere Form gestattet sofort die Einführung eines Integrals, wenn wir gemäß (30.25) die Intervalle dn durch die Intervalle dw ausdrücken. Damit geht (30.26) über in

$$\sum_{\boldsymbol{w}} \ldots \to \int \ldots \frac{L^3}{(2\pi)^3} dw_x dw_y dw_z = \frac{V}{(2\pi)^3} \int \ldots d^3w\,; \; V = L^3 \tag{30.27}$$

W^s_{tot} nimmt damit abschließend die Gestalt

$$W^s_{tot} = \frac{V}{(2\pi)^2} \int |g_{\boldsymbol{w}}|^2 \delta(\varepsilon_{\boldsymbol{k}_0 - \boldsymbol{w}} - \varepsilon_{\boldsymbol{k}_0} + \omega_{\boldsymbol{w}}) d^3 w \tag{30.28}$$

an. Es könnte zunächst scheinen, daß die Übergangswahrscheinlichkeit proportional zum Volumen geht. Dies ist aber nicht der Fall, da die Kopplungskoeffizienten $g_{\boldsymbol{w}}$ selbst wieder vom Volumen gemäß der Beziehung

$$|g_{\boldsymbol{w}}|^2 = \frac{1}{V} C_{\boldsymbol{w}} \tag{30.29}$$

abhängen, wie ein Blick z. B. auf Formel (29.27) lehrt. C_w ist hierin noch eine von w abhängige Funktion, die für Metalle und polare Kristalle verschieden ist (vgl. z. B. (29.27), (29.34)).

Die endgültige Auswertung von (30.28) hängt natürlich noch von der w-Abhängigkeit von ω_w und C_w ab.

2. Induzierte Emission und Absorption von Phononen. Wir betrachten einen Anfangszustand $\Phi(0)$, bei dem neben dem Elektron mit dem Wellenzahlvektor k_0 noch n Phononen mit dem Wellenzahlvektor w_0 vorhanden sind.

$$\Phi(0) = a_{k_0}^{+} \frac{1}{\sqrt{n!}} (b_{w_0}^{+})^n \Phi_0 \tag{30.30}$$

Um mit Hilfe der Formel (30.7) die neu entstehende Zustandsfunktion zu berechnen, haben wir auf den Anfangszustand (30.30) wieder den Wechselwirkungsoperator $\tilde{H}_{WW}$ anzuwenden. Hierbei beachten wir nun, daß dieser Operator eine Summe über w enthält. Hier können nun 2 verschiedene Fälle auftreten, je nachdem, ob der jeweilige Summationsindex w mit w_0 übereinstimmt oder nicht. Stimmen die beiden Wellenzahlen nicht miteinander überein, so können wir die bisherigen Überlegungen wortwörtlich übernehmen und wir erhalten als Endzustände Überlagerungen aus Funktionen der Form

$$a_{k_0-w}^{+} b_w^{+} \frac{1}{\sqrt{n!}} (b_{w_0}^{+})^n \Phi_0 \tag{30.31}$$

so daß für diesen hier betrachteten Prozeß die resultierende Gesamtzustandsfunktion für den gestreuten Zustand durch

$$\tilde{\Phi}^s(t) = \sum_{k,w \neq w_0} c_{k,w}^s(t) a_k^{+} b_w^{+} \frac{1}{\sqrt{n!}} (b_{w_0}^{+})^n \Phi_0 \tag{30.32}$$

wiedergegeben ist. Der gesamte Vorgang kann durch das Diagramm von Fig. 39 wiedergegeben werden. Die Koeffizienten $c_{k,w}^s$ sind dabei explizit durch (30.16) bzw. (30.17) gegeben. Wir untersuchen nun den interessanteren Fall, daß w mit w_0 übereinstimmt. Wir kommen dann, wie wir noch sehen werden, zu den Vorgängen der *induzierten Emission sowie Absorption.*

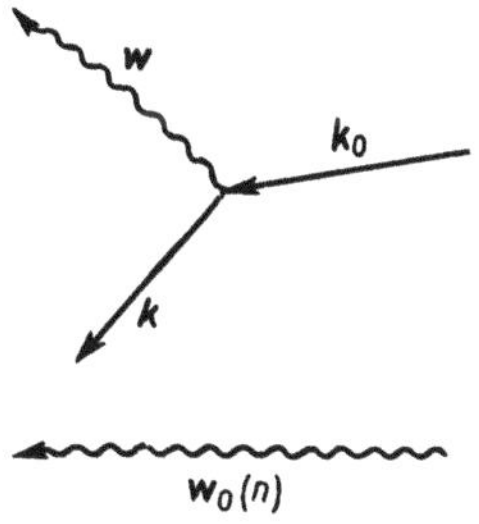

Fig. 39 Spontane Emission eines Phonons w

Wir greifen aus $\tilde{H}_{WW}$ (vgl. (30.8)) dasjenige Glied heraus, für das $\boldsymbol{w} = \boldsymbol{w}_0$ ist und bei dem ein Phonon zusätzlich erzeugt wird. Lassen wir diesen Anteil auf den Anfangszustand (30.31) wirken, multiplizieren mit $1/(i\hbar)$ und integrieren, so erhalten wir denjenigen Anteil von $\Phi(t)$ (vgl. (30.7)), bei dem ein Phonon zusätzlich erzeugt worden ist und das Elektron gestreut wird. Das entsprechende Glied ist durch

$$\underbrace{-ig^*_{\boldsymbol{w}_0}\int_0^t e^{i(\varepsilon_{\boldsymbol{k}}+\omega_{\boldsymbol{w}_0}-\varepsilon_{\boldsymbol{k}+\boldsymbol{w}_0})\tau}\,d\tau}_{\text{(I)}}\;\underbrace{a^+_{\boldsymbol{k}}\,a_{\boldsymbol{k}+\boldsymbol{w}_0}\,b^+_{\boldsymbol{w}_0}\cdot a^+_{\boldsymbol{k}_0}\frac{1}{\sqrt{n!}}(b^+_{\boldsymbol{w}_0})^n\,\Phi_0}_{\text{(II)}} \tag{30.33}$$

gegeben. Die Auswertung des Anteils II ergibt, wenn wir noch die Normierung des Phononenzustands berücksichtigen,

$$\text{(II)} = \delta_{\boldsymbol{k}+\boldsymbol{w}_0,\boldsymbol{k}_0}\sqrt{n+1}\,a^+_{\boldsymbol{k}}\frac{1}{\sqrt{(n+1)!}}(b^+_{\boldsymbol{w}_0})^{n+1}\,\Phi_0 \tag{30.34}$$

Den hier ablaufenden Prozeß stellen wir durch den Graphen Fig. 40 dar und leiten nun wieder eine Vorschrift her, um die Koeffizienten $c^{(e)}(t)$ der diesem Prozeß zugeordneten Wellenfunktion zu berechnen.

$$\tilde{\Phi}^{(e)}(t) = \sum_{\boldsymbol{k}} c^{(e)}_{\boldsymbol{k},\boldsymbol{w}_0}(t)\,a^+_{\boldsymbol{k}}\frac{1}{\sqrt{(n+1)!}}(b^+_{\boldsymbol{w}_0})^{n+1}\,\Phi_0 \tag{30.35}$$

Der Index (e) soll dabei andeuten, daß es sich hierbei um Erzeugung, d.h. Emission eines Phonons handelt. Den einzelnen Linien bzw. dem Knotenpunkt des Graphen

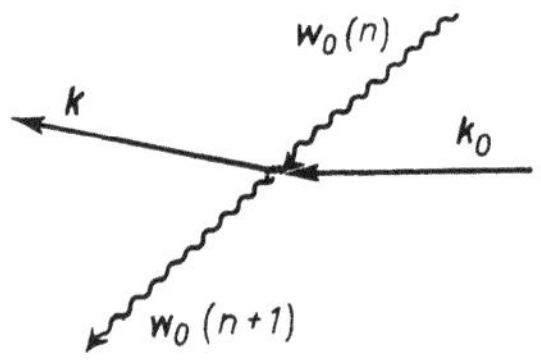

Fig. 40 Induzierte Emission eines Phonons

in Fig. 40 ordnen wir die folgenden Funktionen zu:

einlaufende Elektronenwelle	$e^{-i\varepsilon_{\boldsymbol{k}_0}\tau}$	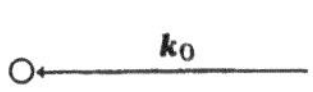
n einlaufende Phononen	$e^{-in\omega_{\boldsymbol{k}_0}\tau}$	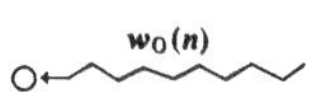
auslaufende Elektronenwelle	$e^{i\varepsilon_{\boldsymbol{k}}\tau}$	
$(n+1)$ auslaufende Phononen	$e^{i(n+1)\omega_{\boldsymbol{w}_0}\tau}$	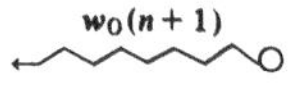
Knotenpunkt	$(-ig^*_{\boldsymbol{w}_0})\cdot\delta_{\boldsymbol{k},\boldsymbol{k}_0-\boldsymbol{w}_0}\sqrt{n+1}$	

Diese Funktionen sind sämtlich miteinander zu multiplizieren und dann über die Zeit τ von 0 bis t aufzuintegrieren. Wir behaupten, daß sich dabei gerade der Koeffizient in der richtigen Weise zu

$$c^{(e)}_{\boldsymbol{k},\boldsymbol{w}_0} = -ig^*_{\boldsymbol{w}_0}\delta_{\boldsymbol{k},\boldsymbol{k}_0-\boldsymbol{w}_0}\sqrt{n+1}\int_0^t e^{i(\varepsilon_{\boldsymbol{k}}+(n+1)\omega_{\boldsymbol{w}_0}-\varepsilon_{\boldsymbol{k}_0}-n\omega_{\boldsymbol{w}_0})\tau}d\tau \tag{30.36}$$

ergibt. Der Beweis ist leicht zu erbringen, indem man einfach in (30.33) für den 2. Teil (30.34) verwendet und den Koeffizienten der Entwicklung (30.35) mit (30.33) vergleicht. Mit Hilfe der Koeffizienten läßt sich sofort wieder die Übergangswahrscheinlichkeit bestimmen. Diese ergibt sich hier zu

$$W^{(e)}_{\boldsymbol{k}_0\to\boldsymbol{k}_0-\boldsymbol{w}_0} = |g_{\boldsymbol{w}_0}|^2\delta_{\boldsymbol{k},\boldsymbol{k}_0-\boldsymbol{w}_0}(n+1)2\pi\delta(\varepsilon_{\boldsymbol{k}_0-\boldsymbol{w}_0}-\varepsilon_{\boldsymbol{k}_0}+\omega_{\boldsymbol{w}_0}) \tag{30.37}$$

Hier tritt zunächst eine formale Schwierigkeit auf: Da Anfangs- und Endzustand genau definiert sind, tritt keine Summe auf, trotzdem aber die δ-Funktion. Wie wir später sehen werden, wird diese Schwierigkeit aber dadurch behoben, daß man immer über eine bestimmte Anfangsverteilung mitteln muß, also wiederum eine Summation bzw. Integration über bestimmte $\boldsymbol{k}$- oder $\boldsymbol{w}$-Zustände auftritt. Neben den Gliedern von $\tilde{H}_{WW}$, die die Emission von Phononen beschreiben, tritt ein weiteres Glied auf, das die Absorption gerade des Phonons mit dem Wellenzahlvektor $\boldsymbol{w}_0$ beschreibt. Der zugehörige Anteil ergibt sich in völliger Analogie zu dem oben durchgeführten

$$\underbrace{-ig_{\boldsymbol{w}_0}\int_0^t e^{i(\varepsilon_{\boldsymbol{k}+\boldsymbol{w}_0}-\varepsilon_{\boldsymbol{k}}-\omega_{\boldsymbol{w}_0})\tau}d\tau}_{\mathrm{I}} \qquad \underbrace{a^+_{\boldsymbol{k}+\boldsymbol{w}_0}a_{\boldsymbol{k}}b_{\boldsymbol{w}_0}\cdot a^+_{\boldsymbol{k}_0}\frac{1}{\sqrt{n!}}(b^+_{\boldsymbol{w}_0})^n\Phi_0}_{\mathrm{II}} \tag{30.38}$$

wobei II sich unter Verwendung von Vertauschungsrelationen auf

$$\mathrm{II} = \delta_{\boldsymbol{k},\boldsymbol{k}_0}\sqrt{n}\,a^+_{\boldsymbol{k}+\boldsymbol{w}_0}\frac{1}{\sqrt{(n-1)!}}(b^+_{\boldsymbol{w}_0})^{n-1}\Phi_0 \tag{30.39}$$

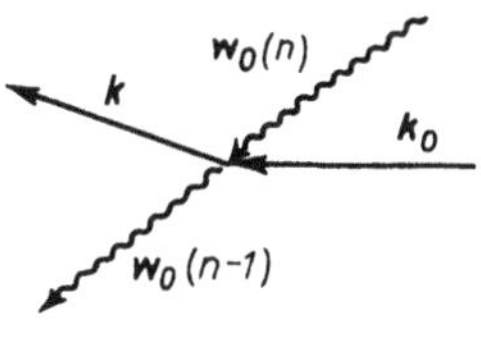

Fig. 41 Absorption eines Phonons

reduziert. Diesem Prozeß ordnen wir den Graphen Fig. 41 zu, bei dem ein Phonon absorbiert wird. Die diesem Prozeß entsprechende Zustandsfunktion ist durch

$$\tilde{\Phi}^{(a)}(t) = \sum c^{(a)}_{\boldsymbol{k},\boldsymbol{w}_0}(t)a^+_{\boldsymbol{k}}\frac{1}{\sqrt{(n-1)!}}(b^+_{\boldsymbol{w}_0})^{n-1}\Phi_0 \tag{30.40}$$

allgemein gegeben. Die Koeffizienten bekommen wir ganz entsprechend wie oben auf Seite 214 mit dem einzigen Unterschied, daß wir dem Knotenpunkt für diesen Prozeß den Faktor

$$-ig_{\boldsymbol{w}_0}\delta_{\boldsymbol{k},\boldsymbol{k}_0+\boldsymbol{w}_0}\sqrt{n} \tag{30.41}$$

zuordnen müssen. Nach Integration über die Zeit erhalten wir für den Koeffizienten den Ausdruck

$$c^{(a)}_{\boldsymbol{k},\boldsymbol{w}_0} = -ig_{\boldsymbol{w}_0}\delta_{\boldsymbol{k},\boldsymbol{k}_0+\boldsymbol{w}_0}\sqrt{n}\int_0^t e^{i(\varepsilon_{\boldsymbol{k}_0+\boldsymbol{w}_0}\quad+(n-1)\omega\quad-\varepsilon_{\boldsymbol{k}_0}-n\omega_{\boldsymbol{w}_0})\tau}d\tau \tag{30.42}$$

zu dem die Übergangswahrscheinlichkeit

$$W^{(a)}_{\boldsymbol{k}_0\to\boldsymbol{k}_0+\boldsymbol{w}_0} = |g_{\boldsymbol{w}_0}|^2\delta_{\boldsymbol{k},\boldsymbol{k}_0+\boldsymbol{w}_0}n2\pi\delta(\varepsilon_{\boldsymbol{k}_0+\boldsymbol{w}_0}-\varepsilon_{\boldsymbol{k}_0}-\omega_{\boldsymbol{w}_0}) \tag{30.43}$$

gehört. Auch hier wieder vermißt man die Summe, die aber dann doch wieder auftritt, wenn wir für den Anfangszustand ein Wellenpaket oder eine Verteilung von Zuständen nehmen (vgl. § 31).

Zusammenfassung: Fassen wir nun die Ergebnisse zusammen. Zur Anfangszeit $t=0$ lag der Anfangszustand in der Form

$$\Phi(0) = a^+_{\boldsymbol{k}_0}\frac{1}{\sqrt{n!}}(b^+_{\boldsymbol{w}_0})^n\Phi_0 \tag{30.44}$$

vor. Dieser wird graphisch dargestellt durch ein einfallendes Elektron mit dem Wellenzahlvektor $\boldsymbol{k}_0$ und n Phononen mit dem Wellenzahlvektor $\boldsymbol{w}_0$. Unter dem Einfluß des Störoperators $\tilde{H}_{WW}$ geht dieser Anfangszustand in verschiedene Endzustände über. Die verschiedenen Zustände sind in

$$\tilde{\Phi}(t) = \tilde{\Phi}^{(s)} + \tilde{\Phi}^{(e)} + \tilde{\Phi}^{(a)} + \Phi(0) \tag{30.45}$$

zusammengefaßt und nochmals in Fig. 42 graphisch dargestellt. Der erste Zustand mit dem Index s stellt die spontane Emission von Phononen mit $\boldsymbol{w} \neq \boldsymbol{w}_0$ dar. Die ankommenden Phononen bleiben ungestört. Es wird aber ein Phonon der Wellenzahl $\boldsymbol{w}$ neu erzeugt. Das Elektron befindet sich nach dem Stoß im Zustand $\boldsymbol{k}_0-\boldsymbol{w}$. Der zweite Summand beschreibt die Emission von einem zusätzlichen Phonon mit $\boldsymbol{w}_0$. Das dritte Glied schließlich beschreibt die Absorption eines Phonons mit $\boldsymbol{w}_0$. Die

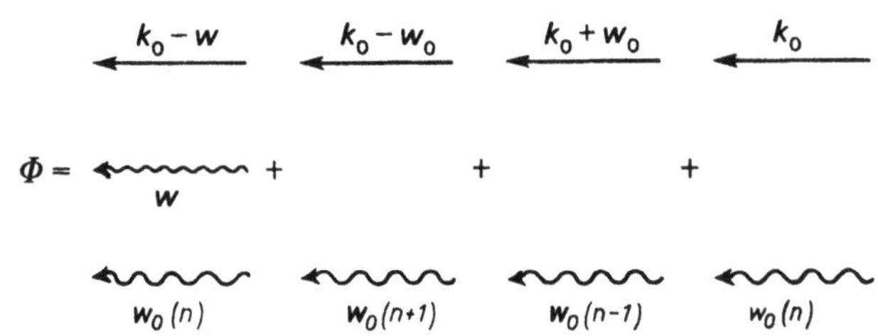

Fig. 42 Anschauliche Darstellung der Zustandsfunktion (30.45)

einzelnen expliziten Ausdrücke sind durch die Formeln (30.32), (30.35) und (30.40) gegeben. Die entsprechenden Koeffizienten sind durch (30.17) mit (30.18), (30.36) und (30.42) dargestellt. Ebenso haben wir die diesen Prozessen zugeordneten Übergangswahrscheinlichkeiten explizit angegeben.

§ 31 Der Elektrische Widerstand

Wir wollen zeigen, wie wir mit Hilfe der Ergebnisse des letzten Paragraphen den elektrischen Widerstand eines Halbleiters oder Metalls explizit berechnen können. Dabei müssen wir noch Betrachtungen zu Hilfe ziehen, die außerhalb des eigentlichen Bereiches der Quantenfeldtheorie liegen. Um das übliche Vorgehen besser verstehen zu können, ist es gut, wenn wir uns die Elektronen ganz anschaulich als Teilchen vorstellen, die durch Zusammenstöße mit Schallquanten (genauer deren Emission und Absorption) von einem Anfangszustand mit dem Impuls $\hbar \boldsymbol{k}$ in eine neue Flugrichtung mit dem Impuls $\hbar \boldsymbol{k}'$ gestreut werden. Da diese Stöße statistisch erfolgen, beschreiben wir die Elektronen durch eine Verteilungsfunktion $f_{\boldsymbol{k}}$. Sie gibt die mittlere Zahl der Elektronen an, die sich in diesem Zustand $\boldsymbol{k}$ befinden. Der Einfachheit halber betrachten wir hier nur eine Spinrichtung, was durchaus legitim ist, solange wir Übergänge zwischen verschiedenen Spinrichtungen vernachlässigen dürfen. Da die Elektronen der Fermistatistik genügen, kann die Besetzungszahl eines Zustandes nie größer als 1 sein, so daß die Relation

$$0 \leqq f_{\boldsymbol{k}} \leqq 1 \tag{31.1}$$

erfüllt sein muß. Ist die Gesamtzahl der Elektronen N, so muß ferner gelten

$$\sum_{\boldsymbol{k}} f_{\boldsymbol{k}} = N \tag{31.2}$$

Wir untersuchen nun die zeitliche Änderung der Verteilungsfunktion aufgrund der Stöße allein, was wir anhand der Fig. 43 erläutern.

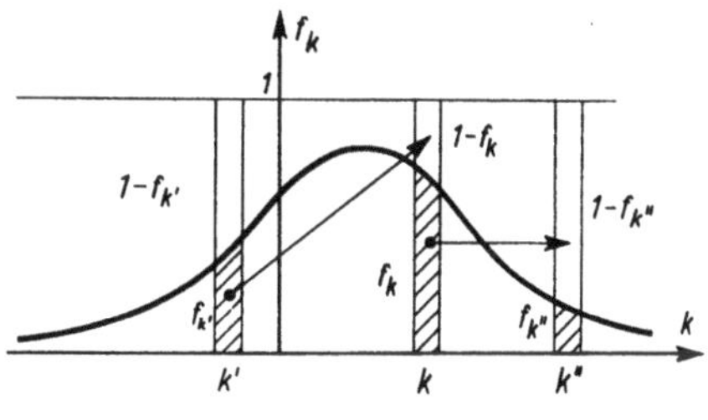

Fig. 43
Zeitliche Änderung der Verteilungsfunktion $f_{\boldsymbol{k}}$ aufgrund der Stöße allein

Betrachten wir hier den Bereich dk in der Umgebung von k, so nimmt die Besetzungszahl (die schraffierte Fläche) nach oben hin zu durch Stöße, die das Elektron von anderen Zuständen in diesen Endzustand k tragen. Umgekehrt nimmt die Besetzungszahl für alle Stöße ab, die das Elektron aus dem Anfangszustand k in andere

Zustände überführen. Die Änderung von f aufgrund der Stöße ist also ganz allgemein durch eine Beziehung in der Gestalt

$$\left(\frac{\partial f_{\boldsymbol{k}}}{\partial t}\right)_{Stöße} = \text{Rate hinein} - \text{Rate hinaus} \tag{31.3}$$

gegeben. Betrachten wir nun die einzelnen Raten genauer. Die Übergangsrate von einem Anfangszustand $\boldsymbol{k}'$ in den gewünschten Endzustand $\boldsymbol{k}$ ist das Produkt aus der Besetzungszahl des Anfangszustandes $f_{\boldsymbol{k}'}$ mal der Wahrscheinlichkeit, daß der Endzustand noch frei ist, (sonst wäre ja die Fermistatistik verletzt), mal einer spezifischen Übergangsrate von einem vollen in einen leeren Zustand $W_{\boldsymbol{k}' \to \boldsymbol{k}}$. Damit läßt sich (31.3) explizit in der Gestalt

$$\left(\frac{\partial f_{\boldsymbol{k}}}{\partial t}\right)_{Stöße} = \sum_{\boldsymbol{k}'} f_{\boldsymbol{k}'}(1 - f_{\boldsymbol{k}}) W_{\boldsymbol{k}' \to \boldsymbol{k}} - \sum_{\boldsymbol{k}'} f_{\boldsymbol{k}}(1 - f_{\boldsymbol{k}'}) W_{\boldsymbol{k} \to \boldsymbol{k}'} \tag{31.4}$$

wiedergeben. Falls für die Besetzungszahlen

$$f_{\boldsymbol{k}} \ll 1 \tag{31.5}$$

gilt, können wir die Näherung

$$(1 - f_{\boldsymbol{k}}) \approx 1 \tag{31.6}$$

verwenden. Die hier gemachten Voraussetzungen sind bei Halbleitern oft erfüllt. Die Übergangsraten werden durch Stöße an Phononen oder aber auch durch Zusammenstöße mit Störstellen im Kristall gegeben. Wir betrachten hier als explizites Beispiel Phononen. Die gesamte Übergangsrate setzt sich aus der für Absorption und Emission von Phononen zusammen

$$\left.\begin{aligned} & W_{\boldsymbol{k} \to \boldsymbol{k}'} = W^a_{\boldsymbol{k} \to \boldsymbol{k}'} + W^e_{\boldsymbol{k} \to \boldsymbol{k}'} \\ \text{Impulssatz:} \quad & \boldsymbol{k}' = \boldsymbol{k} + \boldsymbol{w} \qquad \boldsymbol{k}' = \boldsymbol{k} - \boldsymbol{w}' \\ \text{Phononvektor:} \quad & \boldsymbol{w} = \boldsymbol{k}' - \boldsymbol{k} \qquad \boldsymbol{w}' = \boldsymbol{k} - \boldsymbol{k}' \end{aligned}\right\} \tag{31.7}$$

wobei, wie angegeben, der Impulssatz für die einzelnen Prozesse erfüllt sein muß. Die Übergangswahrscheinlichkeiten waren im vorausgegangenen Paragraphen explizit berechnet worden und hatten sich zu

$$W^a_{\boldsymbol{k} \to \boldsymbol{k}+\boldsymbol{w}} = 2\pi\hbar |g_{\boldsymbol{w}}|^2 n_{\boldsymbol{w}} \delta(E_{\boldsymbol{k}+\boldsymbol{w}} - E_{\boldsymbol{k}} - \hbar\omega_{\boldsymbol{w}}) \tag{31.8}$$

bzw. $$W^e_{\boldsymbol{k} \to \boldsymbol{k}-\boldsymbol{w}} = 2\pi\hbar |g_{\boldsymbol{w}}|^2 (n_{\boldsymbol{w}} + 1) \delta(E_{\boldsymbol{k}-\boldsymbol{w}} + \hbar\omega_{\boldsymbol{w}} - E_{\boldsymbol{k}}) \tag{31.9}$$

ergeben. Wie wir nun sehen, sind die δ-Funktionen für die Rechnung nicht mehr gefährlich, da diese ja nun in die Summen auf der rechten Seite von (31.4) einzusetzen sind und die Summen natürlich ohne weiteres in Integrale überführt werden können. Wir machen nun zur weiteren Behandlung des Ausdrucks (31.4) eine typische Näherung. In (31.8) und (31.9) gehen ja die Besetzungszahlen der Phononen $n_{\boldsymbol{w}}$ ein. Genaugenommen müßte man nun auch noch Gleichungen für die Änderung der Besetzungszahlen der Phononen aufstellen. Wir nehmen nun aber an, daß die Phononen im

Sinne der Thermodynamik ein Wärmebad (Reservoir) bilden, das auf einer bestimmten Temperatur T gehalten wird. Wie man in der Thermodynamik zeigt (was wir aber hier nicht herleiten wollen), ist die mittlere Besetzungszahl im thermischen Gleichgewicht bei Bose-Teilchen, die die Phononen ja sind, durch

$$\overline{n_w} = \frac{1}{e^{\hbar\omega_w/k_B T} - 1} \tag{31.10}$$

gegeben. k_B ist darin die Boltzmann-Konstante. Im folgenden werden wir annehmen, daß die Beziehung (31.10) auch dann gilt, wenn die Elektronen selbst durch ein äußeres angelegtes elektrisches Feld aus dem Gleichgewicht gebracht werden. Untersuchen wir nun zunächst das thermische Gleichgewicht ohne äußere Felder. Für die jetzt geltende Gleichgewichtsverteilung muß dann die Beziehung

$$\left(\frac{\partial f_k^0}{\partial t}\right)_{Stöße} = 0 \tag{31.11}$$

erfüllt sein. Diese Beziehung ist wie folgt zu verstehen. Man hat für die linke Seite von (31.11) die rechte Seite von (31.4) als expliziten Ausdruck einzusetzen und erhält so eine Gleichung für f_k^0. Wie sich zeigen läßt, wird die Beziehung (31.11) durch

$$f_k^0 = \frac{1}{e^{\beta(E_k - \zeta)} + 1} \tag{31.12}$$

erfüllt. Darin ist die Abkürzung

$$\beta = \frac{1}{k_B T} \tag{31.13}$$

verwendet. ζ ist das sogenannte chemische Potential. Es ist so festzulegen, daß die Beziehung (31.2) erfüllt wird. Fig. 44 zeigt den Verlauf von f_k^0 für $T = 0$ und $T > 0$

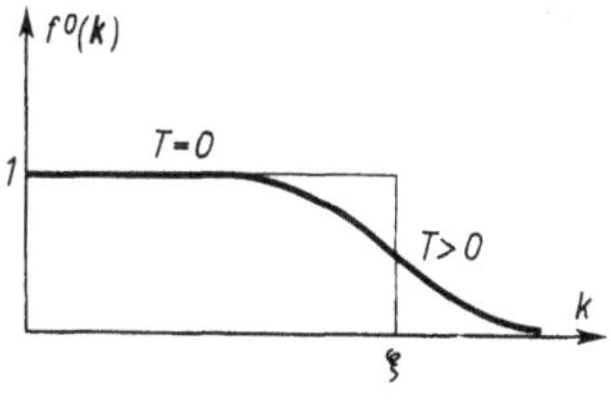

Fig. 44 Verlauf der Verteilungsfunktion f^0 bei einem Metall

bei einem Metall. Ersichtlich ist f_k^0 eine Funktion der Energie E allein. Wir legen nun ein äußeres elektrisches Feld an und untersuchen die dadurch verursachte Änderung der Verteilungsfunktion f_k^0. Unter dem Einfluß eines äußeren Feldes $\boldsymbol{F}$ verändert sich der Elektronenimpuls nach dem Gesetz

$$\hbar \Delta \boldsymbol{k} = e\boldsymbol{F}\Delta t \tag{31.14}$$

Dies hat zur Folge, daß sich die gesamte Verteilung als Ganzes wie in Fig. 44a angegeben, verschiebt. Die Verteilungsfunktion zu einer späteren Zeit $t + \Delta t$ ist mit der zu einer früheren Zeit durch die Beziehung

$$f_{\boldsymbol{k}}(t+\Delta t)=f_{\boldsymbol{k}-\Delta\boldsymbol{k}}(t) \tag{31.15}$$

verknüpft. Entwickeln wir die beiden Seiten in (31.15) nach Δt $\left(\text{und bilden} \lim_{\Delta t\to 0}\frac{1}{\Delta t}\ldots\right)$ so erhalten wir

$$\left(\frac{\partial f_{\boldsymbol{k}}}{\partial t}\right)_{Feld}=-\frac{e\boldsymbol{F}}{\hbar}\,grad_{\boldsymbol{k}} f_{\boldsymbol{k}} \tag{31.16}$$

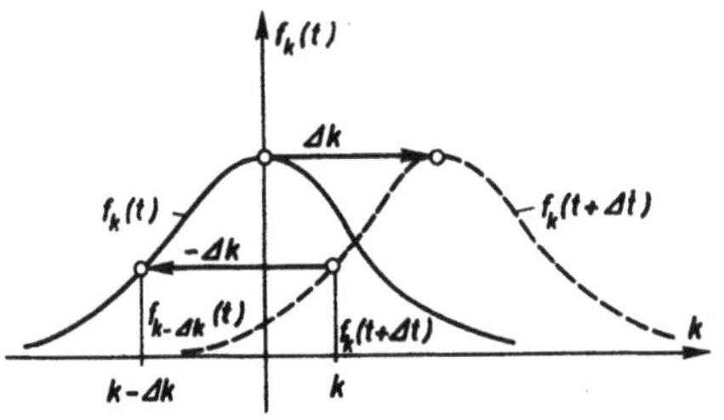

Fig. 44a
Die zeitliche Bewegung der Verteilungsfunktion $f_{\boldsymbol{k}}$ allein unter dem Einfluß eines äußeren Feldes. Die Beziehung (31.15) ist aus der Figur unmittelbar zu entnehmen.

Lassen wir nun sowohl das elektrische Feld als auch die Phononen auf die Elektronen einwirken, so setzt sich die gesamte Änderung der Verteilungsfunktion aus den entsprechenden beiden Teilen zusammen. Im stationären Zustand muß dann die Gleichung

$$\left(\frac{df}{dt}\right)_{tot}=\left(\frac{\partial f}{\partial t}\right)_{Stöße}+\left(\frac{\partial f}{\partial t}\right)_{Feld}=0 \tag{31.17}$$

erfüllt sein. Dies ist die sogenannte Boltzmanngleichung. Ihre Lösung ist äußerst kompliziert, so daß wir wegen einer eingehenden Behandlung auf die Spezial-Literatur verweisen müssen. Wir skizzieren hier nur kurz einen Lösungsweg, um die wichtigsten Gesichtspunkte herauszustellen. Wir nehmen an, daß das Feld noch so schwach ist, daß die Verteilung nur geringfügig gestört wird, so daß wir $f_{\boldsymbol{k}}$ in der Form

$$f_{\boldsymbol{k}}=f_{\boldsymbol{k}}^0+f_{\boldsymbol{k}}^1 \tag{31.18}$$

mit der Annahme

$$|f_{\boldsymbol{k}}^1|\ll f_{\boldsymbol{k}}^0 \tag{31.19}$$

schreiben dürfen. Bei kleinen Feldern können wir uns auf Glieder linear in der Feldstärke beschränken, was sofort dazu führt, daß wir die Näherung

$$\left(\frac{\partial f_{\boldsymbol{k}}}{\partial t}\right)_{Feld}\approx-\frac{e\boldsymbol{F}}{\hbar}\,grad_{\boldsymbol{k}} f_{\boldsymbol{k}}^0 \tag{31.20}$$

anwenden dürfen. Da die Gleichgewichtsverteilung $f_{\boldsymbol{k}}^0$ die Gleichung (31.11) befriedigt, erhalten wir unter Verwendung der Zerlegung (31.18) sofort

$$\left(\frac{\partial f_{\boldsymbol{k}}}{\partial t}\right)_{\text{Stöße}} = \left(\frac{\partial f_{\boldsymbol{k}}^1}{\partial t}\right)_{\text{Stöße}} \tag{31.21}$$

Darin hat man sich wiederum die rechte Seite von (31.21) so vorzustellen, daß sie durch den expliziten Ausdruck (31.4) gegeben ist, der offensichtlich äußerst kompliziert ist. In einer Reihe von Fällen läßt sich aber (31.21) mit Hilfe des sogenannten Stoßzeitansatzes τ vereinfachen. Wir nehmen nämlich an, daß unter dem Einfluß der Stöße allein die Störung $f_{\boldsymbol{k}}^1$ der Gleichgewichtsverteilung nach einer Zeit τ abklingt, so daß

$$\left(\frac{\partial f_{\boldsymbol{k}}^1}{\partial t}\right)_{\text{Stöße}} = -\frac{1}{\tau} f_{\boldsymbol{k}}^1 \tag{31.22}$$

gilt. Wir geben ein Beispiel an, in dem sich diese Annahme in einfacher Weise rechtfertigen läßt. Durch die Annahme (31.18) und (31.19) nimmt (31.21) nach kurzer Umrechnung die Gestalt

$$\left(\frac{\partial f_{\boldsymbol{k}}^1}{\partial t}\right)_{\text{Stöße}} = \underbrace{\sum_{\boldsymbol{k}'} f_{\boldsymbol{k}'}^1 W_{\boldsymbol{k}' \to \boldsymbol{k}}}_{\approx 0} - \underbrace{f_{\boldsymbol{k}}^1 \sum_{\boldsymbol{k}'} W_{\boldsymbol{k} \to \boldsymbol{k}'}}_{= f_{\boldsymbol{k}}^1 \frac{1}{\tau}} \tag{31.23}$$

an. In Fig. 45 ist die Differenz aus der gestörten und ungestörten Verteilung, nämlich gerade $f_{\boldsymbol{k}}^1$ angegeben, wobei wir den Fall eines Halbleiters ins Auge gefaßt haben, bei dem wir annehmen dürfen, daß die Besetzung sehr langsam veränderlich und viel

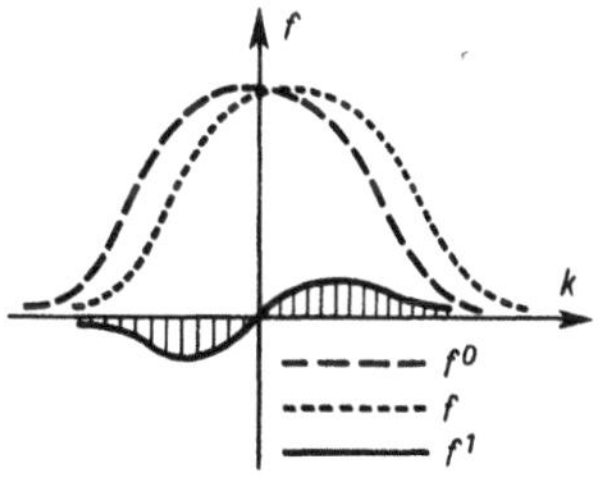

Fig. 45 Verteilungsfunktionen

kleiner als 1 ist. Ersichtlich nimmt die Funktion $f_{\boldsymbol{k}}^1$ positive und negative Werte praktisch gleich stark an. Nehmen wir darüberhinaus an, daß sich die Übergangswahrscheinlichkeiten W nur langsam ändern, so wird die erste Summe in (31.23) wie angedeutet, zu Null. Der zweite Anteil hat aber bereits die Form (31.22), wobei die Stoßzeit durch

$$\frac{1}{\tau} = \sum_{\boldsymbol{k}'} W_{\boldsymbol{k} \to \boldsymbol{k}'} \tag{31.24}$$

definiert ist. Die Stoßzeit hat hier die sehr anschauliche Bedeutung, daß ihr Reziprokes einfach die Summe der Wahrscheinlichkeiten dafür ist, daß das Elektron aus dem Anfangszustand heraus gestreut wird. Setzen wir (31.20) und (31.22) in (31.17) ein, so erhalten wir

$$f_{\boldsymbol{k}}^1 = -\tau \frac{e\boldsymbol{F}}{\hbar} \, grad_{\boldsymbol{k}} f_{\boldsymbol{k}}^0 \tag{31.25}$$

Berücksichtigen wir hierin noch, daß $f_{\boldsymbol{k}}^0$ von $\boldsymbol{k}$ nur über die Energie abhängt, so erhalten wir

$$f_{\boldsymbol{k}}^1 = -e\boldsymbol{F}\boldsymbol{v}_{\boldsymbol{k}} \cdot \tau \frac{\partial f_{\boldsymbol{k}}^0}{\partial E} \tag{31.26}$$

Hierbei haben wir die Beziehung

$$\boldsymbol{v}_{\boldsymbol{k}} = \frac{1}{\hbar} \, grad_{\boldsymbol{k}} E \tag{31.27}$$

verwendet. Damit ist es möglich, sofort den Strom und damit auch die Leitfähigkeit zu berechnen. Der Strom setzt sich aus den Strombeiträgen $e\boldsymbol{v}_{\boldsymbol{k}}$ der einzelnen Elektronen zusammen, wobei die Zustände gemäß der Verteilung $f_{\boldsymbol{k}}$ besetzt sind. Da bei der Gleichgewichtsverteilung kein Strom fließt, erhalten wir die Beziehung

$$\boldsymbol{j} = e \int \boldsymbol{v}_{\boldsymbol{k}} f_{\boldsymbol{k}} d^3k = e \int \boldsymbol{v}_{\boldsymbol{k}} f_{\boldsymbol{k}}^1 d^3k \tag{31.28}$$

Setzen wir hierin $f_{\boldsymbol{k}}^1$ gemäß (31.25) ein, so erhalten wir eine lineare Beziehung zwischen Strom und elektrischem Feld, in der Gestalt

$$j_\lambda = \sum_\mu \sigma_{\lambda\mu} F_\mu, \qquad \begin{matrix} \lambda = x, y, z \\ \mu = x, y, z \end{matrix} \tag{31.29}$$

wobei der Leitfähigkeitstensor durch

$$\sigma_{\lambda\mu} = -e^2\tau \int \frac{\partial f_{\boldsymbol{k}}^0}{\partial E} v_{\boldsymbol{k},\lambda} v_{\boldsymbol{k},\mu} d^3k \tag{31.30}$$

gegeben ist. Hängt E nur vom Betrag k ab, so reduziert sich (31.30) wegen (31.27) auf eine skalare Leitfähigkeit σ, es gilt also das Ohmsche Gesetz

$$\boldsymbol{j} = \sigma \boldsymbol{F}$$

Wir diskutieren nun qualitativ, was für die Leitfähigkeit σ im Falle eines Metalls herauskommt. Hierbei wollen wir nicht von vornherein den Stoßzeitansatz τ verwenden. Wir ersetzen deshalb die Beziehung (31.26) durch die allgemeine Beziehung

$$f_{\boldsymbol{k}}^1 = -e\boldsymbol{F} \cdot \boldsymbol{\Lambda}_{\boldsymbol{k}} \frac{\partial f_{\boldsymbol{k}}^0}{\partial E} \tag{31.31}$$

wobei $\boldsymbol{\Lambda}_{\boldsymbol{k}}$ noch eine unbekannte Funktion von $\boldsymbol{k}$ sein kann, die aber auf jeden Fall nicht mehr vom Feld abhängen soll, da wir nur kleine Feldstärken ins Auge fassen. Vergleicht man übrigens (31.31) mit dem Ausdruck (31.26), so erhalten wir die Beziehung

$$\boldsymbol{\Lambda}_{\boldsymbol{k}} = \boldsymbol{v}_{\boldsymbol{k}} \tau \tag{31.32}$$

Λ_k ist also zusammengesetzt aus Geschwindigkeit mal Stoßzeit und hat so die Bedeutung einer *mittleren freien Weglänge*.

Wir diskutieren nun die qualitative Abhängigkeit der Leitfähigkeit von der Temperatur. Wir vereinfachen dazu (31.8) und (31.9): Wir erwarten, daß die wichtigen Beiträge zum Widerstand von solchen Wellen $\boldsymbol{w}$ kommen, für die $|n_w| \gg 1$ ist, so daß wir $(n_w + 1) \approx n_w$ setzen. Ferner ist die Energie eines Schallquants $\hbar\omega_w$ viel kleiner als die Energie der Elektronen an der Fermikante, in deren Nähe sich die Streuprozesse abspielen, so daß

$$E_k - E_{k'} \pm \hbar\omega_w \approx E_k - E_{k'}$$

Schließlich nehmen wir an, daß die Kopplungskoeffizienten $|g_w|^2$ isotrop sind, d.h. $= |g_w|^2$. Damit erhalten wir

$$W_{k' \to k} \approx W_{k \to k'} \sim \overline{n_w} |g_w|^2 \delta(E_k - E_{k'}) \tag{31.33}$$

wobei $w = |\boldsymbol{k} - \boldsymbol{k}'|$ (31.34)

gilt. Setzen wir (31.31) und (31.33) in (31.17) ein, wobei wir (31.23) beachten, so erhalten wir

$$\sum_{k'} |g_w|^2 \overline{n_w} (\Lambda_k - \Lambda_{k'}) \delta(E_k - E_{k'}) \sim \boldsymbol{v}_k \tag{31.35}$$

Dabei haben wir durch alle gemeinsamen Faktoren bereits durchdividiert, was ein klein wenig Überlegung erfordert. Wir denken uns nun in (31.35) $\boldsymbol{k}'$ durch $\boldsymbol{k} + \boldsymbol{w}$ ersetzt und entwickeln $(\Lambda_{k+w} - \Lambda_k)$ nach Potenzen von $\boldsymbol{w}$. Wir schreiben diese Entwicklung in Komponenten ($\mu = x, y, z$) an:

$$(\Lambda_{k+w})_\mu - (\Lambda_k)_\mu = \sum_\lambda \frac{\partial (\Lambda)_\mu}{\partial k_\lambda} w_\lambda + \sum_{\lambda\kappa} \frac{\partial^2 (\Lambda)_\mu}{\partial k_\lambda \partial k_\kappa} w_\lambda w_\kappa \tag{31.36}$$

Zur weiteren Diskussion denken wir uns das $\boldsymbol{k}$-Koordinatensystem so gelegt, daß $\boldsymbol{k}$ in die z-Richtung weist. Da der Energiesatz erfüllt sein muß, verlaufen die Stöße an der Fermikante, also praktisch horizontal. Mit einem $+w_x$ kommt ebenso häufig $-w_x$ (wie auch $+w_y$ und $-w_y$) in (31.34) vor, so daß, da auch $w_z \approx 0$ ist, die in w_λ linearen Glieder in (31.36) nichts zu (31.35) beitragen und sich das letzte Glied auf

$$\sum \frac{\partial^2 (\Lambda)_\mu}{\partial k_\lambda^2} w_\lambda^2 \tag{31.37}$$

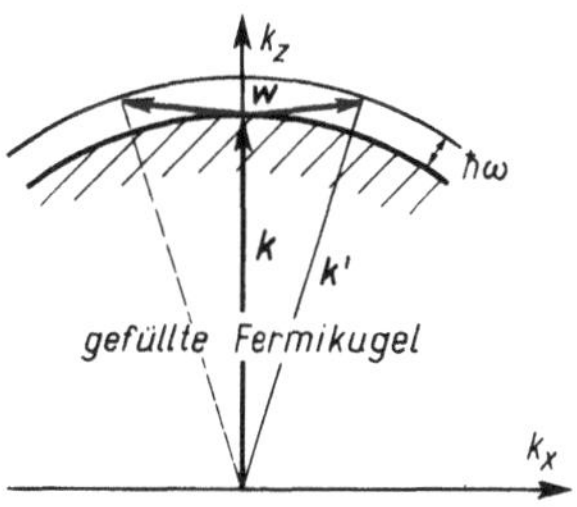

Fig. 46 Elektronenstreuung an der Fermikante

reduziert (vgl. Fig. 46). Wir machen nun den durch Vergleich mit (31.32) nahegelegten Ansatz, daß $\boldsymbol{\Lambda}_{\boldsymbol{k}}$ parallel zu $\boldsymbol{k}$ ist,

$$\boldsymbol{\Lambda}_{\boldsymbol{k}} = \boldsymbol{k}\, Y(k)$$

wobei Y nur vom Betrag k abhängt. (Dieser Ansatz läßt sich bei einem isotropen Problem auch streng rechtfertigen). Eine elementare Differentiationsrechnung ergibt dann, daß (31.37) $\sim \boldsymbol{k} w^2 \sim \boldsymbol{\Lambda}_{\boldsymbol{k}} w^2$ ist. Wir erhalten also abschließend

$$\boldsymbol{\Lambda}_{\boldsymbol{k}} - \boldsymbol{\Lambda}_{\boldsymbol{k}+\boldsymbol{w}} \sim \boldsymbol{\Lambda}_{\boldsymbol{k}} w^2 \tag{31.38}$$

Setzen wir dies in (31.35) ein und führen die Summen in Integrale unter Berücksichtigung der δ-Funktion über, so ergibt sich

$$\boldsymbol{\Lambda}_{\boldsymbol{k}} \int_0^{w_m} |g_w|^2 w^2 \overline{n_w} w\, dw \sim \boldsymbol{v}_{\boldsymbol{k}}; \qquad w_m = w_{maximum} \tag{31.39}$$

Vergleichen wir (31.27), (31.28) und (31.30), so erkennen wir, daß die Leitfähigkeit σ der Funktion $\boldsymbol{\Lambda}_{\boldsymbol{k}}$ direkt proportional ist. Wir diskutieren daher die sich aus (31.39) ergebende Temperaturabhängigkeit von $\boldsymbol{\Lambda}_{\boldsymbol{k}}$. Da $\boldsymbol{v}_{\boldsymbol{k}}$ jeweils die vorgegebene Geschwindigkeit ist, ist die rechte Seite temperaturunabhängig, dagegen hängt die linke Seite noch über die Verteilungsfunktion n_w von der Temperatur ab

$$\overline{n_w} = \frac{1}{e^{\hbar\omega_w/k_B T} - 1} \tag{31.40}$$

Für hohe Temperaturen gilt dabei

$$\overline{n_w} \sim k_B T/\hbar\omega_w \tag{31.41}$$

Der Faktor kT kann vor das Integral gezogen werden, das nun von der Temperatur unabhängig wird und wir erhalten unmittelbar für hohe Temperaturen die Beziehung

$$\sigma \sim |\boldsymbol{\Lambda}_{\boldsymbol{k}}| \sim T^{-1}, \tag{31.42}$$

unabhängig von der Form der w-Abhängigkeit von $|g_w|^2$. Ist dagegen T klein, so haben wir zu beachten, daß nur Phononen geringer Energie, also auch von kleiner Wellenzahl, wichtig sind. Es gehen also nur solche Verteilungen ein, für die wir eine funktionelle Abhängigkeit der Form

$$\overline{n_w} = \overline{n_w}\left(\frac{w}{T}\right) \tag{31.43}$$

annehmen dürfen. Da ferner, wie schon bemerkt, nur Phononen mit kleiner Wellenzahl wichtig sind, dürfen wir die obere Grenze bis unendlich erstrecken. Durch Änderung der Integrationsvariablen ($w/T \to w'$) können wir sofort die Temperaturabhängigkeit des Integrals

$$\int_0^{\infty} |g_w|^2 w^3\, dw\, \overline{n_w}\left(\frac{w}{T}\right) \tag{31.44}$$

erschließen. Ist z. B. $|g_w|^2 \sim w$ (Metalle!, vgl. (29.34)), so erhalten wir (31.44) $\sim T^5$. Setzen wir diese in (31.35) ein, so ergibt sich die Temperaturabhängigkeit der Leitfähigkeit zu

$$\sigma \sim |\Lambda_k| \sim T^{-5} \tag{31.45}$$

Dieses hier gezeigte Verhalten ist bei einfachen Metallen in der Tat erfüllt.

§ 32 Zeitabhängige Störungstheorie 2. Ordnung: Selbstenergie, Massenrenormierung

In diesem Paragraphen knüpfen wir an § 30 an, in dem wir die zeitabhängige Störungstheorie in 1. Ordnung durchgeführt hatten. Wie wir damals sahen, können wir die Schrödingergleichung formal aufintegrieren, was zu der Form

$$\tilde{\Phi}(t) = \tilde{\Phi}(0) + \frac{1}{i\hbar}\int_0^t \tilde{H}_{WW}(\tau)\tilde{\Phi}(\tau)\,d\tau \tag{32.1}$$

führte. Hierin sind die Zustandsfunktion $\tilde{\Phi}$ und der Wechselwirkungs-Hamiltonoperator im Wechselwirkungsbild angenommen. Da die Lösung der Integralgleichung (32.1) genauso schwierig wie die der Schrödingergleichung ist, hatten wir damals versucht, sie näherungsweise zu lösen, indem wir auf der rechten Seite unter dem Integral $\tilde{\Phi}(\tau)$ durch den Anfangszustand $\tilde{\Phi}(0)$ ersetzt haben. Dies führte zu einer verbesserten Zustandsfunktion, die durch

$$\tilde{\Phi}^{(1)}(t) = \tilde{\Phi}(0) + \frac{1}{i\hbar}\int_0^t \tilde{H}_{WW}(\tau)\tilde{\Phi}(0)\,d\tau \tag{32.2}$$

gegeben ist. Wir können dieses Verfahren nun fortsetzen, indem wir die gegenüber $\tilde{\Phi}(0)$ verbesserte Zustandsfunktion $\tilde{\Phi}^{(1)}(\tau)$ in (32.1) an die Stelle der Zustandsfunktion $\Phi(\tau)$ unter dem Integral einsetzen. Dies liefert uns dann eine nochmals verbesserte Zustandsfunktion $\tilde{\Phi}^{(2)}$

$$\tilde{\Phi}^{(2)}(t) = \tilde{\Phi}(0) + \frac{1}{i\hbar}\int_0^t \tilde{H}_{WW}(\tau)\tilde{\Phi}^{(1)}(\tau)\,d\tau \tag{32.3}$$

Führen wir nun auf der rechten Seite noch die explizite Darstellung von $\tilde{\Phi}^{(1)}$ ein, so erhalten wir eine explizite Darstellung von $\tilde{\Phi}^{(2)}$

$$\begin{aligned}\tilde{\Phi}^{(2)}(t) = \tilde{\Phi}(0) &+ \frac{1}{i\hbar}\int_0^t d\tau_1\,\tilde{H}_{WW}(\tau_1)\tilde{\Phi}(0) + \\ &+ \left(\frac{1}{i\hbar}\right)^2 \int_0^t d\tau_2 \int_0^{\tau_2} d\tau_1\,\tilde{H}_{WW}(\tau_2)\tilde{H}_{WW}(\tau_1)\tilde{\Phi}(0)\end{aligned} \tag{32.4}$$

Explizit heißt hierin, daß wir auf der rechten Seite nur noch bestimmte Operatoren auf den Anfangszustand anwenden müssen und dann die auftretenden Integrale auszuwerten haben. Diese Auswertung führen wir nun an einigen Beispielen durch, wobei wir wieder für $\tilde{H}_{WW}$ den Hamiltonoperator für die Wechselwirkung zwischen Elektronen und Gitterschwingungen wählen. Dieser hat, wie wir schon im letzten Kapitel sahen, die Gestalt

$$\frac{1}{i\hbar}\tilde{H}_{WW}(\tau) = \underbrace{\sum_{\boldsymbol{k},\boldsymbol{w}} (-ig_{\boldsymbol{w}})a^+_{\boldsymbol{k}+\boldsymbol{w}}a_{\boldsymbol{k}}b_{\boldsymbol{w}}e^{i(\varepsilon_{\boldsymbol{k}+\boldsymbol{w}}-\varepsilon_{\boldsymbol{k}}-\omega_{\boldsymbol{w}})\tau}}_{\text{Phonon-Absorption}} + \underbrace{\sum_{\boldsymbol{k},\boldsymbol{w}} (-ig^*_{\boldsymbol{w}})a^+_{\boldsymbol{k}}a_{\boldsymbol{k}+\boldsymbol{w}}b^+_{\boldsymbol{w}}e^{-i(\varepsilon_{\boldsymbol{k}+\boldsymbol{w}}-\varepsilon_{\boldsymbol{k}}-\omega_{\boldsymbol{w}})\tau}}_{\text{Phonon-Emission}} \tag{32.5}$$

Wie wir dort fanden, können wir die einzelnen Glieder mit bestimmten Prozessen verknüpfen, wie es in Formel (32.5) nun angegeben ist. Sehen wir uns die Zustandsfunktion (32.4) genauer an. Die ersten beiden Glieder sind uns schon im vorigen Paragraphen begegnet, so daß wir nur noch das letzte untersuchen müssen. Hier ist $\tilde{H}_{WW}$ zweimal hintereinander auf den Anfangszustand anzuwenden. Als Anfangszustand wählen wir

$$\Phi(0) = a^+_{\boldsymbol{k}_0}\Phi_0 \tag{32.6}$$

Wenden wir $\tilde{H}_{WW}(\tau_1)$ zuerst auf (32.6) an, so geben, wie wir von § 30 her wissen, nur Glieder der Gestalt

$$b^+_{\boldsymbol{w}}a^+_{\boldsymbol{k}-\boldsymbol{w}}a_{\boldsymbol{k}} \mid a^+_{\boldsymbol{k}_0}\Phi_0 = a^+_{\boldsymbol{k}_0-\boldsymbol{w}}b^+_{\boldsymbol{w}}\Phi_0\delta_{\boldsymbol{k},\boldsymbol{k}_0} \tag{32.7}$$

einen von Null verschiedenen Beitrag. Es tritt also der in Fig. 38 dargestellte Prozeß ein. Wenden wir nun $\tilde{H}_{WW}$ zur Zeit τ_2 nochmals an, so erhalten wir jetzt zwei Prozesse, nämlich entweder die nochmalige Emission eines Phonons oder die Absorption

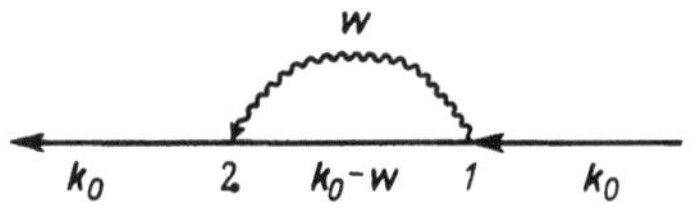

Fig. 47
Selbstenergie-Graph: Virtuelle Emission eines Phonons

des bereits vorhandenen Phonons mit dem Wellenzahlvektor $\boldsymbol{w}$ (vgl. Fig. 47). Wir besprechen hier als Beispiel die Wiederabsorption eines Phonons. Hierbei haben wir unter Berücksichtigung des Resultats (32.7)

$$b_{\boldsymbol{w}}a^+_{\boldsymbol{k}+\boldsymbol{w}}a_{\boldsymbol{k}} \mid a^+_{\boldsymbol{k}_0-\boldsymbol{w}}b^+_{\boldsymbol{w}}\Phi_0 \tag{32.8}$$

auszurechnen, wobei wir als Endzustand $a^+_{\boldsymbol{k}_0}\Phi_0$ erhalten, also genau wieder den Anfangszustand. Das Hintereinanderschalten der beiden Wechselwirkungsoperatoren zu Zeiten τ_1 und τ_2 können wir ersichtlich durch das Diagramm von Fig. 47 wiedergeben.

Wir betrachten nun denjenigen Anteil von (32.4) genauer, der aufgrund des eben hingezeichneten Emissions- und Absorptionsprozesses wieder den Ausgangszustand ergibt

$$\tilde{\Phi}(t) = c_{\boldsymbol{k}_0}(t) a^+_{\boldsymbol{k}_0} \Phi_0 + a^+_{\boldsymbol{k}_0} \Phi_0 \tag{32.9}$$

Unsere Aufgabe ist es, den Koeffizienten $c_{\boldsymbol{k}_0}(t)$ explizit zu berechnen. Dazu haben wir lediglich zu berücksichtigen, daß die einzelnen Knotenpunkte jeweils von der Anwendung des Wechselwirkungsoperators (32.5) herrühren. Der Zahlenfaktor bei dem in (32.7) wiedergegebenen Operator lautet

$$(-ig^*_{\boldsymbol{w}}) \delta_{\boldsymbol{k}+\boldsymbol{w},\boldsymbol{k}_0} \int\limits_0^{\tau_2} e^{i(\varepsilon_{\boldsymbol{k}_0-\boldsymbol{w}} + \omega_{\boldsymbol{w}} - \varepsilon_{\boldsymbol{k}_0})\tau_1} d\tau_1 \tag{32.10}$$

wobei wir berücksichtigt haben, daß wir gemäß (32.5) über τ_1 von 0 bis τ_2 aufzuintegrieren haben. Ferner müssen wir uns merken, daß wir wegen (32.5) noch die Summe über $\boldsymbol{k}$ und $\boldsymbol{w}$ auszuführen haben. Am Knotenpunkt 2 kommt der Faktor zum Tragen, der im Wechselwirkungsoperator $\tilde{H}_{WW}$ bei dem Ausdruck der Gestalt (32.8) (vorderer Teil) stand. Unter Berücksichtigung von (32.8) erhalten wir für den Knotenpunkt 2 den Ausdruck

$$\sum_{\boldsymbol{k}'} (-ig_{\boldsymbol{w}}) \delta_{\boldsymbol{k}',\boldsymbol{k}_0-\boldsymbol{w}} \int\limits_0^t d\tau_2 e^{i(\varepsilon_{\boldsymbol{k}_0} - \omega_{\boldsymbol{w}} - \varepsilon_{\boldsymbol{k}_0-\boldsymbol{w}})\tau_2} \tag{32.11}$$

Hierin ist $\boldsymbol{w}$ das Gleiche wie in Formel (32.10). Wir haben aber noch über $\boldsymbol{k}'$ aufzusummieren. Fassen wir (32.10) und (32.11) zusammen, so erhalten wir als explizite Darstellung des Koeffizienten $c_{\boldsymbol{k}_0}(t)$

$$c_{\boldsymbol{k}_0}(t) = \int\limits_0^t d\tau_2 e^{i\varepsilon_{\boldsymbol{k}_0}\tau_2} \sum_{\boldsymbol{w}} (-ig_{\boldsymbol{w}}) \int\limits_0^{\tau_2} e^{-i(\omega_{\boldsymbol{w}} + \varepsilon_{\boldsymbol{k}_0-\boldsymbol{w}})(\tau_2-\tau_1)} (-ig^*_{\boldsymbol{w}}) e^{-i\varepsilon_{\boldsymbol{k}_0}\tau_1} d\tau_1 \tag{32.12}$$

Das Resultat unserer Rechnung läßt sich wieder durch eine Vorschrift, die mit dem Graphen der Fig. 47 verknüpft ist, wiedergeben:

einlaufendes freies Elektron	$e^{-i\varepsilon_{\boldsymbol{k}_0}\tau_1}$
Knotenpunkt 1	
Emission eines Phonons	$(-ig^*_{\boldsymbol{w}}) \delta_{\boldsymbol{k}+\boldsymbol{w},\boldsymbol{k}_0}$
Ausbreitung von Elektron und	
Phonon von τ_1 nach τ_2	$e^{-i(\omega_{\boldsymbol{w}} + \varepsilon_{\boldsymbol{k}_0-\boldsymbol{w}})(\tau_2-\tau_1)}$
Knotenpunkt 2	
Absorption eines Phonons	$(-ig_{\boldsymbol{w}}) \delta_{\boldsymbol{k}'-\boldsymbol{w},\boldsymbol{k}}$
auslaufendes freies Elektron	$e^{i\varepsilon_{\boldsymbol{k}_0}\tau_2}$

Schließlich ist über die Zeiten τ_1 und τ_2 mit $0 \leqq \tau_1 \leqq \tau_2 \leqq t$ aufzuintegrieren und die Summe über $\boldsymbol{w}$, $\boldsymbol{k}$, $\boldsymbol{k}'$ zu bilden. Wegen der Kronecker-Symbole an den Knotenpunkten, die nichts anderes als den Impulssatz beinhalten, können die Summen über

$\boldsymbol{k}$ und $\boldsymbol{k}'$ weggelassen werden, wie dies in (32.12) geschehen ist. Der Leser wird erkennen, daß wir hier einfach eine systematische Fortsetzung der Vorschriften vor uns haben, wie sie uns schon bei der Störungstheorie 1. Ordnung im vorangegangenen Paragraphen begegnet sind. Es ist nun nicht schwer sich vorzustellen, wie diese Vorschriften auch bei noch komplizierteren Vorgängen aussehen. Ein Beispiel hierfür werden wir im nächsten Paragraphen noch kennenlernen.

Führen wir die Integration über τ_1 aus, so erhalten wir nach Ausmultiplikation der Exponentialfunktionen

$$c_{\boldsymbol{k}_0}(t) = \sum_{\boldsymbol{w}} |g_{\boldsymbol{w}}|^2 \int_0^t \frac{1 - e^{i(\varepsilon_{\boldsymbol{k}_0} - \varepsilon_{\boldsymbol{k}_0 - \boldsymbol{w}} - \omega_{\boldsymbol{w}})\tau_2}}{i(\varepsilon_{\boldsymbol{k}_0} - \varepsilon_{\boldsymbol{k}_0 - \boldsymbol{w}} - \omega_{\boldsymbol{w}})} d\tau_2 \tag{32.13}$$

Die 1 unter dem Integral gibt Anlaß zu einem Faktor t, die Exponentialfunktion selbst zu einem im wesentlichen oszillatorischen Glied. Für hinreichend große Zeiten überwiegt natürlich das mit t anwachsende Glied, so daß wir das oszillatorische Glied vernachlässigen können. Damit ergibt sich ein Ausdruck der Gestalt

$$c_{\boldsymbol{k}_0}(t) = -it\Delta\varepsilon_{\boldsymbol{k}_0} \tag{32.14}$$

wobei wir die Abkürzung

$$\Delta\varepsilon_{\boldsymbol{k}_0} = \sum_{\boldsymbol{w}} \frac{|g_{\boldsymbol{w}}|^2}{\varepsilon_{\boldsymbol{k}_0} - \varepsilon_{\boldsymbol{k}_0 - \boldsymbol{w}} - \omega_{\boldsymbol{w}}} \tag{32.15}$$

verwendeten. Unter Benutzung dieses Resultats lautet also die gesuchte Zustandsfunktion (32.9)

$$\tilde{\Phi}(t) = (1 - i\Delta\varepsilon_{\boldsymbol{k}_0} t) a_{\boldsymbol{k}_0}^+ \Phi_0 \tag{32.16}$$

Dieses Resultat ist äußerst merkwürdig. Es besagt nämlich, daß bei dem hier untersuchten Vorgang der Emission und anschließenden Absorption eines Phonons sich die ursprüngliche Zustandsfunktion nicht ändert, dagegen der Koeffizient mit der Zeit immer stärker anzuwachsen scheint. Zu einem sinnvollen Resultat gelangt man erst, wenn man auch die höheren Ordnungen der Störungstheorie berücksichtigt. Dies werden wir in § 33 tun und nehmen hier das Ergebnis vorweg. Nach der dortigen Analyse stellt sich heraus, daß $1 - i\Delta\varepsilon t$ nichts anderes als die ersten beiden Glieder der Entwicklung einer Exponentialfunktion ist, so daß wir statt (32.16) die Zustandsfunktion in der Form

$$\tilde{\Phi}(t) = e^{-i\Delta\varepsilon_{\boldsymbol{k}_0} t} a_{\boldsymbol{k}_0}^+ \Phi_0 \tag{32.17}$$

schreiben. Wir setzen die Richtigkeit der Form von (32.17) jetzt voraus und untersuchen, was das Auftreten des neuen Zeitfaktors in (32.17) bedeutet.

Hierzu gehen wir vom hier zugrundegelegten Wechselwirkungsbild (Zustandsfunktion $\tilde{\Phi}(t)$) zum Schrödingerbild (Zustandsfunktion $\Phi(t)$) zurück. Gemäß § 16 sind $\Phi(t)$ und $\tilde{\Phi}(t)$ mit Hilfe des ungestörten Hamiltonoperators H_0 verknüpft:

$$\Phi(t) = e^{-\frac{i}{\hbar}H_0 t} \tilde{\Phi}(t) \tag{32.18}$$

Wir setzen für $\tilde{\Phi}(t)$ (32.17) ein und formen um:

$$\Phi(t) = e^{-i\Delta\varepsilon_{k_0}t} \underbrace{e^{-\frac{i}{\hbar}H_0 t} a_{k_0}^+ e^{\frac{i}{\hbar}H_0 t}}_{\text{I}} \underbrace{e^{-\frac{i}{\hbar}H_0 t} \Phi_0}_{\text{II}} \tag{32.19}$$

Wie in § 16 gezeigt wurde, ergibt sich:

$$\text{I} = a_{k_0}^+ e^{-i\varepsilon_{k_0}t}; \qquad \text{II} = \Phi_0$$

so daß $\quad \Phi(t) = e^{-i\Delta\varepsilon_{k_0}t - i\varepsilon_{k_0}t} a_{k_0}^+ \Phi_0 \qquad (32.20)$

Wir vergleichen dieses Resultat mit der stationären Lösung der Schrödingergleichung für das Gesamtproblem $H = H_0 + H_{WW}$

$$\Phi(t) = e^{-i\frac{E}{\hbar}t} \Phi(0) \tag{32.21}$$

und finden:

$$E = \hbar\varepsilon_{k_0} + \hbar\Delta\varepsilon_{k_0} \tag{32.22}$$

Diese Beziehung liefert uns aber die gesuchte Interpretation: $\hbar\Delta\varepsilon$ ist eine Energieverschiebung des Elektrons im Zustande $\boldsymbol{k}_0$. Im Rahmen der Störungstheorie 2. Ordnung ist diese durch (32.15) gegeben. Diese Energieverschiebung kommt durch die Emission und nachfolgende Absorption eines Phonons. Da hierbei der Energiesatz für die Emission und Absorption nicht erfüllt ist, spricht man von einer „virtuellen" Emission bzw. Absorption. Wir erhalten somit das auch in der Elementarteilchenphysik höchst wichtige Resultat, daß die Energie eines Elektrons durch die virtuelle Emission und Absorption von Quanten, hier von Phononen, verschoben wird. Handelt es sich hierbei um ein Elektron das ruht, also $\boldsymbol{k}_0 = 0$, so spricht man von der Selbstenergie.

Für nicht zu große $\boldsymbol{k}_0$-Werte lassen sich $E \equiv E_{k_0}$, $E_{k_0}^0 \equiv \hbar\varepsilon_{k_0}$, $\Delta E_{k_0} \equiv \hbar\Delta\varepsilon_{k_0}$ nach $\boldsymbol{k}_0$ entwickeln:

$$E_{k_0}^0 = E_0^0 + \frac{\hbar^2 k_0^2}{2m^*} \tag{32.23}$$

$$E = E_0 + \frac{\hbar^2 k_0^2}{2m^{**}} \tag{32.24}$$

$$\Delta E_{k_0} = \Delta E_0 - C \cdot k_0^2 \tag{32.25}$$

Hierin ist m^* die scheinbare Masse des Elektrons im *starren* Gitter. Den Entwicklungskoeffizienten von k_0^2 in (32.24) haben wir in Analogie zu (32.23) gewählt, m^{**} hat darin offensichtlich die Bedeutung der scheinbaren Masse eines Elektrons im deformierbaren Gitter. C in (32.25) ergibt sich als Entwicklungskoeffizient von (32.15) und wird weiter unten (§ 35) explizit berechnet. Wir setzen formal an:

$$C = \frac{\hbar^2 \delta}{2m^*} \tag{32.26}$$

Führen wir (32.23) – (32.26) in (32.22) ein und vergleichen die Glieder $\sim k_0^2$, so ergibt sich

$$\frac{1}{m^{**}} = \frac{1}{m^*} - \frac{\delta}{m^*} \tag{32.27}$$

oder, falls $\delta \ll 1$

$$m^{**} = m^*(1 + \delta) \tag{32.28}$$

Im Rahmen der Festkörperphysik ist das Resultat sowohl hinsichtlich der Selbstenergie als auch der Massenänderung leicht zu verstehen. Das durch das Gitter dringende Elektron verschiebt aufgrund seiner Wechselwirkung mit den Ionen diese aus ihren Ruhelagen und schafft sich selbst ein tieferes Potentialfeld. Auf diese Weise wird seine Energie abgesenkt, aber auch seine effektive Masse erhöht. Dieses, von seiner Gitterdeformation („Polarisationswolke") begleitete Elektron heißt Polaron (vgl. hierzu den ausführlichen § 35). Im Gegensatz zur relativistischen Quantenfeldtheorie, wo die Massenänderung unendlich groß ist, ist sie hier endlich. Je nach dem Bewegungszustand des Elektrons sollten auch im gleichen Kristall verschiedene Massen zu beobachten sein: Bewegt sich das Elektron nämlich langsam, so kommt die hier vorliegende Massenänderung, oder wie man auch sagt „Massenrenormierung", voll zum Tragen. Bewegt sich das Elektron sehr schnell, können die Ionen nicht folgen und es tritt die Masse des „nackten Elektrons" auf.

Mit den oben angeführten Regeln können wir noch weitere Prozesse, die nun zu einer echten Änderung des Anfangszustandes führen, berechnen. Hierbei handelt es sich um die Prozesse mit 2 Phononen. Als Beispiel geben wir in Fig. 48 die spontane Emission von 2 Phononen mit dem Wellenzahlvektor $\boldsymbol{w}$ und $\boldsymbol{w}'$ an. Die Auswertung der zugehörigen Koeffizienten der Wellenfunktion und der entsprechenden Übergangswahrscheinlichkeiten überlassen wir dem Leser als Übungsaufgabe.

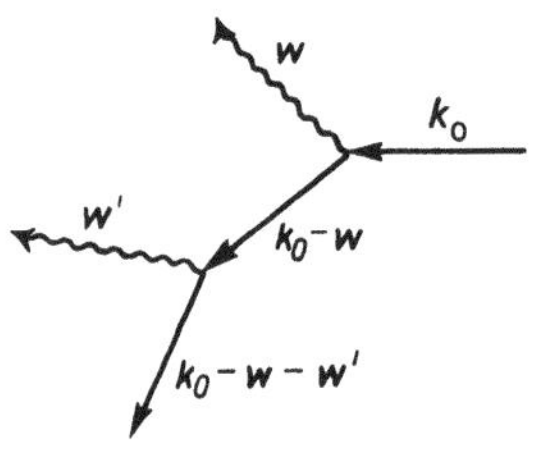

Fig. 48
Spontane Emission von 2 Phononen

Aufgaben zu § 32

1. Man bestimme die Koeffizienten $c_{\boldsymbol{w}_1, \boldsymbol{w}_2}$ in der Entwicklung

$$\tilde{\Phi}(t) = \sum_{\boldsymbol{w}_1, \boldsymbol{w}_2} c_{\boldsymbol{w}_1, \boldsymbol{w}_2}(t)\, b^+_{\boldsymbol{w}_1} b^+_{\boldsymbol{w}_2} a^+_{\boldsymbol{k}_0 - \boldsymbol{w}_1 - \boldsymbol{w}_2} \Phi_0 \tag{A32.1}$$

wenn man als Anfangszustand die Funktion

$$\Phi(0) = a^+_{\boldsymbol{k}_0} \Phi_0 \tag{A32.2}$$

wählt und den in Fig. 48 angegebenen Graphen zugrundelegt. Man zeige, daß sich auch hier wieder eine δ-Funktion ergibt, die den Energiesatz für die Zwei-Phononen-Emission zum Ausdruck bringt.

2. *Das elektronische Polaron.* Man kopple ein Elektron des Leitungsbandes an Frenkel-Exzitonen und leite die Selbstenergie her.
Anleitung: Man verwendet die Methode der effektiven Masse und ersetzt in (25.3)

$$l_i \to x'$$
$$e_i \to \psi_L^*(x')\psi_L(x')$$
$$\sum_i \to \int \dots d^3x'$$

Schließlich entwickelt man den Feldoperator $\psi_L(x')$ des Elektrons im Leitungsband nach ebenen Wellen und benutzt Aufgabe 3, § 25.

§ 33 Störungstheorie höherer Ordnung

Bei der Störungstheorie höherer Ordnung verfahren wir im Prinzip wie bei der Störungstheorie 1. oder 2. Ordnung. An sich wäre eine Zustandsfunktion zu suchen, die der *exakten Beziehung*

$$\tilde{\Phi}(t) = \tilde{\Phi}(0) + \frac{1}{i\hbar} \int_0^t \tilde{H}_{WW}(\tau)\, d\tau\, \tilde{\Phi}(\tau) \tag{33.1}$$

genügt. Wir versuchen, diese gesuchte Zustandsfunktion $\tilde{\Phi}(t)$ zu finden, indem wir

$$\tilde{\Phi}^{(n)}(t) = \tilde{\Phi}(0) + \frac{1}{i\hbar} \int_0^t \tilde{H}_{WW}(\tau_n)\, d\tau_n\, \tilde{\Phi}^{(n-1)}(\tau_n) \tag{33.2}$$

iterativ lösen, d. h. bei dem n-ten Schritt erhalten wir auf der linken Seite $\tilde{\Phi}^{(n)}$, indem wir auf der rechten Seite von (33.1) die im vorigen n-1. Schritt bestimmte Zustandsfunktion $\tilde{\Phi}^{(n-1)}$ einsetzen. Dabei vereinbaren wir, daß für den nullten Schritt

$$\tilde{\Phi}^{(0)}(\tau) = \Phi(0) \tag{33.3}$$

gilt. Wie wir bereits in § 32 sahen, bekommen wir beim 2. Schritt als Wellenfunktion

$$\begin{aligned}\tilde{\Phi}^{(2)}(t) = \Phi(0) &+ \frac{1}{i\hbar} \int_0^t \tilde{H}_{WW}(\tau_1)\, d\tau_1\, \Phi(0) + \\ &+ \left(\frac{1}{i\hbar}\right)^2 \int_0^t \tilde{H}_{WW}(\tau_2)\, d\tau_2 \int_0^{\tau_2} \tilde{H}_{WW}(\tau_1)\, d\tau_1\, \Phi(0)\end{aligned} \tag{33.4}$$

Dies läßt sich darstellen als $\Phi^{(1)}$ plus ein Korrekturglied, das zweimal die Wechselwirkungsoperatoren enthält, also von 2. Ordnung ist. Setzen wir nun diesen Ausdruck (33.4) rechts in (33.2) ein, so erhalten wir die Wellenfunktion $\tilde{\Phi}^{(3)}$. Das Einsetzen der ersten beiden Glieder von (33.4) in (33.2) führt gerade wieder auf den Ausdruck (33.4). Dagegen erhalten wir durch das letzte, in (33.4) stehende Glied beim Einsetzen in (33.2) ein Zusatzglied, so daß insgesamt die Wellenfunktion 3. Ordnung die Gestalt

$$\tilde{\Phi}^{(3)}(t) = \tilde{\Phi}^{(2)} + \left(\frac{1}{i\hbar}\right)^3 \int_0^t \tilde{H}_{WW}(\tau_3)d\tau_3 \int_0^{\tau_3} \tilde{H}_{WW}(\tau_2)d\tau_2 \int_0^{\tau_2} \tilde{H}_{WW}(\tau_1)d\tau_1\, \Phi(0) \quad (33.5)$$

annimmt. Bei jedem neuen Schritt bekommen wir, wie man hier deutlich sieht, ein Zusatzglied hinzu, das einfach ein n-faches Integral über die Wechselwirkungsoperatoren ist. Damit können wir das in der n-ten Ordnung gewonnene $\tilde{\Phi}^{(n)}(t)$ explizit durch den Ausdruck

$$\tilde{\Phi}^{(n)}(t) = \Phi(0) + \sum_{\nu=1}^{n} \frac{1}{(i\hbar)^\nu} \int_0^t \tilde{H}_{WW}(\tau_\nu)d\tau_\nu \int_0^{\tau_\nu} \tilde{H}_{WW}(\tau_{\nu-1})d\tau_{\nu-1} \ldots \int_0^{\tau_2} \tilde{H}_{WW}(\tau_1)d\tau_1\, \Phi(0) \quad (33.6)$$

wiedergeben. Damit ist das Problem, $\tilde{\Phi}^{(n)}(t)$ zu finden, schon im Prinzip gelöst, da man die Wirkungsweise der Operatoren $\tilde{H}_{WW}$ kennt. Bei der praktischen Rechnung ist es natürlich gerade wichtig, nun die einzelnen Operatoren auf $\Phi(0)$ anzuwenden und dann die Koeffizienten zu bestimmen. Wir picken nun aus der Wellenfunktion (33.6) denjenigen Anteil heraus, der wieder schließlich auf den hineingesteckten Anfangszustand $\Phi(0) = a^+_{k_0}\Phi_0$ führt. Dieser wird durch das Diagramm der Gestalt von Fig. 49 wiedergegeben, das in Formel (33.6) dem Glied $\nu = 8$ entspricht. Unsere bisherigen Überlegungen von §§ 30, 32 setzen uns nun in Stand, den dabeistehenden Koeffizienten in einfacher Weise zu berechnen. Bei jedem der einzelnen Knotenpunkte ist der Impulssatz zu beachten.

Außerdem rührt von jedem Emissions- und nachfolgenden Absorptionsprozeß ein Faktor $(-ig_w)(-ig_w^*)$ her. Über die Wellenzahlvektoren w jeweils virtuell emittierter Phononen ist dann aufzusummieren.

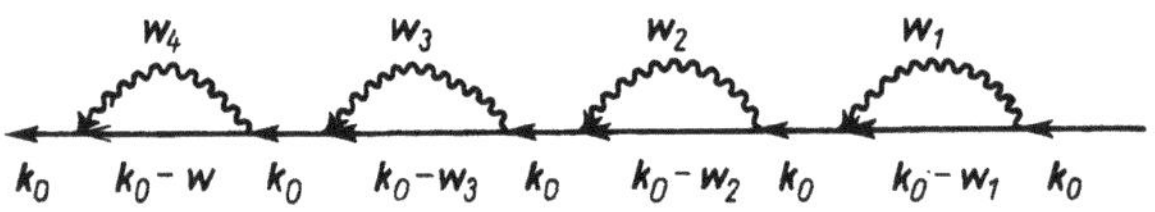

Fig. 49
Ein Graph 8. Ordnung (vgl. Text)

Schließlich haben wir noch die sukzessiven Integrale auszuführen, die wir hier für den Fall des Diagramms Fig. 49 angedeutet haben:

$$\sum_{w_1 \cdots w_4} (-1)^4 |g_{w_4}|^2 \ldots |g_{w_1}|^2 \int_0^t d\tau_8 \int_0^{\tau_8} d\tau_7 \ldots \int_0^{\tau_2} d\tau_1 e^{\cdots} \quad (33.7)$$

Nun müssen wir noch die Zeitfaktoren unter den Integralen bestimmen. Das geschieht wieder nach den Regeln

ankommendes Elektron	$e^{-i\varepsilon_{k_0}\tau}$
auslaufendes Elektron	$e^{i\varepsilon_{k_0-w_1}\tau}$
auslaufendes Phonon	$e^{i\omega_{w_1}\tau}$

Am Knotenpunkt 1 tritt also der gesamte Faktor

$$e^{i\Delta_1\tau} \tag{33.8}$$

auf, wobei wir die Abkürzung

$$\Delta_1 = \varepsilon_{k_0-w_1} + \omega_{w_1} - \varepsilon_{k_0} \tag{33.9}$$

verwendet haben. Am Knotenpunkt 1 haben wir τ mit τ_1 zu identifizieren und von 0 bis τ_2 aufzuintegrieren

$$\int_0^{\tau_2} e^{i\Delta_1\tau_1}\,d\tau_1 = \frac{e^{i\Delta_1\tau_2}-1}{i\Delta_1} \tag{33.10}$$

Am Knotenpunkt 2 tritt der umgekehrte Prozeß auf, der nun den Faktor

$$e^{-i\Delta_1\tau_2} \tag{33.11}$$

mit sich bringt. Wir haben nun (33.10) und (33.11) miteinander zu multiplizieren und über τ_2 aufzuintegrieren. Dies ergibt

$$\int_0^{\tau_3} e^{-i\Delta_1\tau_2}\,d\tau_2 \cdot \frac{e^{i\Delta_1\tau_2}-1}{i\Delta_1} = \frac{\tau_3}{i\Delta_1} \tag{33.12}$$

Oszillatorische Terme werden hier, wie auch künftig, stets vernachlässigt, da sie für genügend große Zeiten unwesentlich sind.

Beim nächsten Knotenpunkt multiplizieren wir das entstandene Resultat wieder mit einem Faktor der Gestalt (33.8) mit $\tau = \tau_3$ und integrieren

$$\int_0^{\tau_4} e^{i\Delta_2\tau_3}\,d\tau_3 \cdot \frac{\tau_3}{i\Delta_1} = \frac{\tau_4(e^{i\Delta_2\tau_4}-1)}{i\Delta_1\cdot i\Delta_2} \tag{33.13}$$

Multiplizieren wir das Resultat (33.13) mit dem entsprechenden Faktor vom Knotenpunkt 4 und integrieren wiederum, so erhalten wir

$$\int_0^{\tau_5} e^{-i\Delta_2\tau_4}\,d\tau_4 \cdot \frac{\tau_4(e^{i\Delta_2\tau_4}-1)}{i\Delta_1\cdot i\Delta_2} = \frac{1}{2}\tau_5^2\cdot\frac{1}{i\Delta_1}\cdot\frac{1}{i\Delta_2} \tag{33.14}$$

Die Fortsetzung des Verfahrens ist nun ganz offensichtlich und liefert bei der letzten Integration

$$\int_0^t e^{-i\Delta_4\tau_8}\tau_8^3\,d\tau_8\,\frac{1}{3!}\cdot\frac{1}{i\Delta_1}\cdot\frac{1}{i\Delta_2}\cdot\frac{1}{i\Delta_3} = \frac{1}{4!}\,t^4\,\frac{1}{i\Delta_1}\cdot\frac{1}{i\Delta_2}\cdot\frac{1}{i\Delta_3}\cdot\frac{1}{i\Delta_4} \tag{33.15}$$

Der Koeffizient der Wellenfunktion, der dem Diagramm 49 mit 4 virtuellen Emissionsprozessen zugeordnet ist, lautet aufgrund von (33.7) und (33.15)

$$\frac{1}{4!}t^4(-i)^4\underbrace{\left(\sum_{w}\frac{|g_w|^2}{\varepsilon_{k_0}-\varepsilon_{k_0-w}-\omega_w}\right)^4}_{\Delta\varepsilon_{k_0}} \tag{33.16}$$

Die gesamte Wellenfunktion $\tilde{\Phi}(t)$ setzt sich aus Beiträgen verschiedener Ordnung zusammen. Diese verschiedenen Beiträge lassen sich durch eine Summe aus Diagrammen der Gestalt Fig. 49 wiedergeben. Wir haben so eine umkehrbar eindeutige Zuordnung zwischen Diagrammen und Wellenfunktionen

Fig. 50

$$a^+_{k_0}\Phi_0\left(1+(-it\Delta\varepsilon_{k_0})+\frac{1}{2!}(-it\Delta\varepsilon_{k_0})^2+\cdots+\frac{1}{n!}(-it\Delta\varepsilon_{k_0})^n+\cdots\right) \tag{33.17}$$

Bei jedem dieser Diagramme bleibt insgesamt die Wellenfunktion erhalten, erhält aber einen zeitabhängigen Faktor, der in (33.17) wiedergegeben ist. Die Aufsummation liefert im Grenzfall $n \to \infty$ ersichtlich

$$\Phi_{k_0}(t) = a^+_{k_0}\Phi_0 e^{-it\Delta\varepsilon_{k_0}} \tag{33.18}$$

Damit haben wir tatsächlich den Beweis erbracht, daß die hier betrachteten Prozesse lediglich Anlaß zu einer Energieverschiebung, wie wir sie in § 32 besprochen haben, geben.

Es ist nun äußerst wichtig festzustellen, daß neben den hier betrachteten Diagrammen noch ganz andere Sorten von Diagrammen auftreten. Wir brauchen uns ja nur zu überlegen, welche Prozesse beim Hintereinanderschalten von Wechselwirkungsoperatoren auftreten können. Dies geschieht am besten wieder durch eine graphische Darstellung. So treten jetzt Diagramme der Gestalt Fig. 51 a und b auf, die, wie man nachweisen kann, Koeffizienten liefern, die proportional zu t sind und damit wieder eine Energieverschiebung liefern. Die gesamte Energieverschiebung erhält man, wenn man alle derartigen Beiträge, die von diesen sogenannten „zusammenhängenden Graphen" herrühren, aufsummiert.

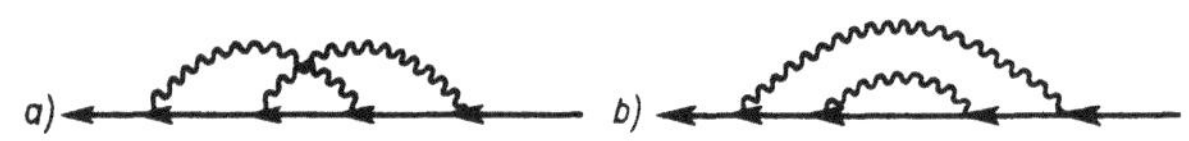

Fig. 51
Beiträge zur Selbstenergie in 4. Ordnung

§ 34 Theorem über die exakte Form der Lösung

In den §§ 30, 32 und 33 hatten wir die Schrödingergleichung für die Wechselwirkung zwischen Elektronen und Gitterschwingungen mit zeitabhängiger Störungstheorie behandelt. In den §§ 34 bis 36 suchen wir nun nach Lösungen der *zeitunabhängigen Schrödingergleichung* $H\Phi = E\Phi$.

Als erstes leiten wir in diesem Paragraphen ein sehr allgemeines und nützliches Theorem über die Struktur dieser Lösungen her. Dazu müssen wir uns mit der Form des Hamiltonoperators näher befassen. Beispiele hierfür sind uns in § 29, etwa in (29.24) begegnet, wobei wir das gitterperiodische Potential weggelassen hatten. Da unser Theorem genauso leicht zu beweisen ist, wenn dieses Potential explizit in H auftritt, legen wir hier einen allgemeinen Hamiltonoperator zugrunde:

$$\begin{aligned} H = & \int \psi^+(\boldsymbol{x})\left\{-\frac{\hbar^2}{2m}\Delta + V(\boldsymbol{x})\right\}\psi(\boldsymbol{x})d^3x + \sum_{\boldsymbol{w}} \hbar\omega_{\boldsymbol{w}} b_{\boldsymbol{w}}^+ b_{\boldsymbol{w}} + \\ & + \int \psi^+(\boldsymbol{x})\big(\sum_{\boldsymbol{w}}(W_{\boldsymbol{w}}(\boldsymbol{x})e^{i\boldsymbol{w}\boldsymbol{x}}b_{\boldsymbol{w}} + W_{\boldsymbol{w}}^*(\boldsymbol{x})e^{-i\boldsymbol{w}\boldsymbol{x}}b_{\boldsymbol{w}}^+)\psi(\boldsymbol{x})d^3x \end{aligned} \tag{34.1}$$

Darin ist das Potential gitterperiodisch vorausgesetzt

$$V(\boldsymbol{x} + \boldsymbol{l}) = V(\boldsymbol{x}) \tag{34.2}$$

Ebenso nehmen wir an, daß die Funktionen, die die Wechselwirkung zwischen Elektronen und Phononen beschreiben

$$W_{\boldsymbol{w}}(\boldsymbol{x} + \boldsymbol{l}) = W_{\boldsymbol{w}}(\boldsymbol{x}) \tag{34.3}$$

ebenfalls gitterperiodisch sind. Indem wir $V \equiv 0$ setzen, m durch die effektive Masse m^* ersetzen und die $W_{\boldsymbol{w}}$'s als räumlich konstant annehmen, gelangen wir natürlich von (34.1) zu (29.24) zurück. Haben wir es mit nur wenigen Teilchen zu tun, so ist es zweckmäßig, bezüglich der Teilchen den Formalismus der 2. Quantelung zu verlassen und in die übliche Darstellung mit Hilfe der Schrödingergleichung überzugehen. Wie wir in § 13 gelernt haben, läßt sich dieser Übergang vollziehen, indem wir die Zustandsfunktion in der Form

$$\Phi = \int \cdots \int f(\boldsymbol{x}_1, \ldots, \boldsymbol{x}_N; \{b_{\boldsymbol{w}}^+\})\psi^+(\boldsymbol{x}_1)\ldots\psi^+(\boldsymbol{x}_N)\Phi_{0,El}d^3x_1\ldots d^3x_N \tag{34.4}$$

wiedergeben. Darin ist $\Phi_{0,El}$ der Vakuumzustand bezüglich der Elektronen. Das Argument $\{b_{\boldsymbol{w}}^+\}$ in f ist so zu verstehen, daß f von allen $b_{\boldsymbol{w}}^+$ abhängen kann. Im folgenden Paragraphen werden wir hierfür ein explizites Beispiel kennenlernen.

Die Verallgemeinerung gegenüber § 13 besteht also darin, daß die Wellenfunktion f, die als Entwicklungskoeffizient in (34.4) auftritt, nun auch noch die Erzeugungsoperatoren $b_{\boldsymbol{w}}^+$ und eventuell auch Vernichtungsoperatoren $b_{\boldsymbol{w}}$ enthalten darf.

Wie wir in § 13 an einem Beispiel gezeigt haben, genügt f dann einer *Schrödingergleichung im „Konfigurationsraum“*. Das dortige Verfahren können wir sofort auf unseren Fall übertragen und finden dann die Gleichung

$$\left\{ \sum_{j=1}^{N} \left\{ -\frac{\hbar^2}{2m} \Delta_j + V(\boldsymbol{x}_j) \right\} + \sum_{w} \hbar\omega_w b_w^+ b_w + \right.$$
$$\left. + \sum_{j=1}^{N} \sum_{w} \{ W_w(\boldsymbol{x}_j) e^{iw x_j} b_w + W_w^*(\boldsymbol{x}_j) e^{-iw x_j} b_w^+ \} \right\} f(\boldsymbol{x}_1, \ldots, \boldsymbol{x}_N; \{b_w^+\}) \tag{34.5}$$
$$= E f(\boldsymbol{x}_1, \ldots, \boldsymbol{x}_N; \{b_w^+\})$$

Diese Gleichung hat gewissermaßen gemischten Charakter. Bezüglich der Ortsvariablen der Elektronen $\boldsymbol{x}_1$ bis $\boldsymbol{x}_N$ haben wir eine übliche Schrödingergleichung vor uns, bezüglich der Gitterschwingungen benutzen wir dagegen die Operatoren b_w^+ und b_w. Wir leiten nun ein Theorem über die Form der Wellenfunktion f her, das eine erhebliche Verallgemeinerung des Blochschen Theorems von § 17 darstellt. Bei dem damaligen Beweis des Blochschen Theorems gingen wir davon aus, daß der Hamiltonoperator gitterperiodisch ist oder, mit anderen Worten, invariant gegenüber der Translationsoperation

$$T_l\colon \boldsymbol{x}_j \to \boldsymbol{x}_j + \boldsymbol{l} \tag{34.6}$$

Da jetzt Gitterschwingungen vorhanden sind, ist H jetzt keineswegs mehr translationsinvariant. Man muß vielmehr dafür sorgen, daß bei einer Verschiebung der Elektronenkoordinaten die Gitterkoordinaten so transformiert werden, daß die Elektronen wieder die gleiche Gitterdeformation „sehen". Betrachten wir hierzu als Beispiel die Entwicklung der eindimensionalen Gitterverschiebungen (10.13), die die Gestalt

$$q(x) = \sum_{w} const\,(e^{iwx} b_w + e^{-iwx} b_w^+) \tag{34.7}$$

haben. Gehen wir im Gitter um $\boldsymbol{l}$ weiter, so geht $q(x)$ in $q(x + l)$ über. Auf der rechten Seite bedeutet dies Ersatz von

$$e^{iwx} b_w \quad \text{durch} \quad e^{iw(x+l)} b_w \tag{34.8}$$

sowie $e^{-iwx} b_w^+$ durch $e^{-iw(x+l)} b_w^+$ (34.9)

Sehen wir die b_w, b_w^+ als die „Variablen" an, so läßt sich die ursprüngliche Auslenkung $q(x)$ wiedergewinnen, wenn wir gleichzeitig mit der Transformation $x \to x + l$ die folgende Transformation vornehmen

$$\left.\begin{aligned} b_w &\to b_w e^{-iwl} \\ b_w^+ &\to b_w^+ e^{iwl} \end{aligned}\right\} \tag{34.10}$$

Unter Zusammenfassung von (34.6) und (34.10) definieren wir den Translationsoperator T_l wie folgt:

$$T_l\colon \left\{\begin{aligned} \boldsymbol{x}_j &\to \boldsymbol{x}_j + \boldsymbol{l} \\ b_w &\to b_w e^{-iwl} \\ b_w^+ &\to b_w^+ e^{iwl} \end{aligned}\right. \tag{34.11}$$

Durch Einsetzen von (34.11) überzeugt man sich in der Tat sofort, daß H invariant unter T_l ist oder – mit anderen Worten – daß der Operator T_l mit dem Hamiltonoperator vertauschbar ist

$$T_l H - H T_l = 0 \tag{34.12}$$

Gemäß einer bekannten Grundregel der Quantentheorie dürfen wir f stets so wählen, daß diese Funktion nicht nur Eigenfunktion zu (34.5) sondern auch zu T_l ist, daß also

$$T_l f = \lambda f \tag{34.13}$$

gilt. In Analogie zur Herleitung des Blochschen Theorems von § 17 müssen wir λ vom Betrag 1 wählen

$$\lambda = e^{i\boldsymbol{k}\boldsymbol{l}} \tag{34.14}$$

Ganz allgemein schreiben wir f in der Form

$$f = e^{i\boldsymbol{k}\boldsymbol{X}}\, U(\boldsymbol{x}_1, \ldots, \boldsymbol{x}_N; \{b_{\boldsymbol{w}}^+\})\Phi_0 \tag{34.15}$$

U ist darin eine Operatorfunktion, die auf den Grundzustand Φ_0 des Gitters wirkt. $\boldsymbol{X}$ ist die Schwerpunktskoordinate der Elektronen. Setzen wir (34.15) in (34.13) unter Berücksichtigung von (34.14) ein, so erhalten wir sofort die wichtige Relation

$$U(\boldsymbol{x}_1 + \boldsymbol{l}, \ldots, \boldsymbol{x}_N + \boldsymbol{l}; \{b_{\boldsymbol{w}}^+ e^{i\boldsymbol{w}\boldsymbol{l}}\}) = U(\boldsymbol{x}_1, \ldots, \boldsymbol{x}_N; \{b_{\boldsymbol{w}}^+\}) \tag{34.16}$$

Die Relationen (34.15) und (34.16) besagen, daß sich auch in einem schwingenden Gitter die Elektronen als modulierte ebene Wellen verhalten, wobei der Modulationsfaktor gitterperiodisch ist, vorausgesetzt, daß wir auch die Gitterverzerrung entsprechend transformieren. Einen Spezialfall von (34.15), (34.16) erhalten wir für das Kontinuum, also z. B. für den Hamiltonoperator (29.24): Anstelle einer Verschiebung um einen Gittervektor (oder sein ganzzahliges Vielfaches) tritt eine Verschiebung um einen beliebigen Vektor, der insbesondere auch infinitesimal klein sein kann: $\delta\boldsymbol{l}$. Eine wichtige Anwendung von (34.15), (34.16) werden wir in § 35 kennenlernen.

§ 35 Das Fröhlich-Polaron. Selbstenergie und renormierte Masse

Wir behandeln die Bewegung eines einzelnen Elektrons, das sich in einem polaren Kristall bewegt, wobei wir, wie in § 29, die Kontinuumsnäherung zugrundelegen. Im Rahmen dieser Näherung nimmt der Hamiltonoperator (34.5) die Gestalt

$$\left\{-\frac{\hbar^2}{2m^*}\Delta + \hbar\omega\sum_{\boldsymbol{w}} b_{\boldsymbol{w}}^+ b_{\boldsymbol{w}} + \hbar\sum_{\boldsymbol{w}}(g_{\boldsymbol{w}} e^{i\boldsymbol{w}\boldsymbol{x}} b_{\boldsymbol{w}} + g_{\boldsymbol{w}}^* e^{-i\boldsymbol{w}\boldsymbol{x}} b_{\boldsymbol{w}}^+)\right\} f = Ef \tag{35.1}$$

an. Der Einfachheit halber setzen wir voraus, daß die Frequenz ω nicht von $\boldsymbol{w}$ abhängt, wie das bei den sogenannten optischen Gitterschwingungen (näherungsweise) der Fall ist. Die Koeffizienten $g_{\boldsymbol{w}}$ sind explizit durch (29.27) gegeben, doch brauchen wir diese explizite Form erst am Schluß dieses Paragraphen. Gemäß dem Theorem (34.15), (34.16) setzen wir die gesuchte Wellenfunktion in der Form

$$f = \frac{1}{\sqrt{V}} e^{i\boldsymbol{k}\boldsymbol{x}} u(\boldsymbol{x}, \{b_{\boldsymbol{w}}^{+}\}) \Phi_0 \tag{35.2}$$

an. Für das Weitere ist es nun ganz entscheidend, einen plausiblen Ansatz für $u(x, \{b_{\boldsymbol{w}}^{+}\})$ zu finden. Durch die Anwendung dieser Operatorfunktion u auf den Grundzustand soll die Gitterdeformation beschrieben werden, die sich um das Elektron am Orte $\boldsymbol{x}$ ausbildet. In den Aufgaben zu § 8 haben wir schon einen Fall kennengelernt, bei dem eine unendlich schwere Punktladung das Gitter deformierte. Damals konnten wir nachweisen, daß die Wellenfunktion des deformierten Zustandes durch die Wellenfunktion verschobener harmonischer Oszillatoren beschrieben wird. Auch wenn es sich bei dem Elektron keineswegs um ein unendlich schweres Teilchen handelt, so liegt es doch nahe, auch hier wieder die Gitterverzerrung mit Hilfe einer Funktion

$$u(\boldsymbol{x}, \{b_{\boldsymbol{w}}^{+}\}) = \prod_{\boldsymbol{w}} (e^{b_{\boldsymbol{w}}^{+}\beta_{\boldsymbol{w}}(\boldsymbol{x})} \cdot \mathcal{N}_{\boldsymbol{w}}) \tag{35.3}$$

zu beschreiben, wobei die Exponentialfunktionen wieder die einzelnen verschobenen harmonischen Oszillatoren wiedergeben.

Die Größe der Verschiebungen $\beta_{\boldsymbol{w}}(\boldsymbol{x})$ wird natürlich noch von $\boldsymbol{x}$ abhängen. Außerdem dürfen wir hier natürlich nicht unbedingt erwarten, daß die Auslenkung die gleiche ist wie bei Zugrundelegung eines unendlich schweren Teilchens. Es kommt vielmehr darauf an, die Koeffizienten $\beta_{\boldsymbol{w}}(\boldsymbol{x})$ im folgenden zu bestimmen. Wir notieren noch, daß die Normierungsfaktoren von (35.3) durch

$$\mathcal{N}_{\boldsymbol{w}} = e^{-\frac{1}{2}|\beta_{\boldsymbol{w}}(\boldsymbol{x})|^2} \tag{35.4}$$

gegeben sind (vgl. (6.25)). Mit Hilfe des Theorems (34.16) lassen sich die noch völlig allgemeinen Funktionen $\beta_{\boldsymbol{w}}(\boldsymbol{x})$ sehr stark einschränken. Nach (34.16) sollte ja die Beziehung

$$u(\boldsymbol{x} + \delta \boldsymbol{l}, \{b_{\boldsymbol{w}}^{+} e^{i\boldsymbol{w}\delta\boldsymbol{l}}\}) = u(\boldsymbol{x}, \{b_{\boldsymbol{w}}^{+}\}) \tag{35.5}$$

und zwar für die infinitesimale Verschiebung $\delta \boldsymbol{l}$ gelten. Setzen wir die explizite Form (35.3) ein, so erhalten wir sofort die Relation

$$b_{\boldsymbol{w}}^{+} e^{i\boldsymbol{w}\delta\boldsymbol{l}} \beta_{\boldsymbol{w}}(\boldsymbol{x} + \delta \boldsymbol{l}) = b_{\boldsymbol{w}}^{+} \beta_{\boldsymbol{w}}(\boldsymbol{x}) \tag{35.6}$$

Diese Relation wird durch die Beziehung

$$\beta_{\boldsymbol{w}}(\boldsymbol{x}) = e^{-i\boldsymbol{w}\boldsymbol{x}} \cdot \beta_{\boldsymbol{w}} \tag{35.7}$$

gelöst, wobei $\beta_{\boldsymbol{w}}$ auf der rechten Seite eine von $\boldsymbol{x}$ unabhängige Konstante ist. Damit haben wir schon eine sehr spezifische Form für die Wellenfunktion gefunden, nämlich den Ansatz von Lee, Low, Pines

$$f = \frac{1}{\sqrt{V}} e^{ikx} \mathcal{N} \exp\{\sum_w \beta_w b_w^+ e^{-iwx}\} \Phi_0 \tag{35.8}$$

mit dem Normierungsfaktor

$$\mathcal{N} = \exp\left\{-\frac{1}{2} \sum_w |\beta_w|^2\right\} \tag{35.9}$$

In diesem Lösungsansatz sind lediglich die konstanten Koeffizienten β_w noch unbestimmt. Zu ihrer Festlegung gehen wir mit dem Ansatz (35.8) in die Schrödingergleichung (35.1) ein. Bei Anwendung des Operators $\frac{-\hbar^2}{2m^*}\Delta$ müssen wir die Exponentialfunktionen einfach nach x differenzieren. Da die Operatoren b_w^+ sämtlich untereinander vertauschbar sind, brauchen wir dabei in keiner Weise auf die Reihenfolge der differenzierten Funktionen zu achten. Die Anwendung der Operatoren b_w^+ und b_w des Hamiltonoperators (35.1) auf die Funktion (35.8) wurde ausführlich beim verschobenen harmonischen Oszillator besprochen und bereitet keine Schwierigkeiten. Mit Hilfe dieser Überlegungen erhalten wir fast ohne jede Mühe und lange Rechnungen

$$\begin{aligned} &\frac{\hbar^2 k^2}{2m^*} - \frac{\hbar^2}{m^*} k \sum_w \beta_w b_w^+ e^{-iwx} w - \\ &\quad - \frac{\hbar^2}{2m^*} (\sum_w \beta_w b_w^+ e^{-iwx}(-iw))^2 + \\ &\quad + \frac{\hbar^2}{2m^*} \sum_w \beta_w b_w^+ e^{-iwx} w^2 + \\ &\quad + \hbar\omega \sum_w b_w^+ \beta_w e^{-iwx} + \hbar \sum_w g_w e^{iwx} \beta_w e^{-iwx} + \\ &\quad + \hbar \sum_w g_w^* e^{-iwx} b_w^+ = E_k \end{aligned} \tag{35.10}$$

In (35.10) haben wir ganz in Analogie zum verschobenen Oszillator schließlich die Funktion (35.8) gewissermaßen „herausgekürzt", so daß wir nur noch die Operatorrelation (35.10) übrig behalten haben. Wie sich im einzelnen zeigen läßt, kann man für nicht zu starke Kopplung das 3. Glied auf der linken Seite vernachlässigen. Die übrig bleibende Gleichung hat folgende Struktur: Es gibt in ihr Größen, die von den Operatoren b_w^+ unabhängig sind und daneben Größen, die proportional zu b_w^+ sind. Damit diese Operatorgleichung erfüllt ist, müssen die Koeffizienten von beiden Typen von Ausdrücken verschwinden. Nehmen wir zunächst den Faktor, der bei b_w^+ steht, so erhalten wir unmittelbar die Gleichungen

$$\beta_w \left\{-\frac{\hbar^2}{m^*} kw + \frac{\hbar^2}{2m^*} w^2 + \hbar\omega\right\} + \hbar g_w^* = 0 \tag{35.11}$$

aus der sich die Koeffizienten β_w zu

$$\beta_w = -\frac{\hbar g_w^*}{\{\hbar^2 w^2/2m^* - \hbar^2 \boldsymbol{k}\boldsymbol{w}/m^* + \hbar\omega\}} \tag{35.12}$$

berechnen. Betrachten wir nun den von b_w^+ unabhängigen Koeffizienten in (35.10), der der Gleichung

$$\frac{\hbar^2}{2m^*}\boldsymbol{k}^2 + \hbar \sum_w g_w \beta_w - E_k = 0$$

genügen muß. Diese enthält zum Teil noch β_w. Drücken wir hierin β_w durch (35.12) aus, so sind alle Unbekannten beseitigt, und wir erhalten durch Vergleich unmittelbar die Energie E als

$$\begin{aligned} E_k &= \frac{\hbar^2 k^2}{2m^*} - \sum_w \frac{|\hbar g_w|^2}{\{\hbar^2 w^2/2m^* - \hbar^2 \boldsymbol{k}\boldsymbol{w}/m^* + \hbar\omega\}} \\ &\equiv \frac{\hbar^2 k^2}{2m^*} + \Delta E_k \end{aligned} \tag{35.13}$$

Die Summe in (35.13) ist uns schon in (32.15) (bis auf den Faktor $\hbar$ wegen $\Delta E = \hbar \Delta \varepsilon$) begegnet. Sie ist nichts anderes als der Ausdruck für die Selbstenergie (für $k = 0$) und die Massenrenormierung (vgl. § 32).

Zum Vergleich mit dem Experiment ist es nützlich, explizite Ausdrücke für die Selbstenergie und renormierte Masse zu haben. Gemäß (29.27) gilt

$$|\hbar g_w| = \frac{1}{\sqrt{V}} \cdot \frac{e}{|w|}\left[2\pi\hbar\omega\left(\frac{1}{\varepsilon_\infty} - \frac{1}{\varepsilon_0}\right)\right]^{1/2} \tag{35.14}$$

Hierin ist V das Volumen des Kristalls, e die Elektronenladung, ε_∞ die Dielektrizitätskonstante im optischen Bereich, ε_0 die statische Dielektrizitätskonstante. Setzt man dies in (35.13) ein und überführt die Summe in ein Integral, so läßt sich (35.13) leicht auswerten und am einfachsten mit Hilfe der dimensionslosen Konstanten α ausdrücken:

$$\alpha = \frac{1}{2}\left(\frac{1}{\varepsilon_\infty} - \frac{1}{\varepsilon}\right)\frac{e^2 u}{\hbar\omega} \tag{35.15}$$

wobei u durch

$$u = \left(\frac{2m^*\omega}{\hbar}\right)^{1/2} \tag{35.16}$$

gegeben ist. Man erhält für die Energie des Polarons

$$E_k = -\hbar\omega\alpha + \frac{\hbar^2 k^2}{2m^*}\left(1 - \frac{\alpha}{6}\right) + 0(k^4) \tag{35.17}$$

und entnimmt daraus die Selbstenergie und die renormierte Masse zu

$$E_0 = -\alpha\hbar\omega \qquad \text{und} \qquad m^{**} \approx m^*(1 + \alpha/6) \tag{35.18}$$

Die Konstante α spielt übrigens die Rolle einer Kopplungskonstanten, deren Größe darüber entscheidet, welches Näherungsverfahren angewendet werden darf. Für $\alpha < 6$ sind die in §§ 32 und 35 angewendeten Verfahren brauchbar, für $\alpha \gg 10$ die andersartigen Ansätze von Pekar. Der auch für praktische Anwendung wichtige Fall mittelstarker Kopplung $\alpha \approx 10$ ist durch das „Wegintegralverfahren" von Feynman zugänglich geworden, worauf wir hier leider nicht näher eingehen können.

§ 36 Die effektive Wechselwirkung zwischen Polaronen

Im vorigen Paragraphen hatten wir die Bewegung eines einzelnen Elektrons untersucht, das in Wechselwirkung mit Gitterschwingungen steht. Anschaulich gesprochen handelt es sich darum, daß ein Elektron das Gitter um sich herum polarisiert, d. h. die Ionen verschiebt.

In diesem Paragraphen soll nun gezeigt werden, daß durch die Verschiebung des Gitters nicht nur das einzelne Elektron eine Selbstenergie und eine renormierte Masse erhält, sondern daß diese Polarisation auch eine Wechselwirkung zwischen den Elektronen selbst erzeugt. Wir behandeln hier explizit den Fall zweier Elektronen bzw. Polaronen. Die Überlegungen lassen sich aber leicht auf den Fall mehrerer Teilchen übertragen. Ausgangspunkt ist, wie immer, der Hamiltonoperator, der im Falle zweier Teilchen, die in Wechselwirkung mit den Gitterschwingungen stehen, die folgende Gestalt hat

$$H = H_{El_1} + H_{El_2} + H_G + H_{WW_1} + H_{WW_2} + H_{1-2} \tag{36.1}$$

Hierin sind die beiden ersten Hamiltonoperatoren diejenigen von freien Teilchen

$$H_{El_j} = -\frac{\hbar^2}{2m_j^*}\Delta_j, \quad j = 1, 2 \tag{36.2}$$

wobei wir es zulassen, daß diese auch verschiedene Massen haben dürfen. Der Hamiltonoperator

$$H_G = \sum_{\mathbf{w}} \hbar\omega b_{\mathbf{w}}^+ b_{\mathbf{w}} \tag{36.3}$$

beschreibt die Schwingungsenergie des Gitters. Die nächsten beiden Hamiltonoperatoren

$$H_{WWj} = \hbar \sum_{\mathbf{w}} (g_{\mathbf{w}} e^{i\mathbf{w}\mathbf{x}_j} b_{\mathbf{w}} + g_{\mathbf{w}}^* e^{-i\mathbf{w}\mathbf{x}_j} b_{\mathbf{w}}^+), \quad j = 1, 2 \tag{36.4}$$

geben die Wechselwirkung des Teilchens j mit den Gitterschwingungen wieder.

Die Ausdrücke (36.2) bis (36.4) sind uns schon in den vorangegangenen Paragraphen begegnet und bedürfen keiner weiteren Erläuterung. In (36.4) haben wir der Einfachheit halber angenommen, daß die Kopplungskonstanten für verschiedene Teilchen 1 und 2 gleich groß sind. Wir bemerken jedoch, daß bei Ladungen entgegengesetzten Vorzeichens auch das Vorzeichen von $g_{\mathbf{w}}$, $g_{\mathbf{w}}^*$ in H_{WW_1} entgegengesetzt zu dem von $g_{\mathbf{w}}$, $g_{\mathbf{w}}^*$ in H_{WW_2} gewählt werden muß. H_{1-2} beschreibt die direkte Coulombsche Wechselwirkung zwischen den Polaronen. Berücksichtigen wir noch, daß diese durch die Polarisation der Atomhüllen mit einer Dielektrizitätskonstanten ε_∞ modifiziert wird, so gilt

$$H_{1-2} = \frac{e^2}{\varepsilon_\infty |\boldsymbol{x}_1 - \boldsymbol{x}_2|} \tag{36.5}$$

Wir versuchen, die zu (36.1) gehörige Schrödingergleichung zu lösen und bedienen uns dabei einer anschaulichen Vorstellung. Wie wir im vorigen Paragraphen sahen, wird die Verschiebung der Gitterionen mathematisch dadurch beschrieben, daß wir auf den Zustand des unverschobenen Gitters (den „Vakuumzustand") eine Funktion $u(\boldsymbol{x}, \{b_{\boldsymbol{w}}^+\})$ anwendeten, die uns schon vom verschobenen Oszillator her bekannt war. Wenn nun zwei Teilchen im Gitter sind, so werden diese beiden Teilchen das Gitter polarisieren. Wir erwarten dann, daß – wenigstens näherungsweise – sich die Polarisationsbeiträge (Gitterverschiebungen) der beiden Teilchen einfach überlagern. Es liegt daher nahe, eine Wellenfunktion anzusetzen, die dieser Überlagerung Rechnung trägt. Fassen wir zwei Polaronen mit den Wellenzahlvektoren $\boldsymbol{k}_1$ und $\boldsymbol{k}_2$ ins Auge, und verwenden wir für deren einzelne Wellenfunktionen die Form (35.8), so erhalten wir als Ansatz

$$f_{\boldsymbol{k}_1,\boldsymbol{k}_2}(\boldsymbol{x}_1, \boldsymbol{x}_2) = \frac{1}{V} e^{i\boldsymbol{k}_1\boldsymbol{x}_1} e^{i\boldsymbol{k}_2\boldsymbol{x}_2} \mathcal{N} \exp\{\sum_{\boldsymbol{w}} b_{\boldsymbol{w}}^+ (\underset{\substack{\uparrow\\1}}{\beta_{\boldsymbol{w}}^{(1)} e^{-i\boldsymbol{w}\boldsymbol{x}_1}} + \underset{\substack{\uparrow\\2}}{\beta_{\boldsymbol{w}}^{(2)} e^{-i\boldsymbol{w}\boldsymbol{x}_2}})\} \Phi_0 \tag{36.6}$$

Die Ziffern 1 und 2 weisen auf die individuellen Beiträge der beiden Polaronen zur Gitterverschiebung hin (vgl. auch Aufgabe S. 245); $\beta_{\boldsymbol{w}}^{(1)}$ und $\beta_{\boldsymbol{w}}^{(2)}$ sind explizit durch (35.12) gegeben, wobei wir lediglich m^* durch m_j^* und $\boldsymbol{k}$ durch $\boldsymbol{k}_j$ zu ersetzen haben. Während der Faktor $1/V$ (V Kristallvolumen) für die Normierung der ebenen Wellen sorgt, muß die Gitterfunktion noch durch $\mathcal{N}$ normiert werden.

Gemäß (6.25) (verschobener Oszillator) ist $\mathcal{N}$ durch

$$\mathcal{N} = \prod_{\boldsymbol{w}} e^{-\frac{1}{2}|\gamma_{\boldsymbol{w}}|^2} \tag{36.7}$$

gegeben, wobei jetzt

$$\gamma_{\boldsymbol{w}} = \beta_{\boldsymbol{w}}^{(1)} e^{-i\boldsymbol{w}\boldsymbol{x}_1} + \beta_{\boldsymbol{w}}^{(2)} e^{-i\boldsymbol{w}\boldsymbol{x}_2} \tag{36.8}$$

Durch Einsetzen von (36.8) in (36.7) erhalten wir explizit

$$\mathcal{N} = \exp\left\{-\frac{1}{2}\sum_{\boldsymbol{w}} |\beta_{\boldsymbol{w}}^{(1)}|^2\right\} \exp\left\{-\frac{1}{2}\sum_{\boldsymbol{w}} |\beta_{\boldsymbol{w}}^{(2)}|^2\right\} \cdot \mathcal{N}_C \tag{36.9}$$

$$\text{wobei} \quad \mathcal{N}_C = \exp\left\{-\frac{1}{2}\sum_{\boldsymbol{w}} \beta_{\boldsymbol{w}}^{(1)} \beta_{\boldsymbol{w}}^{(2)*} e^{i\boldsymbol{w}(\boldsymbol{x}_2 - \boldsymbol{x}_1)} + (1 \leftrightarrow 2)\right\} \tag{36.10}$$

Die ersten beiden Faktoren von (36.9) erkennen wir als die Normierungsfaktoren einzelner Polaronen (35.9). Neu ist der abstandsabhängige Normierungsfaktor $\mathcal{N}_C$.

Wie sich jedoch durch eine detaillierte Rechnung nachweisen läßt, darf er, zumindest bei größeren Abständen der Teilchen 1, 2, als konstant angesehen werden. Wir wenden nun den Hamiltonoperator (36.1) auf (36.6) an. Die Differentiation Δ_1 und Δ_2 kann sofort wie in (35.10) erfolgen. Bei der Anwendung von b_w auf (36.6) beachten wir, daß das β_w von § 35 nun durch γ_w (36.8) zu ersetzen ist.

Diese einfache, zum vorigen Paragraphen völlig analoge Rechnung liefert

$$
\begin{aligned}
& H f_{k_1 k_2} \\
& = \Bigg\{ \underline{\frac{\hbar^2 k_1^2}{2m_1^*} - \frac{\hbar^2}{m_1^*} k_1 \sum_w \beta_w^{(1)} b_w^+ e^{-iwx_1} w + \frac{\hbar^2}{2m_1^*} \sum_w \beta_w^{(1)} b_w^+ e^{-iwx_1} w^2 +} \\
& + (1 \to 2) + \\
& + \hbar\omega \sum_w b_w^+ (\beta_w^{(1)} \underline{e^{-iwx_1}} + \beta_w^{(2)} e^{-iwx_2}) + \\
& + \hbar \sum_w g_w (\underline{e^{iwx_1} + e^{iwx_2})(\beta_w^{(1)} e^{-iwx_1}} + \beta_w^{(2)} e^{-iwx_2}) + \\
& + \hbar \sum_w g_w^* (\underline{e^{-iwx_1}} + e^{-iwx_2}) b_w^+ + H_{1-2} \Bigg\} f_{k_1 k_2}
\end{aligned}
\tag{36.11}
$$

Dabei haben wir einen Ausdruck analog zum dritten Glied in (35.10), der auch dort schon zu vernachlässigen war, weggelassen. Die dritte, mit $(1 \to 2)$ bezeichnete Zeile in (36.11) geht aus der zweiten hervor, indem man dort überall den Index 1 durch 2 ersetzt. Wir diskutieren (36.11) genauso und suchen als erstes alle Glieder, die *nur* den Index 1 enthalten. Diese sind in (36.11) unterstrichen oder durch ↑___↑ hervorgehoben. Wir erkennen, daß diese sämtlich mit denen von (35.10) übereinstimmen. Da wir hier wie dort (35.10) die β_w, β_w^* so gewählt haben[1]), dürfen wir die Summe aller dieser Glieder (1) gemäß (35.10) durch $E_{k_1}^{(1)}$ ersetzen, wobei der obere Index (1) auf Teilchen 1 hinweist. In völlig symmetrischer Weise ergeben sich die Glieder mit (2) zu $E_{k_2}^{(2)}$.

Entscheidend ist für uns, daß es, und zwar in der 5. Zeile in (36.11), Glieder gibt, die sowohl von (1) und (2) abhängen.

$$W = \hbar \sum_w g_w (\beta_w^{(1)} e^{iw(x_2 - x_1)} + \beta_w^{(2)} e^{iw(x_1 - x_2)}) \tag{36.12}$$

Wir ersetzen hierin $\beta_w^{(j)}$ durch den expliziten Ausdruck (35.12) (mit $\boldsymbol{k} \to \boldsymbol{k}_j$, $m^* \to m_j^*$). Da wir im folgenden langsam bewegliche Polaronen betrachten, setzen wir in (35.12) schließlich $\boldsymbol{k}_1 = \boldsymbol{k}_2 \equiv \boldsymbol{k} = 0$. Damit ergibt sich

$$W(\boldsymbol{x}_1 - \boldsymbol{x}_2) = - \sum_w |\hbar g_w|^2 \left\{ e^{iw(x_1 - x_2)} \frac{1}{\hbar\omega + \hbar^2 w^2/2m_2^*} + (1 \leftrightarrow 2) \right\} \tag{36.13}$$

---

[1]) Wir denken uns β_w, β_w^* in nullter Näherung aus dem Ein-Polaron-Problem bestimmt. Dann kann aber β_w aus (35.12) übernommen werden.

Bei Zusammenfassung aller in (36.11) auftretenden Glieder erhalten wir

$$Hf_{\boldsymbol{k}_1\boldsymbol{k}_2} = (E^{(1)}_{\boldsymbol{k}_1} + E^{(2)}_{\boldsymbol{k}_2})f_{\boldsymbol{k}_1\boldsymbol{k}_2} + \underbrace{(W(\boldsymbol{x}_1 - \boldsymbol{x}_2) + H_{1-2})}_{W_{tot}(\boldsymbol{x}_1 - \boldsymbol{x}_2)} f_{\boldsymbol{k}_1\boldsymbol{k}_2} \tag{36.14}$$

Dieses Resultat ist für uns von grundlegender Wichtigkeit. Es zeigt nämlich, daß (selbst für $H_{1-2} \equiv 0$) die Energie von zwei Polaronen, die in Wechselwirkung mit Gitterschwingungen stehen, keineswegs additiv ist, sondern vielmehr noch eine Wechselwirkungsenergie W auftritt, die vom Abstand der Teilchen abhängt. Wie aus (36.16) ersichtlich wird, ist diese Energie negativ, d.h. durch die Wechselwirkung mit den Gitterschwingungen wird eine Anziehungskraft zwischen Teilchen mit gleichem Ladungsvorzeichen vermittelt (die Kraft wäre abstoßend bei entgegengesetzt geladenen Teilchen). Die Erkenntnis, daß durch Wechselwirkung mit einem Feld eine direkte Wechselwirkung zwischen Teilchen hervorgerufen wird, ist grundlegend für die Supraleitungstheorie, die wir noch in §41 behandeln werden. Aufgrund dieser direkten Wechselwirkung zwischen den Teilchen, die erst durch das Feld vermittelt wird, können die Teilchen natürlich nicht in ihren ursprünglichen Zuständen $\boldsymbol{k}_1 \boldsymbol{k}_2$ bleiben, sondern werden vielmehr ständig aneinander gestreut. Um einen stationären Zustand zu finden, muß man daher für die Gesamtwellenfunktion den Ansatz

$$f(\boldsymbol{x}_1, \boldsymbol{x}_2) = \sum_{\boldsymbol{k}_1\boldsymbol{k}_2} c_{\boldsymbol{k}_1\boldsymbol{k}_2} f_{\boldsymbol{k}_1\boldsymbol{k}_2}(\boldsymbol{x}_1, \boldsymbol{x}_2) \tag{36.15}$$

machen. Wir gehen auf die Herleitung einer Bestimmungsgleichung für die Koeffizienten $c_{\boldsymbol{k}_1\boldsymbol{k}_2}$ nicht näher ein, da die Analogie mit §23 (Wannier-Exzitonen) auf der Hand liegt, sondern diskutieren die physikalische Bedeutung der Wechselwirkung $W(\boldsymbol{x}_1 - \boldsymbol{x}_2) + H_{1-2} \equiv W_{tot}(\boldsymbol{x}_1 - \boldsymbol{x}_2)$. Wir benutzen als explizites Beispiel die Kopplungskonstanten g_w für *polare Kristalle* (35.14). Nach Auswertung von (36.13) als Integral ergibt sich mit $|\boldsymbol{x}_1 - \boldsymbol{x}_2| = r$

$$W_{tot}(r) = \underbrace{-\left(\frac{1}{\varepsilon_\infty} - \frac{1}{\varepsilon}\right)\frac{e^2}{r}\left\{1 - \frac{1}{2}(e^{-u_1 r} + e^{-u_2 r})\right\}}_{W} + \underbrace{\frac{e^2}{\varepsilon_\infty r}}_{H_{1-2}} \tag{36.16}$$

$$\text{wobei} \quad u_j = \left(\frac{2m_j^*\omega}{\hbar}\right)^{1/2} \tag{36.17}$$

Betrachten wir zunächst den Grenzfall sehr großer Abstände $r \to \infty$. Die Exponentialfunktionen in (36.16) lassen sich dann vernachlässigen. W_{tot} reduziert sich auf die einfache Form

$$W_{tot} = \frac{e^2}{\varepsilon r} \tag{36.18}$$

Die Wechselwirkung der beiden Polaronen ist dann genau wie die von zwei Punktladungen im statisch polarisierten Gitter ($\varepsilon = \varepsilon_{statisch}$). Die beiden Teilchen bewegen sich so langsam, daß sich die Gitterpolarisation voll ausbilden kann. Wie aus der Entwicklung (35.17)

$$E_k^{(j)} = -\hbar\omega\alpha_j + \frac{\hbar^2 k^2}{2m_j^{**}} \tag{36.19}$$

hervorgeht, besitzen die beiden Elektronen die Polaronenmasse m^{**} sowie die Selbstenergie $-\hbar\omega\alpha_j$. Lassen wir hingegen $r \to 0$ gehen, so lauten die führenden Beiträge zu W_{tot}:

$$W_{tot}(r) = \hbar\omega\alpha_1 + \hbar\omega\alpha_2 + \frac{e^2}{\varepsilon_\infty r} \tag{36.20}$$

Die ersten beiden konstanten Glieder kompensieren gerade die Selbstenergiebeiträge (vgl. (36.19) und (36.14)). Sowohl das Auftreten von ε_∞ in (36.20) als auch das Wegfallen der Selbstenergie läßt sich leicht deuten: Bei geringen Abständen zwischen den beiden Elektronen können die Ionen nicht schnell genug folgen. Die hier besprochenen Effekte treten (auch experimentell) deutlich in Erscheinung, wenn wir die Wechselwirkung zwischen Teilchen entgegengesetzter Ladung (Elektron-Defektelektron) untersuchen, weil sich in dem gebundenen Zustand die Teilchen sehr nahe kommen können (W_{tot} (36.16) ist dann durch $-W_{tot}$ zu ersetzen).

Die Ergebnisse (36.18), (36.19) sind bei großen Abständen exakt gültig. Bei kleinen Abständen beschreibt (36.16) das Verhalten der Wechselwirkung in einer vernünftigen Näherung, doch berücksichtigt unser obiges Verfahren nicht, daß dort die Massen der „nackten" Teilchen auftreten werden. (Bei kleinen Abständen bewegen sich die beiden Teilchen so schnell, daß dann die Ionen, wie schon eben bemerkt, nicht mehr folgen können.) Leider können wir hier aus Platzgründen auf entsprechende noch genauere Verfahren, wie etwa auf das schon erwähnte Feynmansche Verfahren der Wegintegrale, nicht eingehen.

Aufgabe zu § 36

Mit Hilfe der Wellenfunktion (36.6) berechne man den Erwartungswert der Polarisation $\boldsymbol{P}(\boldsymbol{x})$ (29.23).

VI. Greensche Funktionen

§ 37 Störungstheorie im Ortsraum. Beispiel für das Auftreten Greenscher Funktionen

Bei der Störungstheorie, wie wir sie in den §§ 30, 32 und 33 durchführten, stützten wir uns auf eine Darstellung, bei der die Zustände der Elektronen und Schallquanten durch Wellenzahlvektoren $\boldsymbol{k}$ bzw. $\boldsymbol{w}$ gekennzeichnet waren. Dementsprechend benutzten wir die Erzeugungs- und Vernichtungsoperatoren

$$a_{\boldsymbol{k}}^+, a_{\boldsymbol{k}}; \qquad b_{\boldsymbol{w}}^+, b_{\boldsymbol{w}}.$$

In diesem Paragraphen zeigen wir, daß man die Störungstheorie noch wesentlich anschaulicher durchführen kann, indem man sich Elektronen und Schallquanten in bestimmter Weise lokalisiert vorstellt. Dazu erinnern wir den Leser daran (vgl. § 13), daß wir die Erzeugung eines Elektrons am Orte $\boldsymbol{x}$ durch die Anwendung des Feldoperators $\psi^+(\boldsymbol{x})$ auf den Vakuumzustand Φ_0 wiedergeben können. Im folgenden benutzen wir daher

$$\Phi(0) = \psi^+(\boldsymbol{x})\Phi_0 \tag{37.1}$$

als Anfangszustand für die Störungsrechnung. Es liegt nahe zu versuchen, die Störungstheorie ganz mit Hilfe der Operatoren

$$\psi^+(\boldsymbol{x}), \qquad \psi(\boldsymbol{x})$$

durchzuführen. Wie wir sogleich sehen werden, ist dies „im Prinzip" möglich, allerdings müssen wir $\psi^+(\boldsymbol{x})$, $\psi(\boldsymbol{x})$ zu Operatoren erweitern, die auch noch von der Zeit abhängen: In den vorangegangenen Paragraphen hatten wir die Störungsrechnung mit Hilfe der Wechselwirkungsdarstellung (§ 16) formuliert.

Beim Übergang vom Schrödingerbild zum Wechselwirkungsbild sind alle Operatoren, also insbesondere auch $\psi^+(\boldsymbol{x})$ mit Hilfe des ungestörten Hamiltonoperators H_0 zu transformieren (vgl. § 16)

$$\psi_0^+(\boldsymbol{x}, t) = e^{\frac{i}{\hbar}H_0 t}\psi^+(\boldsymbol{x})e^{-\frac{i}{\hbar}H_0 t} \tag{37.2}$$

wodurch ein zeitabhängiger Operator $\psi_0^+(\boldsymbol{x}, t)$ entsteht. Der Index 0 bei $\psi_0^+(\boldsymbol{x}, t)$ weist darauf hin, daß $\psi^+(\boldsymbol{x})$ mit H_0 transformiert wurde.

Entwickeln wir $\psi^+(\boldsymbol{x})$ nach ebenen Wellen, so erhalten wir für (37.2)

$$\psi_0^+(\boldsymbol{x}, t) = \sum_{\boldsymbol{k}} \frac{1}{\sqrt{V}} e^{-i\boldsymbol{k}\boldsymbol{x}} e^{\frac{i}{\hbar}H_0 t} a_{\boldsymbol{k}}^+ e^{-\frac{i}{\hbar}H_0 t} \tag{37.3}$$

(V: Normierungsvolumen). Die darin auftretende Transformation von $a_{\boldsymbol{k}}^{+}$ haben wir schon in § 16 berechnet

$$e^{\frac{i}{\hbar}H_0 t} a_{\boldsymbol{k}}^{+} e^{-\frac{i}{\hbar}H_0 t} = a_{\boldsymbol{k}}^{+} e^{i\varepsilon_{\boldsymbol{k}} t}$$

so daß wir abschließend erhalten:

$$\psi_0^{+}(\boldsymbol{x}, t) = \sum_{\boldsymbol{k}} \frac{1}{\sqrt{V}} e^{i\boldsymbol{k}\boldsymbol{x}} a_{\boldsymbol{k}}^{+} e^{i\varepsilon_{\boldsymbol{k}} t} \tag{37.4}$$

Der zu (37.4) hermitesch konjugierte Operator lautet:

$$\psi_0(\boldsymbol{x}, t) = \sum_{\boldsymbol{k}} \frac{1}{\sqrt{V}} e^{-i\boldsymbol{k}\boldsymbol{x}} a_{\boldsymbol{k}} e^{-i\varepsilon_{\boldsymbol{k}} t} \tag{37.5}$$

Da sich für die Anfangszeit $t = 0$ der Operator $\psi_0^{+}(\boldsymbol{x}, t)$ auf $\psi^{+}(\boldsymbol{x})$ reduziert, schreiben wir den Anfangszustand (37.1) in der Form

$$\Phi(0) = \psi_0^{+}(\boldsymbol{x}_a, 0)\Phi_0 \tag{37.6}$$

wobei wir noch $\boldsymbol{x}$ durch $\boldsymbol{x}_a$ ersetzt haben, um anzudeuten, daß $\boldsymbol{x}_a$ die Anfangskoordinate des Teilchens ist.

(37.6) soll uns im folgenden als Anfangszustand für die Störungstheorie dienen, wobei wir wieder die Wechselwirkung zwischen dem Elektronenfeld und dem Feld der Gitterschwingungen untersuchen. Um die Betrachtungen von Anfang an nicht zu sehr zu überladen, sehen wir die Gitterschwingungen als klassisches Feld an. Der Wechselwirkungs-Hamiltonoperator hat dann die Gestalt (vgl. (29.32))

$$\tilde{H}_{WW} = C \int \underbrace{\frac{1}{\sqrt{V}} \sum_{\boldsymbol{k}''} a_{\boldsymbol{k}''}^{+} e^{-i\boldsymbol{k}''\boldsymbol{x} + i\varepsilon_{\boldsymbol{k}''} t}}_{\psi_0^{+}(\boldsymbol{x}, t)} \underbrace{\frac{1}{\sqrt{V}} \sum_{\boldsymbol{k}'} a_{\boldsymbol{k}'} e^{i\boldsymbol{k}'\boldsymbol{x} - i\varepsilon_{\boldsymbol{k}'} t}}_{\psi_0(\boldsymbol{x}, t)} Q_0(\boldsymbol{x}, t) d^3x \tag{37.7}$$

Mit Hilfe der Definitionen (37.4) und (37.5) können wir darin, wie angegeben, die Summen über $\boldsymbol{k}''$ und $\boldsymbol{k}'$ durch ψ_0^{+} und ψ_0 ausdrücken. Der Wechselwirkungsoperator läßt sich also in der einfachen Form

$$\tilde{H}_{WW} = C \int \psi_0^{+}(\boldsymbol{x}, t)\psi_0(\boldsymbol{x}, t) Q_0(\boldsymbol{x}, t) d^3x \tag{37.8}$$

wiedergeben, wobei Q_0 als Zahlenfunktion aufgefaßt wird. Treiben wir nun Störungstheorie, so haben wir den Wechselwirkungsoperator (37.8) auf den Anfangszustand (37.6) anzuwenden. Lesen wir die entsprechende Beziehung von rechts nach links, so tritt als erstes der Ausdruck

$$\psi_0(\boldsymbol{x}, t)\psi_0^{+}(\boldsymbol{x}_a, 0)\Phi_0 \tag{37.9}$$

auf. Wir werten ihn im folgenden gleich für den allgemeinen Fall aus, indem wir in ihm $\psi_0^{+}(\boldsymbol{x}_a, 0)$ durch $\psi_0^{+}(\boldsymbol{x}_a, t_a)$ ersetzen. Indem wir beachten, daß Φ_0 der Grundzustand ist und ψ_0 aus lauter Vernichtungsoperatoren $a_{\boldsymbol{k}}$ besteht, so daß $\psi_0(\boldsymbol{x}, t)\Phi_0 = 0$, so läßt sich (37.9) in der Form

$$\{\psi_0(\boldsymbol{x}, t)\psi_0^+(\boldsymbol{x}_a, t_a) + \psi_0^+(\boldsymbol{x}_a, t_a)\psi_0(\boldsymbol{x}, t)\}\,\Phi_0 \tag{37.10}$$

wiedergeben. Wie wir sogleich zeigen werden, ist der Ausdruck in der geschweiften Klammer eine Zahlenfunktion, obwohl die ψ's für sich Operatoren sind. Wir setzen deshalb an

$$(37.10) = iG_0(\boldsymbol{x}, t;\ \boldsymbol{x}_a, t_a)\Phi_0 \tag{37.11}$$

Um den expliziten Ausdruck für G_0 zu erhalten, führen wir die Entwicklungen (37.4) und (37.5) in (37.10) ein

$$G_0(\boldsymbol{x}, t;\ \boldsymbol{x}_a, t_a) = -i \sum_{\boldsymbol{k}'\boldsymbol{k}} \frac{1}{V} e^{i\boldsymbol{k}'\boldsymbol{x} - i\varepsilon_{\boldsymbol{k}'} t} e^{-i\boldsymbol{k}\boldsymbol{x}_a + i\varepsilon_{\boldsymbol{k}} t_a} \underbrace{\{a_{\boldsymbol{k}'} a_{\boldsymbol{k}}^+ + a_{\boldsymbol{k}}^+ a_{\boldsymbol{k}'}\}}_{\delta_{\boldsymbol{k}\boldsymbol{k}'}} \tag{37.12}$$

und erhalten dann unter Berücksichtigung der Vertauschungsrelation für Fermi-Teilchen

$$G_0(\boldsymbol{x}, t;\ \boldsymbol{x}_a, t_a) = -i \sum_{\boldsymbol{k}} \frac{1}{V} e^{i\boldsymbol{k}(\boldsymbol{x} - \boldsymbol{x}_a) - i\varepsilon_{\boldsymbol{k}}(t - t_a)} \tag{37.13}$$

Für $t = t_a$ reduziert sich (37.13) ersichtlich auf die δ-Funktion

$$G_0(\boldsymbol{x}, t_a;\ \boldsymbol{x}_a, t_a) = -i \sum_{\boldsymbol{k}} \frac{1}{V} e^{i\boldsymbol{k}(\boldsymbol{x} - \boldsymbol{x}_a)} = -i\delta(\boldsymbol{x} - \boldsymbol{x}_a) \tag{37.14}$$

Für $t < t_a$ definieren wir

$$G_0 = 0 \tag{37.15}$$

Unter Verwendung des Resultates (37.11) erhalten wir

$$\frac{1}{i\hbar}\tilde{H}_{WW}\Phi(0) = \frac{C}{\hbar}\int \psi_0^+(\boldsymbol{x}, t)Q_0(\boldsymbol{x}, t)\Phi_0 G_0(\boldsymbol{x}, t;\ \boldsymbol{x}_a, 0)\,d^3x \tag{37.16}$$

Diesen Ausdruck können wir wie folgt deuten. Das Elektron breitet sich von seinem Anfangspunkt $\boldsymbol{x}_a$ zur Zeit $t_a = 0$ zum Punkte $\boldsymbol{x}$ zur Zeit t aus, wo ein Wechselwirkungsprozeß stattfindet (vgl. Fig. 52).

Fig. 52
Die Greensche Funktion $G_0(\boldsymbol{x}, t;\ \boldsymbol{x}_a, t_a)$ beschreibt die Ausbreitung eines freien Elektrons von $\boldsymbol{x}_a, t_a$ nach $\boldsymbol{x}, t$

Die bisherigen Resultate verwenden wir, um im Rahmen der Störungstheorie 1. Ordnung die Zustandsfunktion genauer anzugeben. Diese ist gemäß früher (Formel (30.7)) durch

$$\tilde{\Phi}(t) = \Phi(0) + \int_0^t \frac{1}{i\hbar}\tilde{H}_{WW}(\tau)\,d\tau\,\Phi(0) \tag{37.17}$$

gegeben. Mit der Anfangsfunktion (37.6) und dem eben erzielten Resultat (37.16) geht diese in

$$\tilde{\Phi}(t) = \psi_0^+(\boldsymbol{x}_a, 0)\Phi_0 + \frac{C}{\hbar}\int_0^t\int d\tau d^3x Q_0(\boldsymbol{x}, \tau)\psi_0^+(\boldsymbol{x}, \tau)\Phi_0 G_0(\boldsymbol{x}, \tau; \boldsymbol{x}_a, 0) \quad (37.18)$$

über. Nachdem wir eben sahen, daß wir die Ausbreitung eines Elektrons recht anschaulich durch die Funktion G_0 wiedergeben können, liegt es nahe, die gesamte rechte Seite durch G_0 auszudrücken. Dies erreichen wir, indem wir beide Seiten von (37.18) mit

$$(\psi_0^+(\boldsymbol{x}_e, t_e)\Phi_0)^+ \quad (37.19)$$

multiplizieren und den Erwartungswert bilden. Wir erhalten dann unmittelbar

$$\langle\Phi_0|\psi_0(\boldsymbol{x}_e, t_e)|\tilde{\Phi}(t)\rangle = iG_0(\boldsymbol{x}_e, t_e; \boldsymbol{x}_a, 0) + \\ + i\int_0^t\int G_0(\boldsymbol{x}_e, t_e; \boldsymbol{x}, \tau)\frac{C}{\hbar}Q_0(\boldsymbol{x}, \tau)G_0(\boldsymbol{x}, \tau; \boldsymbol{x}_a, 0)d^3x d\tau \quad (37.20)$$

Die rechte Seite dieser Gleichung können wir sehr einfach deuten. Der erste Summand in ihr beschreibt einfach die ungestörte Ausbreitung eines freien Elektrons von $\boldsymbol{x}_a$, $t_a = 0$ nach $\boldsymbol{x}_e$, t_e. Das zweite Glied gibt die Ausbreitung eines Elektrons von $\boldsymbol{x}_a$, $t_a = 0$ nach $\boldsymbol{x}, \tau$ wieder. Dort tritt die Wechselwirkung mit der Gitterschwingung ein. Das Teilchen fliegt dann von $\boldsymbol{x}, \tau$ nach $\boldsymbol{x}_e$, t_e weiter (vgl. Fig. 53).

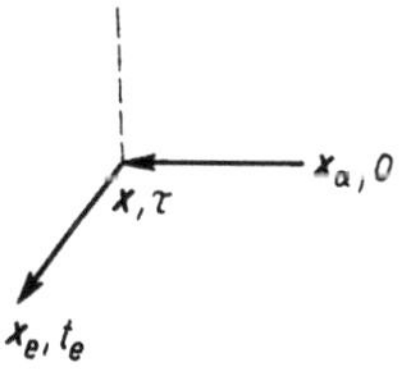

Fig. 53
Der zu (37.20) gehörige Graph: Streuung eines Elektrons an einem Potential $\sim Q_0(x, \tau)$, (– – – –)

Auf den ersten Blick erscheint es nicht einfach, zu erkennen, welcher Informationsgehalt in dem gesamten Resultat steckt. Den Informationsgehalt der Funktionen G_0, auch Ausbreitungsfunktion oder Greensche Funktion genannt, erläutern wir ausführlich im nächsten Paragraphen. Hier erwähnen wir lediglich, daß wir natürlich sofort wieder zu der uns von den früheren Paragraphen her geläufigen Darstellung (Zerlegung nach Funktionen $a_k^+ \Phi_0$) gelangen, indem wir von der Gleichung (37.20) die Fouriertransformierte bezüglich der Koordinate x_e bilden und mit $e^{-i\varepsilon_k t_e}$ multiplizieren.

Auf diese Weise ist ersichtlich, daß wir aus (37.20) alle Informationen, die wir in der früheren Störungstheorie schon gewonnen haben, ebenfalls wieder herausziehen können.

Wir erläutern die Anwendung dieser neuen Beschreibungsart noch an der *Störungstheorie 2. Ordnung* und nehmen nun an, daß auch die Gitterschwingungen quantisiert sind. Um die soeben hergeleiteten Ergebnisse sofort übernehmen zu können, ist es zweckmäßig, den Gesamt-Grundzustand des Systems Elektron + Gitterschwingungen in ein Produkt der einzelnen Zustände aufzuspalten

$$\Phi_0 = \Phi_{0,El} \cdot \Phi_{0,Gitter} \tag{37.21}$$

Wir wählen nun wieder als Anfangszustand einen Zustand, in dem ein Elektron am Orte $\boldsymbol{x}_a$ und *kein* Gitterquant vorhanden ist. Diese Anfangsfunktion (vgl. (37.6)) können wir wegen (37.21) in das Produkt

$$\Phi(0) = (\psi_0^+(\boldsymbol{x}_a, 0)\Phi_{0,El}) \cdot \Phi_{0,Gitter} \tag{37.22}$$

zerlegen, da sich ψ_0^+ nur auf $\Phi_{0,El}$ bezieht. Im Sinne der Störungstheorie 2. Ordnung lassen wir auf (37.22) den Operator

$$\Bigg(\underset{\text{I}}{1} + \underset{\text{II}}{\frac{1}{i\hbar}\int_0^t \tilde{H}_{WW}(\tau_1)d\tau_1} + \underset{\text{III}}{\left(\frac{1}{i\hbar}\right)^2 \int_0^t \tilde{H}_{WW}(\tau_2)\int_0^{\tau_2} \tilde{H}_{WW}(\tau_1)d\tau_1\, d\tau_2}\Bigg) \tag{37.23}$$

wirken. Schließlich multiplizieren wir in Analogie zu (37.20) von links mit

$$\tilde{\Phi}_0^+(t_e) = (\psi_0^+(\boldsymbol{x}_e, t_e)\Phi_{0,El} \cdot \Phi_{0,Gitter})^+ \tag{37.24}$$

und nehmen den Erwartungswert. Wir diskutieren die sich dabei ergebenden Glieder im Einzelnen:

$$\text{I} \rightarrow \langle \tilde{\Phi}_0(t_e) | \Phi(0) \rangle \equiv iG(\boldsymbol{x}_e, t_e; \boldsymbol{x}_a, 0) \tag{37.25}$$

$$\text{II} \rightarrow \frac{1}{i\hbar} \langle \tilde{\Phi}_0(t_e) | \int_0^t \tilde{H}_{WW}(\tau_1)d\tau_1\, \Phi(0) \rangle \tag{37.26}$$

Wie aus (37.8) ersichtlich, enthält $\tilde{H}_{WW}(t)$ den Ausdruck $Q_0(\boldsymbol{x}, t)$, der jetzt ein Operator ist.

Unter Verwendung von (29.32) und (29.33) zerlegen wir Q_0 wie folgt

$$Q_0(\boldsymbol{x}, t) = Q_0^+(\boldsymbol{x}, t) + Q_0^-(\boldsymbol{x}, t) \tag{37.27}$$

wobei wir die Abkürzungen

$$Q_0^+(\boldsymbol{x}, t) = \sum_{\boldsymbol{w}} i\sqrt{\frac{\hbar}{2\gamma\omega_w V}}\, w e^{i\boldsymbol{w}\boldsymbol{x}} e^{-i\omega_w t} b_{\boldsymbol{w}} \tag{37.28}$$

$$Q_0^-(\boldsymbol{x}, t) = \sum_{\boldsymbol{w}} (-i)\sqrt{\frac{\hbar}{2\gamma\omega_w V}}\, w e^{-i\boldsymbol{w}\boldsymbol{x}} e^{i\omega_w t} b_{\boldsymbol{w}}^+ \tag{37.29}$$

verwendeten. Daß den Vernichtungsoperatoren gerade der Operator Q^+ zugeordnet wird, ist kein Druckfehler, sondern hängt mit einer Definition aus der Quantenfeldtheorie zusammen. Q^+ soll den Anteil positiver Frequenzen kennzeichnen. Da bei allen quantenmechanischen Wellenfunktionen die Energie in der Form $e^{-\frac{i}{\hbar}Et} \equiv e^{-i\omega t}$ auftritt, ist (37.28) gerade mit einer positiven Frequenz verknüpft.

Da die in (37.26) stehenden Zustandsfunktionen bezüglich des Gitters Vakuumzustände darstellen, außerdem aber Q_0 nur linear von b_w, b_w^+ abhängt, verschwindet (37.26):

$$\text{II} \rightarrow (37.26) = 0 \tag{37.30}$$

Das für uns interessante Glied von (37.23) ist also III. Mit Hilfe von (37.8) schreiben wir dieses in der Form

$$\left(-\frac{i}{\hbar}C\right)^2 \langle\tilde{\Phi}_0(t_e)| \int_0^t\int d\tau_2 d^3x_2 Q_0(\boldsymbol{x}_2, \tau_2) \dots \int_0^{\tau_2}\int d\tau_1 d^3x_1 Q_0(\boldsymbol{x}_1, \tau_1) \dots \Phi(0)\rangle \tag{37.31}$$

wobei die Punkte die noch fehlenden Operatoren $\psi^+\psi$ andeuten. Wegen (37.22) und (37.24) zerfällt (37.31) in einen Anteil, der sich auf das Gitter bezieht, und einen, der sich auf die Elektronen bezieht. Wir behandeln hier als eigentlich Neues den Gitteranteil explizit und betrachten also

$$\langle\Phi_{0,Gitter}|Q_0(\boldsymbol{x}_2, \tau_2)Q_0(\boldsymbol{x}_1, \tau_1)\Phi_{0,Gitter}\rangle \tag{37.32}$$

Diesen Ausdruck bezeichnen wir mit

$$D(\boldsymbol{x}_2, \tau_2; \boldsymbol{x}_1, \tau_1) \tag{37.33}$$

Die Auswertung kann ganz ähnlich wie bei (37.12) erfolgen, wenn wir jetzt die Bose-Vertauschungsrelationen für die in Q_0 stehenden b_w^+, b_w verwenden. Wir erhalten dann

$$D(\boldsymbol{x}_2, t_2; \boldsymbol{x}_1, t_1) = \sum_{\boldsymbol{w}} \frac{\hbar w^2}{2\gamma\omega_w V} e^{i\boldsymbol{w}(\boldsymbol{x}_2-\boldsymbol{x}_1)} e^{-i\omega_w(t_2-t_1)} \tag{37.34}$$

Diesen Ausdruck deuten wir als eine Wellenfunktion, die die Ausbreitung des Phonons von $\boldsymbol{x}_1$, τ_1 nach $\boldsymbol{x}_2$, τ_2 beschreibt. Die Ausbreitung dieses Phonons stellen wir durch eine Schlangenlinie dar (vgl. Fig. 54).

Fig. 54
Die Greensche Funktion $D(\boldsymbol{x}_2, t_2; \boldsymbol{x}_1, t_1)$ beschreibt die Ausbreitung eines Phonons von $\boldsymbol{x}_1$, t_1 nach $\boldsymbol{x}_2$, t_2

Wir haben nun noch denjenigen Anteil von (37.31) auszuwerten, der sich auf das Elektron bezieht:

$$\langle\Phi_{0,El}|\psi_0(\boldsymbol{x}_e, t_e)\psi_0^+(\boldsymbol{x}_2, \tau_2)\psi_0(\boldsymbol{x}_2, \tau_2)\psi_0^+(\boldsymbol{x}_1, \tau_1)\psi_0(\boldsymbol{x}_1, \tau_1)\psi_0^+(\boldsymbol{x}_a, 0)\Phi_{0,El}\rangle \tag{37.35}$$

Da die Berechnung analog zu den Seiten 247 bis 249 erfolgen kann, überlassen wir dem Leser die explizite Berechnung und geben nur das Resultat an:

$$(37.35) = i^3 G_0(\boldsymbol{x}_e, t_e; \boldsymbol{x}_2, \tau_2)G_0(\boldsymbol{x}_2, \tau_2; \boldsymbol{x}_1, \tau_1)G_0(\boldsymbol{x}_1, \tau_1; \boldsymbol{x}_a, 0) \tag{37.36}$$

Nach diesen Vorbereitungen sind wir in der Lage, das Endresultat anzugeben. Indem wir (37.36) und (37.32) = (37.33) in (37.31) verwenden, und schließlich I und III zusammenfügen, erhalten wir

$$\begin{aligned} &\langle \Phi_0 | \psi_0(\boldsymbol{x}_e, t_e) | \tilde{\Phi}^{(2)}(t) \rangle = i G_0(\boldsymbol{x}_e, t_e; \boldsymbol{x}_a, 0) + \\ &+ \frac{i}{\hbar^2} \int_0^t \int d\tau_2 d^3x_2 G_0(\boldsymbol{x}_e, t_e; \boldsymbol{x}_2, \tau_2) C \int_0^{\tau_2} \int d\tau_1 d^3x_1 D(\boldsymbol{x}_2, \tau_2; \boldsymbol{x}_1, \tau_1) \cdot \\ &\cdot G_0(\boldsymbol{x}_2, \tau_2; \boldsymbol{x}_1, \tau_1) C \cdot G_0(\boldsymbol{x}_1, \tau_1; \boldsymbol{x}_a, 0) \end{aligned} \tag{37.37}$$

Der zweite Ausdruck in (37.37) läßt sich wie folgt deuten: Ein Elektron breitet sich von $\boldsymbol{x}_a$, $t_a = 0$ nach $\boldsymbol{x}_1$, τ_1 aus. Dort tritt die Wechselwirkung mit dem Gitter ein. Das Elektron fliegt dann von $\boldsymbol{x}_1$, τ_1 nach $\boldsymbol{x}_2$, τ_2 weiter, ebenso ein Phonon. Schließlich findet nochmals eine Wechselwirkung statt, das Phonon wird wieder vernichtet, und das Elektron fliegt von $\boldsymbol{x}_2$, τ_2 nach $\boldsymbol{x}_e$, t_e (vgl. Fig. 55). Da die Funktionen G_0 und D explizit zu berechnen sind (vgl. Aufgabe), ist die Auswertung von (37.37) auf eine Folge von Raum- und Zeitintegrationen zurückgeführt.

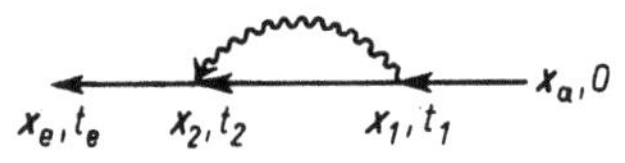

Fig. 55
Der zu (37.37) gehörige Graph: Beitrag zur Elektron-Selbstenergie

Die oben angeführten Überlegungen lassen sich natürlich auf Störungsprozesse beliebig hoher Ordnung in systematischer Weise ausdehnen. Hierzu muß man offensichtlich alle der Störungsrechnung entsprechenden Graphen hinschreiben, wobei jeder Elektronen- und Phononenlinie und jedem Knotenpunkt eine ganz bestimmte Vorschrift entspricht. Diese Vorschriften haben wir soeben kennengelernt. Die Graphentechnik bildet die Grundlage vieler moderner Theorien der Festkörperphysik.

Aufgabe zu § 37

Indem man zur Grenze $V \to \infty$ übergeht, berechne man $G_0(\boldsymbol{x}, t; \boldsymbol{x}', 0)$.

§ 38 Ausbreitungsfunktion, Propagator, Greensche Funktion: immer das Gleiche

Wir knüpfen an den vorigen Paragraphen an. Dort sahen wir, daß wir die einzelnen Schritte der Störungstheorie ganz anschaulich deuten können, indem wir uns vorstellen, daß sich Teilchen zwischen bestimmten Punkten ausbreiten.

So stellten wir die Ausbreitung eines freien Elektrons vom Orte $\boldsymbol{x}_1$ zur Zeit t_1 zum Orte $\boldsymbol{x}_2$ zur Zeit t_2 durch die Funktion

$$G_0(\boldsymbol{x}_2, t_2; \boldsymbol{x}_1, t_1) = -i \sum_{\boldsymbol{k}} \frac{1}{V} e^{i\boldsymbol{k}(\boldsymbol{x}_2 - \boldsymbol{x}_1) - i\varepsilon_{\boldsymbol{k}}(t_2 - t_1)} \tag{38.1}$$

dar, die durch Aufsummation über $\boldsymbol{k}$ entsteht.

Hierbei war im Rahmen der Störungstheorie automatisch dafür gesorgt, daß $t_2 > t_1$ ist. Für das Folgende wird es nützlich sein, die Funktion auch für $t_2 < t_1$ zu definieren, und zwar setzen wir sie dann $= 0$.

$$G_0(\boldsymbol{x}_2, t_2; \boldsymbol{x}_1, t_1) = 0 \quad \text{für } t_2 < t_1 \tag{38.2}$$

Die durch (38.1) und (38.2) dargestellte Funktion beschreibt die Ausbreitung eines freien Elektrons und wird allgemein Ausbreitungsfunktion oder auch Propagator genannt. Wie wir bereits sahen, kann (38.1) auch mit Hilfe der Erzeugungs- und Vernichtungsoperatoren definiert werden: Multiplizieren wir nämlich (37.9) = = (37.11), also in jetziger Bezeichnungsweise

$$\psi_0(\boldsymbol{x}_2, t_2)\psi_0^+(\boldsymbol{x}_1, t_1)\Phi_0 = iG_0(\boldsymbol{x}_2, t_2; \boldsymbol{x}_1, t_1)\Phi_0 \tag{38.3}$$

von links mit Φ_0^+ und bilden den Erwartungswert, so erhalten wir als Definition von G_0:

$$G_0(\boldsymbol{x}_2, t_2; \boldsymbol{x}_1, t_1) = -i\langle\Phi_0 | \psi_0(\boldsymbol{x}_2, t_2)\psi_0^+(\boldsymbol{x}_1, t_1)\Phi_0\rangle; \quad t_2 \geqq t_1 \tag{38.4}$$

Für $t_1 > t_2$ wählen wir in Analogie zum Ausdruck (38.2) wieder Null. Diese 0 schreiben wir aus Gründen, die sogleich ersichtlich werden, in einer etwas komplizierteren Form, nämlich indem wir jetzt den Vernichtungsoperator zuerst und dann den Erzeugungsoperator anwenden

$$G_0(\boldsymbol{x}_2, t_2; \boldsymbol{x}_1, t_1) = 0 = \langle\Phi_0 | \psi_0^+(\boldsymbol{x}_1, t_1)\psi_0(\boldsymbol{x}_2, t_2)\Phi_0\rangle \quad \text{für } t_1 < t_2 \tag{38.5}$$

An dieser Stelle machen wir gleich noch auf eine wichtige Eigenschaft der Ausbreitungsfunktion aufmerksam, die uns später implizit des öfteren begegnen wird. Auf der linken Seite von Gleichung (38.1) treten $\boldsymbol{x}_1$ und $\boldsymbol{x}_2$ sowie t_1 und t_2 getrennt voneinander auf. Auf der rechten Seite erscheinen dagegen die Orte bzw. Zeiten immer in der Kombination einer Differenz $\boldsymbol{x}_2 - \boldsymbol{x}_1$ bzw. $t_2 - t_1$. Diese Eigenschaft ist eine Folge der räumlichen Translationsinvarianz des Problems – ein freies Teilchen findet ja einen homogenen Raum vor – sowie der Zeitinvarianz, d.h. auf das Teilchen wirken keine zeitabhängigen Kräfte.

Wie wir soeben gesehen haben, läßt sich die Ausbreitungsfunktion mit Hilfe der Erwartungswerte (38.4) und (38.5) wiedergeben. Wir wollen dieses Konzept nun in mehreren Richtungen verallgemeinern. Zunächst einmal lassen sich die beiden Ausdrücke (38.4) und (38.5) in recht einfacher Weise durch einen einzigen wiedergeben, wenn wir den sogenannten Dysonschen chronologischen Operator T einführen, der die folgende einfache Bedeutung hat. Schreiben wir ihn vor das Produkt von zeitabhängigen Operatoren, so soll er die Operatoren in derjenigen Reihenfolge von rechts nach links anordnen, daß Operatoren mit früheren Zeiten stets rechts vor Operatoren mit späteren Zeiten stehen. Wir erhalten somit als Definitionsgleichungen

$$T\psi_0(\boldsymbol{x}_2, t_2)\psi_0^+(\boldsymbol{x}_1, t_1) = \psi_0(\boldsymbol{x}_2, t_2)\psi_0^+(\boldsymbol{x}_1, t_1) \quad \text{für } t_2 > t_1 \tag{38.6}$$

und

$$T\psi_0(\boldsymbol{x}_2, t_2)\psi_0^+(\boldsymbol{x}_1, t_1) = \mp\, \psi_0^+(\boldsymbol{x}_1, t_1)\psi_0(\boldsymbol{x}_2, t_2) \quad \text{für } t_2 < t_1 \tag{38.7}$$

Mit dem Minus- bzw. Pluszeichen auf der rechten Seite in Gleichung (38.7) hat es folgende Bewandtnis: Das Minuszeichen soll gelten, wenn es sich bei ψ und ψ^+ um Fermi-Operatoren handelt, das Pluszeichen hingegen, wenn diese Operatoren Boseoperatoren sind.

Bilden wir nun in den Gleichungen (38.6) und (38.7) den Erwartungswert bezüglich des Vakuumzustandes, so erhalten wir unmittelbar die Beziehung

$$-i\langle \Phi_0 | T\psi_0(\boldsymbol{x}_2, t_2)\psi_0^+(\boldsymbol{x}_1, t_1)\Phi_0\rangle = \begin{cases} -i\langle \Phi_0 \psi_0(\boldsymbol{x}_2, t_2)\psi_0^+(\boldsymbol{x}_1, t_1)\Phi_0\rangle & \text{für } t_2 > t_1 \\ \pm i\langle \Phi_0 \psi_0^+(\boldsymbol{x}_1, t_1)\psi_0(\boldsymbol{x}_2, t_2)\Phi_0\rangle & \text{für } t_2 < t_1 \end{cases} \tag{38.8}$$

Damit haben wir unser Ziel erreicht, die Beziehungen (38.4) und (38.5) in einer einzigen Gleichung zu schreiben. Die Funktion (38.8), läßt nun mehrere wichtige Verallgemeinerungen zu. Wir müssen nicht notwendig an eine Situation denken, bei der ein freies Teilchen zum Vakuum hinzugefügt wird, sondern wir können uns beispielsweise vorstellen, daß in einem Kristall ein Elektron zusätzlich zu den bereits vorhandenen Elektronen läuft, beispielsweise ein Überschußelektron in einem Halbleiter. Aus diesem Grunde werden wir die Funktion Φ_0 im allgemeinen durch einen Zustandsvektor Φ zu ersetzen haben, der die neue physikalische Situation beschreibt.

Ebensowenig muß es sich bei der Ausbreitung dieses Teilchens um die eines wechselwirkungsfreien Teilchens handeln. Vielmehr liegt der interessante Fall ja dann vor, wenn das Teilchen sich in Wechselwirkung mit seiner Umgebung befindet, beispielsweise das Elektron in Wechselwirkung mit den Gitterschwingungen (speziell bei den Polaronen), oder das Elektron in Wechselwirkung mit den anderen Elektronen des Kristalls. In diesem Fall müssen wir natürlich den Operator des freien Teilchens H_0 durch den vollen Hamiltonoperator mit Wechselwirkung H ersetzen und somit ganz allgemein für den zeitabhängigen Vernichtungsoperator im Heisenbergbild

$$\psi(x, t) = e^{\frac{i}{\hbar}Ht}\psi(x)e^{-\frac{i}{\hbar}Ht} \tag{38.9}$$

definieren. Damit bekommen wir als Definition für die Greensche Funktion

$$G(\boldsymbol{x}_2, t_2; \boldsymbol{x}_1, t_1) = -i\langle \Phi | T\psi(\boldsymbol{x}_2, t_2)\psi^+(\boldsymbol{x}_1, t_1)\Phi\rangle \tag{38.10}$$

Diese und mit ihr verwandte Funktionen haben in der modernen Festkörpertheorie eine ungeheure Bedeutung erlangt und wir werden im folgenden an einigen noch verhältnismäßig einfachen Beispielen zeigen, warum diese Greenschen Funktionen so wichtig sind und was man mit ihnen beschreiben kann.

Ist das Problem translations- und zeitinvariant, so hängt die Funktion (38.10) nicht von den *einzelnen* Argumenten $\boldsymbol{x}_1$, $\boldsymbol{x}_2$, t_1, t_2 ab, sondern, wie wir schon oben bemerkten, nur von den entsprechenden Differenzen

$$\boldsymbol{x}_2 - \boldsymbol{x}_1 = \boldsymbol{x}; \qquad t_2 - t_1 = t \tag{38.11}$$

Unter diesen Voraussetzungen wird die Greensche Funktion eine Funktion von $\boldsymbol{x}$ und t allein

$$G(\boldsymbol{x}_2, t_2; \boldsymbol{x}_1, t_1) = G(\boldsymbol{x}, t) \tag{38.12}$$

Im weiteren werden wir folgendermaßen vorgehen:

1. Zunächst erläutern wir den Informationsgehalt von G oder – schlichter ausgedrückt – warum sich theoretische Physiker mit G überhaupt beschäftigen.
2. Im nächsten Paragraphen werden wir dann Gleichungen für G aufstellen und explizit die Nützlichkeit von G nachweisen.

Informationsgehalt von G. Beginnen wir wieder mit dem *Beispiel eines freien Teilchens.* Wie wir gesehen haben, ist die Greensche Funktion in diesem Falle explizit durch

$$G(\boldsymbol{x}, t) = \begin{cases} -i \sum\limits_{\boldsymbol{k}} \dfrac{1}{V} e^{i\boldsymbol{k}\boldsymbol{x} - i\varepsilon_{\boldsymbol{k}} t} & \text{für } t \geqq 0 \\ 0 & \text{für } t < 0 \end{cases} \tag{38.13}$$

gegeben. (38.13) stellt eine Zerlegung von $G(\boldsymbol{x}, t)$ nach ebenen Wellen, also eine räumliche Fouriertransformation dar. Den entsprechenden Fourierkoeffizienten bezeichnen wir mit $G_{\boldsymbol{k}}(t)$

$$G(\boldsymbol{x}, t) = \sum_{\boldsymbol{k}} \left(\frac{1}{V} e^{i\boldsymbol{k}\boldsymbol{x}} \right) G_{\boldsymbol{k}}(t) \tag{38.14}$$

Die Funktion $G_{\boldsymbol{k}}(t)$ ist dabei eine völlig andere Funktion als $G(\boldsymbol{x}, t)$. Der Leser muß daher scharf auf das Argument $\boldsymbol{x}$ bzw. $\boldsymbol{k}$ achten. Der Vergleich von (38.14) mit (38.13) zeigt, daß $G_{\boldsymbol{k}}(t)$ durch

$$G_{\boldsymbol{k}}(t) = \begin{cases} -ie^{-i\varepsilon_{\boldsymbol{k}} t} & \text{für } t \geqq 0 \\ 0 & \text{für } t < 0 \end{cases} \tag{38.15}$$

gegeben ist. Nun ist das natürlich bei einem freien Teilchen nichts Neues, es sagt uns lediglich, daß zum Ausbreitungsvektor $\boldsymbol{k}$ eines Teilchens eine Energie $E_{\boldsymbol{k}} \equiv \hbar\varepsilon_{\boldsymbol{k}}$ gehört. Nun kommt aber der springende Punkt, wenn wir nämlich an ein Teilchen denken, das mit einer Wechselwirkung an seine Umgebung gekoppelt ist. In diesem Falle werden wir erwarten, daß zum einen die Energie des zunächst freien Teilchens abgeändert wird. Außerdem wird das Teilchen aus seinem ursprünglichen Zustand, wie wir das in §30 bereits sahen, gestreut werden. Die Wahrscheinlichkeit, es im ursprünglichen Zustand vorzufinden, wird daher abnehmen. Wie drückt sich dieses beides nun mit Hilfe der Greenschen Funktion aus? Denken wir uns wieder die Greensche Funktion $G(\boldsymbol{x}, t)$ nach Fourier zerlegt, so werden die Fourierkoeffizienten $G_{\boldsymbol{k}}(t)$ die Gestalt

$$G_{\boldsymbol{k}}(t) = -ic_{\boldsymbol{k}} e^{-i\varepsilon_{W,\boldsymbol{k}} t - \gamma_{\boldsymbol{k}} t} \qquad \text{für } t > 0 \tag{38.16}$$

annehmen, wobei $E_{W,\boldsymbol{k}} \equiv \hbar \varepsilon_{W,\boldsymbol{k}}$ die Energie des Teilchens mit Wechselwirkung beschreibt und $\gamma_{\boldsymbol{k}}$ die inverse Lebensdauer des Teilchens ist.

Vielleicht erscheint dem einen oder anderen Leser die Extrapolation von einem wechselwirkungsfreien Teilchen, das durch (38.15) beschrieben wird, auf ein wechselwirkendes Teilchen, das durch (38.16) beschrieben wird, etwas zu kühn. Wir werden aber in einem konkreten Modell tatsächlich nachweisen, daß G diese Struktur hat.

Bisher hatten wir zwei Arten von Greenschen Funktionen kennengelernt, nämlich eine, die vom Ort und der Zeit abhängt und jetzt eine, die von dem Wellenzahlvektor $\boldsymbol{k}$ und der Zeit abhängt. Man kann nun noch einen Schritt weitergehen und auch die Fouriertransformierte bezüglich der Zeit aufsuchen. Diese Fouriertransformierte ist durch

$$G_{\boldsymbol{k}}(\varepsilon) = \int_{-\infty}^{+\infty} e^{i\varepsilon t} G_{\boldsymbol{k}}(t)\, dt \tag{38.17}$$

definiert. Wir berechnen sie für den speziellen Fall (38.16) und erhalten dann nach Ausführung des Zeitintegrals

$$G_{\boldsymbol{k}}(\varepsilon) = c_{\boldsymbol{k}} \frac{1}{\varepsilon - \varepsilon_{\boldsymbol{k}} + i\gamma} \tag{38.18}$$

(38.18) ist also die räumliche und zeitliche Fouriertransformierte der ursprünglichen Greenschen Funktion $G(\boldsymbol{x}, t)$. Auch diese Greensche Funktion, als Funktion von $\boldsymbol{k}$ und ε aufgefaßt (wobei ε die Dimension einer Frequenz hat), tritt sehr häufig in der Literatur auf und gibt zu einer ganz neuartigen Nomenklatur Anlaß. Betrachten wir nämlich die Funktion (38.18) für festgehaltenes $\boldsymbol{k}$, d. h. also für einen bestimmten Ausbreitungsvektor, aber für noch variables ε! Da der Nenner in (38.18) eine komplexe Größe ist, liegt es nahe, die Funktion $G_{\boldsymbol{k}}(\varepsilon)$ in der komplexen ε-Ebene zu betrachten. Als Funktion von ε aufgefaßt besitzt die Funktion (38.18) einen Pol in der komplexen ε-Ebene. Dieser Pol hat als Realteil $\varepsilon_{\boldsymbol{k}}$ und als Imaginärteil die reziproke Lebensdauer $-\gamma$ (vgl. Fig. 56). Damit kommen wir zu der folgenden grundlegenden

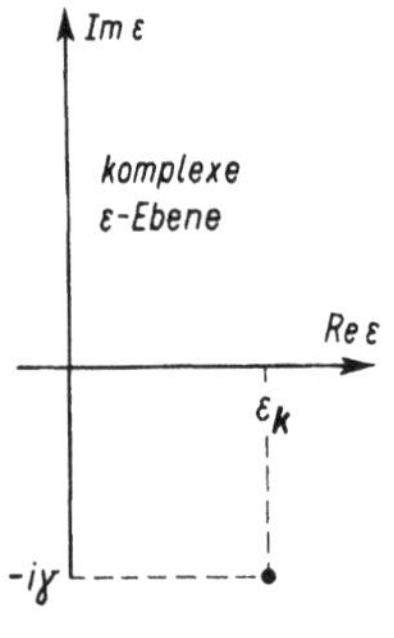

Fig. 56
Die Pole der Greenschen Funktion $G_{\boldsymbol{k}}(\varepsilon)$ in der komplexen ε (Energie)-Ebene

Interpretation: Der Pol (bzw. vielleicht auch die Pole) der Greenschen Funktion $G_{\boldsymbol{k}}(\varepsilon)$ bestimmen die Energie und Lebensdauer des Teilchens in Wechselwirkung mit seiner Umgebung. Da bei diesen Wechselwirkungen durchaus ein völlig neuer Anregungszustand entstehen kann, der mit dem ursprünglichen Zustand eines freien Teilchens nur noch wenig zu tun hat, spricht man hier auch von Quasiteilchen. Tatsächlich ist dieser Begriff sogar noch weiter zu fassen. Es sind nämlich Fälle möglich (z.B. Plasmonen, vgl. §27), bei denen gar nicht ein einzelnes zusätzliches Teilchen zum System hinzugefügt zu werden braucht, um Anregungszustände hervorzurufen, die so aussehen, als würde sich eine Art Teilchen durch das System bewegen. Das einfachste Beispiel hierfür ist uns ja schon in § 8 begegnet, nämlich das Phonon, das als Anregungsquant durch das Gitter läuft.

Wir fügen noch ganz kurz hinzu, wie $G_{\boldsymbol{k}}(t)$ direkt definiert werden kann, ohne daß wir den Umweg über die Fouriertransformierte der ursprünglichen Greenschen Funktion $G(\boldsymbol{x}, t)$ wählen müssen. Wir behaupten, daß dies durch

$$G_{\boldsymbol{k}}(t) = -i\langle\Phi|Ta_{\boldsymbol{k}}(t)a_{\boldsymbol{k}}^{+}(0)\Phi\rangle \tag{38.19}$$

geschieht. Den Beweis können wir leicht durchführen, wenn wir $\psi^{+}(\boldsymbol{x}, t)$, $\psi(\boldsymbol{x}, t)$ nach ebenen Wellen entwickeln, z.B.

$$\psi(\boldsymbol{x}, t) = \sum_{\boldsymbol{k}} a_{\boldsymbol{k}}(t)\frac{1}{\sqrt{V}}e^{i\boldsymbol{k}\boldsymbol{x}}$$

Wir überlassen die einzelnen Schritte dem Leser als Übungsaufgabe.

§ 39 Beispiele von Gleichungen für Greensche Funktionen und deren Lösung

In diesem Paragraphen bringen wir zwei Beispiele, um zu zeigen, wie die Gleichungen für die Greenschen Funktionen aussehen und welche Näherungen man üblicherweise machen muß, um diese Gleichungen einer Lösung zuzuführen.

Das erste Beispiel bezieht sich auf das Mehrelektronenproblem im Festkörper, das zweite auf die Wechselwirkung eines Elektrons mit Gitterschwingungen, speziell also auf das Polaron.

Beispiel 1. Die Gleichung für die Greensche Funktion für das Mehrelektronenproblem. Unsere Aufgabe ist es, eine Gleichung für die Greensche Funktion, die in der Ortsdarstellung durch $G(\boldsymbol{x}, t; \boldsymbol{x}', t') = -i\langle\Phi|T\psi(\boldsymbol{x}, t)\psi^{+}(\boldsymbol{x}', t')\Phi\rangle$ (vgl. (38.10)) definiert ist, aufzustellen. Der einfachste Weg besteht darin, an die Bewegungsgleichung für den Vernichtungsoperator $\psi(\boldsymbol{x}, t)$ anzuknüpfen. Für den Hamiltonoperator des Mehrelektronenproblems (vgl. (20.1)) hatten wir bereits in §16 die Bewegungsgleichung für den Vernichtungsoperator hergeleitet (s. S. 127). Um im folgenden nicht zu viele Glieder mitzuschleppen und um außerdem von vornherein die Translationsinvarianz des Problems zu berücksichtigen, lassen wir das Gitterpotential $V(\boldsymbol{x})$ weg und denken uns die Weglassung durch die Methode der effektiven Masse gerechtfertigt (vgl. §18).

Wir legen so folgende Bewegungsgleichung zugrunde

$$i\hbar \frac{\partial \psi(\boldsymbol{x}, t)}{\partial t} = \left\{-\frac{\hbar^2}{2m^*}\Delta\right\}\psi(\boldsymbol{x}, t) + \int \psi^+(\boldsymbol{x}'', t)\frac{e^2}{|\boldsymbol{x}'' - \boldsymbol{x}|}\psi(\boldsymbol{x}'', t)\psi(\boldsymbol{x}, t)d^3x'' \quad (39.1)$$

Wir multiplizieren diese Gleichung (39.1) von rechts her mit dem Operator $\psi^+(\boldsymbol{x}', t')$, wenden von links her den chronologischen Operator T an und bilden den Erwartungswert bezüglich eines Zustandes Φ (den wir hier noch nicht näher zu spezifizieren brauchen). Damit erhalten wir

$$i\hbar\langle\Phi| T\frac{\partial\psi(\boldsymbol{x}, t)}{\partial t}\psi^+(\boldsymbol{x}', t')\Phi\rangle = -\frac{\hbar^2}{2m^*}\Delta_x\langle\Phi| T\psi(\boldsymbol{x}, t)\psi^+(\boldsymbol{x}', t')\Phi\rangle +$$

$$+\int\frac{e^2}{|\boldsymbol{x}'' - \boldsymbol{x}|}\langle\Phi| T\psi^+(\boldsymbol{x}'', t)\psi(\boldsymbol{x}'', t)\psi(\boldsymbol{x}, t)\psi^+(\boldsymbol{x}', t')\Phi\rangle d^3x'' \quad (39.2)$$

Damit wir eine Gleichung für die Greensche Funktion bekommen, müssen wir natürlich die Zeitableitung d/dt vor den Erwartungswert ziehen. Dies birgt allerdings eine kleine Schwierigkeit in sich, über die man leicht stolpern kann. Um ihr nicht zum Opfer zu fallen, schreiben wir $G(\boldsymbol{x}, t; \boldsymbol{x}', t')$ in einer Weise, bei welcher der T-Operator mit Hilfe einer „gewöhnlichen" Zahlenfunktion ausgedrückt wird. Dazu benutzen wir die Sprungfunktion $\Theta(t-t')$, die bekanntlich folgendermaßen definiert ist:

$$\Theta(t-t') = \begin{cases} 1 & \text{für} \quad t > t' \\ 0 & \text{für} \quad t < t' \end{cases} \quad (39.3)$$

Damit läßt sich das T-Produkt auch so formulieren:

$$\begin{aligned} T\psi(\boldsymbol{x}, t)\psi^+(\boldsymbol{x}', t') &= \psi(\boldsymbol{x}, t)\psi^+(\boldsymbol{x}', t')\Theta(t-t') \mp \\ &\mp \psi^+(\boldsymbol{x}', t')\psi(\boldsymbol{x}, t)\Theta(t'-t) \end{aligned} \quad (39.4)$$

Das $-$-Zeichen gilt dabei für Fermi-Operatoren ψ, während das $+$-Zeichen bei Bose-Operatoren anzuwenden ist.

Wie ein Vergleich mit der Definition des T-Operators (vgl. (38.8)) zeigt, stimmen (39.4) und (38.8) tatsächlich überein. Um von (39.4) zu einer Regel für die Zeitableitung von G zu gelangen, bilden wir in (39.4) beiderseits den Erwartungswert mit Φ, multiplizieren mit $-i$ und differenzieren nach der Zeit t:

$$\begin{aligned} \frac{\partial}{\partial t}G(\boldsymbol{x}, t; \boldsymbol{x}', t') = -i\Big\{&\langle\Phi|\frac{\partial\psi(\boldsymbol{x}, t)}{\partial t}\psi^+(\boldsymbol{x}', t')|\Phi\rangle\Theta(t-t') \mp \\ &\mp\langle\Phi|\psi^+(\boldsymbol{x}', t')\frac{\partial\psi(\boldsymbol{x}, t)}{\partial t}|\Phi\rangle\Theta(t'-t) + \\ &+\langle\Phi|\psi(\boldsymbol{x}, t)\psi^+(\boldsymbol{x}', t')|\Phi\rangle\frac{\partial}{\partial t}\Theta(t-t') \mp \\ &\mp\langle\Phi|\psi^+(\boldsymbol{x}', t')\psi(\boldsymbol{x}, t)|\Phi\rangle\frac{\partial}{\partial t}\Theta(t'-t)\Big\} \end{aligned} \quad (39.5)$$

Unter Benutzung des T-Operators schreiben wir die ersten beiden Glieder in (39.5) in der Form

$$-i\langle\Phi|T\frac{\partial\psi(\boldsymbol{x},t)}{\partial t}\psi^+(\boldsymbol{x}',t')|\Phi\rangle \tag{39.6}$$

Zur Umformung der beiden letzten Ausdrücke in (39.5) benutzen wir die aus der Mathematik bekannte Tatsache, daß die Ableitung der Sprungfunktion die δ-Funktion ergibt:

$$\begin{aligned}\frac{\partial}{\partial t}\Theta(t-t') &= \delta(t-t')\\ \frac{\partial}{\partial t}\Theta(t'-t) &= -\delta(t-t')\end{aligned} \tag{39.7}$$

Die letzten beiden Summanden in (39.5) nehmen damit nach einer Zusammenfassung die folgende Gestalt an:

$$-i\langle\Phi|\{\psi(\boldsymbol{x},t)\psi^+(\boldsymbol{x}',t')\pm\psi^+(\boldsymbol{x}',t')\psi(\boldsymbol{x},t)\}|\Phi\rangle\delta(t-t') \tag{39.8}$$

Der Ausdruck in der geschweiften Klammer in (39.8) ist aber der Antikommutator (Fermi) oder Kommutator (Bose) zwischen ψ und ψ^+. Da dahinter die Funktion $\delta(t-t')$ steht, dürfen wir die beiden Zeiten t und t' gleichsetzen. Damit reduziert sich gemäß der üblichen Vertauschungsrelationen (13.9) bzw. (12.15) die geschweifte Klammer auf eine gewöhnliche Funktion $\delta(\boldsymbol{x}-\boldsymbol{x}')$. Da der übrigbleibende Erwartungswert $\langle\Phi|\Phi\rangle$ wegen der Normierung von Φ gleich Eins ist, nimmt (39.8) die einfache Gestalt

$$-i\delta(\boldsymbol{x}-\boldsymbol{x}')\delta(t-t') \tag{39.9}$$

an. Fassen wir die ersten beiden Glieder von (39.5), die durch (39.6) wiedergegeben werden, mit den letzten beiden von (39.5), die durch (39.9) wiedergegeben werden, zusammen, so erhalten wir schließlich

$$\begin{aligned}\frac{\partial}{\partial t}G(\boldsymbol{x},t;\boldsymbol{x}',t') = &-i\langle\Phi|T\frac{\partial\psi(\boldsymbol{x},t)}{\partial t}\psi^+(\boldsymbol{x}',t')|\Phi\rangle -\\ &-i\delta(\boldsymbol{x}-\boldsymbol{x}')\delta(t-t')\end{aligned} \tag{39.10}$$

Kehren wir nun zu unserer ursprünglichen Gleichung (39.2) zurück. Indem wir diese auf beiden Seiten mit $(-i)$ multiplizieren und (39.10) auf ihrer linken Seite einsetzen, erhalten wir als endgültige Gleichung

$$\begin{aligned}i\hbar\frac{\partial}{\partial t}G(\boldsymbol{x},t;\boldsymbol{x}',t') = &\hbar\delta(t'-t)\delta(\boldsymbol{x}'-\boldsymbol{x}) - \frac{\hbar^2}{2m^*}\Delta_x G(\boldsymbol{x},t;\boldsymbol{x}',t') -\\ &-i\int\frac{e^2}{|\boldsymbol{x}''-\boldsymbol{x}|}G(\boldsymbol{x}'',t;\boldsymbol{x}'',t-0;\boldsymbol{x},t;\boldsymbol{x}',t')d^3x''\end{aligned} \tag{39.11}$$

Darin haben wir gleich eine Abkürzung eingeführt:

$$\begin{aligned} &G(\boldsymbol{x}_1, t_1; \boldsymbol{x}_2, t_2; \boldsymbol{x}_3, t_3; \boldsymbol{x}_4, t_4) \\ &\quad = \langle \Phi | T\psi^+(\boldsymbol{x}_1, t_1)\psi(\boldsymbol{x}_2, t_2)\psi(\boldsymbol{x}_3, t_3)\psi^+(\boldsymbol{x}_4, t_4)\Phi\rangle \end{aligned} \tag{39.12}$$

Da wir in (39.11) den Zeitordnungsoperator verwenden, in Gl. (39.11) aber gleiche Zeiten $t_1 = t_2 = t$ benutzen müßten, haben wir einmal $t - 0$ als Argument geschrieben, damit die richtige Reihenfolge der Operatoren ψ^+, ψ gewährleistet ist. Die Gleichung (39.11) birgt nun eine große Enttäuschung für jeden Theoretiker, der glaubt, mit Hilfe der Greenschen Funktion das Problem gelöst zu haben. Wir wollten ja ursprünglich eine Gleichung für die Greensche Funktion $G(\boldsymbol{x}, t; \boldsymbol{x}', t')$ herleiten. Das ist uns aber nur teilweise gelungen, da wir notgedrungen dazu geführt wurden, eine noch kompliziertere Greensche Funktion, nämlich (39.12) einzuführen. Hierfür müssen wir dann wieder eine Gleichung herleiten, was man natürlich durchaus tun kann. Diese neue Gleichung enthält aber eine Greensche Funktion, in der 6 Operatoren auftreten. Dieses Verfahren läßt sich beliebig fortsetzen, wobei wir eine ganze Hierarchie von Gleichungen bekommen, deren Lösung bestimmt nicht einfacher als die Lösung des ursprünglichen Problems ist. Man muß daher zu Näherungen greifen. Bevor wir diese besprechen, behandeln wir ein exakt lösbares *Beispiel*[1]).

Freie Teilchen ohne Coulomb-Wechselwirkung. In diesem Falle fällt das letzte Glied in (39.11) weg, so daß diese Gleichung die folgende Gestalt annimmt:

$$\frac{\partial G(\boldsymbol{x}, t; \boldsymbol{x}', t')}{\partial t} = \frac{i\hbar}{2m^*} \Delta_{\boldsymbol{x}} G(\boldsymbol{x}, t; \boldsymbol{x}', t') - i\delta(t - t')\delta(\boldsymbol{x} - \boldsymbol{x}') \tag{39.13}$$

Da die Inhomogenität $\sim \delta(t - t')\delta(\boldsymbol{x} - \boldsymbol{x}')$ nur von den Koordinatendifferenzen abhängt, setzen wir an:

$$G = G(\boldsymbol{x} - \boldsymbol{x}', t - t') \tag{39.14}$$

Zur Lösung setzen wir G als Fourier-Integral an:

$$G(\boldsymbol{x} - \boldsymbol{x}', t - t') = \frac{1}{(2\pi)^2} \iint \tilde{G}(\boldsymbol{k}, \omega) e^{i\boldsymbol{k}(\boldsymbol{x} - \boldsymbol{x}') - i\varepsilon(t - t')} d^3k\, d\varepsilon \tag{39.15}$$

Desgleichen zerlegen wir $\delta(t - t')\delta(\boldsymbol{x} - \boldsymbol{x}')$ nach Fourier:

$$\delta(t - t')\delta(\boldsymbol{x} - \boldsymbol{x}') = \frac{1}{(2\pi)^4} \iint e^{i\boldsymbol{k}(\boldsymbol{x} - \boldsymbol{x}') - i\varepsilon(t - t')} d^3k\, d\varepsilon \tag{39.16}$$

Beide Ausdrücke setzen wir in (39.13) ein. Wir beachten, daß gilt

$$\frac{d}{dt} e^{-i\varepsilon t} = -i\varepsilon e^{-i\varepsilon t} \tag{39.17}$$

$$\Delta_{\boldsymbol{x}} e^{i\boldsymbol{k}\boldsymbol{x}} = -k^2 e^{i\boldsymbol{k}\boldsymbol{x}} \tag{39.18}$$

---

[1]) Der weniger mit der Mathematik (Fouriertransformation, Residuensatz) vertraute Leser kann dieses Beispiel getrost auslassen und auf S. 262 weiterlesen.

Bringen wir alle Glieder in (39.13) auf eine Seite, so ergibt sich

$$\frac{1}{(2\pi)^2}\iint e^{i(\boldsymbol{k}(\boldsymbol{x}-\boldsymbol{x}')-\varepsilon(t-t'))}\left\{\tilde{G}(\boldsymbol{k},\varepsilon)\left(-i\varepsilon+\frac{i\hbar}{2m^*}k^2\right)+i\frac{1}{(2\pi)^2}\right\}d^3k\,d\varepsilon=0 \quad (39.19)$$

Da die Exponentialfunktionen voneinander linear unabhängig sind, kann die linke Seite von (39.19) nur dann zu Null werden, wenn der Integrand identisch verschwindet. Dies liefert uns

$$\tilde{G}(\boldsymbol{k},\varepsilon)=\frac{1}{(2\pi)^2}\,\frac{1}{\varepsilon-\varepsilon_{\boldsymbol{k}}} \quad (39.20)$$

mit der Abkürzung

$$\hbar\varepsilon_{\boldsymbol{k}}=\frac{\hbar^2k^2}{2m^*} \quad (39.21)$$

Durch Einsetzen von (39.20) in (39.15) erhalten wir

$$G(\boldsymbol{x}-\boldsymbol{x}';t-t')=\frac{1}{(2\pi)^4}\iint\frac{e^{i\boldsymbol{k}(\boldsymbol{x}-\boldsymbol{x}')-i\varepsilon(t-t')}}{\varepsilon-\varepsilon_{\boldsymbol{k}}}\,d^3k\,d\varepsilon \quad (39.22)$$

Es liegt nahe, dieses Integral nach dem Residuensatz auszuwerten. Dabei tritt eine bei Greenschen Funktionen typische Schwierigkeit auf: Der Integrand hat einen Pol bei $\varepsilon=\varepsilon_{\boldsymbol{k}}$, also eine Singularität auf dem Integrationsweg. Um diese Schwierigkeit zu beheben, fügt man im Nenner noch eine infinitesimal kleine, imaginäre Größe $\pm i\gamma$, $\gamma>0$ hinzu: $\dfrac{1}{\varepsilon-\varepsilon_{\boldsymbol{k}}+i\gamma}$. Aus Gründen, die sogleich ersichtlich werden, entscheiden wir uns für das positive Vorzeichen. Wir betrachten

$$\int_{-\infty}^{+\infty}\frac{e^{-i\varepsilon\tau}\,d\varepsilon}{\varepsilon-\varepsilon_{\boldsymbol{k}}+i\gamma} \qquad (\tau=t-t') \quad (39.23)$$

Um den Residuensatz anwenden zu können, müssen wir den Integrationweg im Unendlichen schließen, wobei der Integrand nichts beitragen darf.

1. für $\tau=t-t'>0$ schließen wir ihn über die untere Halbebene, da dann $Im\,\varepsilon<0$, also der Realteil des Exponenten in (39.23) $Re\{-i\varepsilon\tau\}<0$ ist (vgl. Fig. 57).

Der Pol bei $\varepsilon=\varepsilon_{\boldsymbol{k}}-i\gamma$ liegt innerhalb der umlaufenen Berandung. Der Residuensatz ergibt

$$\oint\frac{e^{-i\varepsilon\tau}\,d\varepsilon}{\varepsilon-\varepsilon_{\boldsymbol{k}}+i\gamma}=-2\pi ie^{-i\varepsilon_{\boldsymbol{k}}\tau-\gamma\tau}\underset{\gamma\to 0}{=}-2\pi ie^{-i\varepsilon_{\boldsymbol{k}}\tau} \quad (39.24)$$

2. für $\tau=t-t'<0$ müssen wir den Integrationsweg über der oberen Halbebene schließen. Da dann kein Pol umschlossen wird, ergibt der Residuensatz $\oint\ldots=0$.

Damit haben wir die Bedingung erfüllt:

$$G(\boldsymbol{x}, t; \boldsymbol{x}', t') = 0 \quad \text{für} \quad t < t' \quad (\text{vgl. } (38.2)) \tag{39.25}$$

Aus dem Integrationsverfahren (Wahl des Vorzeichens bei $i\gamma$) ersehen wir, daß die Gl. (39.13) die Bedingung (39.25) *nicht* einschließt, man muß sie vielmehr ausdrücklich hinzufügen. Unter Verwendung von (39.24) und (39.25) erhalten wir

$$\begin{aligned} G(\boldsymbol{x}-\boldsymbol{x}'; t-t') &= \frac{-i}{(2\pi)^3} \int e^{i\boldsymbol{k}(\boldsymbol{x}-\boldsymbol{x}') - i\varepsilon_k (t-t')} d^3 k \qquad t > t' \\ &= 0 \qquad\qquad\qquad\qquad\qquad\qquad\qquad t < t' \end{aligned} \tag{39.26}$$

Vergleichen wir nun unser Resultat (39.26) mit (38.1) und (38.2). Wir erkennen eine völlige Übereinstimmung (sofern wir berücksichtigen, daß wir in § 38 eine Fourierreihe, hier dagegen ein Fourierintegral benutzten. Das ist lediglich eine Frage des

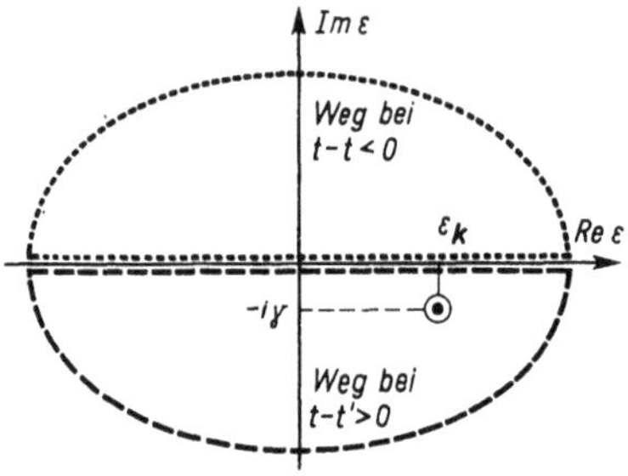

Fig. 57 Anwendung des Residuensatzes

Normierungsvolumens, hat aber weder mit der Physik noch dem Formalismus etwas zu tun). Trotz dieser Übereinstimmung birgt unser obiges Problem noch einen Pferdefuß in sich (vgl. Aufgabe 1).

Kehren wir nun aber zu unserer allgemeinen Gleichung (39.11) mit Coulombscher Wechselwirkung zurück:

Die Hartree-Näherung. Um Gleichung (39.11) lösen zu können, machen wir für die Theorie der Greenschen Funktionen typische Näherungen, die der ursprünglichen Hartreeschen Näherung (oder der etwas allgemeineren Hartree-Fock-Näherung) völlig äquivalent sind. Wir spalten nämlich die sich auf 4 Operatoren beziehende Greensche Funktion auf in ein Produkt von einfachen Greenschen Funktionen, und zwar in der Form (Hartree-Näherung)

$$G(\boldsymbol{x}_1, t_1; \boldsymbol{x}_2, t_2; \boldsymbol{x}_3, t_3; \boldsymbol{x}_4, t_4) = G^*(\boldsymbol{x}_2, t_2; \boldsymbol{x}_1, t_1) G(\boldsymbol{x}_3, t_3; \boldsymbol{x}_4, t_4) \tag{39.27}$$

oder in abgekürzter Schreibweise:

$$G(1, 2; 3, 4) = G^*(2, 1) G(3, 4) \tag{39.28}$$

Wir setzen die Näherung (39.28) in Gl. (39.11) ein. Berücksichtigen wir noch, daß

$$\begin{aligned} G^*(\boldsymbol{x}, t-0; \boldsymbol{x}, t) &= +i\langle\Phi|\psi^+(\boldsymbol{x}, t)\psi(\boldsymbol{x}, t)|\Phi\rangle \\ &= i\varrho(\boldsymbol{x}, t) \qquad (\varrho(\boldsymbol{x}, t) \text{ Teilchendichte}) \end{aligned} \tag{39.29}$$

ist, so erhalten wir

$$i\hbar \frac{\partial G(\boldsymbol{x}, t; \boldsymbol{x}', t')}{\partial t} = \left\{ -\frac{\hbar^2}{2m^*} \Delta_{\boldsymbol{x}} + e^2 \int d^3x'' \frac{\varrho(\boldsymbol{x}'', t)}{|\boldsymbol{x} - \boldsymbol{x}''|} \right\} G(\boldsymbol{x}, t; \boldsymbol{x}', t') + \\ + \hbar\delta(t - t')\delta(\boldsymbol{x} - \boldsymbol{x}') \tag{39.30}$$

Der in den geschweiften Klammern stehende Operator auf der rechten Seite von Gl. (39.30) hat die Gestalt:

> kinetische Energie + potentielle Energie einer Ladung e im Felde der Ladungsverteilung $e\varrho(\boldsymbol{x}, t)$.

Als Lösungsverfahren bietet sich eine iterative Lösung ganz im Sinne des Hartree-Verfahrens an: Man gibt $\varrho(\boldsymbol{x}, \mathrm{t})$ vor, berechnet dann G mit Hilfe von Gl. (39.30), gewinnt daraus gemäß Gl. (39.29) ein neues ϱ und so fort.

Der Hartree-Fock-Ansatz. Hier benutzt man die folgende Näherung:

$$G(1, 2; 3, 4) = G^*(2, 1)G(3, 4) \mp G^*(3, 1)G(2, 4) \tag{39.31}$$

Das obere Vorzeichen gilt dabei für Fermi-Operatoren ψ^+, ψ, das untere für Bose-Operatoren. Wir überlassen es dem Leser, in Analogie zum Hartree-Ansatz die Näherung (39.31) in (39.11) einzusetzen und die sich ergebende Gleichung zu diskutieren.

Beispiel 2. Wechselwirkung eines Teilchens mit Gitterschwingungen. Während wir im vorigen Beispiel die Greensche Funktion im Ortsraum betrachteten, leiten wir nun die Bewegungsgleichungen für die Fouriertransformierte der Greenschen Funktion her. Wir suchen also eine Gleichung für die durch (38.19) definierte Greensche Funktion $G_{\boldsymbol{k}}(t)$. Im Prinzip verfahren wir dabei ganz ähnlich wie in Beispiel 1, indem wir von den entsprechenden Bewegungsgleichungen der Operatoren im Heisenbergbild ausgehen. Für den Fall der Wechselwirkung eines Elektrons mit Gitterschwingungen hatten wir die Bewegungsgleichung für die Phononenoperatoren bereits im § 16 hergeleitet. Ähnlich lassen sich Bewegungsgleichungen für die Elektronenoperatoren angeben. Da wir alle diese Gleichungen sogleich benötigen werden, geben wir sie der Einfachheit halber explizit an:

$$\dot{a}_{\boldsymbol{k}} = -i\varepsilon_{\boldsymbol{k}} a_{\boldsymbol{k}} - i \sum_{\boldsymbol{w}} g^*_{\boldsymbol{w}} a_{\boldsymbol{k}-\boldsymbol{w}} b_{\boldsymbol{w}} - i \sum_{\boldsymbol{w}} g_{\boldsymbol{w}} b^+_{\boldsymbol{w}} a_{\boldsymbol{k}+\boldsymbol{w}} \tag{39.32}$$

$$\dot{b}_{\boldsymbol{w}} = -i\omega_{\boldsymbol{w}} b_{\boldsymbol{w}} - i \sum_{\boldsymbol{k}} g_{\boldsymbol{w}} a^+_{\boldsymbol{k}} a_{\boldsymbol{k}+\boldsymbol{w}} \tag{39.33}$$

$$\dot{b}^+_{\boldsymbol{w}} = i\omega_{\boldsymbol{w}} b^+_{\boldsymbol{w}} + i \sum_{\boldsymbol{k}} g^*_{\boldsymbol{w}} a^+_{\boldsymbol{k}+\boldsymbol{w}} a_{\boldsymbol{k}} \tag{39.34}$$

Die Gleichung (39.32) bietet sich für die Herleitung einer Gleichung für die Greensche Funktion an. Hierzu multiplizieren wir beide Seiten von (39.32) von rechts her mit $a^+_{\boldsymbol{k}'}(t')$ und von links her mit dem chronologischen Operator T sowie mit $-i$.

Schließlich bilden wir den Erwartungswert bezüglich eines Zustandes Φ, wobei wir im folgenden explizit für Φ den Vakuumzustand verwenden. Wir erhalten dann die

Gleichung

$$\frac{dG_{kk'}}{dt} = -i\varepsilon_k G_{kk'} - i\delta_{kk'}\delta(t-t') - \sum_w g_w^* G_{k-w,w,k'} - \sum_w g_w G'_{w,k+w,k'} \tag{39.35}$$

wobei wir die Abkürzungen

$$G_{kk'} = -i\langle\Phi|\, T a_k(t) a_{k'}^+(t')\Phi\rangle \tag{39.36}$$

$$G_{k-w,w,k'} = \langle\Phi|\, T a_{k-w}(t) b_w(t) a_{k'}^+(t')\Phi\rangle \tag{39.37}$$

$$G'_{w,k+w,k'} = \langle\Phi|\, T b_w^+(t) a_{k+w}(t) a_{k'}^+(t')\Phi\rangle \tag{39.38}$$

eingeführt haben. Das Auftreten der Funktion (39.36) ist natürlich ein erwünschtes Resultat. Weniger erfreulich ist es dagegen, daß wir nun wieder gezwungen waren, neuartige Greensche Funktionen, nämlich (39.37) und (39.38) einzuführen. Man könnte hier nun versuchen, die Funktion (39.37) und (39.38) in Produkte aus einfacheren Greenschen Funktionen aufzuspalten. Beispielsweise

$$G_{k-w,w,k'} = \langle\Phi|\, T a_{k-w}(t) a_{k'}^+(t')\Phi\rangle\langle\Phi| b_w(t)\Phi\rangle \tag{39.39}$$

Man kann aber leicht nachweisen (vgl. Übungsaufgabe 2), daß (39.39) für den Vakuumzustand Φ_0 identisch verschwindet. Es würde dann also ein Resultat herauskommen, bei dem sich das Teilchen lediglich wie ein freies Teilchen bewegt, da ja die zusätzlichen Glieder in (39.35), die die Kopplung zwischen Teilchen und Gitterfeld beschreiben, identisch verschwinden. Dieses Beispiel zeigt übrigens deutlich, daß man bei der Anwendung von Greenschen Funktionen leicht Fehler machen kann und die Anwendung dieser Funktionen ein erhebliches physikalisches Fingerspitzengefühl erfordert. In der Tat gibt es Beispiele in der Literatur, wo durchaus die falschen Näherungen, vor allen Dingen im Hinblick auf Produktansätze gemacht wurden. Wir wollen den Leser hier aber nicht zu sehr erschrecken, sondern vielmehr zeigen, wie man mit etwas Vorsicht trotzdem schnell zu einem guten Resultat kommen kann. Wir leiten dazu noch die Gleichungen für die Greenschen Funktionen (39.37) und (39.38) her. Dazu differenzieren wir (39.37) und finden

$$\begin{aligned}\frac{d}{dt} G_{k-w,w,k'} &= \langle\Phi|\frac{dT}{dt} a_{k-w}(t) b_w(t) a_{k'}^+(t')\Phi\rangle + \\ &+ \langle\Phi|\, T\dot{a}_{k-w}(t) b_w(t) a_{k'}^+(t')\Phi\rangle + \\ &+ \langle\Phi|\, T a_{k-w}(t)\dot{b}_w(t) a_{k'}^+(t')\Phi\rangle\end{aligned} \tag{39.40}$$

Hierbei hat der Ausdruck dT/dt lediglich symbolische Bedeutung. Er soll darauf aufmerksam machen, daß bei der Differentiation die zeitliche Reihenfolge bezüglich t und t' zu beachten ist und ein Zusatzglied ergibt. Dieses Zusatzglied leiten wir in Übungsaufgabe 3 her. Es ergibt sich

$$\begin{aligned}\frac{dT}{dt} a_{k-w}(t) b_w(t) a_{k'}^+(t') &= \delta(t-t')[a_{k-w}(t) b_w(t),\, a_{k'}^+(t)]_+ \\ &= \delta(t-t') b_w(t)\delta_{k',k-w}\end{aligned} \tag{39.41}$$

Neben dem 1. Glied in (39.40), das wir soeben explizit durch (39.41) angegeben haben, treten in (39.40) noch 2 weitere Glieder auf. Um diese zu berechnen, setzen wir für $\dot{a}$ und $\dot{b}$ die rechten Seiten von (39.32) bzw. (39.33) ein. Damit erhalten wir den folgenden Ausdruck

$$\frac{d}{dt} G_{k-w,w,k'} = \mathrm{I} + \mathrm{II} + \mathrm{III} \tag{39.42}$$

wobei die einzelnen Glieder durch

$$\mathrm{I} = \quad \delta(t-t')\delta_{k',k-w}\langle\Phi|b_w(t)\Phi\rangle \tag{39.43.I}$$

$$\begin{aligned}\mathrm{II} = \quad & \langle\Phi|T\{-i\varepsilon_{k-w}a_{k-w} - i\sum_{w'} g^*_{w'}a_{k-w-w'}b_{w'} \\ & -i\sum_{w'} g_{w'}b^+_{w'}a_{k-w+w'}\}_t b_w(t)\cdot a^+_{k'}(t')\Phi\rangle\end{aligned} \tag{39.43.II}$$

$$\mathrm{III} = \quad \langle\Phi|Ta_{k-w}(t)\{-i\omega_w b_w - i\sum_{k''} g_w a^+_{k''}a_{k''+w}\}_t a^+_{k'}(t')\Phi\rangle \tag{39.43.III}$$

gegeben sind. Wie wir in Übungsaufgabe 2 zeigen werden, verschwindet (39.43.I). (39.43.II) enthält innerhalb der geschweiften Klammer 3 verschiedene Ausdrücke. Den ersten können wir in der Form

$$-i\varepsilon_{k-w}G_{k-w,w,k'} \tag{39.44}$$

wiedergeben. Der 2. Ausdruck in der geschweiften Klammer enthält einen Phononen-Vernichtungsoperator $b_{w'}$, der dann nochmals mit einem zweiten Phononen-Vernichtungsoperator zusammentrifft. Es werden hier also zweimal Phononen vernichtet. Dieser Vernichtungsprozeß ist jedesmal mit einem Kopplungsfaktor g_w verknüpft. Beschränken wir uns auf die niedrigste Näherung in $\sim g_w^2$, so dürfen wir diesen Ausdruck weglassen. Derjenige Ausdruck, der von dem letzten Summanden in der geschweiften Klammer herrührt, verschwindet ebenfalls, weil der Operator b_w^+ nach links auf Φ_0 wirkend Null ergibt (vgl. Übungsaufgabe 2). Der ganze Ausdruck (39.43.II) reduziert sich somit auf (39.44). Betrachten wir schließlich den Ausdruck (39.43.III) und sehen wir uns auch hier wieder die geschweifte Klammer an. Der 1. darin auftretende Ausdruck gibt bis auf den Faktor $-i\omega_w$ gerade wieder Anlaß zu der Greenschen Funktion (39.37). Betrachten wir nun den zweiten in (39.43.III) auftretenden Ausdruck, der aus einer Summe über Operatoren der Gestalt

$$a_{k-w}(t)a^+_{k''}(t)a_{k''+w}(t)a^+_{k'}(t') \tag{39.45}$$

besteht. Unter Verwendung der üblichen Vertauschungsrelation für Fermiteilchen können wir die Reihenfolge der ersten beiden Operatoren auch umdrehen, wobei wir

$$\delta_{k'',k-w}a_{k''+w}(t)a^+_{k'}(t') - a^+_{k''}(t)a_{k-w}(t)a_{k''+w}(t)a^+_{k'}(t') \tag{39.46}$$

erhalten. Wir vergegenwärtigen uns nun, daß (39.45) bzw. (39.46) auf den Vakuumzustand wirken. Schauen wir uns nun die Wirkung des zweiten in (39.46) stehenden Ausdrucks auf Φ_0 an. Hier wird zunächst ein Elektron erzeugt. Anschließend sollen aber zwei Elektronen vernichtet werden; da aber nur eines da ist, gibt die Anwendung des entsprechenden Operators auf Φ_0 Null. Damit hat sich aber der Ausdruck (39.45) auf den ersten Teil des Ausdrucks von (39.46) reduziert, enthält also nur noch zwei Elektronenoperatoren, die gerade in der ursprünglichen Definition von $G_{kk'}$ auftraten. Nach diesen etwas langwierigen Überlegungen erkennen wir, daß sich der Ausdruck (39.43.III) auf

$$(39.43.\mathrm{III}) = -i\omega_w G_{k-w,w,k'} + g_w G_{kk'} \tag{39.47}$$

reduziert. Fassen wir damit unser Resultat zusammen. Wir haben eine Gleichung für $G_{k-w,w,k'}$ hergeleitet, die durch (39.42) gegeben war. Die Auswertung der einzelnen Ausdrücke I, II, III liefert nun das folgende Endresultat

$$\frac{d}{dt} G_{k-w,w,k'} = -i(\varepsilon_{k-w} + \omega_w) G_{k-w,w,k'} + g_w G_{kk'} \tag{39.48}$$

Es könnte nun scheinen, daß uns nochmals die gleiche ähnlich langwierige Aufgabe bevorsteht, eine entsprechende Bewegungsgleichung für (39.38) herzuleiten. Wie man aber in Analogie zur Übungsaufgabe 2 zeigen kann, verschwindet (39.38) zumindest für einen Zustand, in dem keine Phononen vorhanden sind, identisch.

$$G'_{k,k+w,k'} \equiv 0 \tag{39.49}$$

Damit ist unsere Aufgabe gelöst, ein in sich geschlossenes System von Gleichungen für Greensche Funktionen zu finden. Mit dem Ergebnis (39.48) und (39.49) können wir diese beiden Gleichungstypen in der folgenden Weise wiedergeben:

$$\frac{dG_{k,k'}}{dt} = -i\varepsilon_k G_{kk'} - i\delta_{kk'}\delta(t-t') - \sum_w g_w^* G_{k-w,w,k'} \tag{39.50}$$

$$\frac{d}{dt} G_{k-w,w,k'} = -i(\varepsilon_{k-w} + \omega_w) G_{k-w,w,k'} + g_w G_{kk'} \tag{39.51}$$

Bei der Lösung der Gleichungen (39.50), (39.51) läge es nahe, in Analogie zur Lösung der Gleichung des kräftefreien Teilchens (39.13) wieder die Fouriertransformation heranzuziehen. Darauf werden wir in Aufgabe 5 näher eingehen, doch wollen wir zuerst mit einem anderen Lösungsverfahren in sehr direkter Weise zeigen, daß sich das Elektron in Wechselwirkung mit Gitterschwingungen tatsächlich durch eine neue verschobene Energie und eine Dämpfungskonstante beschreiben läßt. Wir beschränken uns hierin auf $t > t'$ sowie auf $\boldsymbol{k} = \boldsymbol{k}'$. In diesem Falle ist in Gl. (39.50) die Inhomogenität $\sim \delta(t-t') = 0$ und (39.50), (39.51) stellen ein System homogener, linearer Gleichungen mit konstanten Koeffizienten dar. Zur Lösung eines derartigen Gleichungssystems setzt man bekanntlich die unbekannten Funktionen als Exponentialfunktionen an:

$$G_{k,k} = C_k e^{(-i\varepsilon-\gamma)t} \tag{39.52}$$

$$G_{k-w,w,k} = D_{k,w} e^{(-i\varepsilon-\gamma)t} \tag{39.53}$$

wobei ε, γ, C_k, $D_{k,w}$ noch zu bestimmende Konstanten sind. Einsetzen von (39.52) und (39.53) in (39.50) und (39.51) liefert unmittelbar

$$(-i\varepsilon-\gamma)C_k=-i\varepsilon_k C_k-\sum_w g_w^* D_{k,w} \tag{39.54}$$

und $$(-i\varepsilon-\gamma)D_{k,w}=-i(\varepsilon_{k-w}+\omega_w)D_{k,w}+g_w C_k \tag{39.55}$$

Aus Gleichung (39.55) können wir $D_{k,w}$ gemäß

$$D_{k,w}=\frac{g_w C_k}{-i\varepsilon-\gamma+i\varepsilon_{k-w}+i\omega_w} \tag{39.56}$$

berechnen. Setzen wir dieses in (39.54) ein, so fällt C_k auf beiden Seiten heraus und wir erhalten fast unmittelbar die Gleichung

$$\varepsilon-i\gamma=\varepsilon_k-\sum_w |g_w|^2\frac{1}{-\varepsilon+i\gamma+\varepsilon_{k-w}+\omega_w} \tag{39.57}$$

Gl. (39.57) stellt eine Eigenwertgleichung für $(\varepsilon-i\gamma)$ dar. Da $(\varepsilon-i\gamma)$ auch noch unter der Summe auftritt, könnte die Bestimmung von $(\varepsilon-i\gamma)$ eine schwierige Aufgabe sein. Beschränken wir uns aber auf kleine Kopplungskonstanten, $|g_w|^2$, so liegt es nahe, Gleichung (39.57) iterativ zu lösen. In der nullten Näherung lassen wir in (39.57) die Summe ganz weg und erhalten

$$\begin{aligned}\varepsilon^{(0)}&=\varepsilon_k\\ \gamma^{(0)}&=0\end{aligned} \tag{39.58}$$

Im nächsten Schritt setzen wir unter der Summe $\varepsilon=\varepsilon_k$. Wegen (39.58) könnte man versucht sein, dort $\gamma=\gamma^{(0)}=0$ zu setzen, kommt dann aber, wie die weitere Analyse zeigt, in Widersprüche. Deshalb lassen wir γ erst einmal stehen, betrachten dann aber wegen (39.58) den Grenzfall $\gamma^{(0)}\to 0$:

$$\varepsilon-i\gamma=\varepsilon_k-\lim_{\gamma^{(0)}\to 0}\sum_w |g_w|^2\frac{1}{-\varepsilon_k+\varepsilon_{k-w}+\omega_w+i\gamma^{(0)}} \tag{39.59}$$

Zur weiteren Auswertung der Summe in (39.59) verwandeln wir diese in ein Integral. Wie wir schon wissen (vgl. (29.27)), hängen die Kopplungskonstanten g_w vom Kristallvolumen V in der Form $g_w\sim 1/\sqrt{V}$ ab. Wir setzen daher

$$g_w=\frac{1}{\sqrt{V}}g_w^0 \tag{39.60}$$

Da sich die Summe über Wellenzahlen erstreckt, gilt die Relation (vgl. §30)

$$\frac{1}{V}\sum_w=\left(\frac{1}{2\pi}\right)^3\int\ldots d^3w$$

Das sich somit ergebende Integral

$$\frac{1}{(2\pi)^3}\int |g_w^0|^2 \frac{d^3w}{-\varepsilon_k+\varepsilon_{k-w}+\omega_w+i\gamma^{(0)}} \tag{39.61}$$

werten wir für $\gamma^{(0)} \to 0$ aus und benutzen die Relation:

$$\lim_{\gamma\to 0}\frac{1}{\xi-\xi_0+i\gamma} = P\frac{1}{(\xi-\xi_0)} - i\pi\delta(\xi-\xi_0) \tag{39.62}$$

wobei P den Hauptwert bedeutet. Setzen wir (39.61) mit (39.62) in (39.59) ein und trennen Real- und Imaginärteil, so finden wir als Endresultat:

$$\varepsilon = \varepsilon_k - P\frac{1}{(2\pi)^3}\int |g_w^0|^2 \frac{1}{-\varepsilon_k+\varepsilon_{k+w}+\omega_w}\, d^3w \tag{39.63}$$

$$\gamma = -\pi\frac{1}{(2\pi)^3}\int |g_w^0|^2\,\delta(-\varepsilon_k+\varepsilon_{k+w}+\omega_w)\, d^3w \tag{39.64}$$

Die Resultate (39.63) und (39.64) sind uns früher im Rahmen der Störungstheorie schon begegnet. Wir hatten nämlich im Rahmen der Störungstheorie 1. Ordnung gefunden, daß ein Elektron durch Wechselwirkung mit den Gitterschwingungen, hier genauer: durch Emission von Phononen, aus dem Anfangszustand $\boldsymbol{k}$ herausgestreut wird mit einer Übergangswahrscheinlichkeit pro Sekunde, die gerade durch den Ausdruck (39.64) gegeben war. Man beachte, daß wir im vorliegenden Fall nur den Spezialfall betrachten, daß keine thermisch angeregten Phononen vorhanden sind. Auch der Ausdruck (39.63) ist uns schon im § 35 begegnet, wo wir die Selbstenergie des Polarons ausrechneten. Das vorliegende Beispiel macht den großen Vorteil der Verwendung Greenscher Funktionen deutlich. Wir können tatsächlich, wie wir das schon im vorigen Paragraphen gesehen haben, mit einem Schlag sowohl die neuen Energiewerte als auch die Lebensdauer unserer Anregungszustände berechnen. Dem Leser, der tiefer in die Behandlung des Problems eindringen möchte, sei die Lösung der nachfolgenden Aufgaben empfohlen.

Aufgaben zu § 39

1. Man werte (38.10) für freie Teilchen, also $\psi \equiv \psi_0$, $\psi^+ \equiv \psi_0^+$ aus, verwende jedoch für Φ den n-Teilchenzustand. Gilt jetzt immer noch $G(\boldsymbol{x}_2, t_2; \boldsymbol{x}_1, t_1) = 0$ für $t_2 < t_1$?

2. Man zeige, daß $b_w(t)\Phi_0 = 0$ ist (Φ_0 Vakuumzustand für Elektronen und Phononen).
Anleitung: Man setze $b_w(t) = e^{(i/\hbar)Ht} b_w e^{-(i/\hbar)Ht}$ und entwickle die Exponentialfunktion rechts in eine Potenzreihe.
Hinweis: $H^n\Phi_0 = 0$. Warum?
Ebenso zeige man $\langle \Phi_0 | b_w^+(t)\Phi_0\rangle = 0$.

3. Man beweise (39.41).
Anleitung: Man führe die entsprechenden Umformungen wie bei (39.4) und den folgenden Gleichungen aus.

4. Man bestimme graphisch die Wurzeln der Gleichung (39.59), indem man die Schnittpunkte der Geraden $f(\varepsilon) = \varepsilon$ mit

$$F(\varepsilon) = \varepsilon_k - \sum_w |g_w|^2 \frac{1}{-\varepsilon + \varepsilon_{k-w} + \omega_w}$$

bestimmt. Bei der Summe genügt es als Beispiel, nur einige wenige Glieder mitzunehmen.

5. Man löse die Gleichungen (39.50; 51) durch Fouriertransformation

$$G_{k,k}(t-t') = \frac{1}{\sqrt{2\pi}} \int_{-\infty}^{+\infty} C_k(\Omega) e^{-i\Omega(t-t')} d\Omega \qquad \text{(A39.1)}$$

$$G_{k-w,w,k} = \frac{1}{\sqrt{2\pi}} \int_{-\infty}^{+\infty} D_{k,w}(\Omega) e^{-i\Omega(t-t')} d\Omega \qquad \text{(A39.2)}$$

Anleitung: Durch Einsetzen von (A39.1), (A39.2) gemeinsam mit der Fourierdarstellung der $\delta(t-t')$-Funktion in (39.50), (39.51) ergeben sich die Gleichungen

$$iC_k(\Omega)(\varepsilon_k - \Omega) + \sum_w g_w^* D_{k,w}(\Omega) = -\frac{i}{\sqrt{2\pi}}$$

$$iD_{k,w}(\Omega)(\varepsilon_{k-w} + \omega_w - \Omega) - g_w C_k(\Omega) = 0$$

mit der Lösung

$$C_k = \frac{1}{\sqrt{2\pi}} \frac{1}{f(\Omega)}; \quad f(\Omega) = \Omega - \varepsilon_k + \sum_w |g_w|^2 \frac{1}{-\Omega + \varepsilon_{k-w} + \omega_w}$$

Um (A39.1), (A39.2) auszuwerten, verwende man den Residuensatz und überzeuge sich davon, daß die Gleichung für die Pole Ω_p: $f(\Omega_p) = 0$ mit Gl. (39.57) identisch ist.

VII. Supraleitung

§ 40 Einige grundlegende experimentelle Tatsachen der Supraleitung

Bevor wir die mikroskopische Theorie der Supraleitung darlegen, fragen wir uns, was von einer derartigen Theorie überhaupt erwartet wird. Hierzu erinnern wir uns kurz an einige experimentelle Tatsachen.

1. Bei einer bestimmten Sprungtemperatur T_c gehen gewisse Stoffe vom normalleitenden in den supraleitenden Zustand über.

2. Im supraleitenden Zustand ist die elektrische Leitfähigkeit unendlich.

3. *Der Meissner-Ochsenfeld-Effekt*: Die magnetische Induktion im Supraleiter ist Null, unabhängig von der Vorgeschichte (z. B. kann man erst das Magnetfeld einschalten, das in das normalleitende Metall eindringt, dann aber beim Abkühlen des Metalles unter die Sprungtemperatur hinausgedrängt wird, oder man kann erst Abkühlen und dann das Magnetfeld anlegen, das jetzt nicht mehr eindringen kann (vgl. Fig. 58)). Daraus ergibt sich, daß der supraleitende Zustand in einem gegebenen äußeren Feld ein einziger stabiler Zustand ist, auf den die Gesetze der Thermodynamik anwendbar sind. Nach dem Meißner-Ochsenfeld-Effekt verhält sich der Supraleiter wie ein perfekter Diamagnet mit der Permeabilität Null[1]).

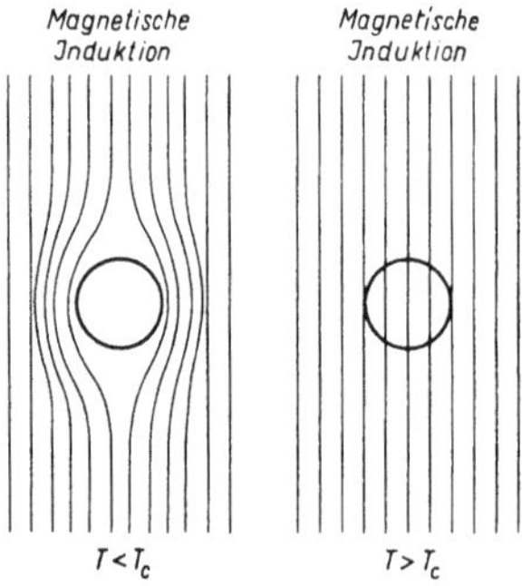

Fig. 58
Der Meissner-Ochsenfeld-Effekt
Feldverlauf bei einem zylindrischen Supraleiter für $T < T_c$ und $T > T_c$.

Sowohl für die makroskopische als auch die mikroskopische Theorie ist es wichtig, daß der perfekte Diamagnetismus und die unendliche Leitfähigkeit zwei unabhängige Eigenschaften des Supraleiters sind.

---

[1]) Genaugenommen ist der Diamagnetismus nicht ganz perfekt, da das Magnetfeld auf 10^{-6} bis 10^{-5} cm eindringt.

4. Der Übergang Normalleiter-Supraleiter ist (von eindimensionalen Supraleitern abgesehen) ein Phasenübergang 2. Ordnung: die spezifische Wärme macht einen Sprung bei $T = T_c$.

5. Die spezifische Wärme der Elektronen ändert sich bei tiefsten Temperaturen wie $exp(-\Delta E/kT)$.

Wir besprechen nun kurz die elektromagnetischen Gleichungen, mit deren Hilfe man die unendliche Leitfähigkeit und den perfekten Diamagnetismus der Supraleiter beschreiben kann. Ohne auf die Details einzugehen, betrachten wir die Maxwellschen Gleichungen ohne Raumladungen. Die Stromdichte zerlegen wir in einen Anteil, der von den normalleitenden Elektronen herrühren soll, $\boldsymbol{j}_n$, und einen zweiten, von den Supraleitungselektronen stammenden, $\boldsymbol{j}_s$. Wir setzen also

$$\boldsymbol{j} = \boldsymbol{j}_s + \boldsymbol{j}_n \tag{40.1}$$

Ferner vernachlässigen wir die zeitliche Änderung des Verschiebungsstromes

$$\dot{\boldsymbol{D}} = 0 \tag{40.2}$$

und setzen

$$\mu = 1 \tag{40.3}$$

Indem wir $\boldsymbol{j}_n$ gegen $\boldsymbol{j}_s$ vernachlässigen, schreiben wir mit den oben genannten Annahmen die Maxwellschen Gleichungen in der Form

$$div\, \boldsymbol{E} = 0 \tag{40.4}$$

$$div\, \boldsymbol{B} = 0 \tag{40.5}$$

$$rot\, \boldsymbol{E} = -\frac{1}{c}\dot{\boldsymbol{B}} \tag{40.6}$$

$$rot\, \boldsymbol{B} = \frac{4\pi}{c}\boldsymbol{j}_s \tag{40.7}$$

Zu diesen Maxwellschen Gleichungen fügten die Gebrüder London nun Materialgleichungen: 1. die *Beschleunigungsgleichung*

$$\Lambda \frac{\partial \boldsymbol{j}_s}{\partial t} = \boldsymbol{E} \tag{40.8}$$

Diese Beschleunigungsgleichung beschreibt ein zeitliches Anwachsen des Stromes bei angelegtem Feld, d.h. sie beschreibt die unendliche Leitfähigkeit. Wenn alle Leitungselektronen sich wie freie Elektronen, die keinen Widerstand haben, verhielten, so wäre Λ durch

$$\Lambda = \frac{m}{ne^2} \tag{40.9}$$

gegeben, wobei m die Elektronenmasse und n die Dichte der Elektronen ist.

Die 2. *Londonsche Gleichung* lautet:

$$\Lambda\, rot\, \boldsymbol{j}_s = -\boldsymbol{B}/c \qquad (40.10)$$

Wie sich zeigen läßt, muß aus Gründen der Widerspruchsfreiheit die Konstante Λ in (40.10) mit der in (40.8) identisch sein. *Wir überzeugen uns* kurz *davon, daß* (40.10) in der Tat *die diamagnetischen Eigenschaften des Supraleiters wiedergibt.*

Wir betrachten hierzu einen Supraleiter, der unendlich ausgestreckt ist. Die Koordinate in den Supraleiter hinein bezeichnen wir mit z.
Aus Gleichung (40.7) schließen wir, wie in der Elektrodynamik üblich, daß $\boldsymbol{B}_{tang}$ stetig ist.
Aufgrund der speziellen Konfiguration dürfen wir annehmen, daß $\boldsymbol{B}$ nur eine x-Komponente hat, die noch von z abhängen kann. Damit ist die Bedingung (40.5) erfüllt. Aus den Gleichungen (40.7) und (40.10) können wir $\boldsymbol{j}$ eliminieren und erhalten

$$\nabla^2 \boldsymbol{B} = -rot\, rot\, \boldsymbol{B} = \frac{4\pi}{\Lambda c^2}\boldsymbol{B} \qquad (40.11)$$

oder in der von Null verschiedenen Komponente geschrieben

$$\frac{\partial^2 B_x}{\partial z^2} = \frac{4\pi}{\Lambda c^2} B_x \qquad (40.12)$$

Die Lösung von (40.12) lautet

$$B_x(z) = B(0)e^{-z/\lambda} \qquad (40.13)$$

Dies zeigt uns tatsächlich, daß das Feld im Innern exponentiell abklingt, wobei die Eindringtiefe λ, wie aus (40.12) folgt, durch

$$\lambda = \left(\frac{\Lambda c^2}{4\pi}\right)^{1/2} \qquad (40.14)$$

gegeben ist. Einsetzen numerischer Werte für Λ ergibt λ von der Größe

$$\lambda = 10^{-6}\,\text{cm} \qquad (40.15)$$

Unsere Betrachtungen haben deutlich gemacht, daß die Gleichung (40.10) tatsächlich den Diamagnetismus des Supraleiters beschreibt.
Es sei darauf hingewiesen, daß λ mit der Temperatur T variiert. Man erhält $\lambda = \infty$ für $T = T_c$ und $\lambda = \lambda_{min}$ für $T = 0$. Da die Eindringtiefe λ über Λ von der Konzentration der Supraleitungselektronen (vgl. (40.9)) abhängt, ist dies ein starker Hinweis darauf, daß die Zahl der Supraleitungselektronen selbst eine Funktion der Temperatur ist.

Wir zeigen nun eine Schlußfolgerung aus den Londonschen Gleichungen, die unmittelbar für die mikroskopische Theorie der Supraleitung verwendet werden kann. Hierzu betrachten wir transversale Felder und führen, wie üblich, das Vektorpotential mit Hilfe der Gleichungen

$$\boldsymbol{B} = rot\boldsymbol{A} \qquad (40.16)$$

$$\boldsymbol{E} = -\frac{1}{c}\frac{\partial \boldsymbol{A}}{\partial t} \qquad (40.17)$$

und der Nebenbedingung für transversales Vektorpotential

$$div\, \boldsymbol{A} = 0 \tag{40.18}$$

ein. Setzen wir diese in die Materialgleichungen (40.8) und (40.10) ein, so erhalten wir

$$\Lambda\, rot\, \boldsymbol{j}_s = -\frac{1}{c}\, rot\, \boldsymbol{A} \tag{40.19}$$

und
$$\Lambda \frac{\partial \boldsymbol{j}_s}{\partial t} = -\frac{1}{c}\frac{\partial \boldsymbol{A}}{\partial t} \tag{40.20}$$

Diese Gleichungen können wir unmittelbar aufintegrieren. Falls wir annehmen, daß die Normalkomponente von $\boldsymbol{A}$ an der Grenze eines geschlossenen Supraleiters verschwindet, so ergibt die Aufintegration

$$\Lambda \boldsymbol{j}_s = -\frac{1}{c}\boldsymbol{A} \tag{40.21}$$

Die Begründung dieser Beziehung zwischen supraleitendem Strom $\boldsymbol{j}_s$ und Vektorpotential $\boldsymbol{A}$ kann, wenn wir von Feinheiten absehen, direkt als Ziel von mikroskopischen Theorien betrachtet werden. Die Bedeutung dieser Relation ist durch folgendes gegeben: Betrachten wir hierzu den Ausdruck für die Stromdichte, wie sie uns von der Quantentheorie in der üblichen Form geliefert wird

$$\begin{aligned} \boldsymbol{j}(\boldsymbol{x}) = {} & \frac{e\hbar}{2mi}\{\psi^*(\boldsymbol{x})grad\psi(\boldsymbol{x}) - \psi(\boldsymbol{x})grad\psi^*(\boldsymbol{x})\} - \\ & - \frac{e^2}{mc}\boldsymbol{A}\psi^*(\boldsymbol{x})\psi(\boldsymbol{x}) \end{aligned} \tag{40.22}$$

In einer quantenfeldtheoretischen Formulierung sind ψ und ψ^* natürlich durch die entsprechenden Feldoperatoren zu ersetzen. Der Erwartungswert der Stromdichte ist dann in dem Formalismus der Quantenfeldtheorie durch

$$\overline{\boldsymbol{j}(\boldsymbol{x})} = \langle \Phi | \boldsymbol{j}(\boldsymbol{x}) | \Phi \rangle \tag{40.23}$$

gegeben. Ist kein Magnetfeld und damit auch kein Vektorpotential $\boldsymbol{A}$ vorhanden, so verschwindet natürlich die Stromdichte im Grundzustand, d.h. der in den geschweiften Klammern stehende Ausdruck gibt dann bei Bildung des Erwartungswertes Null. Wäre nun auch bei eingeschaltetem Magnetfeld dieser Ausdruck nach wie vor Null, so hätte die Stromdichte gerade die durch (40.21) geforderte Form. Die Stromdichte $\boldsymbol{j}$ wäre dann nämlich proportional zum Vektorpotential, multipliziert mit der Dichte $\psi^+\psi$ der Elektronen. Es könnte zunächst scheinen, als würde daher jeder Leiter zu einem Supraleiter. Dies ist nun aber keineswegs der Fall. Wie nämlich eine längere Rechnung zeigt, werden bei Auftreten eines Vektorpotentials die Elektronenwellenfunktionen beeinflußt. Hierbei kompensieren sich gerade die Beiträge, die von der geschweiften Klammer herrühren gegen den letzten zu $\boldsymbol{A}$ proportionalen Ausdruck in (40.22).

Wie sollte nun eine mikroskopische Theorie beschaffen sein, die garantiert, daß der in der geschweiften Klammer stehende Ausdruck, den wir mit $\boldsymbol{j}_1$ abkürzen, auch bei einem Magnetfeld 0 bleibt, so daß der zweite in (40.22) auftretende Ausdruck, den wir mit $\boldsymbol{j}_2$

$$\boldsymbol{j}_2 = -\frac{e^2}{mc}\boldsymbol{A}\langle\Phi|\psi^+(\boldsymbol{x})\psi(\boldsymbol{x})|\Phi\rangle = -\frac{e^2}{mc}\boldsymbol{A}n \tag{40.24}$$

abkürzen, voll zum Tragen kommt? Dies wäre dann der Fall, wenn die Wellenfunktionen eine Starrheit besitzen, also auch bei Anlegen eines Magnetfeldes unverändert bleiben. In einem diamagnetischen Atom ist das ja auch tatsächlich der Fall. Diese Starrheit der Wellenfunktion wäre dann gewährleistet, wenn die angeregten Zustände des Supraleiters durch eine Energielücke von dem Grundzustand getrennt sind. Diese von London geäußerte Idee hat sich als äußerst fruchtbar erwiesen und ein wesentliches Ziel bei der Entwicklung der mikroskopischen Theorie der Supraleitung war es, die Existenz einer derartigen Energielücke nachzuweisen. Eine derartige Energielücke, die noch temperaturabhängig sein kann, würde auch das experimentelle Verhalten der spezifischen Wärme gut erklären. Bevor wir auf die Frage der Energielücke noch näher eingehen, fügen wir 2 Bemerkungen hinzu.

1. Bei schwachen und langsam veränderlichen Feldern erwarten wir, daß der Grundzustand sich „adiabatisch" mit den Feldern verschiebt, aber keine Anregungen über den Grundzustand hinaus wesentlich werden.

2. Des weiteren fügen wir noch an, daß man neben der Eindringtiefe λ noch eine 2. Länge in die Supraleitungstheorie zunächst phänomenologisch eingeführt hat, nämlich die Kohärenzlänge ξ. Wie wir heute wissen und auch in späteren Kapiteln sehen werden, ist diese Kohärenzlänge durch die Ausdehnung der Paarwellenfunktionen der Supraleitung gegeben. Man spricht von weichen Supraleitern falls

$$\xi \gg \lambda \tag{40.25}$$

gilt und von harten Supraleitern, falls

$$\lambda \gg \xi \tag{40.26}$$

erfüllt ist. Hiermit wollen wir unsere phänomenologischen Betrachtungen zur Supraleitung abschließen und uns der Frage zuwenden, was nun von einer mikroskopischen Theorie verlangt wird. Die wichtigste Frage hierbei ist es, herauszufinden, welche Wechselwirkung zwischen den Elektronen maßgebend ist, um eine Starrheit des Grundzustandes und die darüberliegende Energielücke zu begründen. Trotz mannigfacher Versuche hat es lange gedauert, bis von Fröhlich das richtige Resultat gefunden wurde. Aufgrund von Überlegungen, die typisch für die Begriffsbildungen der Quantenfeldtheorie sind, leitete Fröhlich her, daß auf dem Umweg über die Gitterschwingungen eine direkte Wechselwirkung zwischen den Elektronen geschaffen wird. Diese Wechselwirkung ist umso stärker, je stärker die Wechselwirkung der Elektronen mit den Gitterschwingungen ist. Nun bestimmt ja die Stärke dieser letzteren Wechselwirkung die Größe des elektrischen Widerstandes. Je ausgeprägter die Wechselwirkung, umso höher ist der elektrische Widerstand unter sonst gleichen Bedingungen. Aufgrund dieser Überlegungen sollte man das „paradoxe" Resultat erwarten, daß solche Stoffe umso bessere Supraleiter sind, je höher deren Widerstand im normalleitenden Zustand ist. Dieser geniale und zugleich kühne Vorschlag fand in gleichzeitig durchgeführten Experimenten des Isotopeneffekts seine glanzvolle Bestätigung. Die Schwingungsamplitude der Gitterschwingungen und damit die effektive Elektron-Gitterwechselwirkung hängen von der Ionenmasse M ab, und zwar ist diese Wechselwirkung umso größer, je kleiner die Masse ist. Die Fröhlichsche Theorie sagte voraus, daß T_c, die Sprungtemperatur, proportional zu $M^{-1/2}$ sein sollte, wie dies auch tatsächlich gefunden wurde. Die absolute Größe von T_c stellte sich jedoch als wesentlich zu groß heraus. Dies lag daran, daß Fröhlich die Selbstenergie der Elektronen berechnete. Heute wissen wir, daß es vielmehr die Wechselwirkung zwischen den Elektronen ist. Im einzelnen gehen wir nunmehr wie folgt vor. Wir leiten aus der Elektron-Gitter-Wechselwirkung die effektive Fröhlichsche Wechselwirkung zwischen den Elektronen her und besprechen dann Methoden, die so erhaltene Schrödinger-Gleichung zu lösen.

§ 41 Theorie der Supraleitung: Herleitung der Fröhlich-Wechselwirkung zwischen den Elektronen

Ausgangspunkt der Untersuchung dieses Kapitels ist der Hamilton-Operator von § 29, der die Wechselwirkung zwischen Elektronen und Gitterschwingungen beschreibt. Wie wir später sehen werden, ist es für die Supraleitungstheorie wesentlich, daß die Elektronen einen Spin haben. Aus diesem Grund fügen wir zu dem Wellenzahlvektor $\boldsymbol{k}$ noch den Index σ hinzu, der angibt, ob sich das Elektron in dem einen Spinzustand (Spin nach oben) oder in dem anderen Spinzustand (Spin nach unten) befindet. Diese Spinquantenzahl σ kann also zwei Bedeutungen „Spin nach oben" (Pfeil nach oben) oder „Spin nach unten" (Pfeil nach unten) haben. In dieser Schreibweise können wir den Hamiltonoperator

$$H = H_0 + H_{WW} \tag{41.1}$$

in seinen Bestandteilen H_0 und H_{WW} wie folgt wiedergegeben

$$H_0 = \sum_{\boldsymbol{k},\sigma} \hbar \varepsilon_{\boldsymbol{k}} a^+_{\boldsymbol{k},\sigma} a_{\boldsymbol{k},\sigma} + \sum_{\boldsymbol{w}} \hbar \omega_{\boldsymbol{w}} b^+_{\boldsymbol{w}} b_{\boldsymbol{w}} \tag{41.2}$$

$$H_{WW} = \hbar \sum_{\boldsymbol{k},\boldsymbol{w},\sigma} (g_{\boldsymbol{w}} b_{\boldsymbol{w}} a^+_{\boldsymbol{k}+\boldsymbol{w},\sigma} a_{\boldsymbol{k},\sigma} + g^*_{\boldsymbol{w}} b^+_{\boldsymbol{w}} a^+_{\boldsymbol{k},\sigma} a_{\boldsymbol{k}+\boldsymbol{w},\sigma}) \tag{41.3}$$

Hierbei nehmen wir, wie üblich, an, daß bei der Wechselwirkung zwischen Elektronen und Gitterschwingungen der Spin der Elektronen nicht geändert wird. Daher ist in (41.3) der Index σ bei den Erzeugungs- und Vernichtungsoperatoren für die Elektronen der gleiche.

Wir untersuchen das Problem zunächst im Heisenbergbild, das in §16 erläutert worden ist und knüpfen insbesondere an die Gleichungen (16.34), (16.35) an. Wie wir sehen werden, ist das Heisenbergbild besonders anschaulich und erlaubt wenigstens intuitiv, die hier gemachten Näherungen besser zu erfassen. Wie wir beim Zurückblättern bei den Gleichungen (16.34) und (16.35) erkennen, treten hier auf den rechten Seiten noch die Frequenzen $\omega_{\mathbf{w}}$ auf. Um diese zu beseitigen, nehmen wir eine Transformation der Erzeugungs- und Vernichtungsoperatoren für die Phononen und Elektronen vor, wie sie durch die Wechselwirkungsdarstellung nahegelegt wird.

$$b_{\mathbf{w}}^{+} = \tilde{b}_{\mathbf{w}}^{+}\, e^{i\omega_{\mathbf{w}} t} \tag{41.4}$$

$$b_{\mathbf{w}} = \tilde{b}_{\mathbf{w}}\, e^{-i\omega_{\mathbf{w}} t} \tag{41.5}$$

$$a_{\mathbf{k},\sigma}^{+} = \tilde{a}_{\mathbf{k},\sigma}^{+}\, e^{i\varepsilon_{\mathbf{k}} t} \tag{41.6}$$

$$a_{\mathbf{k},\sigma} = \tilde{a}_{\mathbf{k},\sigma}\, e^{-i\varepsilon_{\mathbf{k}} t} \tag{41.7}$$

Die Gleichung für den Phononen-Erzeugungsoperator nimmt damit die Gestalt

$$\dot{\tilde{b}}_{\mathbf{w}}^{+} = i \sum_{\mathbf{k},\sigma} g_{\mathbf{w}}\, e^{i(\varepsilon_{\mathbf{k}+\mathbf{w}} - \varepsilon_{\mathbf{k}} - \omega_{\mathbf{w}})t}\, \tilde{a}_{\mathbf{k}+\mathbf{w},\sigma}^{+} \tilde{a}_{\mathbf{k},\sigma} \tag{41.8}$$

an. Wären die Elektronen-Operatoren in (41.8) klassische Größen, so würde (41.8) bedeuten, daß die Phononenamplitude $\tilde{b}_{\mathbf{w}}^{+}$ sich zeitlich durch die Bewegung der Elektronen ändert. Dies ist natürlich nichts anderes als ein Ausdruck dafür, daß die durch das Gitter laufenden Elektronen dieses polarisieren, d.h. die Gitterionen aus ihren Ruhelagen schieben. Umgekehrt wirken natürlich diese Ionenverschiebungen auf die Elektronen zurück. Um diese Rückwirkung näher zu erfassen, betrachten wir die zeitliche Änderung eines zunächst beliebigen Operators $\tilde{A}$, der aus Elektronenoperatoren aufgebaut ist. Diese zeitliche Änderung bekommen wir, wie üblich, durch die Anwendung der Regel

$$\dot{\Omega} = \frac{i}{\hbar}\,[H, \Omega] \tag{41.9}$$

Berücksichtigen wir noch, daß wir die Elektronenoperatoren im Wechselwirkungsbild benutzen, d.h. also die Transformation (41.6)–(41.7) verwenden, so erhalten wir für den Operator $\tilde{A}$ folgende Gleichung

$$\begin{aligned} \dot{\tilde{A}} = i \sum_{\mathbf{k},\mathbf{w},\sigma} \{ & g_{\mathbf{w}} [\tilde{a}_{\mathbf{k}+\mathbf{w},\sigma}^{+} \tilde{a}_{\mathbf{k},\sigma}, \tilde{A}]\, \tilde{b}_{\mathbf{w}}\, e^{i(\varepsilon_{\mathbf{k}+\mathbf{w}} - \varepsilon_{\mathbf{k}} - \omega_{\mathbf{w}})t} + \\ & + g_{\mathbf{w}}^{*} \tilde{b}_{\mathbf{w}}^{+} [\tilde{a}_{\mathbf{k},\sigma}^{+} \tilde{a}_{\mathbf{k}+\mathbf{w},\sigma}, \tilde{A}]\, e^{-i(\varepsilon_{\mathbf{k}+\mathbf{w}} - \varepsilon_{\mathbf{k}} - \omega_{\mathbf{w}})t} \} \end{aligned} \tag{41.10}$$

Da $\tilde{b}_{\mathbf{w}}$ und $\tilde{b}_{\mathbf{w}}^{+}$ mit den Elektronenoperatoren (zu gleichen Zeiten) vertauschbar sind, ist die Reihenfolge der Faktoren $\tilde{b}_{\mathbf{w}}$ und $\tilde{b}_{\mathbf{w}}^{+}$ in (41.10) beliebig. Im Hinblick auf spätere Näherungen, bei denen diese Vertauschbarkeit nicht mehr gesichert ist, haben wir jedoch in (41.10) $\tilde{b}_{\mathbf{w}}^{+}$ nach vorn gestellt, damit die hermitesche Form gewahrt bleibt.

Während die Gleichung (41.8) beschreibt, wie die Ionen auf Grund der Elektronenbewegung verschoben werden, beschreibt (41.10), um es nochmals zu wiederholen, die Wirkung der Ionen auf die Elektronen. Es liegt nun nahe, aus diesen beiden Gleichungen die Koordinaten der Gitterschwingungen zu eliminieren, so daß wir dann direkt eine Wirkung des Elektrons auf andere Elektronen und auch auf sich selbst haben. Um dieses Programm durchzuführen, integrieren wir die Gleichung (41.8) nach der Zeit und erhalten sofort

$$\tilde{b}_{\mathbf{w}}^{+}(t) = i \sum_{\mathbf{k}', \sigma'} g_{\mathbf{w}} \int_{-\infty}^{t} e^{i(\varepsilon_{\mathbf{k}'+\mathbf{w}} - \varepsilon_{\mathbf{k}'} - \omega_{\mathbf{w}})\tau} (\tilde{a}_{\mathbf{k}'+\mathbf{w},\sigma'}^{+} \tilde{a}_{\mathbf{k}',\sigma'})_{\tau} \, d\tau + \tilde{b}_{\mathbf{w}}^{+}(-\infty) \tag{41.11}$$

Dies ist noch zunächst ein völlig exakter Ausdruck. Der Index an dem Klammerausdruck unter dem Integral deutet an, daß wir den hier stehenden Operator zur Zeit τ zu nehmen haben. Das letzte Glied in (41.11) bezieht sich auf die Gitterschwingungen allein.

Für das Folgende wird es nützlich sein, sich die Operatoren stets durch klassische Zahlenfunktionen repräsentiert zu denken. Dies mag auf den ersten Blick ein wenig unheimlich erscheinen, man kann aber mit Methoden, die wir hier nicht erläutern können, in vielen Fällen Operatorgleichungen klassische Gleichungen zuordnen. Jedenfalls wollen wir festhalten, daß es tatsächlich erlaubt ist, die Operatoren hinsichtlich ihres Zeitverhaltens ähnlich wie klassische Größen zu behandeln.

Wir machen nun eine Annahme: Wir nehmen an, daß die Wechselwirkung zwischen den Elektronen-Gitterschwingungen nicht sehr stark ist. Dann dürfen wir annehmen, daß die Hauptzeitabhängigkeit der Operatoren a^+ und a schon durch die in (41.6) und (41.7) stehende Exponentialfunktion wiedergegeben wird, sich die restlichen Operatoren $\tilde{a}$ und $\tilde{a}^+$ aber nur langsam ändern. Dies bedeutet, daß wir unter dem Integral in (41.11) den in Klammern gesetzten Operatorausdruck zur Zeit t nehmen und vor das Integral ziehen. Das Integral läßt sich dann sofort auswerten und ergibt, wenn wir, wie üblich, die untere Grenze vernachlässigen (was durch einen „adiabatischen Faktor" geschehen kann)

$$\tilde{b}_{\mathbf{w}}^{+}(t) \approx \sum_{\mathbf{k}', \sigma'} g_{\mathbf{w}} (\tilde{a}_{\mathbf{k}'+\mathbf{w},\sigma'}^{+} a_{\mathbf{k}',\sigma'})_{t} \frac{e^{i(\varepsilon_{\mathbf{k}'+\mathbf{w}} - \varepsilon_{\mathbf{k}'} - \omega_{\mathbf{w}})t}}{(\varepsilon_{\mathbf{k}'+\mathbf{w}} - \varepsilon_{\mathbf{k}'}) - \omega_{\mathbf{w}}} + \tilde{b}^{+}(-\infty) \tag{41.12}$$

Hier ist es nun gelungen, die Amplituden und Gitterschwingungen explizit durch die elektronischen Größen auszudrücken. Einen entsprechenden Ausdruck erhält man natürlich auch für $\tilde{b}_{\mathbf{w}}(t)$. Setzen wir (41.12) sowie diesen eben erwähnten Ausdruck in (41.10) ein, so erhalten wir

$$\begin{aligned} \dot{\tilde{A}} = i & \sum_{\substack{\mathbf{k}, \mathbf{k}', \mathbf{w} \\ \sigma, \sigma'}} |g_{\mathbf{w}}|^2 \frac{e^{i(\varepsilon_{\mathbf{k}+\mathbf{w}} - \varepsilon_{\mathbf{k}} - \varepsilon_{\mathbf{k}'+\mathbf{w}} + \varepsilon_{\mathbf{k}'})t}}{\varepsilon_{\mathbf{k}'+\mathbf{w}} - \varepsilon_{\mathbf{k}'} - \omega_{\mathbf{w}}} \cdot \\ & \cdot [\tilde{a}_{\mathbf{k}+\mathbf{w},\sigma}^{+} \tilde{a}_{\mathbf{k},\sigma}, \tilde{A}] \, \tilde{a}_{\mathbf{k}',\sigma'}^{+} \tilde{a}_{\mathbf{k}'+\mathbf{w},\sigma'} + \\ & + i \sum_{\substack{\mathbf{k}, \mathbf{k}', \mathbf{w} \\ \sigma, \sigma'}} |g_{\mathbf{w}}|^2 \frac{e^{-(\varepsilon_{\mathbf{k}'+\mathbf{w}} - \varepsilon_{\mathbf{k}'} - \varepsilon_{\mathbf{k}+\mathbf{w}} + \varepsilon_{\mathbf{k}})t}}{\varepsilon_{\mathbf{k}+\mathbf{w}} - \varepsilon_{\mathbf{k}} - \omega_{\mathbf{w}}} (\tilde{a}_{\mathbf{k}+\mathbf{w},\sigma}^{+} \tilde{a}_{\mathbf{k},\sigma}) [\tilde{a}_{\mathbf{k}',\sigma'}^{+} \tilde{a}_{\mathbf{k}'+\mathbf{w},\sigma'}, \tilde{A}] \end{aligned} \tag{41.13}$$

Diese Gleichung enthält auf der rechten Seite durch die Exponentialfunktionen mit der Zeit oszillierende Glieder. Wenn wir über ein kleines Zeitintervall mitteln, so werden natürlich nur solche Glieder einen wichtigen Beitrag liefern, in denen die Exponentialfunktion in der Nähe von 1 ist, also Glieder, für die

$$\varepsilon_{k+w} - \varepsilon_w \approx \varepsilon_{k'+w} - \varepsilon_{k'} \tag{41.13a}$$

gilt. Aus diesem Grund dürfen wir auch annehmen, daß in (41.13) die beiden auftretenden Nenner einander gleich sind. Infolgedessen können wir einen gemeinsamen Faktor vor den Operatoren ausklammern. Eine kleinere Zwischenrechnung zeigt nun, daß für die Summe aus den verbleibenden Operatoren die Relation (41.14) gilt:

$$\begin{aligned} &[\tilde{a}^+_{k+w,\sigma}\tilde{a}_{k,\sigma}, \tilde{A}]\,\tilde{a}^+_{k',\sigma'}\tilde{a}_{k'+w,\sigma'} + \tilde{a}^+_{k+w,\sigma}\tilde{a}_{k,\sigma}\,[\tilde{a}^+_{k',\sigma'}\tilde{a}_{k'+w,\sigma'}, \tilde{A}] \\ &= [\tilde{a}^+_{k+w,\sigma}\tilde{a}_{k,\sigma}\tilde{a}^+_{k',\sigma'}\tilde{a}_{k'+w,\sigma'}, \tilde{A}] \end{aligned} \tag{41.14}$$

Unter Verwendung von (41.14) läßt sich nun (41.13) zu

$$\begin{aligned} \dot{\tilde{A}} = i \sum_{\substack{k,k',w \\ \sigma,\sigma'}} |g_w|^2 \frac{1}{\varepsilon_{k'+w} - \varepsilon_{k'} - \omega_w} \cdot e^{i(\varepsilon_{k+w} - \varepsilon_k - \varepsilon_{k'+w} + \varepsilon_{k'})t} \cdot \\ \cdot [\tilde{a}^+_{k+w,\sigma}\tilde{a}_{k,\sigma}\tilde{a}^+_{k',\sigma'}\tilde{a}_{k'+w,\sigma'}, \tilde{A}] \end{aligned} \tag{41.15}$$

vereinfachen. Hierbei haben wir in einem weiteren Schritt die zunächst in (41.13) auftretenden Glieder, die die Erzeugungs- und Vernichtungsoperatoren der Phononen zur Zeit $t = -\infty$ enthielten, weggelassen. In der Tat kann man zeigen, daß diese Glieder nur Anlaß zu Streuprozessen geben, nicht aber zur direkten Elektronen-Wechselwirkung beitragen. Unser Ziel ist es nun, (41.15) in eine Gestalt zu bringen, wie sie ursprünglich von Fröhlich für die Elektron-Elektron-Wechselwirkung gefunden wurde. Dazu vertauschen wir als erstes in dem Kommutator (41.15) die Reihenfolge der Elektronen-Operatoren, so daß links die Erzeugungs-, rechts die Vernichtungsoperatoren stehen. Dies führt unter Verwendung der üblichen Vertauschungsrelationen zu der Beziehung

$$\begin{aligned} \dot{\tilde{A}} = i \sum_{\substack{k,k'w \\ \sigma,\sigma'}} |g_w|^2 \frac{-1}{\varepsilon_{k'+w} - \varepsilon_{k'} - \omega_w} e^{i(\varepsilon_{k+w} - \varepsilon_k - \varepsilon_{k'+w} + \varepsilon_{k'})t} \cdot \\ \cdot [\tilde{a}^+_{k+w,\sigma}\tilde{a}^+_{k',\sigma'}a_{k,\sigma}a_{k'+w,\sigma'}, \tilde{A}] + \\ + i \sum_{k,\sigma,w} |g_w|^2 \frac{1}{\varepsilon_{k+w} - \varepsilon_k - \omega_w} [\tilde{a}^+_{k+w,\sigma}\tilde{a}_{k+w,\sigma}, \tilde{A}] \end{aligned} \tag{41.16}$$

(da wir die Elektronenoperatoren jetzt nicht nur durch einen Index $\boldsymbol{k}$, sondern zusätzlich durch einen Index σ kennzeichnen, sind die früheren Vertauschungsrelationen so zu erweitern, daß auf der rechten Seite statt $\delta_{kk'}$ jetzt $\delta_{kk'}\,\delta_{\sigma\sigma'}$ steht).

Der zweite Ausdruck in (41.16) enthält offensichtlich nur noch 2 Elektronenoperatoren und nicht mehr 4. Wie wir weiter unten noch ganz explizit sehen werden, beschreibt dieser zweite Summenausdruck einfach eine Energieverschiebung eines einzelnen Elektrons. Wir formen nun noch die erste Summe um und betrachten hierzu den Ausdruck

$$\frac{\tilde{a}^+_{\boldsymbol{k}+\boldsymbol{w},\sigma}\tilde{a}^+_{\boldsymbol{k}',\sigma'}\tilde{a}_{\boldsymbol{k},\sigma}\tilde{a}_{\boldsymbol{k}'+\boldsymbol{w},\sigma'}}{\varepsilon_{\boldsymbol{k}'+\boldsymbol{w}}-\varepsilon_{\boldsymbol{k}'}-\omega_{\boldsymbol{w}}} \tag{41.17}$$

In der 1. Summe in (41.16) und im Zähler von (41.17) vertauschen wir nun $\boldsymbol{k}$, σ mit $\boldsymbol{k}'$, σ', jedoch nicht im Nenner, da wir ja die Beziehung (41.13a) als gültig annehmen wollten. Wir erhalten dann statt (41.17) den Ausdruck

$$\frac{\tilde{a}^+_{\boldsymbol{k}'+\boldsymbol{w},\sigma'}\tilde{a}^+_{\boldsymbol{k},\sigma}\tilde{a}_{\boldsymbol{k}',\sigma'}\tilde{a}_{\boldsymbol{k}+\boldsymbol{w},\sigma}}{\varepsilon_{\boldsymbol{k}'+\boldsymbol{w}}-\varepsilon_{\boldsymbol{k}'}-\omega_{\boldsymbol{w}}} \tag{41.18}$$

Wir nehmen nun die folgenden Vertauschungen vor

$$\left.\begin{array}{l}\boldsymbol{k}\rightarrow\boldsymbol{k}-\boldsymbol{w}\\ \boldsymbol{k}'\rightarrow\boldsymbol{k}'-\boldsymbol{w}\\ \boldsymbol{w}\rightarrow-\boldsymbol{w}\end{array}\right\}\quad \frac{\tilde{a}^+_{\boldsymbol{k}',\sigma'}\tilde{a}^+_{\boldsymbol{k}+\boldsymbol{w},\sigma}\tilde{a}_{\boldsymbol{k}'+\boldsymbol{w},\sigma'}\tilde{a}_{\boldsymbol{k},\sigma}}{\varepsilon_{\boldsymbol{k}'}-\varepsilon_{\boldsymbol{k}'+\boldsymbol{w}}-\omega_{-\boldsymbol{w}}} \tag{41.19}$$

durch welche der Ausdruck (41.18) in (41.19) übergeht. Da sich die Vertauschungen jeweils auf die ganze erste Summe in (41.16) beziehen, bleibt natürlich der Wert der Summe unverändert. Wir nehmen nun ferner an, daß für die Gitterschwingungen, wie üblich, die Beziehung

$$\omega_{-\boldsymbol{w}}=\omega_{\boldsymbol{w}} \tag{41.20}$$

erfüllt ist, die Frequenz also nur vom Betrag des Phononenwellenzahlvektors abhängt. Ebenso nehmen wir an, daß dieses auch für die Wechselwirkungskoeffizienten

$$|g_{-\boldsymbol{w}}|^2=|g_{\boldsymbol{w}}|^2 \tag{41.21}$$

gilt. Damit geht schließlich der Ausdruck (41.19), nachdem wir noch die Reihenfolge der Elektronenoperatoren geändert haben, in

$$\frac{\tilde{a}^+_{\boldsymbol{k}+\boldsymbol{w},\sigma}\tilde{a}^+_{\boldsymbol{k}',\sigma'}\tilde{a}_{\boldsymbol{k},\sigma}\tilde{a}_{\boldsymbol{k}'+\boldsymbol{w},\sigma'}}{\varepsilon_{\boldsymbol{k}'}-\varepsilon_{\boldsymbol{k}'+\boldsymbol{w}}-\omega_{\boldsymbol{w}}} \tag{41.22}$$

über. Der Ausdruck (41.22) ist, wenn wir die Summe gemäß (41.16) darüber ausführen, mit der entsprechenden Summe über (41.17) identisch. Wir wollen nun jedoch den Wechselwirkungsausdruck (41.17) in eine, wie wir gleich sehen werden, symmetrischere Form bringen. Dazu addieren wir zur Hälfte des Ausdrucks (41.17) die Hälfte des Ausdrucks (41.22) und setzen das Resultat dann in (41.16) ein. Dies liefert uns als Endergebnis

$$\dot{\tilde{A}} = i \sum_{\substack{k,k',w\\ \sigma,\sigma'}} |g_w|^2 \frac{\omega_w}{(\varepsilon_{k'+w} - \varepsilon_{k'})^2 - \omega_w^2} \cdot$$

$$\cdot\, e^{i(\varepsilon_{k+w} - \varepsilon_k - \varepsilon_{k'+w} + \varepsilon_{k'})t} \left[\tilde{a}^+_{k+w,\sigma} \tilde{a}^+_{k',\sigma'} \tilde{a}_{k'+w,\sigma'} \tilde{a}_{k,\sigma}, \tilde{A}\right] + \tag{41.23}$$

$$+\, i \sum_{k,\sigma,w} |g_w|^2 \frac{1}{\varepsilon_k - \varepsilon_{k-w} - \omega_w} \left[\tilde{a}^+_{k,\sigma} \tilde{a}_{k,\sigma}, \tilde{A}\right]$$

In der letzten Summe in (41.23) haben wir hierbei noch $\boldsymbol{k} + \boldsymbol{w}$ durch $\boldsymbol{k}$ ersetzt. Gleichung (41.23) ist nun von grundlegender Bedeutung. Sie zeigt nämlich, daß die zeitliche Ableitung eines Elektronenoperators $\tilde{A}$ durch Vertauschung desselben Operators mit einem anderen Operator hervorgerufen wird. Wir könnten im folgenden von dieser Gleichung (41.23) ausgehen und entsprechende Erwartungswerte bilden. Dies führt, wie wir bereits in den §§ 38, 39 sahen, unmittelbar auf die Methode der Greenschen Funktionen. Hier wollen wir jedoch die etwas konventionellere Methode verwenden, nämlich auf eine effektive Schrödingergleichung zusteuern. Dazu machen wir in einem ersten Schritt die Wechselwirkungsdarstellung rückgängig, d.h. wir gehen gemäß den Formeln (41.6) und (41.7) von den Operatoren $\tilde{a}$ zu den Operatoren a über. Dann läßt sich (41.23) in der allgemeinen Form

$$\dot{A} = \frac{i}{\hbar}[H_0, A] + \frac{i}{\hbar}[H^{eff}_{WW}, A] \tag{41.24}$$

wiedergeben. Ein Vergleich von (41.24) mit (41.23) lehrt uns nun, daß die effektive Wechselwirkung durch den Operator

$$H^{eff}_{WW} = \hbar \sum_{\substack{k,k',w\\ \sigma,\sigma'}} |g_w|^2 \frac{\omega_w}{(\varepsilon_{k'+w} - \varepsilon_{k'})^2 - \omega_w^2} a^+_{k+w,\sigma} a^+_{k',\sigma'} a_{k'+w,\sigma'} a_{k,\sigma} +$$

$$+\, \hbar \sum_{k,\sigma} a^+_{k,\sigma} a_{k,\sigma} \left\{ \sum_w |g_w|^2 \frac{1}{\varepsilon_k - \varepsilon_{k-w} - \omega_w} \right\} \tag{41.25}$$

gegeben ist. Der 2. Summenausdruck in (41.25) hat genau die gleiche Gestalt wie wir sie von der Selbstenergie von Elektronen im Gitter her kennen. Er gibt also Anlaß zu einer Energieverschiebung, die wir gleich mit Hilfe der Methode der effektiven Masse in einem $\varepsilon_{tot,k}$ berücksichtigen können. Im folgenden werden wir also annehmen, daß die Einelektronen-Energie bereits diesen Effekt enthält. Die 1. Summe in (41.25) liefert uns jedoch das entscheidende Resultat. Diese Summe enthält vier Elektronenoperatoren, die die Vernichtung von zwei Elektronen und die nachfolgende Erzeugung von zwei anderen Elektronen beschreiben. Kürzen wir den dabeistehenden Zahlenfaktor durch $-(1/2)\, v_{k,k',w}$ ab, so nimmt die Elektron-Elektron-Wechselwirkung endgültig die Gestalt

$$H_{El-El} = -\frac{1}{2} \sum_{\substack{k,k',w\\ \sigma,\sigma'}} v_{k,k',w}\, a^+_{k+w,\sigma} a^+_{k',\sigma'} a_{k'+w,\sigma'} a_{k,\sigma} \tag{41.27}$$

an. Darin ist $v_{k,k',w}$ explizit durch

$$v_{k,k',w} = \frac{|g_w|^2 \hbar\omega_w}{\omega_w^2 - (\varepsilon_{k'+w} - \varepsilon_{k'})^2} \tag{41.28}$$

gegeben. Damit haben wir unsere Aufgabe erfüllt. Es ist uns gelungen, die instantane Wechselwirkung zwischen Elektronen auf Grund ihrer individuellen Wechselwirkung mit den Gitterschwingungen herzuleiten.

§ 42 Der Grundzustand des Supraleiters nach der Bardeen-Cooper-Schrieffer-Theorie

Aufgrund der Wechselwirkung von Elektronen mit Gitterschwingungen kommt, wie wir in den §§ 36 und 41 zeigten, eine *direkte* Wechselwirkung zwischen den Elektronen zustande. Den entsprechenden Wechselwirkungsoperator leiteten wir im § 41 explizit her. Fügen wir zu ihm noch den Operator für die Energie wechselwirkungsfreier Elektronen, so erhalten wir den *Gesamt-Hamiltonoperator*

$$H = \sum_{k,\sigma} E_k a_{k,\sigma}^+ a_{k,\sigma} - \frac{1}{2} \sum_{\substack{k,k',w \\ \sigma,\sigma'}} v_{k,k',w} a_{k+w,\sigma}^+ a_{k',\sigma'}^+ a_{k'+w,\sigma'} a_{k,\sigma} \tag{42.1}$$

Zwar hatten wir schon in § 36 gezeigt, daß die Wechselwirkung zwischen zwei Elektronen, die über das Gitter wirkt, anziehend ist, doch kann man dies dem Hamiltonoperator (42.1) nun nicht mehr unmittelbar ansehen. Wie Cooper jedoch nachwies, führt (42.1) auch beim folgenden Modell zu einer Anziehungskraft zwischen zwei Elektronen mit *antiparallelem* Spin: Man hält alle Elektronen des Metalls „künstlich“ innerhalb der Fermi-Kugel fest und löst die zu (42.1) gehörige Schrödingergleichung für zwei zusätzliche Elektronen außerhalb der Fermikugel. Natürlich müssen wir im Realfall damit rechnen, daß auf Grund der Wechselwirkung alle Elektronen neue Konfigurationen einnehmen. Die naheliegendste Annahme besteht darin, daß sich je 2 Elektronen zu einem Paar zusammenfinden. Dieser Annahme entsprechend wird es nahegelegt, die Wellenfunktion des supraleitenden Grundzustandes dadurch zu gewinnen, daß wir aus dem Vakuumzustand Elektronenzustände aufbauen, in denen jeweils die Elektronen mit antiparallelem Spin und entgegengesetzten Impulsen paarweise auftreten. Bei N Elektronen, also $N/2$ Paaren ist die entsprechende Wellenfunktion dann durch

$$\left(\sum_k c_k a_{k\uparrow}^+ a_{-k\downarrow}^+\right)^{N/2} \Phi_0 \tag{42.2}$$

gegeben. Die in ihr auftretenden Entwicklungskoeffizienten c_k sind dabei noch so festzulegen, daß die zu (41.1) gehörige Schrödingergleichung „optimal“ befriedigt wird. Der Ansatz (42.2) entspricht einer festen Anzahl von Elektronen, was zunächst als völlig selbstverständlich erscheint. Für die praktischen Rechnungen hat sich jedoch herausgestellt, daß ein Ansatz, bei dem die Elektronenzahl selbst noch schwankt, wesentlich günstiger ist. Zu einem solchen Ansatz gelangen wir formal, indem wir über Ansätze der Form (42.2), jedoch noch mit variablen Exponenten m, (anstelle von $N/2$) aufsummieren.

$$\Phi = \sum_m \alpha_m \Big(\sum_k c_k a^+_{k\uparrow} a^+_{-k\downarrow}\Big)^m \Phi_0 \tag{42.3}$$

Die Koeffizienten α_m sind noch frei wählbar. Wir stellen an diese Koeffizienten folgende Forderungen:

1. Sie müssen so beschaffen sein, daß im Endeffekt doch nur wieder Glieder von (42.3) einen wesentlichen Beitrag liefern, bei denen m um eine mittlere Elektronenzahl $m = N/2$ herum scharf konzentriert ist.
2. Außerdem soll sich die Summe über m in (42.3) möglichst explizit darstellen lassen.

Beiden Forderungen werden wir durch den Ansatz $\alpha_m = 1/m!$ gerecht. Damit geht (42.3) in

$$\Phi = \sum_{m=0}^{\infty} \frac{1}{m!} \Big(\sum_k c_k a^+_{k\uparrow} a^+_{-k\downarrow}\Big)^m \Phi_0 \tag{42.4}$$

über. Die jetzt entstandene Summe ist natürlich nichts anderes als eine Exponentialreihe, woran wir uns schon gewöhnt haben. Die Entwicklungspotenzen selbst sind Operatoren. Damit läßt sich (42.4) in die Form

$$\Phi = \mathcal{N} \exp\Big\{\sum_k c_k a^+_{k\uparrow} a^+_{-k\downarrow}\Big\} \Phi_0 \tag{42.5}$$

bringen, wobei $\mathcal{N}$ noch als geeigneter Normierungsfaktor hinzugefügt wurde.

In der Supraleitungstheorie wird normalerweise nicht die Form (42.5), sondern die folgenden damit äquivalenten Formen verwendet. Da die Operatoren $(a^+_{k\uparrow} a^+_{-k\downarrow})$ untereinander für verschiedene $\boldsymbol{k}$'s vertauschen, können wir die Exponentialfunktion in (42.5) in ein Produkt von Exponentialfunktionen aufspalten

$$\Phi = \mathcal{N} \prod_k e^{c_k a^+_{k\uparrow} a^+_{-k\downarrow}} \Phi_0 \tag{42.6}$$

Da die mehrfache Anwendung von Erzeugungsoperatoren im gleichen Zustand bei Vorliegen der Fermi-Statistik Null ergibt, bricht die Entwicklung der einzelnen Exponentialfunktionen nach dem 2. Glied ab, so daß sich (42.6) auf

$$\Phi = \mathcal{N} \prod_k (1 + c_k a^+_{k\uparrow} a^+_{-k\downarrow}) \Phi_0 \tag{42.7}$$

reduziert. Um in Übereinstimmung mit der üblichen Bezeichnungsweise zu bleiben, teilen wir den Normierungsfaktor in ein Produkt auf und ziehen die einzelnen Faktoren unter die Produkte über $\boldsymbol{k}$. Damit erhalten wir schließlich

$$\Phi = \prod_k (u_k + v_k a^+_{k\uparrow} a^+_{-k\downarrow}) \Phi_0 \equiv \prod_k \Phi_k \tag{42.8}$$

wobei $c_k = \frac{v_k}{u_k}$ (42.9)

gilt. Die Aufspaltung von Φ in das Produkt von Φ_k wird verständlich, wenn wir Φ_0 aufspalten in ein Produkt aus Vakuumzuständen $\Phi_{0,k}$:

$$\Phi_0 = \prod_k \Phi_{0,k}$$

wobei

$$a_{k\uparrow}\, \Phi_{0,k} = a_{-k\downarrow}\, \Phi_{0,k} = 0$$

und setzen:

$$\Phi_k = (u_k + v_k a^+_{k\uparrow}\, a^+_{-k\downarrow})\, \Phi_{0,k}$$

Die Normierungsbedingung lautet (vgl. Aufgabe 2)

$$u_k^2 + v_k^2 = 1 \tag{42.10}$$

wobei wir der Einfachheit halber im folgenden annehmen wollen, daß u_k und v_k reelle Konstanten sind. Wie wir sehen werden, kann diese Forderung durchaus aufrechterhalten werden. Die Wahrscheinlichkeit, daß der Zustand mit einem Elektron mit Spin nach oben und dem Wellenzahlvektor $\boldsymbol{k}$ besetzt ist, ist durch

$$\langle \Phi | a^+_{k\uparrow}\, a_{k\uparrow}\, \Phi \rangle = v_k^2 \tag{42.11}$$

gegeben (vgl. Aufgabe 1). Die Wahrscheinlichkeit, daß die Zustände $\boldsymbol{k}$ und $\boldsymbol{k}'$ jeweils mit Spin nach oben simultan besetzt sind, ist durch

$$\langle \Phi | a^+_{k\uparrow}\, a_{k\uparrow}\, a^+_{k'\uparrow}\, a_{k'\uparrow}\, \Phi \rangle = v_k^2\, v_{k'}^2 \tag{42.12}$$

repräsentiert.

Wir müssen uns noch ganz kurz mit der Frage befassen, wie wir die Schwierigkeiten umgehen können, die dadurch entstehen, daß die Wellenfunktion Φ nicht zu einer festen Elektronenzahl gehört. Wir führen dazu den Anzahloperator

$$N_{op} = \sum_{k,\sigma} a^+_{k,\sigma} a_{k,\sigma} \tag{42.13}$$

ein und verlangen, daß der Erwartungswert von (42.13) hinsichtlich der Wellenfunktion Φ mit einer vorgegebenen mittleren Elektronenzahl übereinstimmt. Diese Nebenbedingung führen wir mit Hilfe eines Lagrange-Multiplikators μ in die Schrödingergleichung ein, indem wir den Hamiltonoperator H durch

$$H' = H - \mu N_{op} \tag{42.14}$$

ersetzen. Nachdem die allgemeine Form der Lösung festgelegt und der Hamiltonoperator bekannt ist, ist das weitere Verfahren im Prinzip klar: Wir müssen zunächst den Erwartungswert bezüglich des Operators (42.14) bilden und dann die Koeffizienten c_k bzw. u_k und v_k in (42.5) bzw. (42.8) so bestimmen, daß der Erwartungswert minimal wird.

Dabei haben wir die Nebenbedingung zu beachten, daß $\langle \Phi | N_{op} | \Phi \rangle = N$, wobei N die vorgegebene Zahl der Elektronen ist.

Wir besprechen nun im einzelnen die Berechnung derartiger Erwartungswerte. Für denjenigen von $\sum_{\boldsymbol{k},\sigma} (E_{\boldsymbol{k}} - \mu) a^+_{\boldsymbol{k},\sigma} a_{\boldsymbol{k},\sigma}$ finden wir wegen (42.11)

$$E_{kin} = 2 \sum_{\boldsymbol{k}} E'_{\boldsymbol{k}} v^2_{\boldsymbol{k}} \tag{42.15}$$

wobei $E'_{\boldsymbol{k}} = E_{\boldsymbol{k}} - \mu$ gesetzt wurde.

Der Erwartungswert der Wechselwirkungsenergie ist durch

$$E_{pot} = -\frac{1}{2} \langle \Phi | \sum_{\boldsymbol{k},\boldsymbol{k}',\boldsymbol{w}} v_{\boldsymbol{k},\boldsymbol{k}',\boldsymbol{w}} a^+_{\boldsymbol{k}+\boldsymbol{w},\sigma} a^+_{\boldsymbol{k}',\sigma'} a_{\boldsymbol{k}'+\boldsymbol{w},\sigma'} a_{\boldsymbol{k},\sigma} \Phi \rangle \tag{42.16}$$

gegeben. Bei der Auswertung von (42.16) haben wir verschiedene Fälle zu unterscheiden.

1. $\boldsymbol{w} = 0$. Das zugehörige Summenglied von (42.16) lautet nun

$$v_{\boldsymbol{k},\boldsymbol{k}',0} \langle \Phi | a^+_{\boldsymbol{k},\sigma} a^+_{\boldsymbol{k}',\sigma'} a_{\boldsymbol{k}',\sigma'} a_{\boldsymbol{k},\sigma} \Phi \rangle \tag{42.17}$$

Glieder dieser Art sind uns schon früher im Rahmen des Hartree-Fock-Verfahrens von § 20 begegnet und stellen eine Selbstenergie dar.

2. Als nächstes betrachten wir Glieder der Form

$$v_{\boldsymbol{k},\boldsymbol{k},\boldsymbol{w}} \langle \Phi | a^+_{\boldsymbol{k}+\boldsymbol{w},\sigma} a^+_{\boldsymbol{k},\sigma'} a_{\boldsymbol{k}+\boldsymbol{w},\sigma'} a_{\boldsymbol{k},\sigma} \Phi \rangle \tag{42.18}$$

die sich in der Gestalt

$$-\delta_{\sigma\sigma'} v_{\boldsymbol{k},\boldsymbol{k},\boldsymbol{w}} v^2_{\boldsymbol{k}} v^2_{\boldsymbol{k}+\boldsymbol{w}} \tag{42.19}$$

auswerten lassen. Wir werden weiter unten noch genauer sehen, wie die Auswertung derartiger Ausdrücke vor sich geht, so daß wir gleich das Endresultat (42.19) angegeben haben. Dieses Glied kann als Austausch-Selbstenergie bezeichnet werden. In der Tat sehen wir, daß das Elektron mit dem Spin σ vom Zustand $\boldsymbol{k}$ in den Zustand $\boldsymbol{k} + \boldsymbol{w}$ übergeht, während das andere Elektron mit dem Spin σ' vom Zustand $\boldsymbol{k} + \boldsymbol{w}$ in den Zustand $\boldsymbol{k}$ gestreut wird. Es handelt sich hier offensichtlich um einen Elektronenaustausch. Auch dieses Glied können wir uns im Rahmen eines self-consistent-field-Verfahrens berücksichtigt denken.

3. Von entscheidendem Interesse sind nun die Glieder von der Gestalt

$$v_{\boldsymbol{k},-\boldsymbol{k}',\boldsymbol{k}'-\boldsymbol{k}} \langle \Phi | a^+_{\boldsymbol{k}'\uparrow} a^+_{-\boldsymbol{k}'\downarrow} a_{-\boldsymbol{k}\downarrow} a_{\boldsymbol{k}\uparrow} \Phi \rangle \tag{42.20}$$

Wir zeigen nun im einzelnen, wie sich dieser Erwartungswert berechnen läßt. Dazu spalten wir Φ in das Produkt aus $\Phi_{\boldsymbol{k}''}$ gemäß (42.8) auf und fassen alle diejenigen Glieder $\boldsymbol{k}''$ zusammen, die *nicht* von den Operatoren a^+, a mit den Indizes $\boldsymbol{k}$, $\boldsymbol{k}'$ betroffen sind. Ziehen wir den zugehörigen Erwartungswert aus (42.20) heraus und spalten ihn in ein Produkt von Erwartungswerten auf, so liefert dies den Faktor

$$\prod_{\boldsymbol{k}'' \neq \boldsymbol{k},\boldsymbol{k}'} \langle \Phi_{\boldsymbol{k}''} | \Phi_{\boldsymbol{k}''} \rangle = 1 \tag{42.21}$$

(vgl. Aufgabe 2). Damit bleibt von (42.20) noch folgender Rest zu untersuchen:

$$\begin{aligned}&\langle \Phi | a^+_{k'\uparrow} a^+_{-k'\downarrow} a_{-k\downarrow} a_{k\uparrow} \Phi \rangle \\ &= \langle \Phi_{0k} \Phi_{0k'} | (u_{k'} + v_{k'} a_{-k'\downarrow} a_{k'\uparrow})(u_k + v_k a_{-k\downarrow} a_{k\uparrow}) \cdot \\ &\cdot a^+_{k'\uparrow} a^+_{-k'\downarrow} \,\vdots\, a_{-k\downarrow} a_{k\uparrow} (u_k + v_k a^+_{k\uparrow} a^+_{-k\downarrow})(u_{k'} + v_{k'} a^+_{k'\uparrow} a^+_{-k'\downarrow}) \Phi_{ok} \Phi_{0k'} \rangle\end{aligned} \tag{42.22}$$

Die senkrechte gestrichelte Linie hat keine mathematische Bedeutung, sondern ist nur ein gedanklicher Trennungsstrich bei der folgenden Rechnung.

Wir werten als erstes den Ausdruck (mit $\Phi_0 = \Phi_{0k} \Phi_{0k'}$)

$$a_{-k\downarrow} a_{k\uparrow} (u_k + v_k a^+_{k\uparrow} a^+_{-k\downarrow})(u_{k'} + v_{k'} a^+_{k'\uparrow} a^+_{-k'\downarrow}) \Phi_0 \tag{42.23}$$

im einzelnen aus. In sofort einzusehender Weise erhalten wir dann die Beziehungen

$$a_{-k\downarrow} a_{k\uparrow} u_k u_{k'} \Phi_0 = 0 \tag{42.24}$$

$$a_{-k\downarrow} a_{k\uparrow} u_k v_{k'} a^+_{k'\uparrow} a^+_{-k'\downarrow} \Phi_0 = 0 \qquad k \neq k' \tag{42.25}$$

$$a_{-k\downarrow} a_{k\uparrow} v_k a^+_{k\uparrow} a^+_{-k\downarrow} v_{k'} a^+_{k'\uparrow} a^+_{-k'\downarrow} \Phi_0 = v_k v_{k'} a^+_{k'\uparrow} a^+_{-k'\downarrow} \Phi_0 \tag{42.26}$$

$$a_{-k\downarrow} a_{k\uparrow} u_{k'} v_k a^+_{k\uparrow} a^+_{-k\downarrow} \Phi_0 = u_{k'} v_k \Phi_0 \tag{42.27}$$

Es sei dem Leser empfohlen, die einzelnen Schritte, die zu diesen Resultaten führen, mit Hilfe der Vertauschungsrelationen und der Eigenschaften des Vakuumzustandes Φ_0 nochmals nachzuvollziehen.

Unter Berücksichtigung der Resultate (42.24) bis (42.27) läßt sich (42.23) in die Form

$$u_{k'} v_k \Phi_0 + v_k v_{k'} a^+_{k'\uparrow} a^+_{-k'\downarrow} \Phi_0 \tag{42.28}$$

überführen. Das, was wir soeben gewissermaßen von links nach rechts durchgeführt haben, und zwar von der in (42.22) eingezeichneten gestrichelten Linie aus, können wir nun in entsprechender Weise von rechts nach links ausführen (vgl. (13.35), (13.36)), indem wir noch k mit k' vertauschen. Wir erhalten dann sofort, daß der Ausdruck

$$\langle \Phi_0 | (u_{k'} + v_{k'} a_{-k'\downarrow} a_{k'\uparrow})(u_k + v_k a_{-k\downarrow} a_{k\uparrow}) a^+_{k'\uparrow} a^+_{-k'\downarrow} \tag{42.29}$$

sich durch

$$\langle \Phi_0 | (u_k v_{k'} + v_k v_{k'} a_{-k\downarrow} a_{k\uparrow}) \tag{42.30}$$

wiedergeben läßt. Setzen wir nun die beiden Teilausdrücke (42.28) und (42.30) in den Ausdruck (42.22) ein, so erhalten wir schließlich

$$\begin{aligned}(42.20) = \langle \Phi_0 | (u_k + v_k\, a_{-k\downarrow} a_{k\uparrow}) v_{k,-k',k'-k} v_{k'} v_k \\ (u_{k'} + v_{k'} a^+_{k'\uparrow} a^+_{-k'\downarrow}) \Phi_0 \rangle = v_{k,-k',k'-k} u_k v_k u_{k'} v_{k'}\end{aligned} \tag{42.31}$$

Diese Glieder treten in einer Hartree-Fock-Näherung nicht auf und sind völlig neu. Sie sind natürlich von entscheidender Bedeutung für die ganze Supraleitungstheorie.

Kehren wir nun zu unserem eigentlichen Ziel zurück. Dieses bestand ja darin, den Erwartungswert der Gesamtenergie explizit auszurechnen. Mit unseren eben hergeleiteten Resultaten (42.15), (42.31) finden wir

$$E_{tot} = 2 \sum_{k} E'_k v_k^2 - \sum_{kk'} V_{kk'} u_k v_k u_{k'} v_{k'} \tag{42.32}$$

wobei wir noch die Abkürzung

$$V_{k,k'} = \frac{1}{2}(v_{k,-k',k'-k} + v_{-k,k',k-k'}) \tag{42.33}$$

verwendet haben. Wir suchen nun das Minimum des Erwartungswertes. Hierzu differenzieren wir den Ausdruck (42.32) nach v_k. Wir beachten dabei, daß die Nebenbedingung $u_k^2 + v_k^2 = 1$ gilt, wodurch natürlich u_k zu einer Funktion von v_k wird. Mit dieser Nebenbedingung ist die Differentiation von (42.32) nach v_k sofort durchgeführt und liefert

$$2(2E'_k v_k - \sum_{k'} V_{kk'} u_{k'} v_{k'} (u_k - v_k^2/u_k)) = 0 \tag{42.34}$$

Mit der Aufstellung der Gleichung (42.32) oder (42.34) ist natürlich wieder das eigentliche Programm der quantenfeldtheoretischen Behandlung durchgeführt. Es interessiert aber nun doch, welche Grundzustandsenergie die Rechnung ergibt und wie die Verteilung der Elektronen auf die einzelnen k-Zustände aussieht. Deshalb gehen wir noch rasch auf die Lösung des Gleichungssystems (42.34) ein. Wir führen hierzu die Abkürzung

$$\Delta_k = \sum_{k'} V_{kk'} u_{k'} v_{k'} \tag{42.35}$$

ein, wodurch (42.34) in

$$(v_k^2 - u_k^2)\Delta_k + 2E'_k u_k v_k = 0 \tag{42.36}$$

übergeht. Formal läßt sich nun (42.36) nach u/v auflösen und ergibt

$$\frac{u_k}{v_k} = \frac{E'_k \pm (E'^2_k + \Delta_k^2)^{1/2}}{\Delta_k} \tag{42.37}$$

Des weiteren erhalten wir die Relation

$$u_k v_k = \pm \Delta_k / 2\tilde{E}_k \tag{42.38}$$

wobei wir die Abkürzung

$$\tilde{E}_k = (E'^2_k + \Delta_k^2)^{1/2} \tag{42.39}$$

eingeführt haben. Wie sich aus Energiebetrachtungen zeigen läßt, die wir hier nicht ausführen, muß $u_k v_k > 0$ sein, sodaß damit über das noch freie Vorzeichen in (42.38) entschieden ist. Damit erhalten wir die Formeln

$$u_k v_k = \frac{\Delta_k}{2\tilde{E}_k}; \quad \frac{v_k}{u_k} = \frac{\Delta_k}{E'_k + \tilde{E}_k} \tag{42.40}$$

und

$$v_k^2 = \frac{1}{2}\left(1 - \frac{E'_k}{\tilde{E}_k}\right); \quad u_k^2 = \frac{1}{2}\left(1 + \frac{E'_k}{\tilde{E}_k}\right) \tag{42.41}$$

Wir müssen nun berücksichtigen, daß Δ_k selbst wieder von u, v abhängt. Setzen wir daher das Resultat (42.40) in (42.35) ein, so können wir u, v eliminieren, erhalten aber eine Gleichung zwischen den Größen Δ_k

$$\Delta_k = \frac{1}{2} \sum_{k'} \frac{V_{kk'} \Delta_{k'}}{\tilde{E}_{k'}} \tag{42.42}$$

Diese Gleichung ist relativ kompliziert, da Δ_k auch nochmal in $\tilde{E}_k$ auftritt. Natürlich kann man versuchen, (42.42) mit Hilfe eines Computers zu lösen. Wir gewinnen jedoch bereits einen wesentlichen Einblick in die Bedeutung dieser Gleichung, indem wir im Sinne eines Modells für $V_{kk'}$ folgendes annehmen.

$$\begin{aligned} V_{kk'} &= V_0 \quad \text{für} \quad |E'_k|, |E'_{k'}| < \hbar\omega \\ &= 0 \text{ sonst} \end{aligned} \tag{42.43}$$

Dieser Ansatz wird durch die Definition von $V_{kk'}$ (vgl. (42.33)) und von $v_{k,k',w}$ (vgl. (41.28), man beachte das Vorzeichen des dortigen Nenners) nahegelegt. Ferner wird diesem Modell eine Art mittlerer Frequenz ω der Gitterschwingungen zugrundegelegt. In diesem Modell wird zugleich

$$\begin{aligned} \Delta_k &= 0 \quad \text{für} \quad |E'_k| > \hbar\omega \\ \Delta_k &= \Delta \quad \text{für} \quad |E'_k| < \hbar\omega \end{aligned}$$

Mit dem Ansatz (42.43) geht (42.42) in die Gestalt

$$1 = V_0 \sum_k \frac{1}{2(E'^2_k + \Delta^2)^{1/2}} \tag{42.44}$$

über. Die $\boldsymbol{k}$-Summation ist dabei durch die Bedingung (42.43) eingeschränkt. Wie sich zeigen läßt, ist in

$$E'_k = E_k - \mu$$

die Energie μ gerade die Energie an der Fermikante, so daß wir die Summation in (42.44) nur im Bereich der Fermikante zu erstrecken haben für $-\hbar\omega \leqq E' \leqq \hbar\omega$. Die Summe ersetzen wir wie üblich durch ein Integral. Da $\boldsymbol{k}$ und E_k miteinander verknüpft sind, können wir die Integration über $d^3\boldsymbol{k}$ durch eine über dE' ausdrücken:

$$d^3k = \tilde{D}(E')dE'$$

wobei $\tilde{D}(E')$ die Zustandsdichte ist. Im folgenden setzen wir

$$\frac{V}{(2\pi)^3}\tilde{D}(E') = D(E')$$

wobei V das Kristallvolumen ist. (42.44) geht dann in

$$\int_{-\hbar\omega}^{\hbar\omega} \frac{D(E')\,dE'}{(E'^2 + \Delta^2)^{1/2}} = \frac{2}{V_0} \tag{42.45}$$

über. Da $\hbar\omega \ll$ Fermi-Energie, ist $D(E') \approx D(0)$ zu setzen und kann vor das Integral gezogen werden. Dieses läßt sich natürlich sofort auswerten. Wir erhalten dann anstelle von (42.45) die Beziehung

$$\Delta = \frac{\hbar\omega}{\sinh[1/D(0)\,V_0]} \tag{42.46}$$

Da in praktischen Fällen $D(0)\,V_0 \ll 1$ ist, ergibt sich schließlich statt (42.46) der genäherte Ausdruck

$$\Delta = 2\hbar\omega e^{-1/D(0)V_0} \tag{42.47}$$

Fassen wir das Bisherige zusammen: Unser Ziel war es, die Koeffizienten $u_{\boldsymbol{k}}$, $v_{\boldsymbol{k}}$ zu bestimmen. Da in den Ansätzen für diese nur der Parameter Δ einging, brauchten wir nur noch diesen zu bestimmen, was uns in (42.46) bzw. (42.47) gelang.

Wir berechnen nun die Energie des Grundzustandes des Supraleiters, indem wir $u_{\boldsymbol{k}}$ und $v_{\boldsymbol{k}}$ in (42.32) einsetzen. Von dieser Energie ziehen wir die der Elektronen ohne Wechselwirkung, also die Energie des vollen Fermi-Sees, ab, und erhalten somit als Energie-Änderung durch die Wechselwirkung

$$\Delta E_{tot} = \underbrace{\sum_{\boldsymbol{k}} E'_{\boldsymbol{k}}\left(1 - \frac{E'_{\boldsymbol{k}}}{\tilde{E}_{\boldsymbol{k}}}\right) - \frac{1}{4} V_0 \sum_{\boldsymbol{k},\boldsymbol{k}'} \frac{\Delta^2}{\tilde{E}_{\boldsymbol{k}}\tilde{E}_{\boldsymbol{k}'}}}_{E_{tot}} - \underbrace{\sum_{\boldsymbol{k}} E'_{\boldsymbol{k}}\left(1 - \frac{E'_{\boldsymbol{k}}}{|E'_{\boldsymbol{k}}|}\right)}_{E_{Fermi\text{-}See}} \tag{42.48}$$

Um den hier gewählten Ausdruck für $E_{Fermi\text{-}See}$ zu verstehen, erinnern wir uns daran, daß $E'_{\boldsymbol{k}} = E_{\boldsymbol{k}} - \mu$ die Energiedifferenz gegenüber der Fermi-Kante bedeutet: $E'_{\boldsymbol{k}} > 0$ für Elektronen außerhalb, $E'_{\boldsymbol{k}} < 0$ für Elektronen innerhalb des Fermi-Sees. Ersichtlich ist

$$\begin{aligned} E'_{\boldsymbol{k}}\left(1 - \frac{E_{\boldsymbol{k}'}}{|E'_{\boldsymbol{k}}|}\right) &= 0 \qquad \text{für} \quad E'_{\boldsymbol{k}} > 0 \\ E'_{\boldsymbol{k}}\left(1 - \frac{E_{\boldsymbol{k}'}}{|E'_{\boldsymbol{k}}|}\right) &= 2E'_{\boldsymbol{k}} \qquad \text{für} \quad E'_{\boldsymbol{k}} < 0 \end{aligned} \tag{42.49}$$

Damit ist

$$E_{Fermi\text{-}See} \equiv 2 \sum_{\boldsymbol{k}, E_{\boldsymbol{k}} \leqq \mu} E'_{\boldsymbol{k}} \tag{42.50}$$

wobei der Faktor 2 noch die beiden Spinrichtungen berücksichtigt.

Wir fassen in (42.48) die erste und letzte Summe zusammen, vereinfachen die zweite Summe mit dem Vorfaktor V_0 mit Hilfe der Relation (42.44) und überführen die

Summen in ein Integral

$$\Delta E_{tot} = D(0) \int_{-\hbar\omega}^{\hbar\omega} \left\{ |E'| - \frac{E'^2}{\sqrt{E'^2 + \Delta^2}} - \frac{1}{2} \frac{\Delta^2}{\sqrt{E'^2 + \Delta^2}} \right\} dE'$$
$$= -D(0)(\hbar\omega)^2 \{\sqrt{1 + (\Delta/\hbar\omega)^2} - 1\} \tag{42.51}$$

das sich für $\Delta \ll \hbar\omega$ zu

$$\Delta E_{tot} = -D(0) \frac{1}{2} \Delta^2 \tag{42.52}$$

vereinfacht. Die Energie mit Elektron-Elektron-Wechselwirkung ist also tatsächlich gegenüber dem Zustand ohne Wechselwirkung abgesenkt.

Aufgaben zu § 42

1. Man beweise (42.11)
Anleitung: Man spalte Φ gemäß (42.8) auf und zerlege $\langle \Phi | a_{k'\uparrow}^{+} a_{k'\uparrow} \Phi \rangle$ in ein Produkt von Erwartungswerten über die einzelnen $\boldsymbol{k}$.

2. Man zeige

$$\langle \Phi_k | \Phi_{k'} \rangle = \delta_{kk'} \quad \text{für} \quad \Phi_k = (u_k + v_k a_{k\uparrow}^{+} a_{-k\downarrow}^{+}) \Phi_0 \quad \text{und} \quad u_k^2 + v_k^2 = 1$$

§ 43 Angeregte Zustände des Supraleiters

In diesem Paragraphen werden wir etwas sehr Merkwürdiges tun. Wir werden nämlich zeigen, wie man aus unserer Kenntnis der Wellenfunktion des Grundzustandes heraus explizit die Operatoren konstruieren kann, die die angeregten Zustände aus dem Grundzustand heraus erzeugen. Wir lassen uns hierbei von Ideen leiten, wie wir sie in § 6 am Beispiel des verschobenen harmonischen Oszillators entwickelt hatten. Der Gedankengang hierzu ist folgender: Wie wir im vorigen Paragraphen sahen, läßt sich der Grundzustand des Supraleiters in der Gestalt

$$\Phi_G = \prod_k N_k e^{c_k a_{k\uparrow}^{+} a_{-k\downarrow}^{+}} \Phi_0 \tag{43.1}$$

schreiben. Hierbei wird aus dem Vakuumzustand ein bestimmter neuer Zustand durch Anwendung der Exponentialfunktion geschaffen. Die Funktion (43.1) setzen wir nun in Analogie zu der Funktion des verschobenen harmonischen Oszillators

$$N e^{\beta b^{+}} \Phi_0 \tag{43.2}$$

Beim harmonischen Oszillator hatten wir in § 6 folgendes gesehen. Die vor dem Vakuumzustand Φ_0 stehende Exponentialfunktion läßt sich zu einer unitären Transformation ausbauen, so daß sich damals (43.2) in die Form

$$e^{\beta(b^{+} - b)} \Phi_0 \tag{43.3}$$

umschreiben ließ. Wir hatten sodann gezeigt, daß sich mit Hilfe einer derartigen unitären Transformation die neuen Erzeugungs- und Vernichtungsoperatoren gewinnen ließen. Genau den gleichen Gedankengang wollen wir nun hier anwenden.

In der Tat hatten wir in § 14 gesehen, daß wir für jede einzelne Exponentialfunktion der Fermi-Operatoren a_1^+, a_2^+

$$N\, e^{c a_1^+ a_2^+} \tag{43.4}$$

eine unitäre Transformation

$$e^{c(a_1^+ a_2^+ - a_2 a_1)} \tag{43.5}$$

finden können derart, daß

$$N\, e^{c a_1^+ a_2^+}\, \Phi_0 = e^{c a_1^+ a_2^+ - c a_2 a_1}\, \Phi_0 \tag{43.6}$$

gilt. Indem wir nun ganz allgemein die folgenden Verallgemeinerungen vornehmen

$$\begin{aligned} a_1^+ &\to a_{\boldsymbol{k}\uparrow}^+ \qquad & a_1 &\to a_{\boldsymbol{k}\uparrow} \\ a_2^+ &\to a_{-\boldsymbol{k}\downarrow}^+, \qquad & a_2 &\to a_{-\boldsymbol{k}\downarrow} \end{aligned} \tag{43.7}$$

können wir die Wellenfunktion (43.1) durch die Wellenfunktion

$$\Phi_G = \prod_{\boldsymbol{k}} e^{c_{\boldsymbol{k}}'(a_{\boldsymbol{k}\uparrow}^+ a_{-\boldsymbol{k}\downarrow}^+ - a_{-\boldsymbol{k}\downarrow} a_{\boldsymbol{k}\uparrow})}\, \Phi_0 \tag{43.8}$$

ersetzen. Diese exakte Ersetzung können wir wie folgt interpretieren. Der BCS-Grundzustand läßt sich durch eine unitäre Transformation U aus dem Vakuum erzeugen, d.h. es gilt

$$\Phi_G = U \Phi_0 \tag{43.9}$$

mit
$$U = \prod_{\boldsymbol{k}} e^{c_{\boldsymbol{k}}'(a_{\boldsymbol{k}\uparrow}^+ a_{-\boldsymbol{k}\downarrow}^+ - a_{-\boldsymbol{k}\downarrow} a_{\boldsymbol{k}\uparrow})} \equiv \prod_{\boldsymbol{k}} U_{\boldsymbol{k}} \tag{43.10}$$

Wir wollen nun, ebenso wie beim verschobenen harmonischen Oszillator (vgl. §§ 6 und 14) mit Hilfe dieser unitären Transformation zu einem neuen Satz von Operatoren und Zuständen übergehen, so daß der BCS-Grundzustand zum „Vakuumzustand" unserer neuen Operatoren wird. Dazu bilden wir

$$\tilde{a}_{\boldsymbol{k}\uparrow}^+ = U_{\boldsymbol{k}} a_{\boldsymbol{k}\uparrow}^+ U_{\boldsymbol{k}}^+, \qquad \tilde{a}_{\boldsymbol{k}\uparrow} = U_{\boldsymbol{k}} a_{\boldsymbol{k}\uparrow} U_{\boldsymbol{k}}^+ \tag{43.11}$$

Wie wir in § 14 gezeigt haben, läßt sich die Transformation (43.11) explizit ausführen und liefert das Ergebnis

$$\tilde{a}_{\boldsymbol{k}\uparrow}^+ = a_{\boldsymbol{k}\uparrow}^+ u_{\boldsymbol{k}} - a_{-\boldsymbol{k}\downarrow} v_{\boldsymbol{k}} \tag{43.12}$$

Der neue Operator $\tilde{a}_{\boldsymbol{k}\uparrow}^+$ läßt sich somit als eine lineare Kombination aus einem Erzeugungs- und Vernichtungsoperator darstellen. In entsprechender Weise kann man die Transformation U auf die anderen Operatoren $a_{\boldsymbol{k}\uparrow}$ usw. anwenden. Diese Transformationen liefern dann die Ergebnisse

$$\tilde{a}_{k\uparrow} = a_{k\uparrow} u_k - a^+_{-k\downarrow} v_k \tag{43.13}$$

$$\tilde{a}^+_{-k\downarrow} = a^+_{-k\downarrow} u_k + a_{k\uparrow} v_k \tag{43.14}$$

$$\tilde{a}_{-k\downarrow} = a_{-k\downarrow} u_k + a^+_{k\uparrow} v_k \tag{43.15}$$

Durch (42.12) – (42.15) sind die berühmten Bogoljubov-Valatin-Transformationen wiedergegeben. Wir sehen hier aber deutlich die Grundidee dieser Transformation. Die neuen Operatoren erfüllen, wie wir schon früher direkt nachgerechnet haben, die gleichen Vertauschungsrelationen wie die alten Operatoren. Sie stellen also wieder Fermiteilchen dar. Sie beschreiben nun aber nicht mehr die Erzeugung eines einzelnen Elektrons sondern Anregungszustände, oder – mit anderen Worten – sogenannte Quasiteilchen. Diese neuen Operatoren sind dadurch ausgezeichnet, daß sie den Grundzustand der BCS-Theorie gerade zum neuen „Vakuumzustand" machen:

also $\quad \tilde{a}_{k\uparrow} \Phi_G = 0 \quad$ und $\quad \tilde{a}_{-k\downarrow} \Phi_G = 0$

Dies erhält man unmittelbar aus den Relationen (43.11) und (43.9):

$$\tilde{a}_{k\uparrow} \Phi_G = U a_{k\uparrow} \underbrace{U^+ U}_{=1} \Phi_0 = U \underbrace{a_{k\uparrow} \Phi_0}_{=0} = 0$$

(warum darf man in (43.11) U_k durch U ersetzen?)

das Quasiteilchen-Vakuum. Nun müssen wir aber auf einen entscheidenden Unterschied gegenüber dem harmonischen Oszillator hinweisen. Dort war ja der Grundzustand exakt durch die Form (43.2) dargestellt und dementsprechend waren auch die Zustände, die wir mit Hilfe der transformierten Operatoren bekamen, exakt. Hier jedoch ist der Grundzustand nur näherungsweise durch die Form (43.1) wiedergegeben. Aus diesem Grund können wir von vornherein gar nicht erwarten, daß wir mit unserem Verfahren die angeregten Zustände exakt erhalten. In der Tat wäre es ja sonst möglich gewesen, die exakte Lösung des Vielteilchenproblems anzugeben. Es wird sich vielmehr folgender Sachverhalt herausstellen. Durch die Transformationen (43.12) bis (43.15) wird ein Teil des Hamiltonoperators „diagonalisiert", d. h. exakt lösbar mit Hilfe von Anzahloperatoren. Daneben bleibt jedoch noch ein Rest stehen.

Ein Kriterium für die Güte des gesamten Verfahrens ist es, ob dieser nichtdiagonalisierte Teil des Hamiltonoperators nur noch eine schwache Störung darstellt. Ein derartiges Zusatzglied hat zur Folge, daß die Quasiteilchen untereinander noch wechselwirken, also aus ihren Anfangszuständen heraus gestreut werden und somit eine endliche Lebensdauer γ haben. Das gesamte Verfahren ist nur solange sinnvoll, als die Lebensdauerverbreitung der Energieniveaus der ursprünglichen Quasiteilchen klein gegenüber der Gesamtenergie der Quasiteilchen ist. Es muß also die Forderung

$$\gamma_k \ll \tilde{\varepsilon}_k \tag{43.16}$$

erfüllt sein.

im folgenden nehmen wir an, daß diese Bedingung erfüllt ist, und führen das schon angekündigte Verfahren durch. Dazu lösen wir (43.12) bis (43.15) nach a, a^+ auf und drücken diese somit als Linearkombinationen aus $\tilde{a}$, $\tilde{a}^+$ aus. Setzen wir dies dann in $H' = H - \mu N_{op}$ (42.14) ein, so ergibt sich nach elementaren Umformungen:

$$H' = \sum_{\boldsymbol{k}} \tilde{E}_{\boldsymbol{k}}(\tilde{a}^+_{\boldsymbol{k}\uparrow}\tilde{a}_{\boldsymbol{k}\uparrow} + \tilde{a}^+_{-\boldsymbol{k}\downarrow}\tilde{a}_{-\boldsymbol{k}\downarrow}) + \text{Rest} \tag{43.17}$$

Da die neuen Operatoren $\tilde{a}$, $\tilde{a}^+$ wieder den Fermi-Vertauschungsrelationen genügen, ist es jetzt trivial, die Anregungszustände und deren Energien anzugeben (solange man den „Rest" wegläßt).

Nach §42 ist die Anregungsenergie $\tilde{E}_{\boldsymbol{k}}$ eines „Quasiteilchens" durch

$$\tilde{E}_{\boldsymbol{k}} = (E_{\boldsymbol{k}}'^2 + \Delta_{\boldsymbol{k}}^2)^{1/2} \tag{43.18}$$

gegeben.

Die folgende einfache Betrachtung zeigt, daß wir damit die Existenz der *Energielücke* nachgewiesen haben: Ohne Wechselwirkung der Elektronen untereinander ist $\Delta_{\boldsymbol{k}} = 0$. Die Anregungsenergie $\tilde{E}_{\boldsymbol{k}} \equiv E'_{\boldsymbol{k}}$ beginnt dann bei $E_{\boldsymbol{k}} - \mu = 0$ und wächst kontinuierlich an.

Bei $\Delta \neq 0$ ist hingegen selbst der tiefste angeregte Zustand $\boldsymbol{k}_0$ noch vom Grundzustand durch $\tilde{E}_{k_0} = \Delta$, also die Energielücke, getrennt. Damit ist bereits ein wichtiges Ziel der mikroskopischen Supraleitungstheorie erreicht. Daran kann sich nun der Nachweis anschließen, daß der Supraleiter den Meißner-Ochsenfeld-Effekt zeigt.

Wir gehen auf diese Rechnungen hier nicht näher ein, obgleich der Grundgedanke einfach ist: Man fügt zu (42.1) noch ein Glied, das die Wechselwirkung der Elektronen mit dem Magnetfeld wiedergibt (vgl. auch (44.2)), hinzu und behandelt dieses nach der Störungstheorie in unterster Näherung. Berechnet man dann den Erwartungswert des Stromes, so ergibt sich im wesentlichen die Beziehung (40.24).

Abschließend machen wir nur noch eine Bemerkung über die Supraleitungsbedingung. Bislang hatten wir in den §§42, 43 nur die attraktive Wechselwirkung zwischen den Elektronen aufgrund ihrer Wechselwirkung mit den Gitterschwingungen untersucht, hatten die Coulombsche Wechselwirkung aber ganz weggelassen. Wie sich zeigen läßt, wird die (repulsive) Coulombsche Wechselwirkung zwischen je zwei Elektronen durch die anderen Elektronen stark abgeschirmt. Es bleibt dann nur noch eine repulsive Restwechselwirkung übrig.

Nimmt man nun beide Arten von Wechselwirkungen mit (attraktiv und repulsiv), so überwiegt je nach den Parametern des Festkörpers die eine oder die andere. Obgleich es hier sehr nützliche empirische Regeln gibt, ist eine apriori-Rechnung praktisch kaum zu bewältigen.

Ein sehr interessantes Kapitel stellt das Studium des Phasenüberganges am Sprungpunkt dar. Leider sprengt die Darstellung dieser Phänomene, etwa mit Hilfe temperaturabhängiger Greenscher Funktionen oder der Ginzburg-Landau-Theorie, den Rahmen unseres Buches.

VIII. Elektronen in Wechselwirkung mit dem quantisierten Lichtfeld

§ 44 Die Wechselwirkung zwischen Licht und Materie: Der Hamiltonoperator

In diesem Paragraphen stellen wir den Hamiltonoperator H für Elektronen in Wechselwirkung mit dem quantisierten Lichtfeld auf, wobei wir uns einer Regel bedienen, die wir in § 15 kennenlernten.

Danach können wir H gewinnen, indem wir den Hamiltonoperator des quantisierten Elektronenwellenfeldes unter dem Einfluß des Lichtfeldes aufstellen und zu ihm den Hamiltonoperator des freien Lichtfeldes addieren.

a) Der Hamiltonoperator des Elektronenwellenfeldes. Da wir das Lichtfeld durch das Vektorpotential $\boldsymbol{A}$ beschreiben, müssen wir zunächst auf die klassische Hamiltonfunktion und dann auf den Hamiltonoperator eines Elektrons, das sich in einem Feld mit Vektorpotential $\boldsymbol{A}$ bewegt, näher eingehen. Dazu gehen wir ganz im Sinne der 1. und anschließend 2. Quantisierung vor und beginnen mit der Hamiltonfunktion der klassischen Physik. Wie sich zeigen läßt (vgl. Aufgabe 1), lautet die klassische Hamiltonfunktion für ein Elektron, das sich in Feldern mit dem Vektorpotential $\boldsymbol{A}(\boldsymbol{x})$ und dem skalaren Potential $V(\boldsymbol{x})$ bewegt:

$$H_{kl} = \frac{1}{2m}\left(\boldsymbol{p} - \frac{e}{c}\boldsymbol{A}(\boldsymbol{x})\right)^2 + V(\boldsymbol{x}) \tag{44.1}$$

Im Rahmen der 1. Quantisierung gehen wir zum Hamiltonoperator H der Schrödingerschen Wellenmechanik über, indem wir $\boldsymbol{p}$ durch $(\hbar/i)\,\nabla$ ersetzen.

Mit diesem H bilden wir bei der 2. Quantisierung $\int \psi^+(\boldsymbol{x}) H \psi(\boldsymbol{x}) d^3x$ und unterwerfen $\psi^+(\boldsymbol{x})$ und $\psi(\boldsymbol{x})$ den Fermi-Vertauschungsrelationen (13.8). Schließlich erfassen wir noch die Coulombwechselwirkung zwischen den Elektronen, indem wir den entsprechenden Wechselwirkungsoperator H_{WW} hinzufügen. Der explizite Ausdruck für H_{WW} ist uns schon früher begegnet, wir werden ihn aber gleich unten nochmals explizit angeben. Damit lautet der gesuchte Hamiltonoperator in 2. Quantisierung endgültig:

$$H_{El} = \int \psi^+(\boldsymbol{x}) \left\{\frac{1}{2m}\left(\frac{\hbar}{i}\nabla - \frac{e}{c}\boldsymbol{A}\right)^2 + V(\boldsymbol{x})\right\} \psi(\boldsymbol{x}) d^3x + H_{WW} \tag{44.2}$$

Der Ausdruck, der das Vektorpotential in (44.2) enthält, läßt sich noch vereinfachen. Multiplizieren wir nämlich die quadrierte Klammer aus, so erhalten wir unter genauer Berücksichtigung der Reihenfolge der Operatoren

$$\frac{1}{2m}\left(\frac{\hbar}{i}\nabla - \frac{e}{c}\boldsymbol{A}\right)^2 = -\frac{\hbar^2}{2m}\Delta - \frac{\hbar e}{2mci}\nabla\boldsymbol{A} - \frac{\hbar e}{2mci}\boldsymbol{A}\nabla + \frac{1}{2m}\frac{e^2}{c^2}\boldsymbol{A}^2 \tag{44.3}$$

Wegen der Eigenschaften des Nabla-Operators gilt

$$\nabla(\boldsymbol{A}\psi) = \psi\nabla\boldsymbol{A} + \boldsymbol{A}\nabla\psi \tag{44.4}$$

worin wegen der Divergenzfreiheit des Vektorpotentials (vgl. (11.26))

$$\nabla\boldsymbol{A} = 0 \tag{44.5}$$

das erste Glied auf der rechten Seite wegfällt.

Damit läßt sich H_{El} in der folgenden Weise schreiben:

$$H_{El} = H_{0,El} + H_{El\text{-}Licht} + H_{El\text{-}Licht}^{(nl)} + H_{WW} \tag{44.6}$$

wobei gilt:

$$H_{0,El} = \int \psi^+(\boldsymbol{x})\left\{-\frac{\hbar^2}{2m}\Delta + V(\boldsymbol{x})\right\}\psi(\boldsymbol{x})d^3x \tag{44.6a}$$

$$H_{El\text{-}Licht} = \int \psi^+(\boldsymbol{x})\left(-\frac{\hbar e}{mic}\boldsymbol{A}(\boldsymbol{x})\nabla\right)\psi(\boldsymbol{x})d^3x \tag{44.6b}$$

sowie

$$H_{El\text{-}Licht}^{(nichtlinear)} = \int \psi^+(\boldsymbol{x})\left(\frac{1}{2m}\frac{e^2}{c^2}\boldsymbol{A}^2\right)\psi(\boldsymbol{x})d^3x \tag{44.6c}$$

$$H_{WW} = \frac{1}{2}\int \psi^+(\boldsymbol{x})\psi^+(\boldsymbol{x}')\frac{e^2}{|\boldsymbol{x}-\boldsymbol{x}'|}\psi(\boldsymbol{x}')\psi(\boldsymbol{x})d^3x\,d^3x' \tag{44.6d}$$

Die einzelnen Ausdrücke (44.6a) bis (44.6d) haben die folgende Bedeutung: $H_{0,El}$ bezieht sich auf die Bewegung der Elektronen im Potentialfeld $V(\boldsymbol{x})$; $H_{El\text{-}Licht}$ beschreibt die Wechselwirkung zwischen Elektronen und Licht, wobei das Vektorpotential *linear* eingeht. $H_{El\text{-}Licht}^{(nl)}$ beschreibt eine weitere Wechselwirkung zwischen Elektronen und Licht, wobei $\boldsymbol{A}$ quadratisch, also nichtlinear eingeht. Im folgenden vernachlässigen wir dieses Glied, was für kleine $\boldsymbol{A}$ gerechtfertigt ist. (Da $\boldsymbol{A}$ zu einem Operator wird, soll dies bedeuten, daß die Matrixelemente von $\boldsymbol{A}$ für Feldzustände, die hier betrachtet werden, hinreichend klein sind.) Das letzte Glied, H_{WW}, beschreibt die Coulombsche Wechselwirkung der Elektronen untereinander.

b) Der Hamiltonoperator des wechselwirkungsfreien Lichtfeldes. Es ist auch hier wieder zweckmäßig, das Vektorpotential $\boldsymbol{A}$ nach ebenen Wellen zu zerlegen: (vgl. § 11)

$$\boldsymbol{A} = \sum_{\boldsymbol{k},j}\sqrt{\frac{\hbar 2\pi c^2}{\omega_{\boldsymbol{k}}}}\left(\boldsymbol{e}_{\boldsymbol{k},j}\frac{1}{\sqrt{V}}e^{i\boldsymbol{k}\boldsymbol{x}}b_{\boldsymbol{k},j} + \boldsymbol{e}_{\boldsymbol{k},j}\frac{1}{\sqrt{V}}e^{-i\boldsymbol{k}\boldsymbol{x}}b_{\boldsymbol{k},j}^+\right) \tag{44.7}$$

Hierin ist ω_k die Frequenz der einzelnen Lichtwellen, $\boldsymbol{e}_{kj}$ ist der Polarisationsvektor der Welle $\boldsymbol{k}$. Da noch zwei Polarisationsrichtungen frei sind, unterscheiden wir diese durch den Index j. V ist das Normierungsvolumen, $b_{\boldsymbol{k},j}$ und $b_{\boldsymbol{k},j}^+$ sind Vernichtungs- und Erzeugungsoperatoren, die den üblichen Bose-Vertauschungsrelationen genügen.

Gemäß § 11 lautet dann der Hamiltonoperator

$$H_{Licht} = \sum_{\boldsymbol{k},j} \hbar\omega_{\boldsymbol{k},j} b_{\boldsymbol{k},j}^+ b_{\boldsymbol{k},j} \tag{44.8}$$

Den *Hamiltonoperator des Gesamtsystems* setzen wir nun als Summe aus H_{El} und H_{Licht} an:

$$H_{tot} = H_{El} + H_{Licht} \tag{44.9}$$

Für das folgende fassen wir die Glieder $H_{El} + H_{Licht}$ in (44.9) unter Verwendung der Zerlegung (44.6) in neuer Weise zusammen:

$$H_{tot} = H_0 + H_{El\text{-}Licht} + H_{WW} \tag{44.10}$$

Darin besteht H_0 aus der Summe der Hamiltonoperatoren der freien Felder:

$$H_0 = H_{0,El} + H_{Licht} \tag{44.10a}$$

$H_{0,El}$, $H_{El\text{-}Licht}$ und H_{WW} sind uns schon in (44.6) begegnet, während H_{Licht} in (44.8) definiert ist.

Für viele Zwecke ist es günstig, den Hamiltonoperator in eine andere Form zu bringen. Wie wir früher schon mehrmals sahen, liegt es nahe, die Feldoperatoren $\psi(\boldsymbol{x})$, $\psi^+(\boldsymbol{x})$ nach Eigenfunktionen zu einer Schrödingergleichung zu entwickeln

$$\psi(\boldsymbol{x}) = \sum_\mu a_\mu \varphi_\mu(\boldsymbol{x}) \tag{44.11a}$$

$$\psi^+(\boldsymbol{x}) = \sum_\mu a_\mu^+ \varphi_\mu^*(\boldsymbol{x}) \tag{44.11b}$$

In unserem Falle ist es zweckmäßig, für die Funktionen $\varphi_\mu(\boldsymbol{x})$ die Lösungen der Schrödingergleichung

$$\left\{-\frac{\hbar^2}{2m}\Delta + V(\boldsymbol{x})\right\}\varphi_\mu = E_\mu \varphi_\mu \tag{44.12}$$

zu wählen.

Bevor wir die Entwicklungen (44.11a) und (44.11b) in (44.9) bzw. (44.6) einsetzen, sagen wir noch schnell ein Wort über die Vertauschungsrelationen. Diejenigen für die Operatoren des Lichtfeldes allein und für die Operatoren des Elektronenwellenfeldes allein sind uns ja schon geläufig (s. (11.55) bis (11.57), (13.8)). Für die Vertauschungsrelationen, die Feldoperatoren des einen Feldes mit denen des anderen Feldes verknüpfen, fordern wir, daß diese verschwinden, daß also gilt

$$\begin{aligned} [\psi(\boldsymbol{x}'), \boldsymbol{A}(\boldsymbol{x})] &= 0, \quad [\psi(\boldsymbol{x}'), \boldsymbol{\Pi}(\boldsymbol{x})] = 0 \\ [\psi^+(\boldsymbol{x}'), \boldsymbol{A}(\boldsymbol{x})] &= 0, \quad [\psi^+(\boldsymbol{x}'), \boldsymbol{\Pi}(\boldsymbol{x})] = 0 \end{aligned} \tag{44.13}$$

Hierin ist $\boldsymbol{\Pi}(\boldsymbol{x})$ der zu $\boldsymbol{A}(\boldsymbol{x})$ kanonisch konjugierte Impuls. Führt man durch die Zerlegungen (44.7) und (44.11a, b) die Lichtquantenoperatoren $b_{\boldsymbol{k},j}^+$; $b_{\boldsymbol{k},j}$ sowie die Elektronen-Erzeugungs- und Vernichtungsoperatoren a_μ^+, a_μ ein, so läßt sich aufgrund von (44.13) zeigen:

$$\begin{aligned} [a_\mu, b_{\boldsymbol{k},j}] &= 0, \quad [a_\mu, b_{\boldsymbol{k},j}^+] = 0 \\ [a_\mu^+, b_{\boldsymbol{k},j}] &= 0, \quad [a_\mu^+, b_{\boldsymbol{k},j}^+] = 0 \end{aligned} \tag{44.14}$$

Wir setzen die Entwicklungen (44.11a) und (44.11b) sowie (44.7) in (44.10) ein. Dabei erhalten die einzelnen Glieder in (44.10) eine neue Gestalt, die wir explizit angeben. Die beiden in H_0 (s. (44.10a)) auftretenden Anteile sind uns schon früher begegnet (vgl. § 13, § 11) und können von dort übernommen werden:

$$H_0 = \sum_\mu E_\mu a_\mu^+ a_\mu + \sum_{\boldsymbol{k},j} \hbar\omega_{\boldsymbol{k}} b_{\boldsymbol{k},j}^+ b_{\boldsymbol{k},j} \tag{44.15}$$

Neu für uns ist $H_{El\text{-}Licht}$, so daß wir dessen Form herleiten. Betrachten wir als erstes die Zerlegung des Vektorpotentials (44.7): Ersichtlich erhält $\boldsymbol{A}$ zwei verschiedenartige Anteile: einen, der nur b's enthält, einen zweiten, der nur b^+'s enthält. Dementsprechend zerlegen wir

$$\boldsymbol{A} = \boldsymbol{A}_b + \boldsymbol{A}_{b^+} \tag{44.16}$$

und setzen dies in (44.6b) ein:

$$H_{El\text{-}Licht} \sim \int \psi^+(\boldsymbol{x})\boldsymbol{A}_b(\boldsymbol{x})\nabla\psi(\boldsymbol{x})d^3x + \int \psi^+(\boldsymbol{x})\boldsymbol{A}_{b^+}(\boldsymbol{x})\nabla\psi(\boldsymbol{x})d^3x \tag{44.17}$$

Wir besprechen am Beispiel des ersten Integrals, welche Struktur $H_{El\text{-}Licht}$ beim Einsetzen der Zerlegungen (44.7), (44.16), (44.11a, b) erhält, wobei wir jeweils ein Summenglied als „Repräsentanten" herausgreifen:

$$\left.\begin{array}{cccccc} \int \psi^+(\boldsymbol{x}) & \boldsymbol{A}_b(\boldsymbol{x}) & \nabla & \psi(\boldsymbol{x}) & d^3x \\ \downarrow \quad \downarrow & \downarrow & \downarrow & \downarrow & \downarrow \\ \int a_\mu^+ \varphi_\mu^*(\boldsymbol{x}) & b_{\boldsymbol{k},j} e^{i\boldsymbol{k}\boldsymbol{x}} & \nabla & a_\nu \varphi_\nu(\boldsymbol{x}) & d^3x \end{array}\right\} \tag{44.18}$$

Da die Operatoren a_μ^+, $b_{\boldsymbol{k},j}$, a_ν nichts mit der Integration zu tun haben, ziehen wir diese vor das Integral:

$$a_\mu^+ a_\nu b_{\boldsymbol{k},j} \int \varphi_\mu^*(\boldsymbol{x}) e^{i\boldsymbol{k}\boldsymbol{x}} \nabla \varphi_\nu(\boldsymbol{x}) d^3x \tag{44.19}$$

Die gleichen Schritte können wir beim zweiten Integral in (44.17) ausführen, wobei wir lediglich im Endresultat (44.19) b durch b^+ und $e^{i\boldsymbol{k}\boldsymbol{x}}$ durch $e^{-i\boldsymbol{k}\boldsymbol{x}}$ zu ersetzen haben. Um den vollständigen Ausdruck für $H_{El\text{-}Licht}$ zu erhalten, müssen wir noch die konstanten Faktoren, die in (44.7) sowie (44.6b) stehen, und schließlich die Summen über μ, ν, $\boldsymbol{k}$, j hinzufügen. Wir erhalten dann

$$H_{El\text{-}Licht} = \hbar \sum_{\mu\nu\boldsymbol{k}j} (a_\mu^+ a_\nu b_{\boldsymbol{k},j} g_{\mu\nu\boldsymbol{k}j} + a_\mu^+ a_\nu b_{\boldsymbol{k},j}^+ g'_{\mu\nu\boldsymbol{k}j}) \tag{44.20}$$

Der Gesamthamiltonoperator, den wir unserer weiteren Darstellung zugrundelegen werden, ist durch

$$H = H_0 + H_{El\text{-}Licht} + H_{WW} \tag{44.21}$$

gegeben, wobei H_0, $H_{El\text{-}Licht}$ und H_{WW} in (44.15), (44.20), (44.6d) explizit dargestellt sind.

Die Kopplungskonstanten g sind hier durch

$$g_{\mu\nu\boldsymbol{k}j} = -\underbrace{\sqrt{\frac{2\pi}{V\omega_k\hbar}}\,\frac{e}{m}}_{= const} \int \varphi_\mu^*(\boldsymbol{x}) \boldsymbol{e}_{\boldsymbol{k}j} e^{i\boldsymbol{k}\boldsymbol{x}} \frac{\hbar}{i} \nabla \varphi_\nu(\boldsymbol{x}) d^3x \tag{44.22}$$

gegeben. Die Kopplungskonstanten g' entstehen aus denjenigen g, indem wir eineinfach $\boldsymbol{k}$ in $-\boldsymbol{k}$ überführen:

$$g'_{\mu\nu\boldsymbol{k}j} = g_{\mu\nu-\boldsymbol{k}j}$$

Bei den obigen Überlegungen haben wir in (44.9) das in $\boldsymbol{A}$ quadratische Glied vernachlässigt. Tatsächlich kann man in einer Reihe von Fällen zeigen, daß diese Vernachlässigung legitim ist. Da es aber in manchen Fällen, besonders in der nichtlinearen Optik, gebraucht wird, soll es in den Übungen noch in Form einer Aufgabe hergeleitet werden.

Der Struktur nach ist der Hamiltonoperator (44.10) mit seinen Teilen (44.15) und (44.20) völlig analog zu einem, der uns schon früher begegnet ist, nämlich demjenigen, der die Wechselwirkung zwischen Elektron und Gitterschwingungen beschreibt. Damals bezogen sich die Erzeugungs- und Vernichtungsoperatoren auf Gitterquanten. Hier in unserem Falle sind nun lediglich die Kopplungskonstanten von einer völlig anderen Bedeutung. Ein weiterer Unterschied besteht darin, daß wir es bei dem Wechselwirkungsproblem zwischen Elektronen und Gitterschwingungen mit Elektronen zu tun hatten, die sich im *periodischen* Potentialfeld bewegen. Im vorliegenden Falle kann $V(\boldsymbol{x})$ jedoch noch ganz beliebig sein.

Aufgaben zu § 44

1. Man stelle die zu (44.1) gehörigen Hamiltonschen Gleichungen für $\dot{\boldsymbol{p}}$ und $\dot{\boldsymbol{x}}$ auf und leite daraus die Newtonsche Bewegungsgleichung her, wobei als Kraft die Lorentzkraft

$$\boldsymbol{K} = e\boldsymbol{E} + \frac{e}{c}[\boldsymbol{v}, \boldsymbol{B}]$$

auftritt. Dabei beachte man

$$eE = -\operatorname{grad} V - \frac{e}{c}\dot{A} \qquad \text{sowie} \qquad B = \operatorname{rot} A$$

2. Man drücke (44.6c) durch die Operatoren a^+, a, b^+, b aus, indem man die Entwicklungen (44.7), (44.11a), (44.11b) verwendet.

§ 45 Polaritonen

Bei den Polaritonen handelt es sich um Anregungszustände, die durch die Wechselwirkung zwischen Licht und Elektronen im Kristallgitter entstehen. Wie wir schon am Beispiel der Frenkel-Exzitonen sahen, können im Kristall Polarisationsschwingungen der Elektronen auftreten, die sich als longitudinale oder transversale Wellen durch den Kristall fortpflanzen. Tritt nun Licht in einen Kristall ein, so kann es, wie wir sogleich sehen werden, derartige Polarisationsschwingungen, und zwar transversale, anregen. Die hierbei auftretenden Vorgänge erinnern stark an die Kopplung zweier Pendel, wobei in unserem Fall das eine Pendel durch die Polarisationsschwingungen, das andere durch die Lichtschwingungen dargestellt wird. Wie wir aus der Mechanik wissen, führen zwei gekoppelte Pendel, die ohne Kopplung mit den Eigenfrequenzen ω_1 bzw. ω_2 schwingen, gemeinsame Bewegungen (Eigenschwingungen) aus, wobei diese neuen Eigenschwingungen mit neuen Eigenfrequenzen Ω_1 und Ω_2 verknüpft sind.

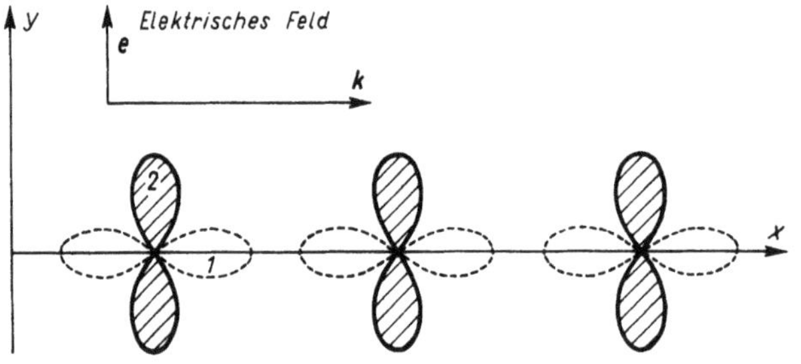

Fig. 59
Im Text betrachtete Konfiguration des elektrischen Feldes, der Lichtwelle und der Wannierfunktionen des Leitungsbandes
e Polarisationsrichtung, ***k*** Ausbreitungsvektor

Ganz das Entsprechende tritt nun auch im vorliegenden quantenmechanischen Fall auf. Durch die Wechselwirkung zwischen Licht und Frenkel-Exzitonen entstehen neue stationäre Zustände mit neuen Energien und einem neuen Dispersionsgesetz. Um den Formalismus nicht zu sehr mit Indizes zu überladen, betrachten wir eine verhältnismäßig einfache Konfiguration. Die Atome seien in Ebenen senkrecht zur x-Achse angeordnet. Die Atomfunktionen, die dann zum Leitungsband Anlaß geben, seien p-Funktionen, die längs bzw. senkrecht zu x orientiert sind. Die Lichtwelle falle parallel zur x-Achse ein und sei parallel zur y-Achse polarisiert (vgl. Fig. 59). Ausgangspunkt für unsere Untersuchungen ist der Hamiltonoperator (44.9), (mit

(44.6), (44.8)), wobei wir wie schon in § 44 das nichtlineare Glied (44.6c) weglassen. Analog zu § 44 führen wir für $\boldsymbol{A}$ wieder die Entwicklung (44.7) ein. Da wir aber nur eine Polarisationsrichtung betrachten, lassen wir jetzt den Index j weg. Wir zerlegen jetzt aber die Feldoperatoren der Elektronen ψ und ψ^+ nach Funktionen, die an den einzelnen Gitteratomen am Platze $\boldsymbol{l}$ lokalisiert sind:

$$w_\mu(\boldsymbol{x} - \boldsymbol{l}) \tag{45.1}$$

Hierbei kann es sich entweder um die Wannier-Funktionen (vgl. § 19) oder in naiver Weise um Atomfunktionen handeln. Der Index μ unterscheidet noch, ob es sich um den Grundzustand oder den angeregten Zustand handelt. Wir nehmen an, daß der Grundzustand zum Valenzband gehört und identifizieren in diesem Fall μ mit V. Die zugehörige Wellenfunktion habe s-Symmetrie. Daneben kann der Index μ auch eine angeregte Funktion bezeichnen, die dann zum Leitungsband gehört. Da wir annehmen wollen, daß diese angeregte Funktion p-Charakter trägt, müssen wir sie noch für die Indizes 1, 2, 3 je nach Orientierung der p-Funktion unterscheiden. In diesem Falle nimmt also μ die Werte $\mu = L, 1$ oder $\mu = L, 2$ oder $\mu = L, 3$ an.

Gehen wir mit dem Ansatz

$$\psi(\boldsymbol{x}) = \sum_{\boldsymbol{l},\mu} a_{\boldsymbol{l},\mu} w_\mu(\boldsymbol{x} - \boldsymbol{l}) \tag{45.2}$$

und dem entsprechenden für den hermitesch konjugierten Operator in den Hamiltonoperator (44.9) ein, so erhalten wir einen neuen Hamiltonoperator

$$H = H_{El} + H_{Licht} + H_{El\text{-}Licht} \tag{45.3}$$

Hierin hängt H_{El} von den Operatoren $a^+_{\boldsymbol{l},\mu}$ und $a_{\boldsymbol{l},\mu}$ ab. Er darf auch Ausdrücke enthalten, die die Coulombsche Wechselwirkung zwischen den Elektronen beschreiben. Für eine explizite Form, die wir aber hier gar nicht brauchen, s. z. B. § 24. H_{Licht} beschreibt die Energie des freien Lichtfeldes und ist durch den Ausdruck (44.8) gegeben. Der 3. Hamiltonoperator in (45.3) beschreibt die Wechselwirkung zwischen Elektron und Licht. Wir untersuchen $H_{El\text{-}Licht}$ genauer und spalten es in zwei Anteile auf.

Der erste enthält nur die Vernichtungsoperatoren des Lichtfeldes und gibt somit die Absorption von Lichtquanten wieder

$$H_{El\text{-}L,Ab} = \hbar \sum_{\boldsymbol{l},\boldsymbol{l}',\mu,\mu',\boldsymbol{k}} a^+_{\boldsymbol{l},\mu} a_{\boldsymbol{l}',\mu'} b_{\boldsymbol{k}} G_{\boldsymbol{l},\mu,\boldsymbol{l}',\mu',\boldsymbol{k}} \tag{45.4}$$

Der andere enthält nur Erzeugungsoperatoren

$$H_{El\text{-}L,Em} = \hbar \sum_{\boldsymbol{l},\boldsymbol{l}',\mu,\mu',\boldsymbol{k}} a^+_{\boldsymbol{l},\mu} a_{\boldsymbol{l}',\mu'} b^+_{\boldsymbol{k}} G'_{\boldsymbol{l},\mu,\boldsymbol{l}',\mu',\boldsymbol{k}} \tag{45.5}$$

und gibt somit die Emission von Lichtquanten wieder. Die Summen in (45.4) und (45.5) gehen über alle Lokalisationsorte der Elektronen $\boldsymbol{l}$ und $\boldsymbol{l}'$ sowie über die Indizes μ und μ', die das Valenzband vom Leitungsband unterscheiden. Schließlich ist noch über alle $\boldsymbol{k}$-Vektoren des Lichtfeldes aufzusummieren. Hierbei nehmen wir aber vereinfachend an, daß $\boldsymbol{k}$ parallel zur x-Achse ist und nur eine Polarisationsrichtung vorhanden ist. Die Matrixelemente G in (45.4) und (45.5) sind von der Gestalt

$$G_{l,\mu,l',\mu',k} = const \int w_\mu^*(x - l) e_k e^{ikx} \frac{\hbar}{i} \nabla w_{\mu'}(x - l') d^3x \tag{45.6}$$

wobei die Konstante in (45.6) mit der in (44.22) identisch ist. Da wir ihre explizite Form im folgenden nicht brauchen, haben wir sie hier nicht aufgeführt. Wir diskutieren, wie sich G für unser spezielles Modell vereinfacht. Wir nehmen an, daß zwischen den Atomfunktionen an verschiedenen Orten keine Überlappung besteht. Es sind dann nur solche Matrixelemente G von Null verschieden, für die $l' = l$ ist. Ferner sei der Lichtvektor k dem Betrage nach viel kleiner als die Gitterkonstante. Dann dürfen wir e^{ikx} in einer Gitterzelle als konstant ansehen, somit in diesem Faktor x durch l ersetzen und e^{ikl} vor das Integral ziehen

$$G \sim e^{ikl} e_k \int w_\mu^*(x - l) \frac{\hbar}{i} \nabla w_{\mu'}(x - l) d^3x \tag{45.7}$$

Schließlich nehmen wir eine Auswahlregel zwischen atomaren Funktionen an, derart, daß nur Übergänge zwischen dem Grundzustand und dem angeregten Zustand und umgekehrt erfolgen dürfen, nicht aber zwischen gleichen Zuständen (vgl. auch S.176)

$$\left.\begin{array}{ll} \mu = V, & \mu' = L \\ \mu = L, & \mu' = V \end{array}\right\} \tag{45.8}$$

Wir brauchen im folgenden daher nur Matrixelemente von der Form

$$G \sim e^{ikl} e_k p_{V,L} \tag{45.9}$$

zu berücksichtigen, wobei $p_{V,L}$ das Matrixelement des Impulsoperators zwischen dem Grundzustand von s-Charakter und einem angeregten Zustand von p-Charakter ist. Wegen der Orientierung unserer atomaren Funktionen und der Polarisation des elektrischen Feldes ergibt sich, daß nur ein solcher Faktor G von Null verschieden ist, für den die zugehörige Wellenfunktion in der y-Richtung orientiert ist.

$$e_k p_{V,L} = p_y \tag{45.10}$$

Wie wir noch sehen werden hat dies zur Folge, daß das transversale Lichtfeld nur mit transversalen Frenkel-Exzitonen in Wechselwirkung tritt. Für G schreiben wir in der Folge

$$G = \frac{1}{\sqrt{N}} D e^{ikl} \tag{45.11}$$

wobei wir berücksichtigen, daß hier nur ganz bestimmte Koeffizienten G von Null verschieden sind. In dem Faktor $1/\sqrt{N}$ ist N die Gesamtzahl der Gitteratome; wir werden ihn gleich explizit brauchen.

Wir dürfen in guter Näherung annehmen, daß in (45.11) die Konstante D praktisch unabhängig von k ist. Für G' finden wir in ganz analoger Weise den Ausdruck

$$G' = \frac{1}{\sqrt{N}} D e^{-ikl} \tag{45.12}$$

Der Einfachheit halber nehmen wir hier und im folgenden an, daß die Konstante D reell ist. (Dies kann man immer durch geeignete Wahl der Atomfunktionen erreichen.) Nach diesen Vorbereitungen sind wir in der Lage, die Hamiltonoperatoren (45.4) und (45.5) in recht einfacher Form wiederzugeben. Wir erhalten z. B. anstelle von (45.4)

$$\begin{aligned} H_{El\text{-}L,Abs} &= \hbar \sum_{\boldsymbol{k}} b_{\boldsymbol{k}} \underbrace{\sum_{\boldsymbol{l}} a^{+}_{\boldsymbol{l}L,y} a_{\boldsymbol{l},V} e^{i\boldsymbol{k}\boldsymbol{l}} \frac{1}{\sqrt{N}}}_{B^{+}_{\boldsymbol{k}}} D \\ &+ \hbar \sum_{\boldsymbol{k}} b_{\boldsymbol{k}} \underbrace{\sum_{\boldsymbol{l}} a^{+}_{\boldsymbol{l},V} a_{\boldsymbol{l},L,y} e^{i\boldsymbol{k}\boldsymbol{l}} \frac{1}{\sqrt{N}}}_{B_{-\boldsymbol{k}}} D \end{aligned} \tag{45.13}$$

In (45.13) tritt eine Summe über $\boldsymbol{l}$ auf, die uns früher bei den Frenkel-Exzitonen bereits begegnet ist. Erinnern wir uns nämlich daran, daß wir statt des Vernichtungsoperators $a_{\boldsymbol{l},V}$ auch den Defektelektronenoperator $d^{+}_{\boldsymbol{l}}$ geschrieben haben, so stimmt die Summe über $\boldsymbol{l}$, wie angegeben, mit dem Erzeugungsoperator eines Frenkel-Exzitons des Wellenzahlvektors $\boldsymbol{k}$ überein. Entsprechend erhalten wir in der 2. Zeile von (45.13) einen Ausdruck für den Vernichtungsoperator eines Frenkel-Exzitons.

Mit diesen Ausdrücken läßt sich (45.13) zu

$$H_{El\text{-}L,Abs} = \hbar \sum_{\boldsymbol{k}} b_{\boldsymbol{k}} B^{+}_{\boldsymbol{k}} D + \hbar \sum_{\boldsymbol{k}} b_{\boldsymbol{k}} B_{-\boldsymbol{k}} D \tag{45.14}$$

vereinfachen.

In völlig analoger Weise erhalten wir für (45.5) den Hamiltonoperator

$$H_{El\text{-}L,Em} = \hbar \sum_{\boldsymbol{k}} b^{+}_{\boldsymbol{k}} B_{\boldsymbol{k}} D + \hbar \sum_{\boldsymbol{k}} b^{+}_{\boldsymbol{k}} B^{+}_{-\boldsymbol{k}} D \tag{45.15}$$

Wie wir eben gesehen haben, liegt es nahe, anstelle der Erzeugungs- und Vernichtungsoperatoren für die Elektronen solche für Frenkel-Exzitonen einzuführen. Wir denken nun an eine Situation, bei der sich auch ohne Wechselwirkung mit Licht im Gitter Frenkel-Exzitonen ausbilden. Dann wissen wir nach § 24, daß durch die Einführung der Operatoren für Frenkel-Exzitonen sich H_{El} in der Form

$$H_{El} = \hbar \sum_{\boldsymbol{k}} \varepsilon_{\boldsymbol{k}} B^{+}_{\boldsymbol{k}} B_{\boldsymbol{k}} \tag{45.16}$$

schreiben läßt. Damit ist es uns gelungen, den ursprünglichen Hamiltonoperator für unser System Elektronen-Licht in eine sehr einfache Form, nämlich

$$\begin{aligned} H = \hbar \{ &\sum_{\boldsymbol{k}} \varepsilon_{\boldsymbol{k}} B^{+}_{\boldsymbol{k}} B_{\boldsymbol{k}} + \sum_{\boldsymbol{k}} \omega_{\boldsymbol{k}} b^{+}_{\boldsymbol{k}} b_{\boldsymbol{k}} + \\ &+ \sum_{\boldsymbol{k}} D(b_{\boldsymbol{k}} B^{+}_{\boldsymbol{k}} + b_{\boldsymbol{k}} B_{-\boldsymbol{k}} + b^{+}_{\boldsymbol{k}} B_{\boldsymbol{k}} + b^{+}_{\boldsymbol{k}} B^{+}_{-\boldsymbol{k}})\} \end{aligned} \tag{45.17}$$

zu bringen. Er enthält im Prinzip drei Anteile, die Energie der Frenkel-Exzitonen, die sich wie Bose-Teilchen verhalten, die Energie des Lichtfeldes sowie die Wechselwirkungsenergie zwischen Lichtfeld und Bose-Operatoren. Für jeden festen Wellenzahlvektor $\boldsymbol{k}$ haben wir ein gekoppeltes System zwischen einem Oszillator, der vom Elektronenfeld herrührt und einem Lichtoszillator. Die Schrödingergleichung, die zu (45.17) gehört, läßt sich *exakt* lösen.

Im folgenden betrachten wir, um die Verhältnisse nicht zu kompliziert zu gestalten, eine Näherung. Wie wir aus dem Wechselwirkungsoperator in (45.17) entnehmen, treten hier verschiedene Prozesse auf; u.a. der, daß gleichzeitig ein Lichtquant und ein Frenkel-Exziton erzeugt oder beide gleichzeitig vernichtet werden. Vom Energiesatz her gesehen ist dies natürlich nicht möglich. Die entsprechenden Glieder vernachlässigen wir daher, obwohl sie in höherer Näherung durchaus Beiträge geben. Wir behandeln daher ein etwas vereinfachtes Modell, das aber noch sehr gut mit der Wirklichkeit übereinstimmt. Wir betrachten also statt (45.17) einen Hamiltonoperator

$$H = \sum_{\boldsymbol{k}} H_{\boldsymbol{k}} \tag{45.18}$$

wobei die einzelnen Hamiltonoperatoren in (45.18) durch

$$H_{\boldsymbol{k}} = \hbar(\varepsilon_{\boldsymbol{k}} B_{\boldsymbol{k}}^{+} B_{\boldsymbol{k}} + \omega_{\boldsymbol{k}} b_{\boldsymbol{k}}^{+} b_{\boldsymbol{k}} + D b_{\boldsymbol{k}} B_{\boldsymbol{k}}^{+} + D b_{\boldsymbol{k}}^{+} B_{\boldsymbol{k}}) \tag{45.19}$$

gegeben sind. Da (45.18) eine Summe einzelner Hamiltonoperatoren ist, die voneinander unabhängige Systeme beschreiben, genügt es aufzuzeigen, wie die Schrödingergleichung zu lösen ist, die zu dem einfachen Hamiltonoperator (45.19) gehört. Hierbei lassen wir im folgenden den Index $\boldsymbol{k}$ der Einfachheit halber weg. An diesem Beispiel lernen wir übrigens, wie man ein Problem behandelt, bei dem im Hamiltonoperator die Bose-Operatoren bilinear auftreten. (Es handelt sich hier um die quantenmechanische Behandlung gekoppelter Pendel, so daß die anfangs erwähnte Analogie in der Tat sehr eng ist.)

Wir wollen neue Operatoren P_1 und P_2 einführen, so daß der Hamiltonoperator in diesen neuen Operatoren die Form

$$H_{\boldsymbol{k}} = \hbar\Omega_1 P_1^{+} P_1 + \hbar\Omega_2 P_2^{+} P_2 \tag{45.20}$$

bekommt. Dazu setzen wir an

$$\begin{aligned} B &= u_{11} P_1 + u_{12} P_2 \\ b &= u_{21} P_1 + u_{22} P_2 \end{aligned} \tag{45.21}$$

oder in der Matrizenschreibweise

$$\begin{pmatrix} B \\ b \end{pmatrix} = U \begin{pmatrix} P_1 \\ P_2 \end{pmatrix} \tag{45.22}$$

wobei natürlich

$$U = \begin{pmatrix} u_{11} & u_{12} \\ u_{21} & u_{22} \end{pmatrix}$$

ist. Auch (45.19) schreiben wir in Matrixform

$$H_k = \hbar\,(B^+, b^+)\,(A)\begin{pmatrix} B \\ b \end{pmatrix} \tag{45.23}$$

wobei A eine quadratische Matrix ist. Multiplizieren wir (45.23) aus, so erhalten wir

$$(B^+, b^+)\begin{pmatrix} a_{11} & B + a_{12}\,b \\ a_{21} & B + a_{22}\,b \end{pmatrix} = B^+ a_{11} B + a_{12} B^+ b + a_{21} b^+ B + a_{22} b^+ b \tag{45.24}$$

Der Vergleich zwischen (45.24) und (45.19) ergibt für die Koeffizienten der Matrix (A)

$$\begin{aligned} a_{11} &= \varepsilon \\ a_{22} &= \omega \\ a_{12} &= a_{21} = D \end{aligned} \tag{45.25}$$

Gehen wir mit (45.22) in (45.23) ein, so erscheinen anstelle der alten Operatoren B und b die neuen Operatoren P_1 und P_2. Damit wir für den Hamiltonoperator die Form (45.20) erreichen, verlangen wir, daß

$$U^{-1} A\,U = \text{Diagonal} \tag{45.26}$$

wird, was bekanntlich mit dem Eigenwertproblem

$$A\,U = U\Lambda; \qquad \Lambda = \begin{pmatrix} \Omega_1 & 0 \\ 0 & \Omega_2 \end{pmatrix}, \tag{45.27}$$

identisch ist. Setzen wir für A und U Matrixelemente ein, so lauten die Gleichungen explizit

$$\begin{aligned} &(\varepsilon - \Omega_j)u_{1j} + D u_{2j} = 0 \\ &D u_{1j} + (\omega - \Omega_j)u_{2j} = 0 \\ &j = 1, 2 \end{aligned} \tag{45.28}$$

Wir interessieren uns hier lediglich für die Eigenwerte Ω_j. Diese lauten

$$\Omega_{1,2} = \frac{\omega + \varepsilon}{2} \pm \frac{1}{2}\sqrt{(\omega - \varepsilon)^2 + 4D^2} \tag{45.29}$$

Mit ihnen läßt sich der transformierte Hamiltonoperator in der gewünschten Form (45.20) wiedergeben. Fügen wir noch überall, wo es nötig ist, den Index $\boldsymbol{k}$ hinzu, so läßt sich H (45.18) abschließend in der Form

$$H = \hbar \sum_{\boldsymbol{k}} (\Omega_{1,\boldsymbol{k}} P_{1\boldsymbol{k}}^+ P_{1\boldsymbol{k}} + \Omega_{2,\boldsymbol{k}} P_{2\boldsymbol{k}}^+ P_{2\boldsymbol{k}}) \tag{45.30}$$

wiedergeben. Die Operatoren $P_{1\boldsymbol{k}}$ und $P_{2\boldsymbol{k}}$ entsprechen dabei den klassischen Normalkoordinaten. Wir sehen hier deutlich, daß zwei gekoppelte Schwingungen zu neuen Schwingungsformen Anlaß geben.

Wie sich zeigen läßt, darf die Transformation U unitär gewählt werden. Unter Benutzung dieser Eigenschaft läßt sich zeigen, daß die P's den üblichen Vertauschungsrelationen für Bose-Operatoren genügen (vgl. hierzu § 16).

Die neuen und alten Energiewerte sind in Fig. 4 dargestellt. Wie zu erkennen ist, tritt gerade am Schnittpunkt der beiden Dispersionskurven von Exzitonen und Licht eine Aufspaltung auf, und man bekommt zwei neue Dispersionskurven. Die Elementaranregungen, die zu diesen Dispersionskurven gehören, sind gerade die Polaritonen. Ihre Existenz wurde inzwischen in Experimenten klar nachgewiesen. Die beschriebenen Dispersionskurven haben natürlich zur Folge, daß Polaritonen sich mit ganz verschiedenen Geschwindigkeiten im Kristall bewegen können. Sie geben, da sie mit dem elektromagnetischen Feld aufs Engste gekoppelt sind, Anlaß zu neuartigen Dispersionseffekten.

Wenn wir in diesem Paragraphen die Wechselwirkung von Frenkel-Exzitonen mit Licht betrachteten, so geschah das, um relativ einfache Verhältnisse zu haben. Unsere Betrachtungen lassen sich aber auch ohne allzu viele Mühe z. B. auf Wannier-Exzitonen übertragen.

Anhang

1. Die formale Lösung der Schrödingergleichung

In diesem Buch sind wir immer wieder auf Beziehungen zwischen Operatoren gestoßen, vor allem wenn solche in Exponentialfunktionen auftreten. In diesem Anhang soll gezeigt werden, wie es ein sehr allgemeines und nützliches Verfahren gibt, um derartige Relationen – und viele weitere – herzuleiten.

Ausgangspunkt hierzu ist zunächst die formale Lösung der Schrödingergleichung, die wir in der Form

$$\dot{\psi}(t) = \frac{1}{i\hbar} H(t)\,\psi(t) \tag{A.1}$$

annehmen. Wir lösen diese Gleichung durch ein Iterationsverfahren für ein kleines Zeitintervall dt, wobei wir bei $t = t_0$ beginnen:

$$\psi(t_0 + dt) = \psi(t_0) + \frac{1}{i\hbar} H(t_0)\,\psi(t_0)\,dt\,. \tag{A.2}$$

Wegen der Kleinheit von dt können höhere Potenzen vernachlässigt werden, so daß wir an Stelle von (A.2) auch

$$\psi(t_0 + dt) = e^{\frac{1}{i\hbar} H(t_0)\,dt}\,\psi(t_0) \tag{A.3}$$

schreiben können. Indem wir dieses Verfahren für das nächste Zeitintervall anwenden, finden wir

$$\psi(t_0 + 2dt) = e^{\frac{1}{i\hbar} H(t_0 + dt)\,dt}\, e^{\frac{1}{i\hbar} H(t_0)\,dt}\,\psi(t_0) \tag{A.4}$$

und nach N Schritten

$$\psi(t) = \prod_{\nu=1}^{N} e^{\frac{1}{i\hbar} H(t_0 + (\nu - 1)dt)\,dt}\,\psi(t_0)\,. \tag{A.5}$$

Hierbei ist zu beachten, daß bei einem zeitabhängigen H dieses im allgemeinen für verschiedene Zeiten nicht kommutiert. Daher müssen die Exponentialfunktionen so angewendet werden, daß die Operatoren mit einer niedrigeren Zeit vor Operatoren mit einer höheren Zeit angewendet werden. Wenn wir diese Vorschrift akzeptieren, können wir (A.5) auch in der Form

$$\psi(t) = e^{\frac{1}{i\hbar}\sum_{\nu=1}^{N} H(t_0+(\nu-1)dt)\,dt}\,\psi(t_0) \tag{A.6}$$

schreiben. Wenn wir die Zeitintervalle dt immer kleiner werden lassen, kann die Summe in (A.6) schließlich durch ein Integral ersetzt werden, so daß die formale Lösung von (A.1) sich in der Form

$$\psi(t) = \exp\left\{\frac{1}{i\hbar}\int_{t_0}^{t} H(\tau)\,d\tau\right\}\psi(t_0) \tag{A.7}$$

schreiben läßt. Ausgehend von (A.7) können wir zu einer Darstellung übergehen, die in der zeitabhängigen Störungstheorie verwendet wird. Die formale Entwicklung der Exponentialfunktion in (A.7) führt unmittelbar zu

$$\psi(t) = \left\{\sum_{\mu=0}^{\infty}\left(\frac{1}{i\hbar}\right)^{\mu}\frac{1}{\mu!}\int_{t_0}^{t} H(\tau_1)\,d\tau_1\int_{t_0}^{t} H(\tau_2)\,d\tau_2\ldots\int_{t_0}^{t} H(\tau_\mu)\,d\tau_\mu\right\}\psi(t_0). \tag{A.8}$$

Dieser Ausdruck kann umgeordnet werden, wenn wir die Zeitordnungsvorschrift anwenden: die Operatoren müssen immer so angewendet werden, daß Operatoren mit dem kleineren Zeitindex rechts von denen mit solchen mit einem höheren Zeitindex stehen. Damit erhalten wir

$$\psi(t) = \left\{\sum_{\mu=1}^{\infty}\left(\frac{1}{i\hbar}\right)^{\mu}\int_{t_0}^{t} d\tau_\mu\int_{t_0}^{\tau_\mu} d\tau_{\mu-1}\ldots\int_{t_0}^{\tau_2} d\tau_1\; H(\tau_\mu)H(\tau_{\mu-1})\ldots H(\tau_1)\right\}\psi(t_0). \tag{A.9}$$

2. Das „disentangling"-Theorem

Nach diesen Vorbereitungen wollen wir uns nun dem berühmten und so nützlichen „disentangling"-Theorem von Feynman zuwenden. Wie wir soeben gesehen haben, kann die formale Lösung der Schrödingergleichung in Form einer Exponentialfunktion geschrieben werden. Im allgemeinen bestehen die Hamiltonoperatoren aus verschiedenen Teilen, die nicht miteinander kommutieren. Daher dürfen wir nicht die Exponentialfunktion einer Summe von diesen Beiträgen in ein Produkt von Exponentialfunktionen der einzelnen Beiträge aufspalten. Das Feynmansche Theorem, das wir jetzt behandeln werden, zeigt uns aber, welche Korrekturen nötig werden, wenn eine solche Aufspaltung der Exponentialfunktionen vorgenommen wird. Wir führen dabei s als einen Ordnungsindex ein in dem Sinne, in dem wir oben die Zeit t benutzten. Aber s muß nicht notwendig eine Zeit sein, kann aber mit ihr in bestimmten Fällen übereinstimmen. Das Theorem lautet, daß für $N \to \infty$

$$\exp\left(\frac{1}{N}\sum_{s=1}^{N}(A_s+B_s)\right) = \exp\left(\frac{1}{N}\sum_{s=1}^{N}A_s\right)\cdot\exp\left(\frac{1}{N}\sum_{s=1}^{N}\tilde{B}_s\right) \tag{A.10}$$

mit

$$\tilde{B}_s = U_s^{-1} B_s U_s \quad \text{und} \quad U_s = \exp\left(\frac{1}{N} \sum_{t=1}^{s-1} A_t\right) \tag{A.11}$$

gilt. Man beachte, daß wir mit der Bildung von U_s^{-1} aus U_s einen Operatorausdruck erhalten, wo die Operatoren mit größeren Ordnungsindizes zuerst wirken. Wir zeigen diese umgekehrte Ordnung durch einen Strich nach dem Operator an. Also

$$U_s^{-1} = \exp\left\{-\frac{1}{N} \sum_{t=1}^{s-1} A_t'\right\}$$

wo die mit einem Strich ausgestatteten Operatoren mit größeren Ordnungsindizes zuerst wirken.

Wir setzen $1/N = ds$ und nehmen den Grenzübergang für große N vor. Dann können die Summen durch Integrale ersetzt werden, so daß das Theorem endgültig die Form

$$\exp\left(\int_0^1 ds\,(A_s + B_s)\right) = \exp\left(\int_0^1 ds\, A_s\right) \exp\left(\int_0^1 ds\, \tilde{B}_s\right) \tag{A.12}$$

mit

$$\tilde{B}_s = U_s^{-1} B_s U_s \quad \text{und} \quad U_s = \exp\left(\int_0^s dt\, A_t\right) \tag{A.13}$$

annimmt. Falls die Operatoren A_s und B_s nicht explizit von dem Ordnungsindex abhängen, erhalten wir als Spezialfall von (A.12)

$$\exp(A + B) = \exp A \, \exp\left(\int_0^1 ds\, e^{-sA} B e^{sA}\right). \tag{A.14}$$

Das Theorem (A.10) oder (A.14) kann auf beliebige Funktionale ausgedehnt werden, die mit einem Exponentialfaktor multipliziert sind. Eine alternative Form für (A.10) und seinen entsprechenden Formen (A.12) und (A.14) lautet

$$\exp\left(\frac{1}{N} \sum_{s=1}^{N} (A_s + B_s)\right) = \exp\left(\frac{1}{N} \sum_{s=1}^{N} \bar{B}_s\right) \exp\left(\frac{1}{N} \sum_{s=1}^{N} A_s\right) \tag{A.15}$$

mit

$$\bar{B}_s = \exp\left(\frac{1}{N} \sum_{s'=s+1}^{N} A_{s'}\right) B_s \exp\left(-\frac{1}{N} \sum_{s'=s+1}^{N} A_{s'}'\right). \tag{A.16}$$

Im folgenden beweisen wir (A.10). Der Beweis der anderen Theoreme ist dann offensichtlich. Wir führen

$$G \equiv \exp\left(\frac{1}{N} \sum_s U_s^{-1} B_s U_s\right) \tag{A17}$$

ein, welches wir gemäß der Ordnungskonvention in der Form

$$\prod_{s=1}^{N} \exp\left(\frac{1}{N} U_s^{-1} B_s U_s\right) \tag{A.18}$$

schreiben. Wir benutzen die Beziehung

$$e^{U^{-1}CU} = U^{-1} e^{C} U \tag{A.19}$$

die für beliebige Operatoren U und C gilt (sofern U^{-1} existiert) und die durch eine Reihenentwicklung der Exponentialfunktionen auf beiden Seiten bewiesen werden kann.

Damit erhalten wir

$$G = \prod_{s=1}^{N} U_s^{-1} \exp\left(\frac{1}{N} B_s\right) U_s \tag{A.20}$$

oder, in expliziter Form

$$U_N^{-1} e^{\frac{1}{N} B_n} U_N U_{N-1}^{-1} e^{\frac{1}{N} B_{n-1}} U_{N-1} \dots U_2 U_1^{-1} e^{\frac{1}{N} B_1} U_1 . \tag{A.21}$$

Wegen

$$U_{j+1} U_j^{-1} = e^{\frac{1}{N}\sum_{s=1}^{N} A_s} e^{-\frac{1}{N}\sum_{s=1}^{j-1} A'_s} = e^{\frac{1}{N} A_j} \tag{A.22}$$

erhalten wir

$$\left.\begin{aligned} G &= \underbrace{e^{-\frac{1}{N}\sum_{s=1}^{N-1} A'_s} e^{\frac{1}{N} B_N}} \quad \underbrace{e^{\frac{1}{N} A_{N-1}} e^{\frac{1}{N} B_{N-1}}} \dots \underbrace{e^{\frac{1}{N} A_1} e^{\frac{1}{N} B_1}} \\ &= e^{-\frac{1}{N}\sum_{s=1}^{N} A'_s} e^{\frac{1}{N}(A_N + B_N)} \quad e^{\frac{1}{N}(A_{N-1} + B_{N-1})} \dots e^{\frac{1}{N}(A_1 + B_1)} \\ &= \exp\left(-\frac{1}{N}\sum_{s=1}^{N} A'_s\right) \exp\left(\frac{1}{N}\sum_{s=1}^{N} (A_s + B_s)\right). \end{aligned}\right\} \tag{A.23}$$

Beim Übergang von der ersten zu der zweiten Zeile haben wir

$$e^{\frac{1}{N} A_j} e^{\frac{1}{N} B_j} = e^{\frac{1}{N}(A_j + B_j)} \tag{A.24}$$

gesetzt. Da A_j und B_j nicht miteinander kommutieren (sonst wäre das Theorem (A.10) trivial), gilt (A.24) nicht exakt, aber wird exakt im Grenzfall $N \to \infty$, wobei die in $1/N$ linearen Glieder beibehalten werden und die höheren Glieder vernachlässigt werden können.

Der Beweis zeigt klar, in welchem Sinne das Theorem (A.10) angewendet werden muß: Die Operatoren $\tilde{B}_s$ und A_s sind innerhalb der individuellen Exponentialoperatoren geordnet, aber der Operator $\exp\left(\frac{1}{N}\sum_{s=1}^{N}\tilde{B}_s\right)$ muß vor dem Gesamtoperator $\exp\left(\frac{1}{N}\sum_{s=1}^{N}A_s\right)$ angewendet werden.

3. Das „disentangling“-Theorem für Bose-Operatoren

Um die Nützlichkeit des „disentangling“-Theorems zu zeigen, führen wir dieses am Beispiel für Bose-Operatoren vor. Im vorliegenden Buch sind wir mehrfach Problemen mit Bose-Operatoren begegnet. Als Beispiel wählen wir den Hamiltonoperator in der Form

$$H = H_p + H'_{osc} + \hbar g^* b^+ + \hbar g b \tag{A.25}$$

wo H_p der Teilchen-Hamiltonoperator ist und $H'_{osc} = \hbar\omega b^+ b$ gegeben ist. Die Kopplungskoeffizienten g^* und g können noch Funktionen der Teilchen-Variablen oder Operatoren von Teilchen sein. Wie wir sehen werden, erhalten wir mit dem „disentangling“-Theorem eine Reihe von Relationen, die uns schon in diesem Buch begegnet sind, zurück.

Gemäß (A.7) lautet die formale Lösung der Schrödingergleichung

$$\psi(t) = \exp\left(\frac{1}{i\hbar}\int_0^t H_\tau d\tau\right)\psi(0). \tag{A.26}$$

Hierbei braucht H nicht notwendig explizit von τ abzuhängen. Nichtsdestotrotz benutzen wir den Zeitordnungsindex τ, um das „disentangling“-Theorem anzuwenden. Gemäß der Operator-Ordnungs-Konvention kann der Exponentialoperator in der Form

$$\exp\left(\frac{1}{i\hbar}\int_0^t H_{p,\tau} d\tau\right)\underbrace{\exp\left(\frac{1}{i\hbar}\int_0^t (H'_{osc} + \hbar g^* b + \hbar g b)_\tau d\tau\right)}_{U} \tag{A.27}$$

geschrieben werden. Man beachte, daß in den folgenden Betrachtungen der Zeitordnungsindex, der hinsichtlich der Teilchen-Operatoren erscheint, die in H_p und g, g^* auftreten, bei all den Berechnungen beibehalten wird. Wir werden andererseits zeigen, daß wir von der Zeitordnung der Bose-Operatoren loskommen, wenn wir das „disentangling“-Theorem anwenden. Wir benutzen (A.12) und gehen von der dimensionslosen Größe s zur Zeit über. Wir können dann U in (A.27) in der Form

$$U = e^{-i\omega b^+ bt}\cdot\exp\left(-i\int_0^t (g^*_\tau \tilde{b}^+_\tau + g_\tau \tilde{b}_\tau)\, d\tau\right) \tag{A.28}$$

schreiben, wo gemäß (5.60) und (5.61)

$$\tilde{b}_\tau = e^{i\omega b^+ b\tau} b_\tau \, e^{-i\omega b^+ b\tau} = b_\tau e^{-i\omega\tau}, \tag{A.29}$$

und

$$\tilde{b}_\tau^+ = e^{i\omega b^+ b\tau} b_\tau^+ \, e^{-i\omega b^+ b\tau} = b_\tau^+ \, e^{i\omega\tau} \tag{A.30}$$

gelten. Man beachte, daß nun die Exponentialfunktion, die $i\omega b^+ bt$ enthält, nach der anderen Exponentialfunktion in (A.28) wirkt. Wir wenden nun das „disentangling“-Theorem ein zweites Mal an, nämlich auf die zweite Exponentialfunktion in (A.28); d.h. wir untersuchen nun

$$V = \exp\left(-i \int_0^t g_\tau^* b_\tau^+ \, e^{i\omega\tau} + g_\tau b_\tau e^{-i\omega\tau}\right) d\tau \,. \tag{A.31}$$

Gemäß dem „disentangling“-Theorem (A.12), finden wir

$$V = \exp\left(-ib^+ \int_0^t g_\tau^* \, e^{i\omega\tau} \, d\tau\right) \cdot \exp\left(-i \int_0^t g_\tau \hat{b}_\tau e^{-i\omega\tau} d\tau\right) \tag{A.32}$$

mit

$$\hat{b}_\tau = U_\tau^{-1} b_\tau U_\tau, \tag{A.33}$$

und

$$U_\tau = \exp\left(-ib^+ \int_0^\tau g_\sigma^* \, e^{i\omega\sigma} d\sigma\right). \tag{A.34}$$

Die Anwendung der Regel (5.52) ergibt

$$\hat{b}_\tau = b_\tau - i \int_0^t g_\sigma^* \, e^{i\omega\sigma} d\sigma \,. \tag{A.35}$$

Indem wir unsere Zwischenresultate (A.28), (A.32), (A.34), (A.35) zusammenfassen, erhalten wir das folgende Resultat: Der ursprüngliche Exponentialoperator

$$\exp\left(\frac{1}{i\hbar} \int_0^t H_\tau d\tau\right)$$
$$\equiv \exp\left(-i \int_0^t \left(\frac{1}{\hbar} H_{p\tau} + \omega(b^+ b)_\tau + g_\tau^* b_\tau^+ + g_\tau b_\tau\right) d\tau\right) \tag{A.36}$$

kann in der Form

$$\exp\left(\frac{1}{i\hbar} \int_0^t H_{p,\tau} d\tau\right) \exp(-i\omega t b^+ b)$$
$$\times \exp\left(-ib^+ \int_0^t g_\tau^* e^{i\omega\tau} d\tau\right) \exp\left(-ib \int_0^t g_\tau e^{-i\omega\tau} d\tau\right)$$
$$\times \exp\left(-\int_0^t \int_0^\tau g_\tau g_\sigma^* \, e^{-i\omega(\tau-\sigma)} d\tau \, d\sigma\right) \tag{A.37}$$

geschrieben werden. Es ist hierbei beachtenswert, daß b nicht mehr den Zeitordnungsindex tragen muß, so daß die Exponentialfunktionen sehr einfach hinsichtlich der Vernichtungs- und Erzeugungsoperatoren b, b^+ werden. Falls H_p und g, g^* von Teilchenoperatoren abhängen, muß die Zeitordnung hinsichtlich dieser Operatoren noch eingehalten werden. Falls H_p in dem ursprünglichen Hamiltonoperator erscheint und die g's c-Zahl-Funktionen sind, kann der Zeitordnungsindex t fallengelassen und nur die übliche Zeitabhängigkeit dieser Funktionen beibehalten werden.

Wir zeigen schließlich wie die Formeln aussehen, wenn die Exponentialfunktion, die von der Oszillatorenergie abhängt, nicht nach links, sondern nach rechts herausgezogen wird. Wir beginnen mit dem Ausdruck

$$U = \exp\left\{-i\int_0^t (\omega(b^+b)_\tau + g_\tau^* b_\tau^+ + g_\tau b_\tau)\, d\tau\right\}, \tag{A.38}$$

wo g_τ, g_τ^* noch von weiteren Operatoren abhängen können. Die Anwendung des „disentangling"-Theorems (A.15) bzw. seine Erweiterung auf kontinuierliche Zeitordnungsparameter ergibt

$$U = \exp\left\{-i\int_0^t (g_\tau^* \bar{b}_\tau^+ + g_\tau \bar{b}_\tau)\, d\tau\right\} \exp(-i\omega t b^+ b) \tag{A.39}$$

mit

$$\left.\begin{aligned} \bar{b}_\tau^+ &= \exp(-i\omega(t-\tau)b^+b)b^+ \exp(i\omega(t-\tau)b^+b)|_\tau, \\ \bar{b}_\tau &= \exp(-i\omega(t-\tau)b^+b)b \exp(i\omega(t-\tau)b^+b)|_\tau. \end{aligned}\right\} \tag{A.40}$$

Gemäß (5.52), (5.53) reduzieren sich die Ausdrücke (A.40) auf

$$\left.\begin{aligned} \bar{b}_\tau^+ &= b_\tau^+ e^{-i\omega(t-\tau)} \\ \bar{b}_\tau &= b_\tau e^{i\omega(t-\tau)}, \end{aligned}\right\} \tag{A.41}$$

so daß wir

$$U = \exp\left\{-i\int_0^t (g_\tau^* b_\tau^+ e^{-i\omega(t-\tau)} + g_\tau b_\tau e^{i\omega(t-\tau)})\, d\tau\right\} \exp(-i\omega t b^+ b) \tag{A.42}$$

erhalten. Ein Vergleich mit (A.31) zeigt, daß (A.42) von (A.31) mit Hilfe der folgenden Ersetzungen erhalten werden kann

$$\left.\begin{aligned} g_\tau^* e^{i\omega t} &\to g_\tau^* e^{-i\omega(t-\tau)}, \\ g_\tau e^{-i\omega t} &\to g_\tau e^{i\omega(t-\tau)}. \end{aligned}\right\} \tag{A.43}$$

Dieses gestattet uns, das Resultat (A.37) auf unseren jetzigen Fall zu übertragen. Wir erhalten dann

$$\exp\left\{-i\int_0^t\left(\frac{1}{\hbar}H_{p\tau}+\omega(b^+b)_\tau+g_\tau^*b_\tau^++g_\tau b_\tau\right)d\tau\right\}$$
$$=\exp\left\{-i\int_0^t\frac{d\tau}{\hbar}H_{p\tau}\right\}\exp\left\{-ib^+\int_0^t g_\tau^*e^{-i\omega(t-\tau)}d\tau\right\}$$
$$\times\exp\left\{-ib\int_0^t g_\tau e^{i\omega(t-\tau)}d\tau\right\}\exp\left\{-\int_0^t\int_0^\tau g_\tau g_\sigma^*e^{-i\omega(\tau-\sigma)}d\tau\,d\sigma\right\}$$
$$\times\exp\{-i\omega t b^+b\}. \tag{A.44}$$

Bei praktischen Anwendungen muß oft der Erwartungswert mit Hilfe des Vakuumzustandes berechnet werden:

$$\left\langle\Phi_0^*\exp\left\{-\frac{i}{\hbar}\int_0^t H_\tau d\tau\right\}\Phi_0\right\rangle. \tag{A.45}$$

Wegen der Anwendung der Vernichtungsoperatoren b auf Φ_0 auf der rechten Seite und von b^+ auf Φ_0^* auf der linken Seite ergibt sich der Wert Null, so daß wir schließlich erhalten

$$(A.45)=\exp\left\{-\frac{i}{\hbar}\int_0^t H_{p\tau}d\tau-\int_0^t\int_0^\tau g_\tau g_\sigma^*e^{i\omega(\tau-\sigma)}d\tau\,d\sigma\right\}. \tag{A.46}$$

Dies bedeutet, daß die Teilchenkoordinaten (oder Operatoren) nun direkt untereinander gekoppelt sind aufgrund des zweiten Ausdrucks in der Exponentialfunktion. Wegen des Doppelintegrals über τ und σ ist diese Wechselwirkung verzögert.

Identifizieren wir H_p mit dem Hamiltonoperator eines Elektrons im Leitungsband und b, b^+ mit Vernichtungs- und Erzeugungsoperatoren von Phononen im Gitter, so erhalten wir hier einen neuen Zugang zur Polaronen-Theorie, wobei allerdings noch alle Gitteroszillatoren – nicht nur wie hier einer – berücksichtigt werden müssen. Wir überlassen die Ausführung dieser Aufgabe dem Leser als Übungsaufgabe, um (A.46) auf den Fall vieler Phononen zu erweitern.

Bei anderen Anwendungen ist ein statistisches Mittel bei endlicher Temperatur zu berechnen. Dieses Mittel ist durch

$$Z^{-1}\,\mathrm{trace}\left\{\exp\left(-\frac{i}{\hbar}\int_0^t H_\tau d\tau\right)\exp(i\omega t b^+b)\exp\left\{-\frac{\hbar\omega b^+b}{kT}\right\}\right\} \tag{A.47}$$

mit

$$Z=\mathrm{trace}\left\{\exp\left\{-\frac{\hbar\omega b^+b}{kT}\right\}\right\} \tag{A.48}$$

definiert.

Der zusätzliche Operator $\exp(i\omega t b^+b)$ ist gewählt worden, so daß er $\exp(-i\omega t b^+b)$ kompensiert, der bei dem üblichen „disentangling"-Prozeß auftritt. Die Rechnungen sind etwas länger, so daß wir nur das Endresultat angeben

$$(A.47) = \exp\left\{-\frac{i}{\hbar}\int_0^t H_{p\tau}\,d\tau - \int_0^t\int_0^\tau g_\tau g_\sigma^*\, e^{-i\omega(\tau-\sigma)}\,d\tau\, d\sigma\,(n_{th}+1)\right.$$

$$\left. - \int_0^t\int_\tau^t g_\tau g_\sigma^*\, e^{i\omega(\tau-\sigma)}\,d\tau\, d\sigma\, n_{th}\right\} \qquad (A.49)$$

wobei $n_{th} = \dfrac{1}{e^{\hbar\omega/kT} - 1}$.

(A.49) kann aufgefaßt werden als eine temperatur- und zeitabhängige Greensche Funktion für das Polaron. Dabei kommt auf dem Weg über die Wechselwirkung des Elektrons mit den Gitterschwingungen eine direkte Wechselwirkung des Elektrons mit sich selbst zustande. Da i. allg. $\tau \neq \sigma$, ist diese Wechselwirkung zeitlich verzögert. Wegen des Auftretens von n_{th} hängt die Wechselwirkung von der Temperatur ab.

Weiterführende Literatur

zu § 2

Park, D.: Classical Mechanics and its Quantum Analogues. Berlin u.a. 1990
Scheck, F.: Mechanik. 2. Aufl. Berlin u.a. 1990
Volz, H.: Einführung in die Theoretische Mechanik, II. Lagrange-Hamiltonsche Mechanik und Ansatzpunkte der Quantentheorie. Frankfurt/M. 1972 –

zu Kapitel II

Deutschsprachige Lehrbücher der Quantenmechanik:

Blochinzev, D. I.: Grundlagen der Quantenmechanik. 9. Aufl. Frankfurt/M. 1988
Cohen-Tannoudji, C.; Diu, B.; Laloë, F.: Quantum Mechanics, Vol 1/2. Chichester u.a. 1991
Dawydow, A. S.: Quantenmechanik. 7. Aufl. Berlin 1987
Fick, E.: Einführung in die Grundlagen der Quantenmechanik. 6. Aufl. Frankfurt/M. 1988
Franz, W.: Quantentheorie. Berlin–Heidelberg–New York 1971 –
Gravert, G.: Quantenmechanik I, II. Frankfurt/M. 1969 –
Greiner, W.: Theoretische Physik, Bd. 4: Quantenmechanik. Bd. 4a: Quantentheorie, Spezielle Kapitel. Frankfurt/M. 1980
Landau, L. D.; Lifshitz, E. M.: Lehrbuch der theoretischen Physik, Bd. III: Quantenmechanik. 9. Aufl. Berlin 1990
Messiah, A.: Quantenmechanik. Berlin. Bd. 1 2. Aufl. 1991; Bd. 2 3. Aufl. 1990
Mitter, H.: Quantentheorie. 2. Aufl. Mannheim 1979
Süssmann, G.: Einführung in die Quantenmechanik I. Mannheim 1963 –

zu Kapitel III

a) Wellenausbreitung in periodischen Strukturen, klassisch:

Brillouin, L.: Wave Propagation in Periodic Structures. New York 1948 –
Brüesch, P.: Phonons: Theory and Experiments I. Berlin u.a. 1982
Jones, D. S.: Acoustic and Electromagnetic Waves. Oxford 1986
Maradudin, A. A.; Montroll, E. W.; Weiss, G. H.: Theory of Lattice Dynamics in the Harmonic Approximation. 2. Aufl. New York 1971

b) Feldquantisierung:

Bjorken, J. D.; Drell, S.: Relativistische Quantenfeldtheorie. Mannheim 1990
Bogoliubov, N. N.; Shirkov, D. V.: Introduction to the Theory of Quantized Fields. Chichester u.a. 1980
Felsager, B.: Geometry, Particles and Fields. 3rd printing. 1985
Henley, E.; Thirring, W.: Elementary Quantum Field Theory. New York 1962 –

– : nicht mehr im Handel

Landau, L. D.; Lifshitz, E. M.: Lehrbuch der theoretischen Physik, Bd. IV: Quantenelektrodynamik. 5. Aufl. Berlin 1986
Mandel, F.: Introduction to Quantum Field Theory. New York 1965 –
Mandl, F.; Shah, G.: Quantum Field Theory. Chichester u.a. 1984
Schweber, S.: An Introduction to Relativistic Quantum Field Theory. Evanston, Ill. 1961 –
Surjan, P. R.: Second Quantized Approach to Quantum Chemistry. Berlin u.a. 1989
Wentzel, G.: Einführung in die Quantentheorie der Wellenfelder. Wien 1949 –

Allgemeine Literatur zu den Kapiteln IV bis VIII

a) Einführungen in die Festkörperphysik:

Azaroff, L. V.: Introductions to Solids. New York Toronto-London 1975
Baeriswyl, D.; Bishop, A. (eds.): Solitons and Polarons in Solid State Physics. World Scientific 1987
Blakemore, J. S.: Solid State Physics. 2. Aufl. Philadelphia–London–Toronto 1985
Brophy, J. J.: Electronic Processes in Materials. New York–Toronto–London 1963 –
Callaway, J.: Quantum Theory of the Solid State. Part A and B. New York 1974
Ferry, D.: Semiconductors. New York 1991
Hellwege, K. H.: Einführung in die Festkörperphysik. 3. Aufl. Berlin–Heidelberg–New York 1988
Ibach, H.; Lüth, H.: Festkörperphysik. 3. Aufl. Berlin 1990
Kittel, C.: Einführung in die Festkörperphysik. 9. Aufl. München–Wien 1991
Kittel, C.: Introduction to Solid State Physics. 6. Aufl. New York 1986
Kopitzki, K.: Einführung in die Festkörperphysik. 2. Aufl. Stuttgart 1989
Levy, R. A.: Principles of Solid State Physics. New York–London 1968 –
Madelung, O.: Grundlagen der Halbleiterphysik. Berlin–Heidelberg–New York 1970
Vonsovsky, S. V.; Katsnelson, M. I.: Quantum Solid State Physics. Berlin u.a. 1989
Wert, Ch. A.; Thomson, R. M.: Physics of Solids. New York–Toronto–London 1964 –

b) Einführungen in die Festkörpertheorie:

Anderson, P. W.: Concepts in Solids. New York 1963 –
Beam, W. R.: Electronics of Solids. New York–Toronto–London 1965 –
Becker, R.; Sauter, F.: Theorie der Elektrizität. Bd. 3: Elektrodynamik der Materie. Stuttgart 1969 –
Brauer, W.: Einführung in die Elektronentheorie der Metalle. Braunschweig 1966 –
Callaway, J.: Energy Band Theory. New York 1964 –
Clark, H.: Solid State Physics. New York 1968 –
Fröhlich, H.: Elektronentheorie der Metalle. Nachdruck. Berlin–Heidelberg–New York 1970 –
Goldsmid, H. J.: Problems in Solid State Physics. New York 1968 –
Harrison, W. A.: Solid State Theory. Mineola, N.Y. 1980
Harrison, W. A.: Pseudopotentials in the Theory of Metals. New York 1966 –
Haug, A.: Theoretische Festkörperphysik. Bd. I, II. Wien 1964, 1970
Haug, H.; Koch, S. W.: Quantum Theory of the optical and electronic properties of semiconductors. Singapur 1990

—: nicht mehr im Handel

Jones, H.: The Theory of Brillouin Zones and Electronic States in Crystals. Amsterdam; New York 1960 –
Joshi, S. K.; Rajagopal, A. K.: Lattice Dynamics of Metals. New York–Toronto–London 1968, p. 159. = Solid State Physics, Vol. 22 –
Kittel, C.: Quantum Theory of Solids. 2. Aufl. New York 1987
Kubo, R.; Nagamiya, T.: Solid State Physics. New York–Toronto–London 1969 –
Ludwig, W.: Einführung in die Festkörperphysik I, II. Frankfurt/M. 1970 –
Madelung, O.: Festkörpertheorie, Bd. 1–3. Berlin. = Heidelberger Taschenbücher 1972, 1972, 1973
Mott, N.; Jones, W.: The Theory of Properties of Metals and Alloys. London 1958
Patterson, J. D.: Introduction to the Theory of Solid State Physics. London 1971 –
Peierls, R. E.: Quantum Theory of Solids. London 1955 –
Pines, D.: Elementary Excitations in Solids. New York 1963
Raimes, S.: The Wave Mechanics of Electrons in Metals. Amsterdam; New York 1961 –
Sachs, M.: Solid State Theory. New York–Toronto–London 1963 –
Seitz, F.: The Modern Theory of Solids. Mineola, N.Y. 1987
Sham, L. J.; Ziman, J. M.: The Electron-Phonon Interaction. New York 1963, p. 221. = Solid State Physics, Vol. 15 –
Slater, J. C.: Quantum Theory of Molecules and Solids. 4 Bde. New York–Toronto–London 1963–1974
Smith, R. A.: Wave Mechanics of Crystalline Solids. 2. Aufl. London 1969 –
Sommerfeld, A.; Bethe, H.: Elektronentheorie der Metalle. Berlin–Heidelberg–New York 1967. = Heidelberger Taschenbuch Nr. 19. Nachdruck eines Artikels aus: Geiger–Scheel, Handbuch der Physik Bd. 24/2, 1933 –
Stumpf, H.: Quantum Processes in Polar Semiconductors and Insulators, Bd. 1 und 2. Braunschweig 1983
Taylor, P. L.: A Quantum Approach to the Solid State. Englewood Cliffs, N.J. 1970 –
Wannier, G. H.: Elements of Solid State Theory. London 1970
Weinreich, G.: Solids, Elementary Theory for Advanced Students. New York 1965 –
Wilson, A. H.: The Theory of Metals. Cambridge 1958 –
Ziman, J. M.: Electrons and Phonons. London 1960
Ziman, J. M.: Principles of the Theory of Solids. 2. Aufl. Cambridge 1979

c) Vielteilchentheorie insbesondere beim Festkörper:

Abrikosov, A. A.; Gor'kov, L. P.; Dzyaloshinski, I. Ye.: Methods of Quantum Field Theory in Statistical Physics. Mineola, N.Y. 1975
Bonch-Bruevich, V. L.; Tyablikov, S. V.: The Green Function Method in Statistical Mechanics. Amsterdam 1962 –
Gross, E. K. U.; Runge, E.: Vielteilchentheorie. Stuttgart 1986
Kadonoff, L.; Baym, G.: Quantum Statistical Mechanics. New York 1989
Mahan, G. D.: Many-Particle Physics. New York 1981
March, N. H.; Young, W. H.; Sampanthar, S.: The Many-Body-Problem in Quantum Mechanics. Cambridge 1967 –
Mattuck, R. D.: A Guide to Feynman Diagrams in the Many Body Problem. New York–Toronto–London 1967 –

– : nicht mehr im Handel

Negele, J.; Orland, H.: Quantum-Many Particle Systems. Redwood 1988
Nozières, Ph.: Theory of Interacting Fermi Systems. New York 1964 –
Pines, D.; Nozières, Th.: The Theory of Quantum Lipids I. New York 1989
Schultz, T. D.: Quantum Field Theory and the Many-Body-Problem. New York 1964 –
Thouless, D. J.: Quantenmechanik der Vielteilchensysteme. Mannheim 1964. = BI Hochschultaschenbuch Nr. 52/52a –
Zimmermann, R.: Many-Particle Theory of Highly Excited Semiconductors. Berlin 1988

Spezialliteratur zu den einzelnen Paragraphen der Kapitel IV bis VIII

Exzitonen:

Dexter, D. L.; Knox, R. S.: Excitons. New York–London–Sydney 1965 –
Knox, R. S.: Theory of Excitons. New York–London 1964
Kuper, C.; Whitfield, G. D.: Polarons and Excitons. Edinburgh–London 1963 –
Nakajima, S.; Toyozawa, Y.; Abe, R.: The Physics of Elementary Excitations. Berlin u.a. 1980

Spinwellen:

Akhiezev, A. I.; Baryakhtar, V. G.; Peletminskii, S. V.: Spin Waves. Amsterdam 1968 –
Mattis, D. C.: The Theory of Magnetism, Bd. 1 und 2. New York 1988, 1985
Thompson, E. D.: Unified Model of Ferromagnetism. In: Advances in Physics, Vol. CIV, 1965, p. 213 –
Walker, L. R.: Magnetism. (ed. by Rado, T.; Suhl, H.). New York 1963, p. 299 –
While, R. M.: Quantum Theory of Magnetism. Berlin u.a. 1983

Polaronen:

Kuper, C. G.; Whitfield, G. D.: Polarons and Excitons. Edinburgh–London 1963

Supraleitung:

deGennes, P. G.: Superconductivity of Metals and Alloys. (transl. by P. A. Pincus). New York 1989
Parks, R. D.: Superconductivity. New York 1969
Rickayzen, G.: Theory of Superconductivity. New York 1965 –
Schrieffer, J. R.: Theory of Superconductivity. New York 1988

zu Kapitel VIII

Haken, H.: Laser Theory, 2. Aufl. Berlin–Heidelberg–New York 1984. = Handbuch der Physik Bd. XXV/2c

Polaritonen

Hopfield, J. J.: Theory of the Contribution of Excitons to the Complex Dielectric Constant of Crystals. Phys. Rev. **112** (5) (1956) 1555
Pekar, S. I.: Crystal Optics and Additional Light Waves. Benjamin 1983
Pekar, S. J.: J. Expt. Theoret. Phys. USSR **33** (1957); 1022 (translat. Soviet Phys. JETP **6** (1958) 785)

– : nicht mehr im Handel

Sachverzeichnis

MIX
Papier aus verantwortungsvollen Quellen
Paper from responsible sources
FSC® C105338

If you have any concerns about our products,
you can contact us on
ProductSafety@springernature.com

In case Publisher is established outside the EU,
the EU authorized representative is:
Springer Nature Customer Service Center GmbH
Europaplatz 3, 69115 Heidelberg, Germany

Printed by Libri Plureos GmbH
in Hamburg, Germany